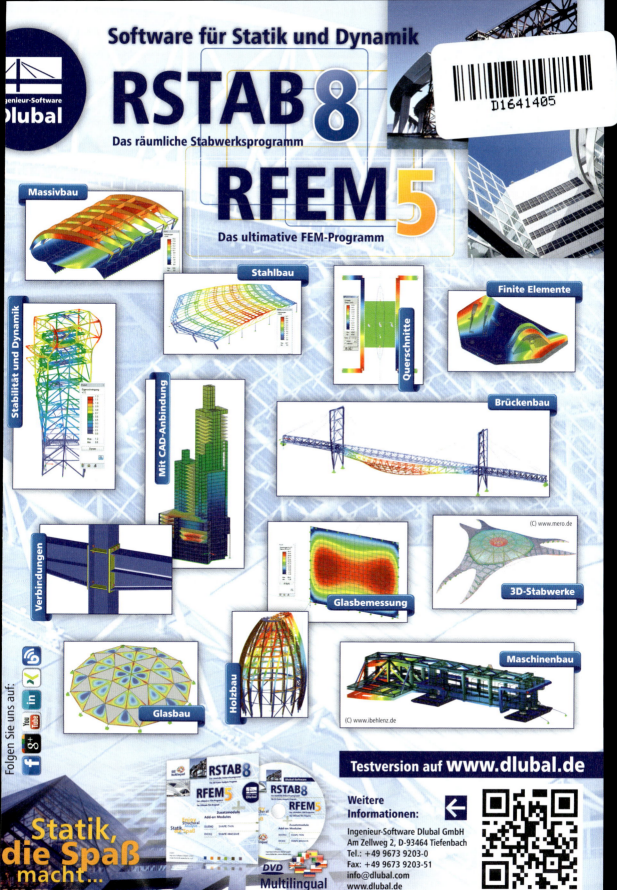

Werkstoffübergreifendes Entwerfen und Konstruieren

Moderne, nachhaltige und wirtschaftliche Bauwerke sind heute Ergebnis werkstoffübergreifender Entwurfsplanung. Daher werden mit neuen Büchern unter dem Titel „Werkstoffübergreifendes Entwerfen und Konstruieren" erstmals die Entwurfs-, Bemessungs- und Konstruktionsgrundlagen für die Bauarten Holz, Stahl, Stahlbeton und Mauerwerk gemeinsam behandelt.

Einwirkung, Widerstand, Tragwerk

■ Dieser erste Band behandelt die Grundlagen der Tragwerksplanung und -bemessung unter Berücksichtigung der Eurocodes. Eingangs werden detailliert das Sicherheitskonzept im Bauwesen, die Lastannahmen und die Baustoffeigenschaften beschrieben. Den Schwerpunkt bildet die werkstoffübergreifend aufbereitete Querschnittsbemessung. Der Band schließt mit einer Einführung in die Planung von Tragwerken des Hallen- und Geschossbaus.

BALTHASAR NOVÁK,
ULRIKE KUHLMANN,
MATHIAS EULER

Einwirkung, Widerstand, Tragwerk
2012. 602 S., 464 Abb., 125 Tab., Br.
€ 59,–
ISBN: 978-3-433-02917-6

Bauteile, Hallen, Geschossbauten

■ Dieser zweite Band stellt den Entwurf, die Bemessung und Konstruktion von allen wesentlichen Bauteilen im Hallen- und Geschossbau im Kontext des Tragwerksentwurfs dar. Die Betrachtung der einzelnen Bauteile geht von deren Funktion, Beanspruchung und Einordnung im Tragwerk aus. Ziel ist die Entwicklung von Ausführungslösungen, die alle Aspekte des Entwurfs wie Gebrauchstauglichkeit, Gestaltung, Dauerhaftigkeit und Wirtschaftlichkeit berücksichtigen. Für die einzelnen Bauteile werden die bei der statischen Bemessung und konstruktiven Durchbildung zu beachtenden baustoffspezifischen Besonderheiten beschrieben. Dabei wird sowohl auf die Kriterien der Tragfähigkeit (einschließlich der Bauteilstabilität) als auch der Gebrauchstauglichkeit eingegangen.

BALTHASAR NOVÁK,
ULRIKE KUHLMANN,
MATHIAS EULER

Bauteile, Hallen, Geschossbauten
2013. ca. 450 S. ca. 450 Abb., Br.
ca. € 59,–
ISBN: 978-3-433-02919-0
Erscheint Mitte 2013

Online-Bestellung: www.ernst-und-sohn.de

Set-Preis
Einwirkung, Widerstand, Tragwerk + Bauteile, Hallen, Geschossbauten
ca. € 98,–
ISBN: 978-3-433-03012-7

Verbindungen, Anschlüsse, Details
2012. ca. 450 S., ca. 450 Abb., ca. 80 Tab., Br.
ca. € 59,–
ISBN: 978-3-433-02918-3
Erscheint 2014

Ernst & Sohn
Verlag für Architektur und technische Wissenschaften GmbH & Co. KG

Kundenservice: Wiley-VCH
Boschstraße 12
D-69469 Weinheim

Tel. +49 (0)6201 606-400
Fax +49 (0)6201 606-184
service@wiley-vch.de

* Der €-Preis gilt ausschließlich für Deutschland. Inkl. MwSt. zzgl. Versandkosten. Irrtum und Änderungen vorbehalten. 0135709096_dp

HARTMUT PASTERNAK
HANS-ULLRICH HOCH
DIETER FÜG

Stahltragwerke im Industriebau

2010.
304 Seiten, 419 Abbildungen,
79 Tabellen, Gebunden.
€ 89,–*
ISBN 978-3-433-01849-1

■ Mit dem vorliegenden Buch wird ein bedeutender Bereich des Stahlbaus – der Industriebau – behandelt. In acht Kapiteln werden alle wichtigen Aspekte dieses Teilgebietes dargestellt. Nach einer Einleitung zur Entwicklung der Stahlbauweise werden die Tragwerkselemente – flächenartige Bauteile, Pfetten, Riegel, Träger, Fachwerke – vorgestellt. Im Kapitel „Hallen und Überdachungen" wird auf die wesentlichen Fragen nach den geeigneten statischen Systemen, deren Stabilisierung und konstruktive Details eingegangen. Im Kapitel „Kranbahnen" werden die Berechnung und Konstruktion beschrieben und erläutert. Für die mehrgeschossigen Tragstrukturen spannt sich der Bogen von Industriegebäuden über Kesselgerüste hin zu Hochofengerüsten und Hochregallagern. Die Tragwerke für Rohrleitungs- und Bandbrücken werden gesondert betrachtet. Ein Kapitel ist den Industrieschornsteinen, Masten und Windenergieanlagen gewidmet und in einem weiteren gesonderten Kapitel werden Behälter und Silos behandelt. Für alle Teilgebiete werden die Bemessungsgrundlagen kurz dargelegt, während der konstruktiven Ausbildung ausführliche Darstellungen gewidmet sind. Beispiele aus der Praxis runden das Werk ab.

Ernst & Sohn
Verlag für Architektur und
technische Wissenschaften
GmbH & Co. KG

Kundenservice: Wiley-VCH
Boschstraße 12
D-69469 Weinheim

Tel. +49 (0)6201 606-400
Fax +49 (0)6201 606-184
service@wiley-vch.de

* Der €-Preis gilt ausschließlich für Deutschland. Inkl. MwSt. zzgl. Versandkosten. Irrtum und Änderungen vorbehalten. 0150310016_dp

Online-Bestellung: www.ernst-und-sohn.de

PRODUKTE MIT SICHERHEIT
für den konstruktiven Glasbau

Ihre Sicherheit ist uns wichtig – in Planung wie in der Ausführung.

Es ist eine Selbstverständlichkeit, dass viele PS-Produkte nach den technischen Regeln verbaut werden können, eine Allgemeine bauaufsichtliche Zulassung (AbZ), ein Allgemeines bauaufsichtliches Prüfzeugnis (AbP) oder sogar eine Europäische Technische Zulassung (ETA) haben. Die Pauli + Sohn GmbH ist ein Unternehmen mit Zulassungen in allen baurelevanten Bereichen. Das betrifft alle Bereiche des konstruktiven Glasbaus: Dächer, Geländer und Fassaden.

Unsere Bemühungen ersparen Ihnen Zeit und Geld. Nutzen Sie unser Know-how bei Ihrer Planung und Realisierung. Durch Produkte „made in Germany" sind Sonderlösungen einfach realisierbar.

Erleben Sie moderne, sichere Glasbefestigungen mit anspruchsvollem Design!

www.pauli.de

Geralt Siebert, Iris Maniatis

Tragende Bauteile aus Glas
Grundlagen, Konstruktion, Bemessung, Beispiele

2. Auflage

2. Auflage

Tragende Bauteile aus Glas

Grundlagen, Konstruktion, Bemessung, Beispiele

Geralt Siebert, Iris Maniatis

Univ.-Prof. Dr.-Ing. Geralt Siebert
Dr.-Ing. Iris Maniatis
Universität der Bundeswehr München
Professur Baukonstruktion
und Bauphysik
Institut für Konstruktiven Ingenieurbau
Werner-Heisenberg-Weg 39
D-85577 Neubiberg
Telefon (089) 6004-2521
www.unibw.de/glasbau

Ingenieurbüro Dr. Siebert
Büro für Bauwesen
Gotthelfstraße 24
D-81677 München
Telefon (089) 9240 1410
www.ing-siebert.de

Titelbild: Sparkasse Rosenheim, energetische Sanierung.
Punktförmig gelagerte Doppelfassade mit absturzsichernder Funktion

Bibliografische Information der Deutschen Nationalbibliothek
Die Deutsche Nationalbibliothek verzeichnet diese Publikation
in der Deutschen Nationalbibliografie; detaillierte bibliografische
Daten sind im Internet über http://dnb.d-nb.de abrufbar.

© 2012 Wilhelm Ernst & Sohn,
Verlag für Architektur und technische Wissenschaften GmbH & Co. KG,
Rotherstr. 21, 10245 Berlin, Germany

Alle Rechte, insbesondere die der Übersetzung in andere Sprachen, vorbehalten.
Kein Teil dieses Buches darf ohne schriftliche Genehmigung des Verlages in
irgendeiner Form – durch Fotokopie, Mikrofilm oder irgendein anderes Verfahren –
reproduziert oder in eine von Maschinen, insbesondere von Datenverarbeitungs-
maschinen, verwendbare Sprache übertragen oder übersetzt werden.

All rights reserved (including those of translation into other languages). No part of
this book may be reproduced in any form – by photoprinting, microfilm, or any other
means – nor transmitted or translated into a machine language without written
permission from the publisher.

Die Wiedergabe von Warenbezeichnungen, Handelsnamen oder sonstigen
Kennzeichen in diesem Buch berechtigt nicht zu der Annahme, dass diese von
jedermann frei benutzt werden dürfen. Vielmehr kann es sich auch dann um
eingetragene Warenzeichen oder sonstige gesetzlich geschützte Kennzeichen
handeln, wenn sie als solche nicht eigens markiert sind.

Umschlaggestaltung: stilvoll° | Werbe- und Projektagentur, Waldulm
Herstellung: pp030 - Produktionsbüro Heike Praetor, Berlin
Druck und Verarbeitung: betz-Druck GmbH, Darmstadt

Printed in the Federal Republic of Germany.
Gedruckt auf säurefreiem Papier.

2. vollständig überarbeitete Auflage
Print ISBN: 978-3-433-02914-5
ePDF ISBN: 978-3-433-60279-9
ePub ISBN: 978-3-433-60280-5
mobi ISBN: 978-3-433-60281-2
oBook ISBN: 978-3-433-60278-2

Vorwort zur 2. Auflage

Seit der ersten Auflage dieses Buches sind nun mehr als zehn Jahre vergangen. Der Baustoff Glas hat sich inzwischen zu einem festen Bestandteil in der Architektur etabliert. Mittlerweile übernehmen Verglasungen als Bestandteil in der Gebäudehülle multifunktionelle Eigenschaften, neben ästhetischen Aspekten (Einfärbung, Bedruckung), genügen diese auch höchsten Anforderungen an Wärme- und/oder Sonnenschutz (Beschichtung, Isolierverglasung, etc.). Darüber hinaus ist ein Trend zu immer größeren Scheibenformaten zu beobachten. Ebenso ist gebogenes Glas durch die ständig komplexer werdenden Gebäudegeometrien, insbesondere freigeformte Geometrien, ein fester Bestandteil geworden.

Dem wachsenden Anwendungsgebiet wurde zum einen durch neue, immer noch auf dem „zul-σ-Konzept" basierende Technische Regeln des DIBt Rechnung getragen, zum anderen gibt es zwischenzeitlich mit DIN 18008 eine nationale Bemessungsnorm auf dem Konzept der Teilsicherheitsbeiwerte. Die Aktualisierung von Regelungen – auch im europäischen Kontext – gestaltet die Situation nicht unbedingt übersichtlicher.

In der neuen Auflage dieses Buches wurden u. a. die oben genannten Aspekte eingearbeitet sowie eine Unterteilung in drei Hauptabschnitte vorgenommen: nach den eher theoretischen und von Bemessungsvorschriften unabhängigen Grundlagen in Teil I folgen in Teil II die baurechtlichen Randbedingungen und Umsetzungen in Regeln sowie Hinweise zu Entwurf und Konstruktion.

In Teil III sind Beispiele einschließlich Hilfsmittel zur Bemessung zu finden, die bedingt durch das vergrößerte Anwendungsgebiet sowie alternativer Nachweisführung nach „alten" Technischen Regeln (TRLV, TRAV, TRPV) und zukünftig genormten Regeln (DIN 18008) erheblich größeren Umfang einnehmen. Die Bearbeitung dieser Normenreihe durch den Arbeitsausschuss begann 2002, seit 2010 darf sich der Autor als Obmann einbringen.

Des Weiteren wurden die Teile I und II teilweise neu strukturiert und erheblich erweitert. So wurden z. B. in Teil I die Themen *Gebogenes Glas, Beschichtung und Oberflächenbehandlung von Glas, Dünnglas* sowie *Brandschutzverglasungen, Sicherheitsverglasungen und Photovoltaikverglasungen* neu aufgenommen.

Zum Teil umfangreiche Ergänzungen waren erforderlich bei *Mehrscheiben-Isolierverglasung*, Darstellung der *Bemessungsregeln* (hier auch insbesondere der zugrunde liegenden Konzepte) einschließlich der Überarbeitung und Erweiterung der *Beispiele*. Komplett überarbeitet und ergänzt wurde auch das Kapitel *Baurechtliche Situation*, hier sei insbesondere auf die neue europäische Bauproduktenverordnung hingewiesen. Ebenso wurden die in der ersten Auflage noch ausgesparten Themen wie beispielsweise *Kleben, Tragende Bauteile* und *Bauteilversuche* aufgenommen.

Das Buch soll den in der Praxis tätigen Planer und Anwender bei Entwurf, Konstruktion und Bemessung mit dem Baustoff Glas unterstützen, ist aber auch in Forschung und Lehre an Hochschulen und Universitäten sowohl für Studierende wie auch Wissenschaftler geeignet, die in das Themengebiet einsteigen möchten.

Herzlich gedankt wird an dieser Stelle Frau Dipl.-Ing. M. Herr vom DIBt für die zahlreichen Anregungen in Kapitel 12 und interessanten Gespräche zum Baurecht.

Auch dem Verlag sei an dieser Stelle herzlich für sein Verständnis und seine Geduld gedankt – dadurch konnte die vorliegende Auflage noch die letzte Fassung der DIN 18008 berücksichtigen.

München, im August 2012   Iris Maniatis und Geralt Siebert

Vorwort

In einer Vielzahl von Veröffentlichungen – z. T. ohne textliche Erläuterung der baurechtlichen und konstruktiven Probleme – wird der Eindruck erweckt, beim Bauen mit Glas handelt es sich (inzwischen) um eine Bauweise mit anerkannten Regeln der Technik und bauaufsichtlich eingeführten Regelungen. Tatsächlich gibt es hier aber nur sehr wenige anerkannte Regeln im Sinne von DIN-Normen oder vergleichbarem. Die Praxis zeigt, dass das Wissen darüber – über die Tatsache fehlender Regelungen und gleichermaßen über richtiges Entwerfen, Konstruieren und Bemessen von Glas – nur sehr begrenzt verbreitet ist. Zum Teil wird offenbar davon ausgegangen, die anderen am Bau Beteiligten (Architekt, Tragwerksplaner, Statiker, Prüfingenieur, Baubehörde, ausführende Firma) seien fachkundig und würden die eigenen Defizite kompensieren.

Dass ein als Gestaltungsmittel eingesetzter Baustoff Glas auch ein tragendes Konstruktionselement ist und als solches schon in der Planungsphase die ihm zukommende Beachtung erfahren muss, wird des Öfteren übersehen. So werden ohne Rücksicht auf statisch-konstruktive Randbedingungen Gebäuderaster konsequent „durchgezogen" und unnötig aufwendige Konstruktionselemente projektiert.

Im Zusammenhang mit der Erteilung eines Lehrauftrages für „Konstruktiven Glasbau" an der TU München entstand die Idee eines Buches für die in der Praxis tätigen Ingenieure und Planer. Es soll zum Basiswissen für einen Einstieg in den „Konstruktiven Glasbau" die wichtigsten Grundkenntnisse für richtiges – d. h. dem Werkstoff Glas gerecht werdendes – Entwerfen und Konstruieren vermitteln. Außerdem wird versucht, zum Verständnis der auf der Bruchmechanik basierenden Bemessung nationaler und zukünftiger europäischer Regelungen beizutragen.

Die üblicherweise im Berufsleben der meisten Bauingenieure bei der Verwendung der Werkstoffe Holz, Beton oder Stahl – wegen ausreichend eingeführter Technischer Regeln – nur selten anzuwendende „Zustimmung im Einzelfall" ist fast die Regel bei der Ausführung von Konstruktionen mit Glas. Dies gilt insbesondere für anspruchsvolle Konstruktionen wie beispielsweise bei der Verwendung von Punkthaltern in Bohrungen oder bei Absturzsicherungen. Deshalb werden neben den wenigen eingeführten Technischen Baubestimmungen auch die baurechtliche Situation bzw. die baurechtlichen Prinzipien im europäischen Kontext näher betrachtet.

Dieses Buch soll kein Ersatz für elektronische Berechnungsprogramme oder Tabellenwerke mit Tafeln für Beanspruchung oder Durchbiegung sein. Ebenfalls soll es nicht als „Rezeptbuch" verstanden werden, denn solche sind nur sinnvoll bei standardisierten Lösungen und solche gibt es im konstruktiven Glasbau äußerst selten. Es werden die Grundlagen der Bruchmechanik und statistischen Auswertung nach Weibull zum Verständnis des Materials und der Bemessung dargestellt und an Hand kleiner Beispiele erläutert. Eine Bemessung üblicher Glasbauteile ist mit den darauf basierenden Regelungen oder Hinweisen zur Anwendung möglich, die für Sonderaufgaben zusätzlich erforderlichen Kenntnisse sind aus der weiterführenden Literatur – in der Regel Dissertationen – zu entnehmen. Für Entwurf und Konstruktion sind die fertigungstechnischen Grenzen von veredeltem Glas genannt.

Im letzten Kapitel finden sich zur Verdeutlichung Beispiele ausgeführter Bauten mit Anwendungen aus den wichtigsten Bereichen (von liniengelagerter Überkopfverglasung nach eingeführten Technischen Regeln bis zu punktgehaltener Isolierverglasung).

Um den Rahmen des Buches nicht zu sprengen, konnten einige Problembereiche nicht mit aufgenommen werden wie beispielsweise versuchstechnische Nachweise der Resttragsicherheit, gebogenes Glas, Absturzsicherungen, Lochleibungsverbindungen, Probleme der Stabilität und Theorie II. Ordnung, Klebung von Glas – insbesondere zur kontinuierlichen Krafteinleitung bei aussteifender Verglasung. Gegebenenfalls werden diese Themen bei einer Neuauflage oder Erweiterung zu berücksichtigen sein.

Gedankt wird den Kollegen der TU München, den Vertretern der Bauaufsicht (Bundes- und Länderebene, besonders Frau Dipl.-Ing. I. Maniatis vom DIBt für Anregungen zu Kapitel 9) und dem Verlag für Unterstützung und Geduld.

Für Anregungen oder Wünsche zu einer eventuellen Erweiterung ist der Autor dankbar.

München, im November 2000   Geralt Siebert

BOOK RECOMMENDATION

Nixdorf, S.
Stadium Atlas
Technical Recommendations
for Grandstands in Modern Stadia
2008. 352 pages with 695 figures
Hardcover
€85,90*
ISBN: 978-3-433-01851-4

Stadium Atlas

Unique technical guide of planning stadia combining the requirements of different decision authorities

This Stadium ATLAS is a building-type planning guide for the construction of spectator stands in modern sports and event complexes. In this handbook, the principles of building regulations and the guidelines of important sports associations are analyzed and inter-related in order to clarify dependencies and enable critical conclusions on the respective regulations. The Stadium ATLAS aims to illustrate the constructional and geometrical effects of certain specifications and to facilitate decision-making for planners and clients regarding important parameters of stadium design.

*In EU countries the local VAT is effective for books and journals. Postage will be charged.
Our standard terms and delivery conditions apply.
Prices are subject to change without notice.

Ernst & Sohn
Verlag für Architektur
und technische Wissenschaften GmbH & Co. KG

www.ernst-und-sohn.de

Aweso Scalo® mono duo
„Entdecken Sie die Möglichkeiten"

**Glasschuppenhalter mit
Allgemeiner bauaufsichtlicher Zulassung**

für Glasdicken von 6-12 mm und
Scheibenformate bis B 2,7 x H 1 m.
Daneben mit ZiE auch für absturzsichernde
Verglasung nach TRAV, mit anderen
Glasdimensionen etc. einsetzbar.

Einsatzbereiche:
Laubengang-, Treppenhausverglasungen,
Parkhausfassaden, Zweite-Haut-Fassaden.

Projektbeispiel:
Rekonstruktion der Türme Reichsgericht Berlin Mitte
Dipl. Ing. Hans-Peter Störl (Architekt)
Matthias Lütten GmbH (Ausführung).

Kontakt:
Aweso Systemtechnik GmbH
Alpstr. 17 | A-6890 Lustenau | Österreich

www.aweso.at | office@aweso.at
Tel.: +43-5577-82500 | Fax: +43-5577-82500-4

 GARTNER Steel and Glass

Visionen aus Stahl und Glas

Bahá'í Tempel des Lichts,
Hariri Pontarini Architects.

Architectural Structures
www.gartnersteel.com

Member of Permasteelisa Group

Inhalt

Vorwort V

Teil I   Grundlagen

1   Einleitung 1
1.1   Einführendes Beispiel 1
1.2   Begriffsbestimmung 2

2   Der Werkstoff Glas 5
2.1   Einleitung 5
2.2   Definitionen von Glas 7
2.3   Struktur und Zusammensetzung von Glas 9
2.4   Herstellung von Glas 11
2.4.1   Rohstoffe 11
2.4.2   Produktion von Flachglas 12
2.5   Veredelung von Flachglas 15
2.5.1   Mechanische Bearbeitung 16
2.5.2   Elemente aus mehreren Scheiben (Isolierverglasung, Verbundgläser) ... 17
2.5.3   Gläser mit Vorspannung 17
2.5.4   Beschichtung und Oberflächenbehandlung von Flachglas 18
2.5.5   Gestaltetes Verbundglas 20
2.6   Gebogenes Glas 20
2.6.1   Thermisch gebogenes Glas 20
2.6.2   Kaltverformtes Glas 22
2.7   Sonderprodukte 23
2.7.1   Glasrohre 23
2.7.2   Profilbauglas 23
2.8   Elastische Kenngrößen 24
2.8.1   Elastizitätsmodul E 24
2.8.2   Theoretische und praktische Festigkeit 24
2.8.3   Allgemeine weitere Zahlenwerte 25

3   Bruchmechanik und Auswertung nach Weibull 27
3.1   Allgemeines 27
3.2   Grundgleichungen der Bruchmechanik 27
3.3   Statistische Auswertung nach Weibull 29
3.3.1   Allgemeines 29
3.3.2   Verteilungsfunktion 30
3.3.3   Punktschätzungen für θ und β 30
3.3.4   Grafische Darstellung im Weibull-Netz 31
3.3.5   Vertrauensbereiche 31
3.3.6   Beispiel 1 aus DIN 55303-7 31

3.4	Lösung der Grundaufgaben für Lebensdauerberechnungen	34
3.4.1	Allgemeines	34
3.4.2	Umrechnung der Belastungsgeschichte	34
3.4.3	Umrechnung der Lastfläche und Spannungsverteilung	37
3.4.4	Umrechnung der Wahrscheinlichkeit	39
3.5	Beispiele zu Lebensdauerberechnungen	39
3.5.1	Berücksichtigung unterschiedlicher Belastungsgeschichten	39
3.5.2	Berücksichtigung unterschiedlicher Lastflächen und Lastformen	40
3.5.3	Berücksichtigung unterschiedlicher Bruchwahrscheinlichkeiten	42
4	**Festigkeit und Bruchhypothese**	**43**
4.1	Allgemeines	43
4.2	Einflussfaktoren auf die Festigkeit	43
4.2.1	Mechanischer Bearbeitungszustand von Oberfläche und Kanten	43
4.2.2	Spannungsverteilung und Flächengröße	44
4.2.3	Umgebungsbedingungen und Alter	44
4.2.4	Belastungsgeschwindigkeit und -dauer	45
4.2.5	Vorspannung der Oberfläche	45
4.3	Unterscheidung von Festigkeit und Prüffestigkeit	45
4.3.1	Allgemeines und Definitionen	45
4.3.2	Beispiel zur Erläuterung	46
4.3.3	Schlussfolgerungen aus dem Beispiel	49
4.3.4	Auswirkung einer Vorspannung auf Gleichungen der Bruchmechanik	50
4.4	Versuche nach DIN	51
4.5	Bruchhypothese	52
4.5.1	Allgemeines	52
4.5.2	Versuche zur Bruchhypothese	52
4.5.3	Schlussfolgerungen und Bruchhypothese für Glas	54
5	**Vorgespanntes Glas**	**56**
5.1	Allgemeines	56
5.2	Herstellung	57
5.3	Bruchverhalten	58
5.4	ESG	59
5.4.1	Spontanversagen	60
5.4.2	Heißlagerungsprüfung (Heat-Soak-Test)	60
5.5	TVG	61
5.6	Verteilung der Vorspannung über Querschnitt und Bauteil	62
5.6.1	Ermittlung der Vorspannung durch Versuch und Rechnung	62
5.6.2	Spannungsverlauf in verschiedenen Zonen	63
5.6.3	Festigkeitskennwerte	64
5.7	Dünnglas	65
6	**Verbundglas und Verbundsicherheitsglas**	**66**
6.1	Allgemeines	66
6.2	Rohstoffe und Methoden zur Herstellung von Verbundglas	67
6.2.1	Polyvinylbutyral (PVB)	68
6.2.2	Ethylen-Vinylacetat (EVA)	70

6.2.3	SentryGlas® (SG)	71
6.2.4	Gießharze	72
6.3	Tragverhalten von Verbundglas	73
6.3.1	Schubbeanspruchung	74
6.3.2	Biegebeanspruchung	74
6.4	Resttragverhalten von gebrochenem Verbundglas	76
6.4.1	Allgemeines	76
6.4.2	Resttragfähigkeit verschiedener Zwischenschichten	77
6.4.3	Spannungsverteilung und -umlagerung im Bereich eines Risses	77
6.4.4	Resttragfähigkeit punktgehalterter abgespannter Vordächer mit unterschiedlichen Gläsern und Zwischenlagenmaterial	79
7	**Berechnung von Verbundglas**	**82**
7.1	Allgemeines	82
7.2	Einachsig abtragende Bauteile (Balken)	82
7.2.1	Allgemeines	82
7.2.2	Analytische Lösungen	83
7.2.3	Finite-Elemente-Methode (FEM)	86
7.2.4	Beispiel	88
7.3	Zweiachsig abtragende Bauteile (Platten)	93
7.3.1	Analytische Lösungen	93
7.3.2	Finite-Elemente-Methode (FEM)	93
7.3.3	Beispiel	95
7.4	Schlussfolgerungen	97
8	**Brandschutzverglasungen**	**99**
8.1	Allgemeines	99
8.2	Gegenwärtige und künftige Regelungen	101
8.3	Zusätzliche Anforderungen	102
9	**Sicherheitsverglasungen**	**103**
9.1	Angriffhemmende Verglasungen	103
9.2	Durchschusshemmende Verglasungen	103
9.3	Sprengwirkungshemmende Verglasungen	103
10	**Photovoltaikverglasungen**	**105**
10.1	Allgemeines	105
10.2	Elementtypen	105
10.3	Integration in die Gebäudehülle	106
10.4	Anforderungen an Entwurf und Bemessung	108
10.5	Befestigungssysteme	108
11	**Isolierverglasungen**	**110**
11.1	Allgemeines	110
11.2	Beanspruchung und rechnerische Erfassung von 2-Scheiben-Isolierglas	112
11.2.1	Allgemeines und Definitionen	112
11.2.2	Der Druck im SZR	114
11.2.3	Einführung dimensionsloser Variablen und vereinfachte Lösung	116

11.2.4	Übersicht der Berechnung nach TRLV bzw. DIN 18008	118
11.2.5	Beispiel und Diskussion	122
11.3	Beanspruchung und rechnerische Erfassung von Mehrscheiben-Isolierglas	124
11.3.1	Allgemeines	124
11.3.2	Die Drücke in den SZR	125
11.3.3	Einführung dimensionsloser Variablen und vereinfachte Lösung	126

Teil II   Anwendungen

12	**Baurechtliche Situation**	**131**
12.1	Allgemeines	131
12.2	Harmonisierung technischer Regelungen	132
12.2.1	Bauproduktenrichtlinie (BPR) und Bauproduktengesetz (BauPG)	132
12.2.2	Bauproduktenverordnung (BauPVO)	133
12.3	Musterbauordnung (MBO)	134
12.4	Bauregelliste	136
12.4.1	Allgemeines	136
12.4.2	Bauprodukte und Bauarten aus Glas	138
12.5	Musterliste der Technischen Baubestimmungen	139
12.5.1	Allgemeines	139
12.5.2	Technische Regeln für Glas	141
12.6	Allgemeine bauaufsichtliche Zulassung, Allgemeines bauaufsichtliches Prüfzeugnis	143
12.7	Zustimmung im Einzelfall	145
12.8	Europäische technische Zulassung (ETA)	146
12.9	Ausblick	146

13	**Entwurf und konstruktive Details**	**147**
13.1	Allgemeines	147
13.2	Anwendungsbereich und Glasauswahl	147
13.3	Fertigungstechnische Grenzen	148
13.4	Lagerung von Glasbauteilen	149
13.4.1	Allgemeines	149
13.4.2	Mechanische Verbindungen	150
13.4.3	Klebeverbindungen	160

14	**Berechnung und Bemessung**	**166**
14.1	Allgemeines	166
14.2	Linienförmig gelagerte Verglasungen	167
14.3	Punktförmig gelagerte Verglasungen	167
14.3.1	Allgemeines	167
14.3.2	Nachweis der Verwendbarkeit	167
14.3.3	Ausblick	172
14.4	Klebeverbindungen	172
14.4.1	Allgemeines	172
14.4.2	Bemessung nach ETAG 002	173
14.5	Versuchsgestützte Bemessung	174
14.5.1	Allgemeines	174

| 14.5.2 | Resttragfähigkeit | 175 |
| 14.5.3 | Weitere Bereiche | 175 |

15 Überblick zu Bemessungskonzepten und Nachweisen unterschiedlicher Regelungen ... 176

15.1	Allgemeines	176
15.1.1	Einleitung	176
15.1.2	Nachweiskonzepte	176
15.1.3	Zeitliche Entwicklung der Regelungen im Konstruktiven Glasbau	179
15.2	Nachweis auf Basis des zul-σ-Konzepts	182
15.2.1	Allgemeines	182
15.2.2	DIN 18516-4:1990: Außenwandbekleidungen aus ESG, hinterlüftet	183
15.2.3	Technische Regeln des DIBt: TRLV	184
15.2.4	Technische Regeln des DIBt: TRAV	185
15.2.5	Technische Regeln des DIBt: TRPV	186
15.3	Verfahren der Teilsicherheitsbeiwerte und (sichtbare) Anwendung der Bruchmechanik	186
15.3.1	Allgemeines	186
15.3.2	Wissenschaftliche Arbeiten	187
15.3.3	DIN 18008	193
15.3.4	ÖNORM B 3716	196
15.3.5	EN 13474	198
15.3.6	NEN 2608	199
15.4	Vergleich der Regelungen für ausgewählte Anwendungen	201

16 Konstruktion und Bemessung nach TRLV, TRAV und TRPV ... 204

16.1	TRLV	204
16.1.1	Geltungsbereich, Bauprodukte und Anwendungsbedingungen	204
16.1.2	Nachweisformat, Ermittlung der vorhandenen und zulässigen Werte	207
16.1.3	Anhänge	210
16.2	TRAV	210
16.2.1	Geltungsbereich, Bauprodukte und Anwendungsbedingungen	210
16.2.2	Einwirkungen und Nachweisführung	211
16.2.3	Anhänge	212
16.3	TRPV	213
16.3.1	Geltungsbereich, Bauprodukte und Anwendungsbedingungen	213
16.3.2	Nachweisführung und Ermittlung der vorhandenen Werte	213
16.3.3	Hilfsmittel auf Basis der TRLV	214

17 Konstruktion und Bemessung nach DIN 18008 ... 215

17.1	DIN 18008 Teil 1 – Begriffe und allgemeine Grundlagen	217
17.1.1	Allgemeines, Einwirkungen	217
17.1.2	Sicherheitskonzept und Konstruktionswerkstoffe	217
17.1.3	Einwirkungen	218
17.1.4	Ermittlung von Spannungen und Verformungen	218
17.1.5	Nachweis der Tragfähigkeit und Gebrauchstauglichkeit	219
17.1.6	Nachweise der Resttragfähigkeit	221
17.1.7	Generelle Konstruktionsvorgaben	221

17.2	DIN 18008 Teil 2	222
17.2.1	Allgemeines, Anwendungsbedingungen	222
17.2.2	Zusätzliche Regelungen für Horizontal- und Vertikalverglasungen	222
17.2.3	Nachweise der Tragfähigkeit und Gebrauchstauglichkeit	223
17.3	DIN 18008 Teil 3	224
17.3.1	Allgemeines	224
17.3.2	Anwendungsbedingungen und Konstruktion	224
17.3.3	Zusätzliche Regelungen für Vertikal- und Horizontalverglasungen	224
17.3.4	Einwirkungen und Nachweise	225
17.3.5	Anhänge	225
17.4	DIN 18008 Teil 4	225
17.5	DIN 18008 Teil 5	227
17.6	DIN 18008 Teil 6	227
17.7	DIN 18008 Teil 7	227
18	**Tragelemente**	**228**
18.1	Allgemeines	228
18.2	Stabilität und Lasteinleitung	228
18.3	Ausblick	229

Teil III   Beispiele

19	**Beispiele**	**230**
19.1	Beispiel 1: Vordach mit 2-seitig linienförmig gelagerten Glasscheiben	230
19.1.1	Allgemeines, System und charakteristische Einwirkungen	230
19.1.2	Nachweis nach „zul-σ-Konzept" – TRLV	232
19.1.3	Nachweis nach Konzept der Teilsicherheitsbeiwerte – DIN 18008	233
19.2	Beispiel 2: Linienförmig gelagerte Isolierverglasung	235
19.2.1	Allgemeines	235
19.2.2	Charakteristische Einwirkungen	236
19.2.3	Verteilung der charakteristischen Einwirkungen auf die einzelnen Scheiben des Isolierglaselementes	237
19.2.4	Nachweis nach TRLV	242
19.2.5	Nachweis nach DIN 18008	245
19.3	Beispiel 3: Punktgehaltene, vertikale Windfangverglasung	250
19.3.1	Allgemeines	250
19.3.2	Einwirkungen	251
19.3.3	Berechnung von Spannungen und Durchbiegungen	251
19.3.4	Beanspruchbarkeiten (zulässige Werte) und Nachweise nach TRPV	253
19.3.5	Beanspruchbarkeiten und Nachweis nach DIN 18008	253
19.4	Beispiel 4: Punktgehaltene Überkopfverglasung	255
19.4.1	Allgemeines und Systemdaten	255
19.4.2	Berechnung und Nachweis mittels aufwendigem FE-Modell	256
19.4.3	Vereinfachtes Verfahren nach DIN 18008-3	257
19.4.4	Nachweis mittels abZ	261
19.5	Beispiel 5: Absturzsichernde Einfachverglasung der Kategorie A	263
19.5.1	Allgemeines	263
19.5.2	Grenzzustände für statische Einwirkungen	264

19.5.3	Grenzzustand für stoßartige Einwirkungen	265
19.6	Beispiel 6: Absturzsichernde Isolierverglasung der Kategorie A	267
19.6.1	Allgemeines	267
19.6.2	Nachweis unter stoßartigen Einwirkungen nach TRAV	268
19.6.3	Nachweis unter stoßartigen Einwirkungen nach DIN 18008-4	269
19.7	Beispiel 7: Absturzsichernde Brüstungsverglasung der Kategorie B	272
19.7.1	Allgemeines	272
19.7.2	Grenzzustände für statische Einwirkungen	273
19.7.3	Grenzzustand für stoßartige Einwirkungen	276
19.8	Beispiel 8: Vierseitig linienförmig gelagerte begehbare Verglasung	277
19.8.1	Allgemeines	277
19.8.2	Grenzzustände für statische Einwirkungen	277
19.8.3	Grenzzustände für stoßartige Einwirkungen und Resttragfähigkeit	281
19.9	Hilfsmittel für linienförmig gelagerte Verglasungen	281
19.9.1	Allgemeines	281
19.9.2	Rechteckige zweiseitig linienförmig gelagerte Verglasungen	282
19.9.3	Rechteckige vierseitig linienförmig gelagerte Verglasungen	284

Literaturverzeichnis ... 290

Stichwortverzeichnis ... 306

Teil I Grundlagen

1 Einleitung

1.1 Einführendes Beispiel

Im Rahmen von augenscheinlich aufwendigen Glaskonstruktionen wird in der Regel für Entwurf, Konstruktion und Bemessung der Glasbauteile entsprechend frühzeitig eine sachkundige Unterstützung der am Bau Beteiligten angefordert. Anders verhält es sich (leider) meist, wenn es sich „nur" um ein Vordach oder eine Fassade mit Glas im Rahmen eines größeren Bauvorhabens handelt. Oft wird zwar vom „normalen" Tragwerksplaner eine statische Berechnung der Unterkonstruktion erstellt, spezifische Probleme des konstruktiven Glasbaus und das Glas selbst werden aber außer Acht gelassen oder der ausführenden Firma im Rahmen der Ausschreibung „überlassen". Es kommt dann oftmals nicht die hinsichtlich Tragsicherheit, Gestaltung und Kosten optimale Lösung zur Ausführung. An einem typischen, im Folgenden kurz dargestellten Beispiel wird dies verdeutlicht.

Ein im Grundriss kreissegmentförmiges Vordach für ein Bürogebäude soll entsprechend den Vorstellungen des Bauherrn aus einer abgehängten Stahlkonstruktion mit Verglasung bestehen. Die Glasscheiben sind auf zwei gegenüberliegenden Stahlprofilen linienförmig gelagert. Dementsprechend wurde zunächst von einer problemlosen Genehmigung und Ausführung ausgegangen und das Vordach entsprechend ausgeschrieben. Nach Vergabe und Produktionsbeginn des Stahlbaus stellten sich bei der statischen Berechnung der Verglasung und damit verbunden bei der Beurteilung der Konstruktion die folgenden Probleme dar:

— Die Spannweite der Überkopfverglasung beträgt mehr als 1,2 m, somit ist nach [1, 4] eine nur zweiseitige Auflagerung nicht zulässig. Nachdem eine vierseitige Lagerung der Überkopfverglasung aus optischen Gründen und wegen der bereits erfolgten Produktion der Stahlkonstruktion nicht ausführbar war, ist die Konstruktion derart zu ändern, dass eine ausreichende Resttragsicherheit gegeben ist.

— Eine Unterspannung mit ausreichend tragfähigen Seilen oder Netzen wurde aus optischen Gründen nicht gewünscht, es kam zur Anordnung zusätzlicher Punkthalter in Bohrungen. Für die einzelnen Gläser der VSG-Elemente ist teilvorgespanntes Glas TVG erforderlich. Die Randbedingungen der Technischen Regeln für die Bemessung und die Ausführung punktförmig gelagerter Verglasungen [2] bezüglich des maximalen Stützrasters zur Sicherstellung ausreichender Resttragfähigkeit sind nicht eingehalten, die zur Verwendung geplanten gelenkigen Tellerhalter können nicht nach bauaufsichtlich bekanntgemachten Technischen Baubestimmungen nachgewiesen werden (Kugel- oder Elastomergelenke) und sind auch nicht allgemein bauaufsichtlich oder europäisch technisch zugelassen. Es ist deshalb eine „Zustimmung im Einzelfall" bei der obersten Bauaufsichtsbehörde des Bundeslandes zu stellen.

— Für die Erlangung der „Zustimmung im Einzelfall" ist neben der statischen Tragfähigkeit der Nachweis ausreichender Tragfähigkeit auch im gebrochenen Zustand zu erbringen. Die gegenüber linienförmig gelagerter Verglasung aufwendigere statische Berechnung zusätzlich noch punktförmig gehaltener Gläser sowie Zeit und Kosten für die „Zustimmung im Einzelfall" mit dazu eventuell erforderlichen versuchstechnischen Nachweisen oder gutachterlichen Stellungnahmen waren im Rahmen der Ausschreibung nicht berücksichtigt und beim Angebot nicht kalkuliert.

Bei Kenntnis der Problematik und deren rechtzeitiger Behandlung hätten die genannten (und nicht genannten vertragsrechtlichen und finanziellen) Folgen vermieden oder in zeitlich weniger engem Rahmen gelöst werden können.

Das vorliegende Buch soll einen Beitrag leisten, frühzeitig eventuell auftretende Probleme zu erkennen und erforderlichenfalls einer sachgerechten Lösung zuzuführen.

1.2 Begriffsbestimmung

Nachdem der konstruktive Glasbau ein relativ neues Tätigkeitsfeld mit z. T. neuen Konstruktionen, Konstruktionsformen und Anwendungen ist, werden in diesem Zusammenhang z. T. ungewohnte oder neue Bezeichnungen und Abkürzungen verwendet. Im Folgenden wird ein Überblick über einige wichtige, im Rahmen dieses Buches sowie der Fachliteratur verwendeten Bezeichnungen und Abkürzungen gegeben; dabei wird – soweit möglich – auf die Bezeichnungen aus Vorschriften, technischen Regeln oder Normen zurückgegriffen.

Der Begriff *Einfachverglasung* wird häufig eingesetzt im Sinne von *keine Isolierverglasung*, d. h. auch ein Verbundglaselement kann eine Einfachverglasung sein.

Unter *Resttragsicherheit* (*-fähigkeit*) ist die nach dem Bruch von einzelnen oder allen Gläsern eines Verbundglaselementes verbleibende Sicherheit gegen Versagen zu verstehen, i. d. R. gemessen in Zeitdauer bis zum Absturz gefährlicher Bruchstücke. Der Nachweis kann in der Regel nur durch Bauteilversuche erbracht werden. Bei Verwendung von Glasbauteilen aus entsprechend vielen einzelnen Schichten, kann für Teilzerstörungszustände mit hinreichend vielen intakten Glasschichten und/oder -scheiben die Resttragfähigkeit auch rechnerisch nachgewiesen werden, wobei gebrochene Glasschichten nicht angesetzt werden dürfen [3].

Eine *Überkopfverglasung* (Horizontalverglasung) befindet sich über Kopf von Personen, d. h. es findet unter der Verglasung Personenverkehr statt; dabei sind entsprechend [1, 4] auch Schrägverglasungen mit einer Neigung größer 10° gegen die Vertikale hinzuzuzählen. Nach [10, 11] beträgt die Grenze 15°. Es kommt zur Sicherstellung ausreichender Resttragfähigkeit Verbundsicherheitsglas (VSG) aus Floatglas (FG), früher Spiegelglas (SPG), oder VSG aus teilvorgespanntem Glas (TVG), gegebenenfalls als unterste Scheibe eines Isolierglaselementes, zum Einsatz.

Die *Vertikalverglasung* definiert sich aus der vertikalen Einbausituation, in Abgrenzung zur Überkopfverglasung ist entsprechend [1, 4] auch eine Schrägverglasung mit einer maximalen Neigung von 10° gegen die Senkrechte noch als solche einzustufen. Als Verglasung ist jede Glasart denkbar, abhängig vom Verkehrsaufkommen neben bzw. unter der Verglasung und der Lagerung der Scheiben.

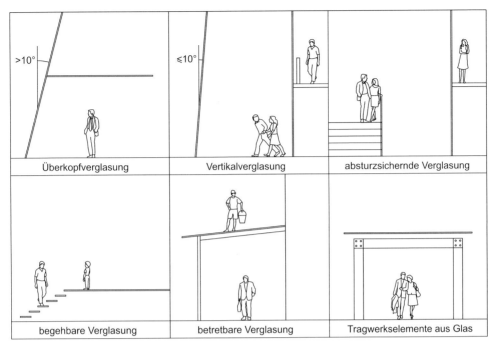

Bild 1.1 Bezeichnung von Verglasungen

Absturzsichernde Verglasung soll den Absturz von Personen bei vorhandenen Höhendifferenzen von Verkehrsflächen verhindern; es werden verschiedene Kategorien unterschieden, je nachdem ob die Verglasung der alleinige Schutz gegen Absturz ist, ein unabhängiger Handlauf vorhanden ist oder die Verglasung nur ausfachende Funktion eines ansonsten selbst ausreichend tragfähigen Geländers hat [7, 12]. Abhängig vom Verkehrsaufkommen finden auch hier die unterschiedlichen Glasarten Verwendung.

Hinsichtlich horizontaler Verglasung mit der Möglichkeit des Aufenthalts von Personen wird vielfach unterschieden in begehbare und betretbare Verglasung. Die *begehbare Verglasung* wird planmäßig begangen, d. h. Personenverkehr ist jederzeit möglich, z. B. bei einem Treppen- oder Brückenbelag. Im Unterschied hierzu soll eine *betretbare Verglasung* nur eingeschränkt zu Wartungs- oder Reinigungszwecken betreten werden, z. B. Überkopfverglasung. Verglasung mit Aufenthalt von Personen ist nur möglich als VSG, wobei für betretbare Verglasung bereits 2-lagiges VSG ausreichen kann, während begehbare Verglasung aus mindestens 3 Lagen Glas bestehen muss [8, 9].

Denkbar ist selbstverständlich auch eine Vielzahl von Kombinationen wie z. B. *begehbare Überkopfverglasung* (Gehbelag einer Brücke mit Personenverkehr auch unter der Verglasung).

Tabelle 1.1 Übersicht häufig verwendeter Abkürzungen und Auswahl von Markennamen

Abk.	Bedeutung	Beispiele für geschützte Bezeichnungen
FG (SPG)	Floatglas (früher Spiegelglas)	Pilkington OPTIFLOAT® PLANILUX® (Saint-Gobain Glass) Ipafloat (INTERPANE) EUROFLOAT (Glas Trösch)
TVG	teilvorgespanntes Glas (auch: thermisch verfestigtes Glas)	BI-Hestral (BGT Bischoff Glastechnik) PLANIDUR® (Saint-Gobain Glass) ipasave TVG (INTERPANE) TG-TVG® (Thiele Glas) SANCO DUR TVG (Glas Trösch)
ESG	Einscheibensicherheitsglas (auch: voll vorgespanntes Glas)	BI-Tensit (BGT Bischoff Glastechnik) ipasave ESG (INTERPANE) SEKURIT® (Saint-Gobain Glass) DELODUR® (Pilkington) TG-ESG® (Thiele Glas) SANCO DUR ESG (Glas Trösch)
ESG-H	Heißgelagertes Einscheibensicherheitsglas	SEKURIT®-H (Saint-Gobain Glass) TG-ESG-H® (Thiele Glas)
VG	Verbundglas	
VSG	Verbundsicherheitsglas	BI-Combiset (BGT Bischoff Glastechnik) STADIP® (Saint-Gobain Glass) SIGLA® (Pilkington) ipasave VSG (INTERPANE) TG-PROTECT® (Thiele Glas) SANCO LAMEX (Glas Trösch)
PVB	Polyvinylbutyral, Kunststoff zur Herstellung von Verbundsicherheitsglas	TROSIFOL® MB (Kuraray Europe, Division Trosifol)) Butacite® (DuPont) Saflex® (Solutia)
SG	SentryGlas®	SentryGlas® (DuPont)
GH	Gießharz, Kunststoff zur Herstellung von Verbundglas und Verbundsicherheitsglas	

2 Der Werkstoff Glas

2.1 Einleitung

Glas findet im Bauwesen seit Jahrhunderten Verwendung für Fenster. Bedingt durch die aufwendigen Verfahren zur Gewinnung der Rohstoffe wie auch der Herstellung von Glas waren Fenster in der vorindustriellen Zeit noch Luxusgüter.

Erst mit der künstlichen Sodakalzinierung wurde eine billige Massenproduktion von Glas ermöglicht. So war eine Voraussetzung für den Einsatz von Glas – neben den ebenso „alten" Baustoffen Holz und Stein – als konstruktiver Werkstoff geschaffen.

Der für die Weltausstellung in London im Jahr 1851 erbaute Kristallpalast ist mit seinen 270.000 mundgeblasenen Scheiben eines der ersten Gebäude mit Glas-Holz-Eisen-Verbund. Dabei kann jedoch die aussteifende Wirkung von gekitteten Glasscheiben nicht ohne Weiteres zuverlässig quantifiziert und auf Dauer sichergestellt werden.

Die Weiterentwicklung der Herstellungsverfahren – nach Glasblasen zunächst Guss-, anschließend verschiedene Ziehverfahren bis zur aktuellen Floattechnik – verbilligten den Werkstoff Glas weiter.

Für die Weltausstellung expo2000 in Hannover findet neben dem effekthascherischen Einsatz als druckbeanspruchte Abstandhalter für die Abspannung der das Dachtragwerk des „Deutschen Pavillon" tragenden Stahlstützen der Konstruktionswerkstoff Glas Verwendung als ansprechende Fassadenverkleidung z. B. von Tetraeder, Kubus und Halbkugel des „Dänischen Pavillon" oder fast selbstverständlich auch als transparentes, begehbares Tragelement in einer Vielzahl von Pavillons.

Zur Weltausstellung 2010 in Shanghai hat Apple einen weiteren sog. Flagstore in Shanghai eröffnet, vgl. Bild 2.1, und dabei wiederum Maßstäbe hinsichtlich der verwendeten Glasbauteile gesetzt; es ist kaum nötig darauf hinzuweisen, dass solche Konstruktionen auch hinsichtlich der Kosten nicht im üblichen Rahmen liegen.

Ein zuverlässig sicherer und wirtschaftlicher Einsatz von Glas als Konstruktionswerkstoff, auch als Ersatz für bislang zum Einsatz gekommene Materialien, setzt jedoch anerkannte Regeln für die Produktion der Rohstoffe, wie für die Berechnung der Tragwerke und seiner Tragelemente voraus. Darüber hinaus ist für einen ausführbaren und bezahlbaren Entwurf wichtig die Kenntnis über die durch unterschiedliche technische Randbedingungen bedingten Grenzen der einzelnen in Bild 2.2 dargestellten Verarbeitungsschritte. So wird beispielsweise die Größe von thermisch vorgespannten Gläsern u. a. durch die Kapazität vorhandener Vorspannöfen begrenzt, und es lassen sich nicht alle vorgespannten Gläser – bedingt z. B. durch die Größe vorhandener Autoklaven – zu Verbundgläsern laminieren.

Bild 2.1 Apple-Store in Shanghai

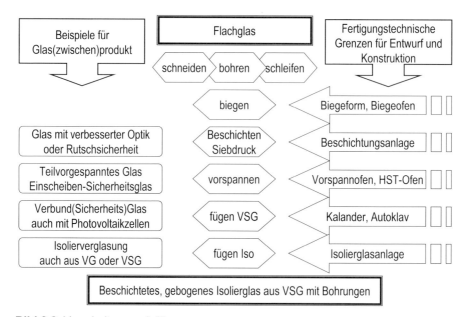

Bild 2.2 Verarbeitungsschritte

Die Kenntnis vorgenannter Grundlagen ist umso wichtiger, als die Ideen der Architekten und Ingenieure keine Grenzen zu haben scheinen und die bekannten und über viele Jahrzehnte erarbeiteten Hilfsmittel der Ingenieure zur Berechnung von Tragstrukturen sich nicht ohne Weiteres von anderen Baustoffen auf Glaskonstruktionen übertragen lassen.

Um entscheiden zu können, welche Berechnungs- und Bemessungsmethoden unverändert anwendbar sind, in welchen Bereichen Modifikationen oder aber gänzlich neue Verfahren erforderlich sind, müssen zunächst Daten über das Material vorliegen. Dies betrifft den Prozess der Herstellung und Veredelung (gemeint ist Vorspannen und Fügen zu Verbundglaselementen) sowie deren chemische Zusammensetzung und molekulare Struktur und, daraus abgeleitet, die für den Bauingenieur wichtigen Eigenschaften und Kenngrößen.

2.2 Definitionen von Glas

Durch die Glasstrukturforschung erarbeitete Ansätze zur Kristallchemie führen zur Netzwerkhypothese, deren Gedanken kurz wiedergegeben werden.

Der Grundbaustein aller Silicate ist der SiO_4-Tetraeder, eine Struktureinheit, in dessen Zentrum ein Siliciumatom steht, umgeben von 4 Sauerstoffatomen. Alle vier Sauerstoffatome berühren gleichzeitig das Siliciumatom und die jeweiligen Koordinationspartner.

Die Polymerisationstendenz der SiO_4-Baugruppe, d. h. die Bildung einer Vielzahl komplexer Silicate ist begründet durch das Bestreben nach völliger Absättigung der Sauerstoffatome mit Elektronen bei bevorzugter Oktetthüllenbildung. Dies kann entweder durch Anlagerung von Metallen, die Elektronen zur Neutralisation mitbringen, oder durch Verknüpfung von Tetraedern untereinander mit Brückensauerstoffatomen mit sich selbst erfolgen.

In kristallinen Verbindungen – z. B. dem Bergkristall – sind die SiO_4-Tetraeder gleichmäßig miteinander zu Netzwerken verknüpft. Beim SiO_2-Glas – z. B. Kieselglas – ist die Verbindung unregelmäßig.

Zur Verdeutlichung der Unterschiede bezüglich der räumlichen Anordnung der einzelnen Atome wählte [24] ein zweidimensionales Analogon, das in Bild 2.3 wiedergegeben ist. Es handelt sich hierbei also **nicht** – wie in einer Vielzahl von Literaturquellen angegeben – um eine Darstellung von SiO_2 im kristallinen und glasigen Zustand mit jeweils einem O_2 ober- oder unterhalb der Zeichenebene, sondern um ein **hypothetisches** A_2O_3-Molekül.

Glasbildung ist auch an Systemen mit mehreren Komponenten möglich. Es lassen sich z. B. in einfaches SiO_2-Glas große Kationen einbauen, indem man SiO_2 zusammen mit Na_2O schmilzt. Die dabei erfolgte Netzwerksprengung mit Änderung der Glasstruktur und Einlagerung der großen Kationen in die Hohlräume soll statistisch erfolgen. Eine wiederum ebene Darstellung ist in Bild 2.4 gegeben.

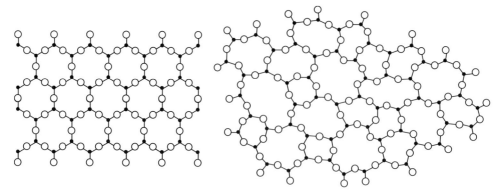

Bild 2.3 Struktur des hypothetischen A_2O_3 im kristallinen (links) und glasigen (rechts) Zustand, O = O, • = A, nach [24]

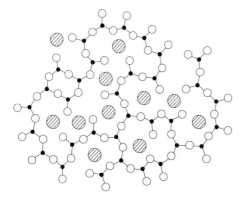

Bild 2.4 Struktur des A_2O_3-Moleküls im Glaszustand mit eingelagerten Fremdatomen

Die binären Erdalkalisilicatgläser haben in der praktischen Anwendung jedoch kaum Bedeutung erlangt, weil sie zur ausgesprochenen Entmischung neigen bzw. ihre Schmelzsysteme Mischungslücken aufweisen, so dass ein starker Trübungseffekt auftritt und Klargläser, bei denen eine bestimmte Tröpfchengröße unterschritten wird, nicht herstellbar sind.

Durch Kombination von zwei oder mehreren Systemen entstehen wegen des Konkurrenzprinzips nur noch relativ kleine tröpfchenförmige Entmischungsbereiche mit für das menschliche Auge jedoch nicht mehr wahrnehmbarer Trübung. Als einfaches und praktisch weit verbreitetes Beispiel sei die Kombination der zwei binären Schmelzsysteme Na_2SiO_2 und $CaOSiO_2$ genannt: das Fenster- oder Kronglas.

Die als weitere Folge einer Entmischung (d. h. also Trennung in alkalireiche und SiO_2 reiche Phase) erleichterte Auslaugbarkeit der alkalireichen Phase z. B. bei Wasserangriff kann durch die Zugabe von 2–3 M.-% Al_2O_3 weiter reduziert und so eine bessere hydrolytische Beständigkeit erreicht werden.

Tabelle 2.1 Zusammensetzung von Flachglas aus Kalk-Natron-Silicatglas nach DIN 1249-10 [42] und EN 572-1 [43] und Borosilicatglas nach EN 1748-1 [45] Angaben in M.-%

Vorschrift	SiO_2	B_2O_3	Na_2O	K_2O	CaO	MgO	Al_2O_3	Andere Oxide bzw. Stoffe
DIN 1249-10	70–74	0	12–16	0	5–12	0–5	0,2–2	geringe Anteile
EN 572-1	69–74	0	12–16	0	5–12	0–6	0–3	kleine Anteile
EN 1748-1	70–87	7–15	0–8	0–8	0–8	0–8	0–8	0–8

Wie bereits oben angedeutet, hat die jeweilige Zusammensetzung selbstverständlich Einfluss auf die Eigenschaften der Produktion und das fertige Erzeugnis Glas. Eine kurze Übersicht gibt Tabelle 2.2; weitergehende Information hierzu findet sich in dem nächsten Abschnitt oder ist der Literatur zu entnehmen.

Tabelle 2.2 Beeinflussung der Eigenschaften der Gläser durch verschiedene Oxide [25]

Eigenschaft	SiO_2	B_2O_3	Al_2O_3	CaO	MgO	BaO	PbO	ZnO	Na_2O	K_2O
Dichte	–		+			+	++	+		
Zugfestigkeit		++	+	++		++	+			
Druckfestigkeit	+		+	–		–	–		– –	– –
Brechungsindex	–	–		++		+	++	+	+	+
spez. elektr. Widerstand	+	+	–	++	+	+	+		– –	– –
Chemische Beständigkeit	+	+	++	++	+			++	– –	–

Erläuterung:
Zugabe eines Oxids zu einer bestimmten Zusammensetzung verändert die Eigenschaft wie folgt:
+ erhöht ++ stark erhöht – erniedrigt – – stark erniedrigt

Aufgrund der Vielzahl von unterschiedlichen Bestandteilen und damit verbunden mit der noch größeren Anzahl von möglichen „Mischungen" ist es selbstverständlich, dass die Materialeigenschaften sich ebenfalls unterscheiden müssen.

2.3 Struktur und Zusammensetzung von Glas

Glas ist ein amorpher Festkörper. In dieser sehr allgemein gehaltenen Definition von [13] beschreibt das Adjektiv „amorph" den Strukturzustand des Materials als einen Zustand mittlerer Ordnung, bei dem es zwar eine Nah- jedoch keine Fernordnung gibt. Mit anderen Worten, die Regelmäßigkeit der molekularen Bestandteile ist nur in der Größenordnung von einigen Vielfachen der einzelnen Bausteine selbst gegeben. So beträgt z. B. der mittlere Abstand zweier Siliciumatome in Kieselsäureglas (SiO_2) 3,6 Å; in einer Größenordnung ab ca. 10 Å ist keine Ordnung der Atome mehr festzustellen.

Das Substantiv „Festkörper" steht für Materialien, die nicht fließen, solange sie nur durch geringe Kräfte beansprucht werden. Etwas genauer und quantifiziert kann „Festkörper" als Material mit einer Viskosität größer 10^{14} Pa s (1 Pa s = 10 Poise) beschrieben werden.

Im Unterschied zu vielen anderen Definitionen von Glas findet bei [13] keine Einschränkung der chemischen Bestandteile wie auch des Herstellungsprozesses statt. Es wird also berücksichtigt, dass auch Metalle und organische Polymere bei ausreichend rascher Abkühlung (bei Metallen von über 1000 K/s) in den amorphen Zustand übergeführt werden können (metallene Gläser finden aufgrund ihrer spezifischen Eigenschaften bereits seit mehreren Dekaden Anwendung in der Elektronik und Elektrotechnik) und neben der Schmelzmethode eine Vielzahl von Verfahren zur Herstellung nichtkristalliner Festkörper existieren und angewandt werden.

Eine andere, auch häufig verwendete Definition von Glas beschreibt den thermodynamischen Zustand: *Glas ist eine eingefrorene unterkühlte Schmelze.* z. B. [14–17].

Auch diese Definition schränkt die chemische Zusammensetzung nicht ein, beschreibt jedoch indirekt einen möglichen Herstellungsprozess. Das Phänomen der eingefrorenen, unterkühlten Schmelze wird im Folgenden anhand der Änderung der spezifischen Wärme, d. h. also der Enthalpieänderung mit der Temperatur $c_P = dH/dT$ kurz erläutert und dem Verhalten eines kristallinen Festkörpers gleicher Zusammensetzung gegenübergestellt, vgl. Bild 2.5.

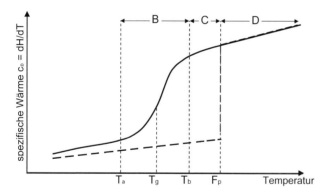

Bild 2.5 Änderung der spezifischen Wärme für glasige (durchgezogene Kurve) und kristalline (gestrichelte Kurve) Festkörper in Abhängigkeit von der Temperatur

Bei entsprechend hoher Temperatur bildet sich aus einem glasigen wie aus einem kristallinen Festkörper eine identische Schmelze (Bereich D in Bild 2.5); diese Schmelze ist im thermodynamischen Gleichgewicht, die Kurven fallen im Bereich D zusammen.

Ab einem bestimmten Temperaturniveau ist die Abnahme der spezifischen Wärme nicht mehr stetig linear. Beim kristallinen Festkörper erfolgt am Schmelzpunkt F_P eine sprunghafte Reduktion der spezifischen Wärme, die in der Schmelze noch ungeordneten Atome oder Moleküle werden nun in einem Kristallverband regelmäßig angeordnet; das Kristall befindet sich ebenfalls im thermodynamischen Gleichgewicht. Eine weitere Abkühlung des kristallinen Festkörpers geht bis nahe an den absoluten Nullpunkt mit einer wiederum stetig linearen Abnahme der spezifischen Wärme c_P einher.

Bei einer Glasschmelze erfolgt der Übergang vom flüssigen in den festen Zustand über ein größeres Temperaturintervall zunächst mit gleicher Steigung weiter stetig linear und im sog. Erweichungsintervall von T_a bis T_b (Bereich B) stark abnehmend. Dabei ist im Gegensatz zum kristallinen Körper die Abnahme nicht sprunghaft, sondern wird durch eine Kurve mit Wendepunkt bei der sog. Transformationstemperatur T_g beschrieben. Thermodynamisch gesehen befindet sich der Festkörper Glas in einem Ungleichgewichtszustand.

Wird die erstarrte Glasschmelze weiter abgekühlt, so ist wiederum eine stetig lineare Abnahme der spezifischen Wärme zu beobachten. Allerdings liegt die c_P-Kurve des glasigen Festkörpers deutlich über der des kristallinen; entsprechend ist der glasige Festkörper energiereicher als der kristalline Festkörper.

Von dem Deutschen Institut für Normung e. V. [18] wird folgende Definition gegeben: *Glas ist ein anorganisches Schmelzprodukt, das im Wesentlichen ohne Kristallisation erstarrt.* Dies entspricht der Definition der American Society for Testing Material (ASTM): *Glass is an inorganic product of fusion which has been cooled to a rigid condition without crystallisation.*

Bei vorstehender Definition wird sowohl die Zusammensetzung auf anorganische Produkte beschränkt und auch das Herstellungsverfahren angegeben.

Im Folgenden soll unter dem Begriff „Glas" der Werkstoff vorwiegend silicatischer Natur verstanden werden. Eine weitergehende Erläuterung und Beschreibung, was im Rahmen dieser Arbeit unter „Glas" zu verstehen ist, geben die folgenden Abschnitte über die Herstellung der Gläser, die Struktur und Zusammensetzung sowie Materialkennwerte.

Für die Bezeichnungsweise und Einteilung von Glas bzw. Glaserzeugnissen gibt es kein einheitliches Prinzip. Im Bauwesen kommt in der Regel Silicatglas als Baustoff zum Einsatz. Die Bezeichnung erfolgt z. T. nach der Geometrie (z. B. Flachglas), nach dem Herstellungsprozess (z. B. Floatglas, Pressglas), nach der Verwendung (z. B. Fensterglas, Glasdachstein) oder auf Grund spezieller Eigenschaften (z. B. Sicherheitsglas).

2.4 Herstellung von Glas

2.4.1 Rohstoffe

Der wichtigste Rohstoff für die Herstellung von Glas ist Sand; er besteht hauptsächlich aus Siliciumdioxid SiO_2, das beinahe die Hälfte der festen Erdoberfläche bildet. Dabei ist wegen der „Verunreinigungen" mit färbenden Oxiden nicht jeder Sand geeignet, ab etwa 0,1 % Fe_2O_3 ist Sand für anspruchsvolle Zwecke ungeeignet, es ist eine deutliche Grünfärbung zu sehen. Für optische Gläser sind die Anforderungen entsprechend höher. Der Gehalt der anderen färbenden Oxide muss in der Regel noch geringer sein.

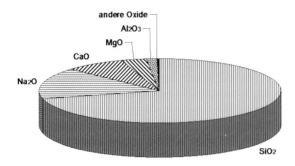

Bild 2.6. Zusammensetzung von Floatglas

Die Schmelztemperatur von Sand (1700 °C) kann durch Zugabe von Flussmitteln gesenkt werden. Früher war dies Pottasche (Kaliumcarbonat K_2CO_3), heute kommt meist – aus Kochsalz und Kalk preisgünstig hergestelltes – Soda (Natriumcarbonat Na_2CO_3) zum Einsatz, das Na_2O wird in das Glas eingebaut während sich CO_2 verflüchtigt.

Zur Erhöhung der chemischen Beständigkeit und Härte wird Kalk (Calciumcarbonat $CaCO_3$) dem Gemenge zugegeben; es verbleibt Calciumoxid (CaO) im Glas, CO_2 verflüchtigt sich wiederum. In Flachgläsern wird das Calciumoxid (CaO) zum Teil durch Magnesiumoxid (MgO) ersetzt, das im Rohstoff Dolomit ($CaCO_3 + MgCO_3$) mit Kalk verbunden ist und die Schmelztemperatur herabsetzt.

Zur Beseitigung von Trennstellen und damit zu verbesserter chemischer Resistenz und erhöhter Zähigkeit bei tiefen Temperaturen wird Tonerde (Al_2O_3) beigegeben, meist in Form von Feldspat (z. B. $NaAlSi_3O_8$).

Wird Calciumoxid z. T. durch Bleioxid oder Bortrioxid ersetzt, ergibt sich Blei(kristall)glas oder Borosilicatglas. Eine Vielzahl weiterer Mischungen ist denkbar und in der industriellen Anwendung, jedoch nicht als im Bauwesen eingesetztes „Massenglas".

2.4.2 Produktion von Flachglas

Flachglas sind alle in flacher Form hergestellten Glasprodukte, die auch in einem späteren Verarbeitungsschritt oder Veredelungsprozess gebogen werden können (z. B. gebogene Aufzugsverglasung).

Die Geschichte der Herstellung von Flachglas begann um Christi Geburt. Die römischen Glasmacher stellten flache Scheiben mittels einer Gusstechnik her: zähflüssiges Glas wurde auf nasses Holz gegossen und mit Werkzeug zu einer Scheibe auseinandergezogen. Nach Erfindung der Glasmacherpfeife hat sich das Blasen von Hohlkörpern und Umformen zu Flächen entwickelt. Beim sogenannten Zylinderblasverfahren bläst der Glasmacher aus heißem, zähflüssigem Glas einen Zylinder, der im erkalteten Zustand längs aufgeschlitzt und im Streckofen glattgebügelt wird. Durch den Glashobel wurde im 18. Jahrhundert das

2.4 Herstellung von Glas

Zylinderblasverfahren entscheidend verbessert, es drängte das bis dahin parallel angewandte Mondglasverfahren zurück. Diese seit dem 4. Jahrhundert bekannte Methode formt durch Schleudern einer geblasenen Glaskugel eine runde Scheibe von anfänglich 15 cm, später bis zu 60 cm Durchmesser.

Das Ende des 17. Jahrhunderts erfundene Tischgussverfahren ermöglichte erstmals eine Herstellung von flachen Scheiben „ohne Umweg"; mit einem Hafen wurde flüssiges Glas aus dem Ofen entnommen, auf einem eisernen Tisch ausgegossen und mit einer gusseisernen Rolle ausgewalzt. Um Spannungen abzubauen erfolgte eine Nachbehandlung in einem vorgewärmten Kühlofen. Beim fortentwickelten Gusswalzenverfahren wurde die flüssige Glasmasse portionsweise zwischen gekühlten Walzen zu einem Glasband geformt, ein erster Schritt hin zu kontinuierlicher Fertigung. Der Einsatz von Wannenöfen, das Walzen des Glases und das Twin-Verfahren zur gleichzeitigen Nachbearbeitung (Schleifen und Polieren) beider Seiten des Glasbandes ermöglichen eine kontinuierliche und wirtschaftliche Produktion von Floatglas. Heute werden mit dem Gusswalzenverfahren Ornamentglas (ornamentiert als Verzierung oder für besondere Streuungswirkungen), Drahtglas (eingebettete Drahteinlage als Einbruch- und Feuerhemmnis sowie zur Stabilisierung gebrochener Scheiben) und Gartenklarglas sowie mit zusätzlichen Formrollen Profilbauglas (U-förmiges Profil durch Umbiegen der Kantenbereiche) hergestellt.

In den zwanziger Jahren des 20. Jahrhunderts lösten maschinelle Ziehverfahren das Zylinderblasen allmählich ab. Bei dem seit 1914 industriell verwendeten *Fourcault-Verfahren* (Bild 2.7 links) wird eine auf dem flüssigen Glas schwimmende Ziehdüse (etwa 3 m langer Körper aus feuerfestem Material mit einem Schlitz) in die Glasmasse eingedrückt und das flüssige Glas mit einem Fangeisen aufgenommen und angezogen. Mittels Walzenpaaren wird es durch den 7 m hohen Kühlschacht senkrecht nach oben geführt, an dessen Ende das abgekühlte und entspannte Glas zugeschnitten wird.

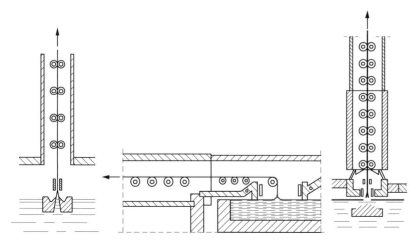

Bild 2.7 Verschiedene Ziehverfahren, nach [16]

Die etwas später entwickelten *Libbey-Owens-* (Bild 2.7 Mitte) und *Pittsburgh-Verfahren* (Bild 2.7 rechts) unterscheiden sich vom Vorgenannten vor allem dadurch, dass das Glas direkt (d. h. ohne Düse) aus der Wanne entnommen wird, um dann ebenfalls mit gekühlten Walzen geführt einerseits nach 70 cm horizontal umgelenkt durch einen 60 m langen Kühlkanal oder andererseits einen 12 m hohen Kühlschachte zu durchlaufen. An deren Ende erfolgt jeweils der Zuschnitt der fertigen Glasscheiben. Als Vorteile sind die gegenüber dem Fourcault-Verfahren etwa doppelte Ziehgeschwindigkeit bei besserer optischer Qualität und der rasche Wechsel von Glasdicken zu nennen.

Um 1960 revolutionierte das Floatverfahren die Fertigung von Flachglas. Das flüssige Glas fließt über einen Lippenstein aus dem Schmelzofen auf flüssiges Zinn, breitet sich aus und wird zu einem Band gezogen. Nachdem die freie Oberfläche von Flüssigkeitsspiegeln sich selbst überlassen immer ebenflächig ist, stellt sich eine planparallele Glasplatte ein.

Durch Verwendung von sog. Top Roller (gezackte Räder, die am Rand in das weiche Glasband eingreifen) lässt sich die Abziehgeschwindigkeit steuern: je nach Winkel der Top Roller wirkt eine Kraftkomponente auf das Glasband senkrecht zur Ziehrichtung nach innen oder außen mit der Folge größerer oder kleinerer Glasdicken. Eine Verhinderung des Ausbreitens der Glasschmelze auf der Zinnoberfläche mittels Carbon Fender (Staubalken) führt zu noch größeren Glasdicken. Insgesamt können mit dieser Steuerung Glasdicken im Bereich 0,4 mm bis 19 mm, z. T. bis 28 mm präzise gefertigt werden.

Auf rund 600 °C abgekühlt, verlässt das erstarrte Glasband die Floatkammer, wird im anschließenden Spannungsofen entspannt, danach kontrolliert, geschnitten und abgestapelt. Die Längenausdehnung einer Floatglasanlage beträgt von Beschickung der Wanne mit Gemenge bis zur Abstapelung mehrere hundert Meter, die Kapazität bei 500–800 t Glas je Tag.

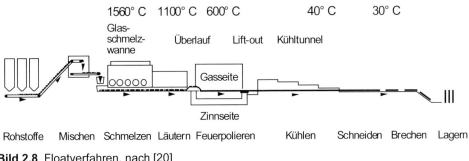

Bild 2.8 Floatverfahren, nach [20]

Bedingt durch die Herstellung weisen die beiden Oberflächen der fertigen Glasscheiben unterschiedliche Eigenschaften auf. Die atmosphärenseitige Oberfläche verarmt vor allem an Na^+, Ca^{2+} und Mg^{2+}, der Abtransport von Na^+ aus der mit dem Zinnbad in Kontakt stehenden Oberfläche wird durch die für eine Gegendiffusion zur Verfügung stehenden Sn^{2+}

erleichtert. Die Zusammensetzungsänderungen sind begrenzt auf Schichtdicken von 0,01 bis 0,02 mm und von der Verweilzeit im Floatbad abhängig; dementsprechend nehmen sie mit der Glasdicke zu. Auf die hydrolytische Beständigkeit hat der Zinngehalt der zinnbadseitigen Oberfläche einen deutlich positiven Einfluss. In einigen Fällen können die chemischen Veränderungen in den Oberflächen des Floatglases zu besonderen farblichen Effekten bei der Weiterverarbeitung führen; sie sind bedingt durch den stark abweichenden „Redox"-Zustand dieser Schichten. Beispielsweise bewirkt bei der Behandlung mit sogenannten „Silberbeizen" vor allem der Sn^{2+} der Zinnbadseite eine verstärkte oberflächennahe Ausscheidung von kolloidalem Silber.

Neben klarem Floatglas, gibt es auch speziell entfärbtes Weißglas (Low Iron = eisenarmes Glas) oder farbiges Glas, das in seiner Masse grau, blau, grün, rosa oder Bronze durchfärbt wird. Bei Weißglas wird der Anteil an Eisenoxid im Quarzsand, der bei normalem Floatglas zu einer leichten Grünfärbung führt, nahezu vollständig entfernt. Hierdurch wird das Floatglas besonders klar und farbneutral. Gerade bei Ganzglaskonstruktionen in Verbindung mit Sonnenschutzbeschichtungen oder dickeren Glasaufbauten wird Weißglas häufig verwendet. Ebenso findet es Anwendung in der Solarindustrie bei der Herstellung von Photovoltaikelementen.

Bei eingefärbtem Floatglas, wird durch Beimischen von Metalloxiden in das Gemenge die gesamte Glasschmelze gleichmäßig durchfärbt. Da Floatglasanlagen permanent rund um die Uhr produzieren, ist die anschließende Umstellung von eingefärbtem auf klares Floatglas sehr kosten- bzw. zeitintensiv. Einsatzbereiche sind auch hier sehr vielseitig, Sonnenschutzgläser oder spezielle Designgläser sind nur einige Beispiele.

2.5 Veredelung von Flachglas

Die meisten der an moderne Verglasungen von Gebäuden oder tragende Glaselemente gestellten Anforderungen wie Wärmedämmung, Licht-, Schall- und Brandschutz, optische und dekorative Effekte sowie (Rest-)Tragsicherheit kann Flachglas direkt nach der Herstellung nicht erfüllen. Im Wege der industriellen Veredelung (siehe Bild 2.9) können entsprechende Beschichtungen aufgebracht und Gläser zu entsprechenden Einheiten verbunden werden.

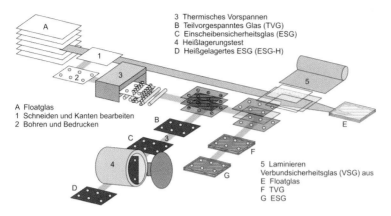

Bild 2.9 Veredelungsstufen von Floatglas

2.5.1 Mechanische Bearbeitung

Vor der Veredelung werden die Floatgläser auf Maß zugeschnitten. Hierzu muss aufgrund des spröden Materialverhaltens das Glas zunächst an der Oberfläche entlang der Bruchkante angeritzt und anschließend durch Biegung an der Sollbruchstelle gebrochen werden. Es entstehen relativ unregelmäßige, scharfe Kanten und Ränder mit Abplatzungen. Die Qualitätsstufen der Kantenbearbeitung werden nach [21, 22] wie folgt bezeichnet: gesäumt, maßgeschliffen, geschliffen und poliert (Bild 2.10). Um die Kante zu „glätten", ist eine Bearbeitung durch Fräsen und ggf. Polieren notwendig. Hierdurch wird gleichzeitig eine Maßhaltigkeit und Verminderung der Gefahr des Kantenbruchs erzielt. Soll die Scheibe in einem späteren Prozess vorgespannt werden, so sind die Kanten mindestens „gesäumt" auszuführen [21, 22]. Werden vorgespannte Scheiben zusätzlich mit Bohrungen für die Aufnahme von Punkthaltern versehen, ist nach DIN 18008-3 [6] eine Kantenqualität von mindestens „geschliffen" erforderlich.

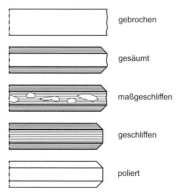

Bild 2.10 Bearbeitungsstufen von Glaskanten

■ **Stahlbau** bündelt in einer Fachzeitschrift alles über Stahl-, Verbund- und Leichtmetallkonstruktionen im gesamten Bauwesen. Seit 1928 begleitet sie maßgeblich den gesamten Stahlbau. In ihr finden sich praxisorientierte Berichte über sämtliche Themen des Stahlbaus.

HRSG.
ERNST & SOHN

Stahlbau

81. Jahrgang 2012.
Erscheint monatlich.

Chefredakteur:
Dr.-Ing. Karl-Eugen Kurrer

Jahresabonnement print
ISSN 0038-9145
€ 454,– *

Jahresabonnement
print + online
ISSN 1437-1049
€ 523,– *

Impact-Faktor 2011: 0,254

www.ernst-und-sohn.de/zeitschriften

*Preise gültig bis 31. August 2013. Exkl. MwSt, inkl. Versand. Irrtum und Änderungen vorbehalten. 0162210016_pf

Probeheft bestellen: www.ernst-und-sohn.de/Stahlbau

Ernst & Sohn
Verlag für Architektur und technische
Wissenschaften GmbH & Co. KG

Kundenservice: Wiley-VCH
Boschstraße 12
D-69469 Weinheim

Tel. +49 (0)6201 606-400
Fax +49 (0)6201 606-184
service@wiley-vch.de

Ernst & Sohn
A Wiley Company

Für die Herstellung von Bohrungen werden gewöhnlich Diamant-Hohlbohrer verwendet, die von beiden Seiten der Bohrung angesetzt werden, um Ausbrüche beim Durchbohren zu verhindern. Mögliche Exzentrizitäten bei der Ausrichtung der Bohrköpfe bringen Unebenheiten (Versatz) in der Laibung mit sich, die im späteren Einbauzustand zu ungewollten Spannungsspitzen im Glas führen können. Eine Nachbearbeitung der Laibung zusammen mit dem Fasen der Bohrungskanten ist in diesen Fällen dringend zu empfehlen und daher auch normativ geregelt DIN 18008-3 [6]. Zur Erzeugung von Freiform-Schnittkanten eignet sich insbesondere die Wasserstrahlschneidetechnik (Water Jet): Bei diesem Verfahren wird Wasser mit einer abrasiven Beimengung unter hohem Druck (bis zu 4000 bar) durch eine feine Düse präzise auf die Schnittlinie gelenkt. Neue Bohr- bzw. Frästechniken erlauben mittlerweile auch die Herstellung von einseitigen Durchgangsbohrungen und hinterschnittenen Bohrlöchern.

2.5.2 Elemente aus mehreren Scheiben (Isolierverglasung, Verbundgläser)

Durch die Produktion von Verbunden aus mehreren Gläsern, gegebenenfalls mit Scheibenzwischenraum, können Wärmedämmung sowie Schall- und Brandschutz verbessert und (Rest-)Tragsicherheit vergrößert werden. Dabei ist zu unterscheiden zwischen im Randbereich verbundener Isolierverglasung (wobei die einzelnen Scheiben auch aus Verbundglas bestehen können) und verschiedenen Arten Verbundglas. Letztere unterscheiden sich hauptsächlich in der Art der verbindenden Zwischenschicht: Gießharze oder spezielle PVB-Folien verbessern in Zusammenwirkung als abgestimmtes Masse-Dämpfer-Element die Schalldämmung, aufschäumende Füllmasse (z. B. wasserhaltiges Alkalisilikat „Wasserglas") verbessert den Brandwiderstand und Polyvinylbutyral ist beispielsweise zur Fertigung von Verbundsicherheitsglas geeignet.

2.5.3 Gläser mit Vorspannung

Um den Widerstand gegen mechanische oder thermische Beanspruchungen zu verbessern, die Tragfähigkeit zu erhöhen oder ein spezielles Bruchbild zu erreichen, werden Gläser vorgespannt. Das Vorspannen kann auf verschiedene Weise erfolgen, eine Übersicht ist in Tabelle 2.3 gegeben.

Die Vorspannung ist für das Glas ein Eigenspannungszustand, der Druckspannung in Oberflächennähe steht eine Zugspannung im Inneren des Glasvolumens entgegen. Baupraktisch im Einsatz ist derzeit überwiegend die sog. thermische Vorspannung durch Erwärmen der Gläser mit abschließendem gezieltem Abschrecken derselben, vereinzelt auch chemische Vorspannung.

Tabelle 2.3 Überblick über Vorspannverfahren nach [23]

Vorspannverfahren	Thermisches Vorspannen	Chemisches Vorspannen	Überfangverfahren
Glasart	alle Gläser	Spezialglas	Gläser unterschiedlicher α_T-Werte
Ursache der Druckvorspannung in der Oberflächenschicht	Aufweitung der Glasstruktur durch Abschrecken	Aufweitung der Glasstruktur durch Ionenaustausch	Äußere Glasschicht besitzt kleineren α_T-Wert
qualitative Spannungsverteilung	Druck|Zug	Druck|Zug	Druck|Zug
Änderung bei hohen Temperaturen	Spannungsabbau über 300 °C	Spannungsabbau über 300 °C	reversibler Spannungsabbau
Anwendungen	Autoverglasung Bauverglasung Haushalt	Flugzeugverglasung Verbundverglasung Brillengläser Beleuchtungsglas	Tischgeschirr Forschungsstadium für weitere Anwendungen durch neue Technik

2.5.4 Beschichtung und Oberflächenbehandlung von Flachglas

2.5.4.1 Soft / Hard Coating

Insbesondere zur Erhöhung des Sonnenschutzes wird Flachglas mit metallischen oder oxydischen Schichten belegt, so dass bei ausreichender Lichtdurchlässigkeit durch die hohe Reflektivität der Edelmetalle und bei Interferenzvorgängen an hochbrechenden Schichten ein Teil der wärmewirksamen solaren Strahlung nicht durch die Gläser dringt. Entsprechende transparente Oberflächenschichten aus Edelmetallen oder oxydischen Halbleitern reflektieren bei über 70 % Lichtdurchlässigkeit bis zu 90 % infrarote Strahlung und vermindern so Wärmeverluste.

Beschichtungen können zum einen noch in der Floatanlage (Online) oder unmittelbar nach deren Verlassen (d. h. also noch vor einem endgültigen Zuschnitt) und zum anderen erst in einem späteren Bearbeitungszustand (Offline) aufgebracht werden: Pyrolytische Beschichtungen, sogenannte „Hard Coatings", werden während der Floatglasproduktion auf das warme Floatglasband aufgetragen und dabei eingebrannt. Hierdurch entsteht eine gegen chemische Einflüsse und Abnutzungen beständige Oberfläche.

Im „Soft Coating" Prozess werden die Metall- oder Oxidschichten hauptsächlich durch Verdampfung oder Kathoden-Zerstäubung im Vakuum oder Niederschlagen von dampfförmigen oder flüssigen Ausgangsverbindungen mit gleichzeitiger bzw. anschließender Erhitzung aufgebracht (Sputter Prozess). Zum Teil sind bei unzureichender mechanischer Resistenz spezielle Schutzschichten erforderlich. Prinzipiell sind mit dem Sputter Prozess mehrere Beschichtungsvarianten möglich und es können verbesserte Sonnen- und Wärmeschutzeigenschaften als mit dem pyrolytischen Verfahren erzielt werden.

Eine neue Generation von „Soft Coatings" kann vor dem thermischen Vorspannen aufgebracht werden. Früher mussten zuerst der Zuschnitt und der Vorspannprozess erfolgen, bevor die Beschichtung aufgebracht werden konnte, was die Herstellungsmöglichkeiten begrenzte. Die Beschichtungen können in der Regel bei bis maximal 3210 mm × 6000 mm großen Scheiben aufgebracht werden.

2.5.4.2 Bedruckung

Die Nachfrage von bedrucktem Glas in der Architektur ist mittlerweile sehr groß, daher wurden in den letzten Jahren Drucktechniken und Farbenzusammensetzungen verbessert. Insbesondere wird auf schwermetallhaltige Farben verzichtet und durch die digitale Drucktechnologie sind nahezu alle Motive möglich [26].

Siebdruck

Ganzflächig oder bereichsweise kann auf Glas mittels der Siebdrucktechnik Farbe aufgetragen werden. Es ist zu unterscheiden zwischen thermisch durch Erhitzen zu fixierenden Keramikfarben (Emaillierung) und selbsttrocknender Zweikomponentenfarbe. Die keramischen Farben werden aufgetragen und während des Herstellungsprozesses zu teilvorgespanntem Glas oder Einscheibensicherheitsglas eingebrannt. Die Bedruckung ist weitestgehend kratzfest, feuchte- und säureresistent. Neben dem Erzielen spezieller optischer oder gestalterischer Effekte kann durch die eben genannten Änderungen der Oberfläche die Rutschsicherheit z. B. für begehbares Glas verbessert werden. Bei vollflächiger Bedruckung wird die Farbe in der Regel mittels Rollwalzen auf die Glasoberfläche aufgebracht, um eine möglichst homogene Farbschicht zu erzielen.

Digitaler Druck

Beim digitalen Druck werden die keramischen Farben über einen Plotter direkt auf die Glasoberfläche aufgetragen. Die Farbdichte kann durch die Tropfenzahl variiert werden. Generell ist die Schichtdicke geringer als beim Siebdruckverfahren. Derzeit liegt die maximale Scheibenabmessung, die bedruckt werden kann, bei 2800 mm × 3700 mm; nachdem diese Begrenzung „nur" durch die Größe des Druckertischs bestimmt ist, wären auch größere Abmessungen denkbar. Auch hier werden die Farben durch den Vorspannprozess des Glases eingebrannt. Wesentlicher Vorteil dieses Verfahrens ist, dass, im Vergleich zum Siebdruckverfahren, keine Kosten für die Schablonen entstehen. Ebenso sind durch die direkte Übertragung des Designs vom PC auf den Plotter fotorealistische Bedruckungen möglich sowie durch die hohe Genauigkeit sogenannte „double visions" (z. B. schwarze auf weiße Punkte) relativ einfach realisierbar [26].

2.5.4.3 Ätzen, Sandstrahlen

Eine Alternative der allerdings „farblosen" Gestaltung ist die Bearbeitung durch Ätzen (z. B. mit Flusssäure) oder Sandstrahlen, gegebenenfalls unter Verwendung von Schablonen.

2.5.5 Gestaltetes Verbundglas

Die digitale Drucktechnologie ermöglicht nicht nur die Bedruckung von Glas (vgl. Abschn. 2.5.4.2), sondern auch die Bedruckung der Polyvinylbutyral(PVB)-Folie eines Verbundglases. Hierzu ist lediglich eine spezielle Vorbereitung der Folienoberfläche nötig. Ebenso auf die Folie abgestimmt, sind die zu verwendenden organische Farben. Es können Bilder bis zu einer Auflösung von 1400 dpi in jeder Farbkombination gedruckt werden [26]. Die maximalen Abmessungen einer bedruckten Folie betragen derzeit ca. 2390 mm × 4270 mm.

Bei der Aufbereitung von Druckmotiven ist ein eventueller Schrumpf der Folie im Zuge der weiteren Verarbeitung zu berücksichtigen. Um im Endergebnis einen Kreis zu erhalten, ist beispielsweise eine Ellipse auf die Folie zu drucken.

Die Farben und die PVB-Folie sind so aufeinander abgestimmt, dass die Anforderungen nach TRLV [1] bzw. DIN 18008 [3, 4] sowie DIN EN ISO 12543-2 [27] und DIN EN 14449 [28] erfüllt werden und somit die Folie zu Verbundsicherheitsglas verarbeitet werden kann.

2.6 Gebogenes Glas

Durch die immer komplexer werdenden Gebäudegeometrien, insbesondere freigeformte Geometrien, die sich mit der entsprechenden 3-D-Software mittlerweile relativ einfach erzeugen lassen, ist gebogenes Glas in der Architektur ein fester Bestandteil geworden. Die Anwendungsbereiche reichen von Einfachverglasungen für Vordächer bis hin zu Isolierglaselementen mit hochfunktionalen Sonnen- und Wärmeschutzbeschichtungen.

Flachglas lässt sich durch verschiedene Methoden dauerhaft verformen. Das thermische Biegen von Glas stellt dabei zweifelsfrei die älteste Methode dar. Relativ neu hingegen ist das Kaltverformen von Glas, das seit einigen Jahren in der Architektur immer häufiger zum Einsatz kommt. Eine neue Variante des Kaltverformens ist das Laminationsbiegen.

Kaltverformte Scheiben haben gegenüber thermisch gebogenen Scheiben den Vorteil, dass sie eine hohe optische Qualität bzw. Transparenz und Planität besitzen. Insbesondere bei der Ausführung komplexer Gebäudegeometrien, die eine Vielzahl unterschiedlich gekrümmter Gläser benötigen, ist wegen der hohen Herstellungskosten für Biegeformen, die Verwendung von kaltverformtem Glas meist preiswerter.

2.6.1 Thermisch gebogenes Glas

Um den gewünschten Biegeradius herzustellen, wird Flachglas in der Regel in eine Biegeform gelegt und in einem Biegeofen solange erwärmt, bis der Erweichungspunkt (ca. < 550 °C bis 620 °C) des Glases erreicht ist. Bei Erreichen des Erweichungspunktes passt sich das Glas der Biegeform an. Danach wird es langsam und kontrolliert auf Raumtemperatur abgekühlt. Dieses Verfahren wird auch als Schwerkraftbiegen bezeichnet (Bild 2.11). Bei moderneren Biegeöfen hingegen, wird das Flachglas erwärmt und von beiden Seiten durch bewegliche Biegeformen in die gewünschte Form gebracht (Bild 2.12). Meistens wird der Biege- und Abkühl- bzw. Vorspannprozess in einem Ofen durchgeführt. Entscheidender Vorteil des Schwerkraftbiegens gegenüber beweglicher Biegeformen ist, dass bei der Herstellung von VSG die Scheiben paarweise auf die Biegeform gelegt und gebogen werden können. Es ergeben sich dadurch deutlich geringere Toleranzen der Einzelscheiben als mit beweglichen Biegeformen hergestelltes gebogenes Glas. Des Weiteren können durch Schwerkraftbiegen auch zweifach gekrümmte Formen hergestellt werden, während bewegliche Biegeformen in der Regel nur zylindrische Formen erlauben. Vorteil der Herstellung mittels beweglicher Biegeformen ist die Möglichkeit der thermischen Vorspannung.

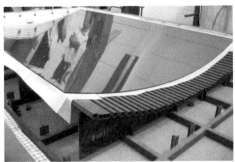

Bild 2.11 Biegeform zum Schwerkraftbiegen

Bild 2.12 Ofen mit beweglicher Biegeform

Der Biegeprozess hängt von vielen Parametern ab und ist in der praktischen Umsetzung sehr anspruchsvoll. Für die Produkteigenschaften von wesentlicher Bedeutung ist dabei die kontrollierte Abkühlung, um Restspannungen im Glas zu vermeiden. Durch schnelles Abkühlen hingegen erhält man thermisch teil- oder vollvorgespanntes Glas. Nicht nur unterschiedliche Glasarten, sondern auch die Glasdicke und die Geometrie (Radius, Abmessungen) beeinflussen die Ofenparameter. So ist es z. B. bei großen Biegewinkeln fertigungstechnisch einfacher, zwei dünne Gläser zu Verbundglas zu verbinden, als eine gleich dicke monolithische Scheibe herzustellen.

Am häufigsten wird planes Glas zylindrisch gebogen. Um die Biegung zu definieren, sind zwei Parameter notwendig, entweder der Radius und die Bogenlänge oder die Sehne und die Stichhöhe. Der kleinste Biegeradius für Floatglas beträgt abhängig von der Glasdicke ca. 100 mm. Doppelachsige Biegungen sind in der Regel nur bei thermisch nicht vorgespanntem Floatglas möglich.

Bisher existieren noch keine Normen oder technischen Regeln für thermisch gebogenes Glas. Insbesondere gibt es keine Norm zur Bestimmung der Biegefestigkeit. Daher ist in Deutschland für jede Anwendung eine Zustimmung im Einzelfall oder eine allgemeine bauaufsichtliche Zulassung [29, 30] notwendig.

Die Biegezugfestigkeit von thermisch gebogenen Gläsern wurde im Rahmen diverser Forschungsvorhaben und allgemeiner bauaufsichtlicher Zulassungen untersucht [31–33]. Neben Versuchen in Bauteilgröße, wurde auf Grundlage der existierenden Norm DIN EN

1288-3 [34] zur Bestimmung der Biegezugfestigkeit von Flachglas, an modifizierten Versuchseinrichtungen, die Biegezugfestigkeit nach dem Vierschneiden-Verfahren bestimmt.

2.6.2 Kaltverformtes Glas

Von Kaltverformen spricht man, wenn Flachglasscheiben mechanisch unter Krafteinwirkung in eine gebogene Auflagerkonstruktion gepresst und anschließend fixiert werden. Die Lagerung kann dabei linien- oder punktförmig sein. Da durch diesen Prozess die Scheiben eine dauerhafte Eigenspannung erfahren und in der Regel noch zusätzliche äußere Einwirkungen wie Wind und Schnee aufgenommen werden müssen, kann nicht jeder beliebige Krümmungsradius hergestellt werden. Ebenso maßgebend sind Glasdicke und Scheibengeometrie. Bei Verbundglaselementen spielt auch der Ansatz eines mitwirkenden Schubverbundes der Zwischenschicht eine wesentliche Rolle. Aufgrund der hohen resultierenden Spannungen ist für kaltverformtes Glas fast immer thermisch vorgespanntes Glas notwendig.

Es können sowohl einfach als auch doppelt gekrümmte Glaselemente hergestellt werden. Zur Herstellung doppelt gekrümmter, kaltverformter Glaselemente wie sie bei Fassaden sehr oft verwendet werden, wird die Scheibe in der Regel an drei Punkten in einer Ebene fixiert und der vierte Punkt in die gewünschte Position außerhalb der Ebene gedrückt. Verschiedene Untersuchungen zu dieser Methode sind in [35, 36] beschrieben. Werden Isolierglaseinheiten kalt verformt, sind zusätzlich die Eigenspannungen im Randverbund zu berücksichtigen. Zudem gilt es vom Isolierglashersteller ausreichende Garantien für die Dauerhaftigkeit bzw. Funktionsfähigkeit der Isolierglaselemente zu erhalten.

Zylindrisch gebogene Scheiben eignen sich insbesondere für Vordächer bzw. Überkopfverglasungen, die durch Lagerung an den kurzen Kanten in Form gebracht werden können (Bild 2.13).

Zum zeit- und lastabhängigen Verformungsverhalten unterschiedlicher PVB-Folien von kaltverformten Verbundglaseinheiten wurden experimentelle und numerische Forschungsarbeiten u. a. von Belis et al. [37, 38] durchgeführt.

Bild 2.13 Kaltverformte Überkopfverglasung

Eine relativ neue Methode stellt das sogenannte *Laminationsbiegen* dar. Bei diesem Verfahren werden das Scheibenpaket und die dazwischen liegende Zwischenschicht, zur Formgebung werksseitig in eine Biegeform gezwängt und fixiert. Danach erfolgt die Herstellung der Verbundglaseinheit im Autoklaven unter Temperatur- und Druckeinwirkung. Bevor die Fixierung des Verbundglases gelöst wird, erfolgt die Abkühlung auf Raumtemperatur. Dieses Verfahren eignet sich insbesondere für große Biegeradien oder leicht geschwungene Oberflächen. Als Ausgangsprodukt eignet sich hervorragend vorgespanntes Dünnglas (vgl. Abschn. 5.7). Experimentelle und numerische Untersuchungen von doppelt gekrümmten Glaselementen, die mittels Laminationsbiegen hergestellt wurden, sind in [39] beschrieben.

2.7 Sonderprodukte

2.7.1 Glasrohre

Die zwischenzeitlich kaum noch praktizierte manuelle Fertigung von Glasrohren leitete sich aus dem Blasen ab. Neben der verbreiteten Anwendung von Glasrohren als Ampullen, Leuchtstoffröhren, medizinisch-technisches Hohlglas oder Thermometer finden sie derzeit als Schornsteine Verwendung. Ein Einsatz als Stütze oder Drucktragglieder z. B. in seilverspannten Konstruktionen ist denkbar, entsprechende Forschungsarbeiten sind in Bearbeitung.

Mit einer Leistung von 3 m Glasrohrlänge je Sekunde läuft bei dem Danner-Verfahren auf ein schräg gestelltes, langsam rotierendes Tonrohr, die Danner-Pfeife, ein kontinuierlicher Strang von Glasschmelze. Am tieferen Ende der Pfeife wird das Glas unter Bildung einer „Ziehzwiebel" abgezogen, wobei durch Einblasen von Druckluft durch die Hohlwelle der Pfeife ein Hohlraum entsteht. Nach Umlenken in die Horizontale durchläuft das erstarrende Rohr eine Rollenbahn bis zur Ziehmaschine, hinter der nach entsprechender Kühlung eine Trennung in ca. 1,5 m lange Abschnitte erfolgt. Durch Druck der Blasluft, Temperatur und Ziehgeschwindigkeit werden Durchmesser (1 bis 70 mm) und Wanddicke der Rohe bestimmt.

Noch leistungsfähiger ist das Vello-Verfahren: das flüssige Glas tritt senkrecht nach unten durch die Ziehdüse aus, der Hohlraum wird durch eine Pfeife mit konischer Öffnung in der Düse geformt. Das noch weiche Rohr wird waagerecht umgelenkt und wie beim Danner-Verfahren über eine Rollenbahn abgezogen, gekühlt und in gewünschter Länge abgeschnitten.

Das A-Zugverfahren als Variante der Vello-Methode zieht das Glas ebenfalls nach unten, das austretende Glas ist jedoch von einem Vakuumtopf umgeben, dessen Durchbruch mittels einer verstellbaren Irisblende abgedichtet ist. Mit im Vergleich zu den anderen Verfahren geringen Ziehgeschwindigkeiten lassen sich Durchmesser bis ca. 450 mm herstellen.

2.7.2 Profilbauglas

Profilbauglas stellt eine Produktvariante des Gussglases dar. Die U-förmige Form wird im Maschinenwalzverfahren nach DIN EN 572-7 [47] hergestellt. Dieses kann mit oder ohne Drahteinlage bzw. mit oder ohne Ornament hergestellt werden und ist in der Regel lichtdurchlässig. Eine thermische Vorspannung ist ebenso möglich. Der Einbau erfolgt ein- oder zweischalig. Profilbauglas ist ein sehr vielfältiges Bauprodukt, die Anwendung reicht heute vom funktionalen Zweckbau bis zur architektonisch anspruchsvollen Fassade (Bild 2.14).

In Deutschland handelt es sich bei Profilbauglas um ein nicht geregeltes Bauprodukt (vgl. Kapitel 12), für dessen Verwendung eine Zustimmung im Einzelfall erforderlich ist. Allerdings gibt es von zwei Herstellern für nicht vorgespanntes Profilbauglas zur Anwendung im Vertikalbereich allgemeine bauaufsichtliche Zulassungen [48, 49].

Bild 2.14 Fassadenbeispiele mit Profilbauglas

2.8 Elastische Kenngrößen

Glas verhält sich in nahezu jeder Zusammensetzung bei mechanischer Beanspruchung linear elastisch und versagt mit einem spröden Trennbruch.

2.8.1 Elastizitätsmodul E

Begründet durch den molekularen Aufbau bzw. die molekulare Struktur sowie thermische Behandlung bzw. Abkühlgeschwindigkeit beträgt der Elastizitätsmodul abhängig von der Zusammensetzung 45 bis 78 GPa. Für eine kurze Darstellung der Auswirkung einer Variation der Zusammensetzung einfacher binärer und ternärer Gläser sowie weiterführender Literatur vgl. [40].

Die Querdehnzahl und der Schubmodul sind analog dem Elastizitätsmodul ebenfalls von der Zusammensetzung abhängig. Für die Querdehnzahl ergeben sich nach den verschiedenen Literaturquellen abhängig von der Zusammensetzung bzw. der Struktur Zahlenwerte von 0,17 für Kieselglas bis fast 0,30 für Gläser mit einem hohen Anteil großer Ionen. Bei üblichen Kalk-Natron-Gläsern liegt μ nahe 0,22. Der Schubmodul G ergibt sich mittels der bekannten Formeln der Elastizitätstheorie.

Für die Kennwerte der im Bauwesen angewandten Kalk-Natron-Silicatgläser und Borosilicatgläser vgl. Tabelle 2.5.

2.8.2 Theoretische und praktische Festigkeit

Es gibt viele Ansätze und Versuche, die Frage der theoretischen Festigkeit von Glas zu klären. Danach wird die mechanische Festigkeit primär bestimmt durch die Stärke der chemischen Bindungen zwischen den einzelnen Glasbausteinen. Die Ergebnisse der verschiedenen Ansätze und Überlegungen liegen alle in der gleichen Größenordnung von 10.000 bis 30.000 MPa.

Die tatsächlich gemessenen Werte für die Festigkeit von Gläsern liegen meist um mehrere Größenordnungen unter den o. g. theoretisch ermittelten. Die praktische Festigkeit wird im Allgemeinen definiert durch eine Bruchspannung, bei der Versagen einer Probe eintritt. Diese traditionelle Betrachtungsweise geht also von einem materialspezifischen Grenzwert – der Zugspannung σ_{Bruch} – aus, die bei Beanspruchung maximal ertragen werden kann; d. h. Bruch tritt ein, sobald vorh σ größer σ_{Bruch} ist.

Die in Tabelle 2.4 wiedergegebenen Zahlenwerte sind *„in Abhängigkeit von dynamischer Last über die gesamte Fläche, z. B. Windlast mit einer Bruchwahrscheinlichkeit von 5 % angegeben"*.

Tabelle 2.4 Allgemein gebräuchliche Werte der mechanischen Festigkeit, aus [22, 41]

Basisglas	Thermisch vorgespanntes Einscheiben-Sicherheitsglas DIN EN 12150 (2000)	Chemisch vorgespanntes Glas DIN EN 12337 (2000)
Floatglas	120 MPa	150 MPa
gezogenes Flachglas	90 MPa	150 MPa
emailliertes Floatglas, emaillierte Oberfläche unter Zug	75 MPa	
Ornamentglas	90 MPa	100 MPa

Tatsächlich ist das Versagen von Glas als linearelastischem, homogenem und isotropem Werkstoff am zutreffendsten zu beschreiben mit Hilfe der elementaren „linearelastischen Bruchmechanik". Diese Betrachtungsweise sieht die Frage nach der Festigkeit nicht im Überschreiten einer Bruchspannung, sondern in differenzierter Weise als Frage nach der Erweiterungsmöglichkeit bzw. Erweiterungsgeschwindigkeit eines Risses.

Zusammenfassend ist festzustellen, dass die praktische Festigkeit von Glas keine Materialkonstante ist; bei ansonsten vergleichbaren Parametern – insbesondere der zeitlichen Belastungsfunktion – sind Messwerte lediglich als Maß für die Qualität der Oberfläche zu betrachten. Die bei realem Einsatz ertragbare Festigkeit hängt darüber hinaus ab von einer Vielzahl weiterer Faktoren wie Größe der beanspruchten Fläche, Beanspruchungsart und -dauer sowie Umgebungseinflüssen. Die entsprechenden bruchmechanischen Grundgleichungen zur Beschreibung der rechnerischen Erfassung der Beanspruchbarkeit von Glas werden im folgenden Kapitel 3 erläutert.

2.8.3 Allgemeine weitere Zahlenwerte

Auch die Kennwerte der Gläser hinsichtlich ihrer thermischen, optischen und elektrischen Eigenschaften variieren aufgrund der großen chemischen Zusammensetzungsbreite stark. In Tabelle 2.5 werden einige Zahlenwerte für Floatglas (Kalk-Natronsilicatglas) sowie Borosilicatglas wiedergegeben.

Tabelle 2.5 Zahlenwerte allgemeiner Eigenschaften von Float- und Borosilicatglas [42–45]

	Kalk-Natronglas		Borosilicatglas	
	Floatglas (Flachglas)		Rohre	Flachglas
Vorschrift bzw. allg. bauaufsichtliche Zul.	DIN 1249	EN 572	Z-7.2-1099	EN 1748-1
Dichte [ρ] in kg/m^3	2500	2500	2220	2200-2500
Ritzhärte nach Mohs	5–6	6	k. A.	k. A.
Elastizitätsmodul [E] von technisch entspanntem / thermisch vorgespanntem Glas in GPa (1 GPa = 10^3 MPa)	73 / 70	70 / k. A.	64	60–70
Poissonzahl μ	0,23	0,2	k. A.	0,2
Mittlerer thermischer Längenausdehnungskoeffizient [α_T] in 1/K	$9 \cdot 10^{-6}$	$9 \cdot 10^{-6}$	$3,25 \cdot 10^{-6}$	$3,1{-}6 \cdot 10^{-6}$
Wärmeleitfähigkeit [λ] in W/(m · K)	0,8	1	1,16	1,0
Mittlere Brechzahl im sichtbaren Spektralbereich (380 bis 780 nm)	1,5–1,6	1,5	k. A	1,5

Nachdem sie für die Bemessung von Glas als konstruktiv tragendes Bauteil jedoch nicht von primärer Relevanz sind, wird hierauf nicht näher eingegangen. Näheres ist der Literatur wie z. B. [14, 15, 46, 52] sowie den darin angegebenen Quellen zu entnehmen.

3 Bruchmechanik und Auswertung nach Weibull

3.1 Allgemeines

Wie bereits im letzten Kapitel kurz angedeutet, lässt sich der Bruchvorgang von Glas mit den Mitteln der Bruchmechanik beschreiben: das Glas „bricht", sobald die von einer Vielzahl verschiedener Einflüsse abhängige Rissausbreitungsgeschwindigkeit einen kritischen Wert überschritten hat.

Die entsprechenden bruchmechanischen Grundgleichungen zur Beschreibung der rechnerischen Erfassung der Beanspruchbarkeit von Glas werden im Folgenden kurz wiedergegeben, ohne sie herzuleiten; hierzu sei auf die Literatur verwiesen, z. B. [50–53]. Nach Darstellung der für die statistische Auswertung von Bruchversuchen von Glas üblicherweise anzuwendenden Weibull-Verteilung entsprechend [54] finden sich die darauf basierenden Beziehungen für eine Anwendung zu Lebensdauerbetrachtungen bzw. Bemessungsaufgaben auf Basis der Bruchmechanik.

3.2 Grundgleichungen der Bruchmechanik

Ein Riss in einem realen Werkstück unterliegt in der Regel komplexen Spannungsfeldern, die sich aus der Überlagerung dreier einfacher Modi darstellen lassen, vgl. Bild 3.1. Für die spröde Rissausbreitung wesentlich ist die Beanspruchung des Risses durch eine Zugspannung senkrecht zu der Rissfläche entsprechend Modus I. Die Spannungsverteilung vor einer Rissspitze in einer Scheibe unter der Beanspruchung I ist einschließlich der Bezeichnungen in Bild 3.2 qualitativ dargestellt. Für große Entfernungen x von der Rissspitze nähert sich die Spannung σ_y asymptotisch dem Wert σ_0, während σ_x – unter der vorausgesetzten einachsigen Zugspannung – gegen 0 strebt.

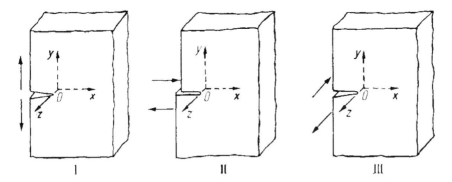

Bild 3.1 Schematische Darstellung der drei Beanspruchungsmöglichkeiten Modus I bis III eines Randrisses in einer Scheibe, nach [51]

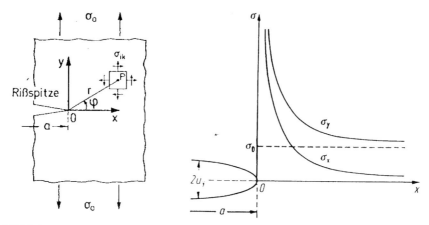

Bild 3.2 Definitionen und Beanspruchung an der Rissspitze sowie qualitativer Spannungsverlauf, nach [51]

Die bruchmechanische Analyse ergibt für die Spannungen in der nächsten Umgebung der Rissspitze im Punkt (x,y) = P(r,φ) eine für die drei Bruchmoden charakteristische $r^{-1/2}$-Singularität in der Form

$$\sigma_{ik} = \frac{K_\ell}{\sqrt{2\pi r}} f_{ik}^\ell(\varphi) \tag{3.1}$$

wobei
i, k   x, y, z nach Bild 3.2
K_ℓ Spannungsintensitätsfaktoren
ℓ I, II, III
r, φ   Polarkoordinaten nach Bild 3.2

Dabei ist Gl. (3.1) eine gültige Näherung für $r_k \ll r \ll a$, wobei r_k der Krümmungsradius der Rissspitze ist; für größere Entfernungen r ist die Gleichung durch konstante und lineare Glieder von √r zu ergänzen.

Unter der Annahme, dass ein vorhandener Riss bei Belastung des Glasgegenstandes senkrecht zur Rissfläche geöffnet wird (Modus I), ergibt die elastizitätstheoretische Rechnung die Beziehung

$$K_I = \sigma_0 \sqrt{a}\, f \tag{3.2}$$

wobei a die Risstiefe ist und σ_0 die bei der aufgebrachten Belastung entstehende Zugspannung am Ort des Risses senkrecht zur Rissebene, wie sie sich dort ohne Vorhandensein des Risses ausbilden würde. f ist eine von der Proben- und Rissgeometrie sowie der Belastungsart abhängige Korrekturfunktion. Im Fall, dass ein langer, gerader Riss von nur geringer Tiefe a vorausgesetzt wird, darf sowohl für reine Biege- als auch für reine Zugbelastung mit einem konstanten Wert f = 1,99 gerechnet werden.

Sobald der Spannungsintensitätsfaktor K_I den Widerstand des Materials gegen Rissfortschritt (= kritischer Spannungsintensitätsfaktor K_{Ic}) überschreitet, kommt es zum Risswachstum, das entweder unmittelbar oder – im Fall des unterkritischen Risswachstums – erst nach entsprechender Belastungsdauer zum Bruch führt. Die maximale Bruchgeschwindigkeit beträgt dabei bei üblichen Flachgläsern v_{Bmax} etwa 1.520 m/s [50].

Für eine rechnerische Behandlung der Abhängigkeit der Rissgeschwindigkeit v vom Spannungsintensitätsfaktor K_I im Bereich kleiner Geschwindigkeiten (entsprechend etwa $v \leq 10^{-2}$ mm/s) wird die empirisch gewonnene Beziehung

$$v = \frac{da}{dt} = S\,K_I^n \tag{3.3}$$

benutzt, worin die experimentell zu bestimmenden „Rissausbreitungskonstanten" S (diese Bezeichnung wird statt des in der Literatur häufig verwendeten A gewählt, um Verwechslungen mit der Bezeichnung von Flächen zu vermeiden) und n als Materialkonstanten der betreffenden Glasart im gegebenen Medium anzusehen sind. Beispielhaft sind einige Zahlenwerte in Tabelle 3.1 angegeben.

Tabelle 3.1 Rissausbreitungskonstanten S und n

Glasart	Umgebendes Medium	S m/s MPa^{-n} m$^{-n/2}$	n	Quelle
Kalk-Natronglas	Wasser, 25 °C	5,0	16	[53]
	50 % rel. Feuchte, 25 °C	0,45	18,1	[53]
	Vakuum, 25 °C	251,2	70	[53]
	10 % rel. Feuchte, 25 °C	0,87	27	[55, 56]
	schmelzender Schnee, 50 % rel. Feuchte, 2 °C	0,82	16	[55, 56]
Borosilicatglas	Wasser, 25 °C	k. A.	30,5	[57]

3.3 Statistische Auswertung nach Weibull

3.3.1 Allgemeines

Die Weibull-Verteilung entsprechend Gl. (3.4) stellt die mathematisch geeignete Form dar für das „*Prinzip des schwächsten Gliedes einer Kette*", bzw. „*for the size effect on failure of solids*", [58]. Aus diesem Grund wird sie für die Auswertung von Versuchen zur Glasfestigkeit als die – verglichen mit der Gauß-Verteilung – angemessenere und einfachere betrachtet, vgl. z. B. [59]. Eine weitere Anwendung ist bei Auswertung von Lebensdauerproblemen gegeben.

3.3.2 Verteilungsfunktion

$$G(x) = \begin{cases} 0 & \text{für } x \leq x_0 \\ 1 - \exp\left[-\left(\dfrac{x - x_0}{\theta}\right)^\beta\right] & \text{für } x > x_0 \end{cases} \qquad (3.4)$$

wobei
$G(x)$ Verteilungsfunktion
x Wert des Merkmals, hier: Prüffestigkeit
x_0 Verschiebungsparameter
θ Skalenparameter, auch charakteristische Festigkeit (bei $G = 63{,}21\,\%$)
β Formparameter (Ausfallsteilheit)

Die zweiparametrige Weibull-Verteilung mit $x_0 = 0$, wie sie bei nicht vorgespannten Gläsern zum Einsatz kommt, lautet:

$$G(x) = \begin{cases} 0 & \text{für } x \leq 0 \\ 1 - \exp\left[-(x/\theta)^\beta\right] & \text{für } x \geq 0 \end{cases} \qquad (3.5)$$

Aus einzelnen Merkmalswerten (z. B. Daten der Biegefestigkeit aus einer Versuchsreihe) sind Punktschätzungen für Skalenparameter θ und Formparameter β sowie Vertrauensbereiche zu bestimmen.

3.3.3 Punktschätzungen für θ und β

Zu der statistischen Auswertungsmethodik ist anzumerken, dass es selbstverständlich unterschiedliche Näherungen zur Bestimmung von θ und β gibt, wobei die Güte der Näherung mit dem Rechenaufwand korrelieren. Das vielfach verwendete Näherungsverfahren unter Anwendung der kleinsten Abweichungsquadrate wird in [54] als nichthinreichende Näherung betrachtet. Alternativ ist ein Verfahren einschließlich einer Vielzahl von Hilfstafeln und Formblättern angegeben, das im Folgenden kurz dargestellt wird.

Für eine vollständige Stichprobe ergeben sich die Punktschätzungen nach [54] wie folgt:

$$\beta = \dfrac{n\,K_n}{\dfrac{s}{n-s}\sum_{i=s+1}^{n} \ln x_i - \sum_{i=1}^{s} \ln x_i} \qquad (3.6)$$

$$\theta = \exp\left(\dfrac{1}{n}\sum_{i=1}^{n} \ln x_i + \dfrac{0{,}5772}{\beta}\right)$$

mit
$s = \text{ent}\,(0{,}84\,n) = $ (größte ganze Zahl $\leq 0{,}84\,n$)
K_n aus Tabelle 11 von [54]

3.3.4 Grafische Darstellung im Weibull-Netz

Die Daten und Ergebnisse der Auswertung sind zur Beurteilung und weiteren Auswertung in das sogenannte Weibull-Netz einzutragen. Das Wahrscheinlichkeitsnetz für die Weibull-Verteilung ist so konstruiert, dass die Verteilungsfunktion einer zweiparametrigen Weibull-Verteilung durch eine Gerade repräsentiert ist. Die Steigung der Geraden ist durch den Formparameter β bestimmt, der Skalenparameter θ entspricht dem Festigkeitswert bei der Bruchwahrscheinlichkeit von 63,21 %. Dabei folgt die Teilung der Ordinate für G(x) der Funktion η und die der Abszisse der Funktion ξ entsprechend Gl. (3.7).

$$\eta = \ln\left(\ln\frac{1}{1-G(x)}\right) \qquad \xi = \ln x \quad \text{oder} \quad \xi = \lg x \tag{3.7}$$

Hinweis: Vielfach stellt sich in Veröffentlichungen die Verteilungsfunktion – insbesondere im Bereich großer Wahrscheinlichkeitswerte – bei der grafischen Darstellung nicht als Gerade dar: Es wurde dann in der Regel eine – eigentlich korrekt nicht anzuwendende – logarithmische Einteilung der Ordinate verwandt.

Um die einzelnen Stichproben in das Weibull-Netz einzutragen, ist für die in aufsteigender Reihenfolge geordneten n Merkmalswerte x_i (entspricht den gemessenen Festigkeiten) jeweils ein Ordinatenwert $G_{n,i}$ nach Gl. (3.8) oder Tabelle 2 von [54] zu bestimmen.

$$G_{n,i} = \frac{i - 0,3}{n + 0,4} \quad \text{mit} \; i = 1, 2, \ldots n \tag{3.8}$$

Werden bei einem Vergleich der eingetragenen Punkte und der Ausgleichsgerade systematische Abweichungen festgestellt, so ist die Annahme einer unvermischten Weibull-Verteilung zu verwerfen und es sind weitergehende Überlegungen erforderlich.

3.3.5 Vertrauensbereiche

Für die Bestimmung der Vertrauensbereiche sind in [54] ebenfalls die entsprechenden Formeln mit zugehörigen Hilfstabellen sowie Formblättern zur Ausführung der Berechnung angegeben, sie sollen hier nicht weiter betrachtet werden.

3.3.6 Beispiel 1 aus DIN 55303-7

Die bereits aufsteigend nach der Größe sortierten Daten einer Versuchsreihe entsprechend Beispiel 1 aus [54] sind in Tabelle 3.2 zusammengestellt.

Die Auswertung entsprechend [54] erfolgt zweckmäßig in tabellarischer Form; in Tabelle 3.3 sind die Eingangsgrößen für Tabellen und Gleichungen sowie Zwischen- und Endergebnisse zusammengestellt. Eine grafische Darstellung der einzelnen Versuchswerte, der Ausgleichsgeraden sowie der Vertrauensbereiche ist im Weibull-Netz in Bild 3.3 gegeben.

Tabelle 3.2 Ergebnisse der Versuchsreihe, aufsteigend sortiert

Lfd. Nr.	Wert	Lfd. Nr.	Wert	Lfd. Nr.	Wert
1	41,26	9	46,08	17	50,43
2	42,54	10	46,55	18	50,69
3	44,31	11	47,86	19	50,78
4	44,43	12	48,21	20	51,05
5	44,67	13	48,21	21	51,05
6	45,02	14	48,31	22	51,05
7	45,37	15	49,63	23	51,76
8	46,08	16	50,34	24	53,17

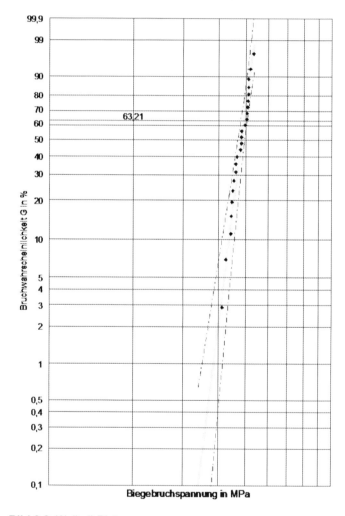

Bild 3.3 Weibull-Plot

3.3 Statistische Auswertung nach Weibull

Tabelle 3.3 Auswertung für Vertrauensbereich Formparameter β und Skalenparameter θ

Vertrauensbereich Formparameter β (7.1; Formblatt A)

Abgrenzung:	zweiseitig		
Vertrauensbereich:	95 %		vollständige Stichprobe (r = n)
Stichprobenumfang n	24		10 < n < 100 => Näherungen anwendbar
f1	70,2		Näherungsgl. aus Tabelle 12
	$\alpha/2$ = 0,025	1 − $\alpha/2$ = 0,975	
X^2-Quantile für o. g. P und f1 = f	48,92	95,26	Näherungsgl. aus Tabelle 15
Vertrauensgrenzen:	β unten β	β oben	
	13,02 18,68	25,35	Gl. (9), (5) und (8)

Vertrauensbereich Skalenparameter θ (7.3.2, Formblatt C)

Abgrenzung:	zweiseitig		
Vertrauensbereich:	95 %		vollständige Stichprobe (r = n)
Stichprobenumfang n	24		
Tn;p aus Tabelle 17	0,4719	−0,4669	
Vertrauensgrenzen:	θ unten θ	θ oben	
	48,03 49,26	50,51	Gl. (17), (6) und (18)

Vertrauensbereich für Verteilungsfunktion G(x) (7.2, Formblatt B) und für x (7.4.2)

Abgrenzung:	zweiseitig	
Vertrauensbereich:	95 %	vollständige Stichprobe (r = n = 24)
Hilfsgröße A, Tab.(13), Näherung	0,048416667	
Hilfsgröße B, Tab.(13), Näherung	0,028404311	
Hilfsgröße C, Tab.(13), Näherung	−0,00923166	

G(x) in %	x	y	v	f2	H(f2)	Y	ger. f2	X^2 f2, 0,025	X^2 f2, 0,975	$G_{un,z}$ %	$G_{ob,z}$ %
99,00	53,46	−1,5272	0,0865	24,116	0,042039	4,802893	24	12,4813	39,5393	91,67	99,96
95,00	52,24	−1,0972	0,0624	33,065	0,030548	3,088658	33	19,0845	50,8095	83,18	99,13
80,00	50,53	−0,4759	0,0461	44,411	0,022686	1,646367	44	27,8901	64,7023	64,44	90,92
63,21	49,26	0,0001	0,0484	42,299	0,023827	1,024056	42	26,2237	62,1436	47,00	77,79
10,00	43,67	2,2504	0,2338	9,516	0,108746	0,117464	9	2,9841	19,7747	3,62	21,66
1,00	38,51	4,6001	0,7344	3,614	0,301450	0,013586	3	0,3806	10,4248	0,14	3,84
0,10	34,04	6,9073	1,5311	2,103	0,544651	0,001725	2	0,0676	7,5828	0,01	0,62

3.4 Lösung der Grundaufgaben für Lebensdauerberechnungen

3.4.1 Allgemeines

In den obigen Abschnitten 3.2 und 3.3 sind die Grundgleichungen der linear-elastischen Bruchmechanik sowie für die statistische Auswertung nach Weibull angegeben. Durch Verknüpfen der Gln. (3.2) und (3.3) lassen sich nach Lösen der dabei entstehenden gewöhnlichen Differentialgleichung Beziehungen zur Umrechnung unterschiedlicher Belastungsgeschichten oder klimatischer Bedingungen entwickeln. Es wird nochmals kurz gezeigt, weshalb die Weibull-Verteilung für die Beschreibung des *„Prinzips des schwächsten Gliedes einer Kette"* – und damit auch für das spröde Versagen von Glas – geeignet ist. Mittels statistischer und mathematischer Betrachtungen können Formeln zur Berücksichtigung des Einflusses von Größe und Verteilung der Beanspruchung der betrachteten Glasbauteile angegeben werden. Eine Invertierung der Weibull-Verteilung liefert schließlich eine Beziehung zur Bestimmung von beliebigen Bruchwahrscheinlichkeiten zugeordneten Festigkeitswerten.

Die im Folgenden entwickelten Gleichungen dienen im Allgemeinen als Basis für eine dem spröden Werkstoff Glas gerecht werdende Bemessung wie sie auch in den folgenden Abschnitten dargestellt ist.

3.4.2 Umrechnung der Belastungsgeschichte

Eine Verknüpfung der Gln. (3.2) und (3.3) führt auf die gewöhnliche Differentialgleichung

$$v = \frac{da}{dt} = S K_I^n = S \left[\sigma(t) \sqrt{a}\, f \right]^n \tag{3.9}$$

Eine Umstellung und Integration ergibt bei Unabhängigkeit von S und f von der Rissausbreitung mit den Integrationsgrenzen a_i (für Anfangsrisstiefe) und a (für Endrisstiefe):

$$\int [\sigma(t)]^n \, dt = \int_{a_i}^{a} \frac{1}{S f^n \sqrt{a}^n} \, da = \frac{2}{S f^n (n-2) a_i^{\frac{n-2}{2}}} \left[1 - \left(\frac{a_i}{a} \right)^{\frac{n-2}{2}} \right] \tag{3.10}$$

Der Term in eckigen Klammern kann wegen $a_i \ll a$ (d. h. der Anfangsriss ist viel kleiner als der Riss im Endzustand) und n > 14 für Glas zu 1 gesetzt werden, wodurch sich Gl. (3.10) vereinfacht zu:

$$\int [\sigma(t)]^n \, dt = \frac{2}{(n-2) S f^n a_i^{\frac{n-2}{2}}} \tag{3.11}$$

Eine Umrechnung unterschiedlicher Belastungsgeschichten $\sigma(t)$ von – hinsichtlich Klima und Glassorte (durch n und S charakterisiert) sowie Tiefe und Geometrie des Anfangsrisses (durch a_i und f gekennzeichnet) – vergleichbaren Proben erfolgt zweckmäßig durch Definition der effektiven Zeit t_{eff}.

Die effektive Zeit t_{eff} ist definiert als Zeitraum, während dessen der maximale Spannungswert σ_{max} konstant wirken muss, um dieselbe Schädigung bzw. Bruchwahrscheinlichkeit zu erreichen, wie sie eine beliebige Spannungsgeschichte $\sigma(t)$ im Zeitraum von 0 bis t aufweist. In einer Formel unter Verwendung des Risikointegrals I von [57] lässt sich der letzte Satz darstellen in der Form:

$$I = \sigma_{max}^n \, t_{eff} = \int_0^t [\sigma(t)]^n \, dt \qquad (3.12)$$

Nachdem nur positive (Zug-)Spannungen σ einen Beitrag zum Risswachstum leisten, ist die Einführung der Hilfsfunktion h(t) sinnvoll:

$$h(t) = \begin{cases} \dfrac{\sigma(t)}{\sigma_{max}} & \text{für } \sigma(t) \geq 0 \\ 0 & \text{für } \sigma(t) < 0 \end{cases} \qquad (3.13)$$

Somit lautet die Definitionsgleichung für die effektive Zeit:

$$t_{eff} = \int_0^t [h(t)]^n \, dt \qquad (3.14)$$

Nachdem gleichartige Proben mit unterschiedlicher Spannungsgeschichte dasselbe Risikointegral I nach Gl. (3.12) aufweisen müssen, kann ein Vergleich bzw. eine Umrechnung üblicherweise auftretender Fälle unter Verwendung der in Tabelle 3.4 angegebenen Rechenvorschriften für t_{eff} einfach mit Gl. (3.15) erfolgen; vgl. hierzu die Beispiele am Ende dieses Kapitels.

$$\sigma_1^n \, t_{1eff} = \sigma_2^n \, t_{2eff} \qquad \text{oder} \qquad \left(\frac{\sigma_1}{\sigma_2}\right)^n = \frac{t_{2eff}}{t_{1eff}} \qquad (3.15)$$

Tabelle 3.4 t_{eff} und h(t) für verschiedene σ(t), nach [59]

Spannungsreise σ(t)	Hilfsfunktion h(t)	Effektive Zeit t_{eff}
(constant levels 1,2,3 up to t_V)	(rectangle height 1 up to t_V)	t_V
(linear ramps 1,2,3)	(linear ramp)	$t_V / (n + 1)$
(two pulses Δt₁, Δt₂)	(two pulses Δt₁, Δt₂)	$\Delta t_1 + \Delta t_2$
(pulses 1, 2 negative, 3)	(pulses Δt₁, Δt₃)	$\Delta t_1 + (\sigma_3 / \sigma_1)^n \Delta t_3$
(sinusoidal 1,2,3)	(half-sine)	$\dfrac{t_v}{\sqrt{2\pi n}\left(1 + \dfrac{1}{4n} + \dfrac{1}{32n} + \ldots\right)}$

3.4.3 Umrechnung der Lastfläche und Spannungsverteilung

Für die Verteilung des Grenzwiderstandes einer gleichmäßig mit (Haupt-)Zugspannungen σ beanspruchten Glasfläche A_0 wird die durch die Skalenparameter θ und Formparameter β charakterisierte Weibull-Verteilung $G_{A_0}(\sigma)$ nach Gl. (3.5) verwendet; wegen des einheitlich positiven Vorzeichens von σ wird die Fallunterscheidung überflüssig. Dementsprechend ergibt sich die Überlebenswahrscheinlichkeit $Ü_{A_0}$ zu:

$$Ü_{A_0} = 1 - G_{A_0}(\sigma) = \exp\left[-\left(\frac{\sigma}{\theta}\right)^\beta\right] \tag{3.16}$$

Wie die Überlebenswahrscheinlichkeit einer Kette gegeben ist durch das Produkt der Überlebenswahrscheinlichkeiten ihrer einzelnen Glieder, ist die Überlebenswahrscheinlichkeit einer gleichmäßig beanspruchten Glasplatte der Fläche A gegeben durch das Produkt der Überlebenswahrscheinlichkeiten ihrer einzelnen, gleich großen Teilflächen A_0:

$$Ü_A = 1 - G_A = \prod_{i=1}^{A/A_0} (1 - G_{A_0,i}) = (1 - G_{A_0})^{\frac{A}{A_0}} \tag{3.17}$$

Wichtig ist hierbei, dass nur die zugbeanspruchten (Teil-)Flächen (bzw. genauer: Oberflächenbereiche mit positiver Hauptspannung) zu betrachten sind bei der Auswertung von Summen oder Integralen, denn nur diese Bereiche leisten einen Beitrag zum Risswachstum.

Durch Kombination der obigen beiden Gln. (3.16) und (3.17) stellt sich die Verteilungsfunktion der Bruchspannungen für die gleichmäßig beanspruchte, aus $N = A/A_0$ Teilflächen A_0 zusammengesetzte Fläche A folgendermaßen dar:

$$G_A(\sigma) = 1 - \exp\left[-\frac{A \sigma^\beta}{A_0 \theta^\beta}\right] \tag{3.18}$$

Daraus ergibt sich der Zusammenhang zwischen Spannung und Flächengröße jeweils gleichmäßig beanspruchter Glasflächen zu

$$\sigma_1^\beta A_1 = \sigma_2^\beta A_2 \quad \text{oder} \quad \left(\frac{\sigma_1}{\sigma_2}\right)^\beta = \frac{A_2}{A_1} \tag{3.19}$$

Eine Erweiterung von Gl. (3.18) auf Glasplatten mit nicht konstanten Beanspruchungen ist einfach möglich durch die gedankliche Aufteilung der ungleichmäßig beanspruchten Fläche A in eine Vielzahl jeweils gleichmäßig beanspruchter Teilflächen A_i. Die Verteilungsfunktion der Bruchwahrscheinlichkeit dieser aus den m einzelnen Teilflächen A_i zusammengesetzten Fläche A ist wiederum gegeben durch das Produkt der einzelnen Bruchwahrscheinlichkeiten. Mit

$$\prod_{i=1}^{m} \exp(A_i) = \exp(\sum_{i=1}^{m} A_i) \tag{3.20}$$

und dem Übergang von endlichen Teilflächen A_i auf infinitesimale dA und damit von der Summe Σ zum Integral $\int$ stellt sich schließlich die Verteilungsfunktion der Bruchspannungen dar in der Form:

$$G_A(\sigma) = 1 - \exp\left[-\frac{1}{A_0 \theta^\beta} \int_A \sigma^\beta \, dA\right] \quad (3.21)$$

Analog zur effektiven Zeit lässt sich eine effektive Fläche oder gleichwertig auch eine effektive Spannung definieren, vgl. (3.22):

- Die effektive Fläche A_{eff} ist definiert als Fläche, auf der die maximale Hauptzugspannung $\sigma_{I,max}$ konstant wirken muss, um dieselbe Schädigung bzw. Bruchwahrscheinlichkeit zu erreichen wie sie die Spannung $\sigma(x,y)$ auf der Fläche A aufweist.
- Die effektive Spannung σ_{eff} ist definiert als Spannung, die konstant auf die gesamte Fläche A wirken muss, um dieselbe Schädigung bzw. Bruchwahrscheinlichkeit zu erreichen wie sie die Spannung $\sigma(x,y)$ auf der Fläche A aufweist.

$$\int_A \sigma^\beta \, dA = A_{eff} \, \sigma_{I,max}^\beta = A \, \sigma_{eff}^\beta \quad (3.22)$$

Üblicherweise erfolgen Bemessungsaufgaben im Bauingenieurwesen durch den Vergleich von Beanspruchung und Beanspruchbarkeit in Form von Spannungen oder Schnittgrößen. Es ist deshalb der ersten Definition mit Verwendung des extremen Spannungswertes und einer effektiven Fläche der Vorzug zu geben.

Nachdem nur Teilflächen mit positiven Haupt(zug)spannungen einen Beitrag zum Risswachstum leisten, ist die Einführung der Hilfsfunktion $c(x,y)$ sinnvoll:

$$c(x,y) = \begin{cases} \dfrac{\sigma(x,y)}{\sigma_{max}} & \text{für } \sigma(x,y) \geq 0 \\ 0 & \text{für } \sigma(x,y) < 0 \end{cases} \quad (3.23)$$

Somit lautet die Definitionsgleichung für die effektive Fläche:

$$A_{eff} = \int_A c(x,y)^\beta \, dA \quad (3.24)$$

Gl. (3.19) gilt weiter, wenn statt A nun A_{eff} und statt σ nun σ_{max} Verwendung finden:

$$\sigma_{1max}^\beta \, A_{1eff} = \sigma_{2max}^\beta \, A_{2eff} \qquad \text{oder} \qquad \left(\frac{\sigma_{1max}}{\sigma_{2max}}\right)^\beta = \frac{A_{2eff}}{A_{1eff}} \quad (3.25)$$

3.4.4 Umrechnung der Wahrscheinlichkeit

Mittels der Verteilungsfunktion G(σ) lässt sich für gegebene Spannungen σ die jeweils zugeordnete Bruchwahrscheinlichkeit bestimmen. Im Rahmen von Bemessungsaufgaben ist die Frage nach dem einer (z. B. aufgrund GRUSIBAU) akzeptierten Bruchwahrscheinlichkeit zugeordnetem Spannungswert zu lösen. Dies kann erfolgen durch entsprechendes Umstellen von Gl. (3.5):

$$\sigma(G) = \theta \left[\ln \left(\frac{1}{1-G} \right) \right]^{\frac{1}{\beta}} \tag{3.26}$$

3.5 Beispiele zu Lebensdauerberechnungen

3.5.1 Berücksichtigung unterschiedlicher Belastungsgeschichten

Gegeben: Laborversuche mit $\sigma_{L,Bruch}$ = 80 MPa bei $\dot{\sigma}_L$ = 2 MPa/s.

Gesucht: Unter sonst gleichen Bedingungen (d. h. Klima, Belastungsverteilung, belastete Fläche entsprechen einander) sind Antworten auf die folgenden Fragen gesucht:

a) Zeitdauer t_a bis bei konstanter Spannung von σ_a = 35 MPa der Bruch eintritt.

b) Maximaler Spannungswert σ_b der konstant während t_b = 432.000 s (= 5 d) ertragen werden kann.

c) Wert der Bruchspannung σ_c bei geänderter Belastungsgeschwindigkeit von $\dot{\sigma}_c$ = 0,02 MPa/s.

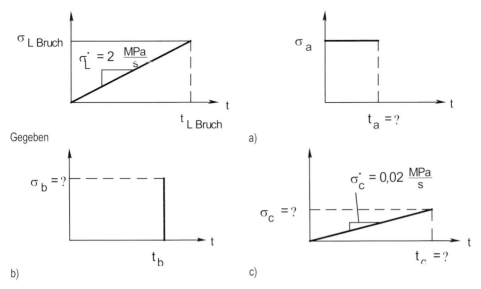

Bild 3.4 Fragestellungen in grafischer Darstellung

Lösung:

a) Aus Tabelle 3.4: $t_{L\,eff} = t_{LBruch} / (n + 1)$
     mit $t_{LBruch} = \sigma_{LBruch} / \sigma_L^{\bullet} = 80 / 2 = 40$ s
        $n = 18{,}1$ (nach Tabelle 3.1, 50 % rel. Feuchte, 25 °C)
   somit $t_{L\,eff} = 40 / (18{,}1 + 1) = 2{,}09$ s
   Aus Tabelle 3.4: $t_{a\,eff} = t_a$
   Aus Gl. (3.15): $\sigma_{LBruch}^n \, t_{L\,eff} = \sigma_a^n \, t_{a\,eff}$
   somit $t_a = t_{a\,eff} = (80 / 35)^{18{,}1} \, 2{,}09$ s $= 6.583.297$ s $= \mathbf{1.828{,}7\ h}$

b) Effektive Zeit $t_{L\,eff}$ wie unter a):
       $t_{L\,eff} = 2{,}09$ s
   Aus Tabelle 3.4: $t_{b\,eff} = t_b = 432.000$ s
   Aus Gl. (3.15): $\sigma_{LBruch}^n \, t_{L\,eff} = \sigma_b^n \, t_{b\,eff}$
   somit $\sigma_b = (2{,}09 / 432.000)^{1/18{,}1} \, 80$ MPa $= \mathbf{40{,}68\ MPa}$

c) Effektive Zeit $t_{L\,eff}$ wie unter a):
       $t_{L\,eff} = 2{,}09$ s
   Aus Tabelle 3.4: $t_{c\,eff} = t_c / (n + 1)$
     mit $t_c = \sigma_c / \sigma_c^{\bullet}$
   somit $t_{c\,eff} = (\sigma_c / \sigma_c^{\bullet}) / (n + 1)$
   Aus Gl. (3.15): $\sigma_{LBruch}^n \, t_{L\,eff} = \sigma_c^n \, t_{c\,eff}$
   somit $\sigma_c = [\sigma_{LBruch}^n \, t_{L\,eff} \, \sigma_c^{\bullet} \, (n + 1)]^{1/(n+1)}$
       $\sigma_c = [80^{18{,}1} \, 2{,}09 \, 0{,}02 \, (18{,}1 + 1)]^{1/(18{,}1+1)} = \mathbf{62{,}85\ MPa}$

oder alternativ ohne Verwendung von $t_{L\,eff}$ aus a):
Einsetzen von $t_{L\,eff} = (\sigma_{L\,Bruch} / \sigma_L^{\bullet}) / (n + 1)$
in Gl. (3.15) ergibt $\sigma_{L\,Bruch}^{n+1} / [\sigma_L^{\bullet} (n + 1)] = \sigma_c^{n+1} / [\sigma_c^{\bullet} (n + 1)]$
und somit $\sigma_c = \sigma_{L\,Bruch} \, (\sigma_c^{\bullet}/\sigma_L^{\bullet})^{1/(n+1)}$
       $\sigma_c = 80 \, (0{,}02/2)^{1/19{,}1} = \mathbf{62{,}86\ MPa}$

3.5.2 Berücksichtigung unterschiedlicher Lastflächen und Lastformen

Gegeben: An vorgeschädigten Proben ohne Vorspannung aus Schott BK7 Glas wurden im Labor Doppelring-Biegeversuche mit einem Lastringradius von 4,5 mm (d. h. gleichmäßig beanspruchte Fläche von $A_L = 63{,}6$ mm^2) durchgeführt; Anstiegsgeschwindigkeit der Biegespannung dabei $\sigma_L^{\bullet} = 2$ MPa/s. Die statistische Auswertung ergab eine charakteristische Festigkeit $\theta = \sigma_L = 79{,}7 \approx 80$ MPa bei einer Ausfallsteilheit von $\beta = 8{,}7$; für das verwendete Glas ist bei den gegebenen Umgebungsbedingungen $n = 20$ anzusetzen (vgl. [59]).

Gesucht: Unter sonst gleichen Bedingungen (d. h. Glassorte, Klima, Oberflächenzustand, Belastungsgeschwindigkeit entsprechen einander) sind Antworten auf die folgenden Fragen gesucht:

a) Erwartete Bruchspannung bei Durchführung der Versuche an Doppelring-Biegeversuch R45 entsprechend DIN 52292-1 [68] oder DIN 52300-5 [69] bzw. DIN EN 1288-5 [73] mit gleichmäßig beanspruchter Fläche von $A_a = 254$ mm² (Lastringradius 9 mm).

b) Erwartete Bruchspannung einer runden, gelenkig gelagerten, durch gleichmäßigen Druck (= Flächenlast) beanspruchten Glasscheibe mit einem Durchmesser von 180 mm, d. h. $A_b = 25.447$ mm².

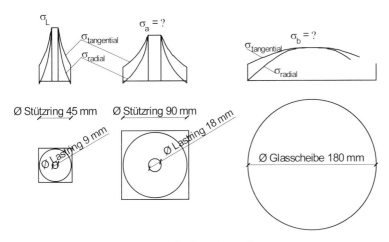

Bild 3.5 Fragestellungen in grafischer Darstellung

Lösung:

a) Aus Gl. (3.25)
mit
$\sigma_L^\beta A_{L\,eff} = \sigma_a^\beta A_{a\,eff}$
$A_{L\,eff} = A_L = 63{,}4$ mm² (Spannungswerte homogen)
$A_{a\,eff} = A_a = 254$ mm²
$\beta = 8{,}7$
$\sigma_{L\,max} = \sigma_L = 80$ MPa

ergibt sich $\sigma_a = (A_L/A_a)^{1/\beta}\,\sigma_L = (63{,}6\,/\,254)^{1/8{,}7}\,80\text{ MPa} = \mathbf{68{,}2\text{ MPa}}$

b) Bei Vernachlässigung der ungleichförmigen Spannungsverteilung ergibt sich analog a) für A_b eine Spannung von 40,2 MPa.
Berücksichtigung der ungleichförmigen Spannungsverteilung mittels der effektiven Fläche. Für die kreisrunde Platte unter konstanter Flächenlast ist die lastabgewandte Oberfläche nur durch Zugspannungen beansprucht. In Polarkoordinaten lautet die Funktion der Tangentialspannung für $\mu = 0{,}2$:

$$\sigma_t(r) = \sigma_{max}\,[1 - 0{,}5\,(r/R)^2]$$

mit R = Radius der Kreisplatte, hier 90 mm
nach Gl. (3.24): $A_{b\,eff} = \int c(x,y)^\beta dA$

Übergang zu Polarkoordinaten:
$$c(r,\varphi) = [1 - 0{,}5\ (r/R)^2]$$
$$dA = r\ d\varphi\ dr$$
somit ist Gl. (3.24): $A_{b\ eff} = \iint [1 - 0{,}5\ (r/R)^2]^\beta\ r\ d\varphi\ dr$

Mit den Integrationsgrenzen 0 und 2π für φ sowie 0 und R für r ergibt sich mit $\beta = 8{,}7$
$$A_{b\ eff} = 5240{,}5\ mm^2$$
(für $\beta = 8{,}0$ ergibt elementare Integration $A_{b\ eff} = 5644\ mm^2$)

und somit $\sigma_b = (A_L/A_{b\ eff})^{1/\beta}\ \sigma_L = (63{,}6\ /\ 5240{,}5)^{1/8{,}7}\ 80\ MPa = \mathbf{48{,}2\ MPa}$

Die Berücksichtigung des ungleichförmigen Spannungsverlaufs bringt somit in diesem Fall eine Steigerung der Beanspruchbarkeit um 20 %.

3.5.3 Berücksichtigung unterschiedlicher Bruchwahrscheinlichkeiten

Gegeben: Die statistische Auswertung nach Weibull hat für eine Versuchsreihe als Ergebnis einen Skalenparameter von $\theta = 74$ MPa {32} und einen Formparameter von $\beta = 6$ {25} ergeben. {Ergebnisse einer anderen Versuchsreihe}

Gesucht: Spannungswert, der einer Bruchwahrscheinlichkeit von $1{,}5 \cdot 10^{-3}$ zugeordnet ist.

Lösung: Nach Gl. (3.26) $\sigma(G) = \theta\ [\ln[1\ /\ (1 - G)]]^{1/\beta}$

mit
$G = 1{,}5\ 10^{-3} = 0{,}0015 = 0{,}15\ \%$
$\theta = 74$ MPa   {32 MPa}
$\beta = 6$ {25}

ergibt sich: $\sigma = 74\ [\ln (1\ /\ 0{,}9985)]^{1/6} = 25{,}0$ MPa
$\{\sigma = 32\ [\ln (1\ /\ 0{,}9985)]^{1/25} = 24{,}7 \approx 25\ MPa\}$

4 Festigkeit und Bruchhypothese

4.1 Allgemeines

Grundlage für die Bewertung der Tragfähigkeit eines Bauteiles bzw. für die Bemessung eines solchen sind mit Hilfe von Versuchen gewonnene Festigkeitskennwerte. Abhängig von der Festigkeitshypothese ist es möglich, mit einer sogenannten *Vergleichsspannung* allgemeine Spannungszustände zu beurteilen. Im Fall des Baustoffes Glas kommen für die Bestimmung der Festigkeitskennwerte i. d. R. keine Zugproben (wie bei Metallen üblich) oder Druckwürfel und -zylinder (wie bei Beton) zum Einsatz, sondern es wird eine *Biegezug*festigkeit mittels Vierschneiden-Verfahren oder Doppelring-Biegeversuch ermittelt. Die (Biegezug-)Festigkeit von Glas ist bekanntermaßen kein Werkstoffkennwert, sondern bei ansonsten vergleichbaren Parametern – insbesondere der zeitlichen Belastungsfunktion – sind Messwerte lediglich als Maß für die Qualität der Oberfläche zu betrachten. Die bei realem Einsatz ertragbare Festigkeit (bzw. besser Beanspruchung) hängt darüber hinaus ab von einer Vielzahl weiterer Faktoren wie Größe der beanspruchten Fläche, Umgebungseinflüssen sowie Beanspruchungsart und -dauer.

Exakt handelt es sich bei den Ergebnissen von Laborprüfungen nur dann um eine Biegefestigkeit, wenn das Glasbauteil frei von Eigenspannungen ist; im Fall vorgespannter Gläser kann mittels eines Laborversuches nur die *Prüfbiegefestigkeit* bestimmt werden, vgl. genauere Betrachtungen zur Unterscheidung von Festigkeit und Prüffestigkeit in Abschnitt 3.4. Eine kurze Übersicht der Versuche zur Ermittlung der Biegefestigkeit nach den Regelungen des Deutschen Instituts für Normung schließt sich an.

Vielfach wird für Glas als spröden Werkstoff die Normalspannungshypothese angesetzt, d. h. es wird unterstellt, dass die maximale Hauptnormalspannung für Versagen maßgebend ist. In der Literatur finden sich vereinzelt Hinweise, dass auch ein Einfluss der Beanspruchungsart im Sinne des Verhältnisses der auftretenden Hauptspannungen (z. B. einachsig beim Vierschneiden-Verfahren, zweiachsig beim Doppelring-Biegeversuch) gegeben ist, Ergebnisse von aktuellen Untersuchungen sowie die Schlussfolgerungen für die Festigkeitshypothese werden mitgeteilt.

Die Umsetzung der Versuche in Werte für die zulässigen Beanspruchungen bzw. Bemessungswerte des Widerstandes wird mit z. T. rechnerischer Berücksichtigung der einzelnen Einflüsse in geeigneten Bemessungskonzepten vorgenommen, vgl. hierzu spätere Kapitel.

4.2 Einflussfaktoren auf die Festigkeit

Mit dem Hintergrund der bruchmechanischen Gleichungen werden im Folgenden die wichtigsten Einflussfaktoren auf die praktische Festigkeit von Glas kurz erläutert.

4.2.1 Mechanischer Bearbeitungszustand von Oberfläche und Kanten

Der Bruch entsteht in der Regel an einem Riss bzw. an einer Kerbe unter Zugspannung. Bei dem spröden Werkstoff Glas können die dabei im Kerbgrund auftretenden Spannungsspitzen nicht durch plastisches Fließen (Umlagerung) abgebaut werden, wie dies z. B. bei Stahl möglich ist. Des Weiteren wird ein sich ausbreitender Riss nicht durch Kristallgrenzen gestoppt. Somit ist jeder – auch kleine – Oberflächendefekt, der z. B. durch mechanische Beanspruchung bei Produktion, Transport, Weiterverarbeitung oder Nutzung erzeugt werden kann, als potentielle Rissausgangsstelle anzusehen. Mit Hilfe spezieller Methoden [60] wurden auf normalem Floatglas ca. 50.000 Fehlstellen je cm^2 nachgewiesen.

4.2.2 Spannungsverteilung und Flächengröße

Bei Berücksichtigung der Statistik erhält man unmittelbar zwei weitere, voneinander abhängige Einflussfaktoren: Belastungsart bzw. genauer die Spannungsverteilung sowie die Größe der beanspruchten Fläche. Je mehr (Ober-)Fläche durch eine relativ hohe Zugspannung beansprucht ist, desto größer ist die Wahrscheinlichkeit, dass an einem Riss die kritische Spannung erreicht wird. Deshalb sehen moderne Konzepte eine Abhängigkeit der maximal zulässigen Spannungen in Abhängigkeit der Fläche vor, vgl. z. B. [56, 61–64].

4.2.3 Umgebungsbedingungen und Alter

Nachdem bei gleicher Spannung ein größerer bzw. tieferer Riss eher zum Bruchausgang führt, ist selbstverständlich auch eine Änderung der Rissgeometrie von Einfluss. Diese kann hervorgerufen werden durch umgebende Feuchtigkeit, insbesondere Wasser: Zum einen kommt es durch chemische Reaktion zur Gelbildung, verbunden mit einer Volumenvergrößerung – die wiederum zusätzliche Spannungen einbringt – und zum anderen zu einer Vertiefung des Risses und dadurch bedingt ebenfalls zu größeren Kerbspannungen. Im Allgemeinen ist die Reaktionsgeschwindigkeit chemischer Prozesse proportional zur Temperatur; dieser Effekt ist auch beim durch chemische Vorgänge induzierten Risswachstum zu beobachten. Allerdings gilt diese Aussage nicht im Fall der offenen Systeme, bei denen durch die Erhöhung der Temperatur das Wasser auf der Glasfläche verdampft und somit ein Reaktionspartner fehlt.

Bei Vorhandensein von Wasser kann durch die Korrosion jedoch auch eine Festigkeitssteigerung hervorgerufen werden, wenn durch die Abtragung eine Vergrößerung des Kerbradius erfolgt, vgl. Bild 4.1. Dieser mit Alterung bezeichnete Effekt tritt überwiegend bei spannungslosen Gläsern auf.

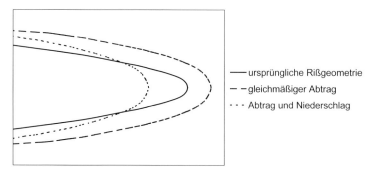

Bild 4.1 Schematische Darstellung der möglichen Auswirkungen chemischer Reaktionen im Bereich der Kerbspitze, nach [65]

4.2.4 Belastungsgeschwindigkeit und -dauer

Des Weiteren ist erwartungsgemäß auch bei Gläsern festzustellen, dass neben der Belastungsdauer auch die Belastungsgeschwindigkeit Einfluss auf die gemessene (Prüf-)Festigkeit hat.

4.2.5 Vorspannung der Oberfläche

Um zumindest den Einfluss der Oberflächendefekte auf die Glasfestigkeit zu reduzieren, gibt es verschiedene Methoden.

Behandelt man geschädigte Glasoberflächen mit Feuer- oder Säurepolitur nach, so reduziert sich die Zahl der Fehlstellen je nach Güte der Nachbehandlung. Dabei erfolgt bei der thermischen Politur bedingt durch die hohen Temperaturen ein Verschmelzen der Risse zu einer homogenen Oberfläche, wohingegen bei der Ätzung mit Flusssäure die Oberfläche – und mit ihr die Risse – abgetragen werden. Die damit erzielbaren Festigkeitswerte betragen 200 MPa bzw. 3500–4000 MPa. Nachteilig an diesen Methoden ist, dass innerhalb kurzer Zeit neue Oberflächendefekte nachzuweisen sind.

Nachdem das Entstehen von Oberflächenrissen nicht verhindert werden kann, ist die Erhöhung des Widerstandes durch Aufbringen einer Druckvorspannung auf die Glasoberfläche zweckmäßiger. Durch diesen Eigenspannungszustand werden die vorhandenen Risse zusammengepresst; erst wenn die aufgebrachte (Biege-)Zugspannung die eingeprägte Vorspannung übersteigt, kann sie auf die Risse einwirken und ein Risswachstum stattfinden. Die Glasprüffestigkeit setzt sich nun aus der Grundfestigkeit und der Vorspannung zusammen. Nachdem die Einflussfaktoren und damit die Streuungen sich unterscheiden und unabhängig sind, kann bei sicherheitstheoretischen Betrachtungen – z. B. zur Angabe einer zulässigen Spannung – eine Trennung der beiden Anteile sinnvoll sein.

4.3 Unterscheidung von Festigkeit und Prüffestigkeit

4.3.1 Allgemeines und Definitionen

Die Berücksichtigung einer Vorspannung von Gläsern z. B. im Zuge von Bemessungsaufgaben ist relativ einfach möglich, wenn man als Voraussetzung exakte Definitionen der einzelnen Spannungszustände und „Festigkeiten" verwendet. Im Folgenden werden die Definitionen entsprechend [66, 67] wiedergegeben:

- Die Vorspannung einer Glasscheibe erzeugt einen Eigenspannungszustand mit Druckspannungen auf der Oberfläche. Das Vorzeichen dieser Druckspannung ist – selbstverständlich – negativ.

- Es ist zwischen *Biegefestigkeit* und *Prüfbiegefestigkeit* zu unterscheiden. Nur die Biegefestigkeit genügt den Gleichungen der Ermüdung, allen Anforderungen für eine statistische Deutung und ist stets positiven Vorzeichens. Die Biegefestigkeit ist nicht in jedem Fall direkt messbar, sondern beispielsweise für die Probe i nach folgender Beziehung zu bestimmen:

$$\sigma_{bBi} = \begin{cases} \sigma_{\text{Prüf}\,i} & \text{für } \sigma_E = \sigma_{Ei} = 0 \\ \sigma_{\text{Prüf}\,i} + \sigma_{Ei} & \text{für } \sigma_E = \sigma_{Ei} \neq 0 \\ \text{nicht bestimmbar} & \text{für } \sigma_E \text{ unbekannt} \end{cases} \quad (4.1)$$

wobei
σ_{bB} Biegefestigkeit (Biege-Bruchfestigkeit)
$\sigma_{\text{Prüf}}$ Prüfbiegefestigkeit
σ_E Eigenspannung

Dabei ist für den Vergleich von Biegefestigkeiten in jedem Fall von identischen Versuchsbedingungen auszugehen oder es hat eine entsprechende Umrechnung zu erfolgen; eine direkte Umrechnung von Prüfbiegefestigkeiten hingegen ist nicht zulässig.

Durch diese Definition der Biegefestigkeit ergibt sich unmittelbar, dass bei Verwendung der Biegefestigkeit – und nur mit dieser darf eigentlich Statistik betrieben werden – für die Verteilungsfunktion dieser die zweiparametrige Weibull-Verteilung ausreicht. Ersetzt man die Biegefestigkeit entsprechend Gl. (4.1) durch Prüfbiegefestigkeit und Eigenspannung, so stellt sich die zweiparametrige Weibull-Verteilung als dreiparametrige dar.

- Auch auf der Beanspruchungsseite ist von einer Gesamtspannung auszugehen, die sich additiv aus Spannungen infolge äußerer Einwirkungen und Vorspannung zusammensetzt.

4.3.2 Beispiel zur Erläuterung

Gegeben: Für eine nicht vorgespannte Probe ① mit geschmirgelter Oberfläche wird bei einer konstanten Belastungsgeschwindigkeit von $\dot{\sigma}_L = 2$ MPa/s eine Prüfbiegefestigkeit von $\sigma_{\text{Prüf}_①} = 45$ MPa ermittelt.
Eine mit gröberem Korn geschmirgelte und mit $\sigma_E = -25$ MPa vorgespannte Probe ② anderer Oberflächenbeschaffenheit ergibt bei sonst identischen Prüfbedingungen ebenfalls eine Prüffestigkeit von $\sigma_{\text{Prüf}_②} = 45$ MPa.
Die Umgebungsbedingungen entsprechen Laborbedingungen, d. h. es ist $n = 18{,}1$ (vgl. Tabelle 3.1 für 50 % Feuchte und 25 °C).

Gesucht: Unter sonst gleichen Bedingungen (d. h. Klima, Belastungsverteilung, belastete Fläche entsprechen einander) sind jeweils für Proben ① und ② Antworten auf die folgenden Fragen gesucht:

a) Biegefestigkeit sowie Messwerte der Prüfbiegefestigkeit bei reduzierter Belastungsgeschwindigkeit von $\dot{\sigma}_a = 0{,}02$ MPa/s.

b) Zeitdauer t_b bis bei konstanter Spannung $\sigma_b = 15$ MPa der Bruch eintritt.

c) Zeitdauer t_c bis bei konstanter Spannung $\sigma_c = 30$ MPa der Bruch eintritt.

4.3 Unterscheidung von Festigkeit und Prüffestigkeit   47

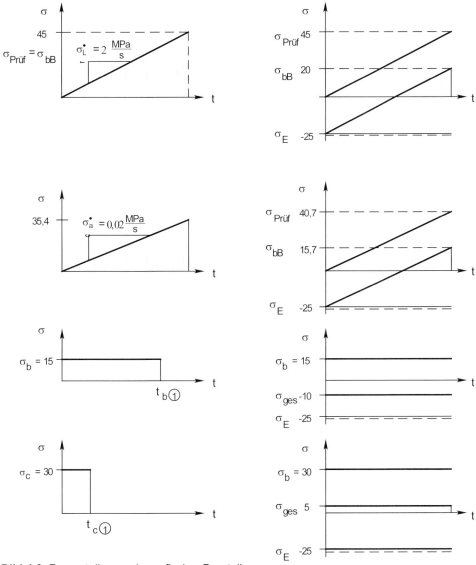

Bild 4.2 Fragestellungen in grafischer Darstellung

Lösung: Die Lösung erfolgt mit den Beziehungen aus 3.4 unter Verwendung von obiger Gl. (4.1). Zur Verdeutlichung vgl. auch Bild 4.2.

a) Für die nicht vorgespannte Probe ① kann die Umrechnung entsprechend Beispiel 3.5.1 c) erfolgen:
    Aus Tabelle 3.4: $t_{eff} = t / (n + 1)$
    mit $t = \sigma / \dot\sigma$

wird $t_{eff} = (\sigma / \sigma^\bullet) / (n + 1)$

In Gl. (3.15) eingesetzt ergibt
$\sigma_{L_①bB}{}^n \, t_{L_①\,eff} = \sigma_{a_①bB}{}^n \, t_{a_①\,eff}$
$\sigma_{L_①bB}{}^{n+1} / [\sigma_L{}^\bullet (n + 1)] = \sigma_{a_①bB}{}^{n+1} / [\sigma_a{}^\bullet (n + 1)]$

mit $\sigma_{L_①bB} = 45$ MPa
$n = 18{,}1$

ergibt sich die Biegefestigkeit zu

$$\sigma_{a_①bB} = \sigma_{L_①bB} (\sigma_a{}^\bullet/\sigma_L{}^\bullet)^{1/(n+1)}$$
$$= 45 \, (0{,}02/2)^{1/19{,}1} = \mathbf{35{,}4 \; MPa}$$

mit $\sigma_E = 0$

ergibt sich die Prüfbiegefestigkeit zu

$$\sigma_{a_①Prüf} = \sigma_{a_①bB} = \mathbf{35{,}4 \; MPa}$$

Für die vorgespannte Probe ② stehen die Oberflächen bis zum Zeitpunkt $|\sigma_E/\sigma_L{}^\bullet| = 25/2 = 12{,}5$ s nach Versuchsbeginn unter Druck, es findet noch keine Spannungsrisskorrosion statt. Die Biegefestigkeit beträgt nur $\sigma_{L_②bB} = \sigma_{L_②Prüf} + \sigma_{E_②} = 45 + (-25) = 20$ MPa.

Somit wird die Biegefestigkeit bei reduzierter Belastungsgeschwindigkeit zu

$$\sigma_{a_②bB} = \sigma_{L_②bB} (\sigma_a{}^\bullet/\sigma_L{}^\bullet)^{1/(n+1)}$$
$$= 20 \, (0{,}02/2)^{1/19{,}1} = \mathbf{15{,}7 \; MPa}$$

mit $\sigma_E = -25$

ergibt sich die Prüfbiegefestigkeit zu

$$\sigma_{a_②Prüf} = \sigma_{a_②bB} - \sigma_E = 15{,}7 - (-25) = \mathbf{40{,}7 \; MPa}$$

b) Für die nicht vorgespannte Probe ① kann die Berechnung entsprechend Beispiel 3.5.1 a) erfolgen:

Aus Tabelle 3.4: $t_{L\,eff} = t_{LbB} / (n + 1) = (\sigma_{LbB}/\sigma_L{}^\bullet) / (n + 1)$
$t_{b\,eff} = t_b$

Aus Gl. (3.15): $\sigma_{L_①bB}{}^n \, t_{L_①\,eff} = \sigma_{b_①}{}^n \, t_{b_①\,eff}$

ergibt sich für die Bestimmung der Lebensdauer die Gleichung:

$$t_{b_①} = t_{b_①\,eff} = (\sigma_{L_①bB}/\sigma_{b_①})^n \, t_{L_①\,eff}$$

mit $\sigma_{L_①bB} = 45$ MPa
$\sigma_{b_①} = 15$ MPa
$n = 18{,}1$
$\sigma_L{}^\bullet = 2$ MPa/s
$t_{L\,eff} = (45 / 2) / (18{,}1 + 1) = 1{,}178$ s

beträgt die Lebensdauer somit

$$t_{b_①} = (45 / 15)^{18{,}1} \, 1{,}178 = 509.377.785 \text{ s} = 16{,}2 \text{ a}$$

Für die mit $\sigma_E = -25$ MPa vorgespannte Probe ② ergeben sich unter der Beanspruchung von 15 MPa keine resultierenden Zugspannungen auf der Oberfläche, die Lebensdauer ist dementsprechend unendlich.

c) Für die nicht vorgespannte Probe ① kann die Berechnung entsprechend obigem b) erfolgen:

Aus Tabelle 3.4: $t_{L\,eff} = t_{LbB} / (n + 1) = (\sigma_{LbB} / \sigma_L{}^\bullet) / (n + 1)$
$t_{c\,eff} = t_c$

Aus Gl. (3.15): $\sigma_{L_①bB}{}^n \, t_{L_①\,eff} = \sigma_{b_①}{}^n \, t_{b_①\,eff}$

ergibt sich für die Bestimmung der Lebensdauer die Gleichung:

$$t_{c①} = t_{c① \text{ eff}} = (\sigma_{L①bB}/\sigma_{c①})^n \, t_{L① \text{ eff}}$$

mit $\sigma_{L①bB} = 45$ MPa
  $\sigma_{c①} = 30$ MPa
  $n = 18{,}1$
  $\dot\sigma_L = 2$ MPa/s
  $t_{L \text{ eff}} = (45 / 2) / (18{,}1 + 1) = 1{,}178$ s

beträgt die Lebensdauer für Probe ① somit

$$t_{c①} = (45 / 30)^{18,1} \cdot 1{,}178 = \mathbf{1.812 \text{ s} = 30{,}2 \text{ min}}$$

Für die mit $\sigma_E = -25$ MPa vorgespannte Probe ② ergeben sich unter der Beanspruchung von 30 MPa als resultierende Zugspannungen auf der Oberfläche $\sigma_{c②} = 30 + (-25) = 5$ MPa. Die Biegefestigkeit beträgt wie in a) nur $\sigma_{L②bB} = \sigma_{L②\text{Prüf}} + \sigma_{E②} = 45 + (-25) = 20$ MPa. Der weitere Rechengang entspricht dem für Probe ①:

Aus Tabelle 3.4: $t_{L \text{ eff}} = t_{LbB} / (n + 1) = (\sigma_{LbB} / \dot\sigma_L) / (n + 1)$
  $t_{c \text{ eff}} = t_c$

Aus Gl. (3.15): $\sigma_{L②bB}{}^n \, t_{L② \text{ eff}} = \sigma_{b②}{}^n \, t_{b② \text{ eff}}$

ergibt sich für die Bestimmung der Lebensdauer die Gleichung:

$$t_{c②} = t_{c② \text{ eff}} = (\sigma_{L②bB}/\sigma_{c②})^n \, t_{L② \text{ eff}}$$

mit $\sigma_{L②bB} = 20$ MPa
  $\sigma_{c②} = 5$ MPa
  $n = 18{,}1$
  $\dot\sigma_L = 2$ MPa/s
  $t_{L \text{ eff}} = (20 / 2) / (18{,}1 + 1) = 0{,}524$ s

beträgt die Lebensdauer für Probe ② somit

$$t_{c②} = (20 / 5)^{18,1} \cdot 0{,}524 = \mathbf{4{,}13 \cdot 10^{10} \text{ s} = 1310 \text{ a}}$$

4.3.3 Schlussfolgerungen aus dem Beispiel

Proben gleicher Prüffestigkeit können bei anderen als den Versuchsbedingungen stark unterschiedliche Lebensdauern aufweisen. Deshalb sind immer die obigen Definitionen zu verwenden, d. h. es ist von einer Gesamtspannung auszugehen, die Prüffestigkeit ohne Angabe der zugehörigen Vorspannung ist als Ergebnis von Laborversuchen als Grundlage für eine zeitgemäße Bemessung auf Basis der Bruchmechanik nicht ausreichend. Es dürfen nur mit der Festigkeit, nicht jedoch mit der Prüffestigkeit, die Gleichungen der Statistik oder Bruchmechanik angewandt werden. Zweckmäßig wird die Vorspannung als – günstig wirkende – Belastung mit entsprechendem Teilsicherheitsbeiwert aufgefasst, wie es bei den anderen im konstruktiven Ingenieurbau zum Einsatz kommenden Materialien gehandhabt wird.

Korrekt bewirkt eine Druckvorspannung eine Erniedrigung der auf eine Probe wirkenden mechanischen Zugspannung und damit eine Erhöhung der Überlebenschance. Nicht korrekt ist die Aussage der „Festigkeitserhöhung", allenfalls darf von einer Vergrößerung der Prüffestigkeit gesprochen werden.

4.3.4 Auswirkung einer Vorspannung auf Gleichungen der Bruchmechanik

Bei Beachtung der o. g. Vorzeichendefinition ist leicht einzusehen, dass die Vorspannung nicht die Festigkeit erhöht, sondern die Wirkung äußerer Beanspruchungen – unabhängig, ob infolge Verkehrslasten oder einer Prüfmaschine – reduziert.

Mit den eingeführten Gesamtspannungen lassen sich die in Kapitel 3 dargestellten Überlegungen und Gleichungen auf vorgespannte Glasbauteile übertragen, indem bei der Ermittlung der effektiven Fläche sowie der effektiven Zeit statt der Spannung σ jeweils die Gesamtspannung (d. h. für die Auswertung von Laborprüfungen $\sigma_{bB} = \sigma_{prüf} + \sigma_E$ und auf der Beanspruchungsseite $\sigma_{ges} = \sigma_{Lasten} + \sigma_E$) angesetzt wird.

4.3.4.1 Auswirkungen auf die Ermittlung der effektiven Zeit

Durch die Eigenspannung kommt es gedanklich zu einer einheitlichen Reduzierung aller Spannungswerte, vgl. Bild 4.3. So leistet z. B. der Spannungsanteil σ_1 keinen Beitrag mehr zur effektiven Zeit. Es ergeben sich:

ohne Vorspannung $\quad t_{eff}(\sigma_E = 0) = (t_1 - t_0)(\sigma_1/\sigma_2)^n + (t_2 - t_1) + (t_3 - t_2)(\sigma_3/\sigma_2)^n$

mit Vorspannung $\quad t_{eff}(\sigma_E \neq 0) = (t_2 - t_1) + (t_3 - t_2)[(\sigma_3 + \sigma_E)/(\sigma_2 + \sigma_E)]^n$

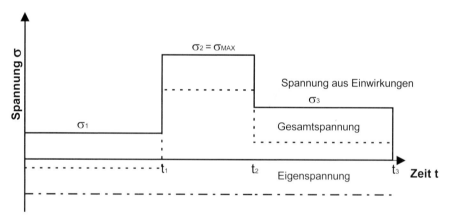

Bild 4.3 Auswirkungen einer negativen Eigenspannung σ_E auf die effektive Zeit t_{eff}

4.3.4.2 Auswirkungen auf die Ermittlung der effektiven Fläche bzw. der effektiven Spannung

Auch hier kann durch die Eigenspannung das Spannungsbild gedanklich über das Glasbauteil verschoben werden; nachdem die Bauteile jedoch möglichst gut ausgenutzt werden sollen, wird der gedankliche „Spannungsgewinn" sicherlich durch eine entsprechende Verringerung der Glasdicke praktisch umgesetzt (die Einwirkungen werden als gegeben und nicht veränderbar angenommen). Dies kann nichtlineare Effekte bei der Spannungsverteilung (z. B. Membrantragwirkung) hervorrufen oder bereits bestehende verstärken und so zu einem qualitativ anderen Spannungsverlauf mit entsprechend anderen Ergebnissen bei der Integration über diese für die Ermittlung der effektiven Fläche zur Folge haben.

Wird der gedankliche „Spannungsgewinn" nicht in Reduktion der Glasdicke umgesetzt (z. B. wegen dann auftretender zu großer Durchbiegungen), so ist über eine kleinere Fläche mit reduzierten Maximalwerten zu integrieren.

4.4 Versuche nach DIN

Um einen Einfluss der einzelnen, oben bereits aufgeführten Parameter auf die Ergebnisse der Versuche zur Bestimmung der Biegefestigkeit zu minimieren und somit Versuchsergebnisse und damit auch Materialien vergleichbar zu machen, sind im Rahmen der Vorschriften für Materialprüfung des Deutschen Instituts für Normung entsprechende Randbedingungen festgelegt. Dabei sind bei plattenförmigen Glasproben zwei unterschiedliche Versuchsanordnungen zu unterscheiden: Vierschneiden-Verfahren und Doppelring-Biegeversuch, vgl. Tabelle 4.1.

Tabelle 4.1 Versuche nach DIN-Normen zur Bestimmung der Biegefestigkeit

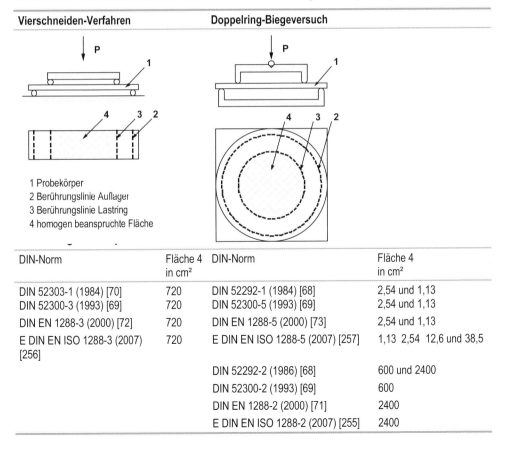

Vierschneiden-Verfahren		Doppelring-Biegeversuch	
DIN-Norm	Fläche 4 in cm²	DIN-Norm	Fläche 4 in cm²
DIN 52303-1 (1984) [70]	720	DIN 52292-1 (1984) [68]	2,54 und 1,13
DIN 52300-3 (1993) [69]	720	DIN 52300-5 (1993) [69]	2,54 und 1,13
DIN EN 1288-3 (2000) [72]	720	DIN EN 1288-5 (2000) [73]	2,54 und 1,13
E DIN EN ISO 1288-3 (2007) [256]	720	E DIN EN ISO 1288-5 (2007) [257]	1,13 2,54 12,6 und 38,5
		DIN 52292-2 (1986) [68]	600 und 2400
		DIN 52300-2 (1993) [69]	600
		DIN EN 1288-2 (2000) [71]	2400
		E DIN EN ISO 1288-2 (2007) [255]	2400

1 Probekörper
2 Berührungslinie Auflager
3 Berührungslinie Lastring
4 homogen beanspruchte Fläche

In den entsprechenden DIN-Normen finden sich Bestimmungen zu Belastungsgeschwindigkeit, zu Abmessungen der Proben und der auf Zug beanspruchten Flächen, zum minimalen Zeitabstand seit letzter mechanischer Bearbeitung und zur Temperatur; in den Vorschriften aus den 90er Jahren sind zusätzlich Grenzwerte für die Raumluftfeuchtigkeit angegeben. Die Regelungen für Versuche mittels Vierschneiden-Verfahren schließen Kantenbruch aus bzw. geben Hinweise zu der Berücksichtigung dieses Effektes; beim Doppelring-Biegeversuch hat die Kantenbearbeitung ohnehin keinen Einfluss. Die wesentlichen Unterschiede der einzelnen DIN-Normen betreffen somit neben der Art der Beanspruchung nur noch die jeweils auf Zug beanspruchte Fläche, vgl. Tabelle 4.1.

Wenn jeweils die auf Zug beanspruchte Fläche identisch ist, können die unter den Bedingungen der o. g. Normen ermittelten Messwerte der Biegefestigkeit somit verglichen werden und Aussagen zu mechanischem Bearbeitungszustand und ggf. Eigenspannungen der untersuchten Probekörper getroffen werden. Hierzu ist selbstverständlich eine einheitliche Auswertung der Prüfbiegefestigkeiten z. B. nach Weibull entsprechend [54] vorzunehmen.

4.5 Bruchhypothese

4.5.1 Allgemeines

Grundlage für die Bewertung der Tragfähigkeit eines Bauteiles bzw. für die Bemessung eines solchen sind mit Hilfe von Versuchen gewonnene Festigkeitskennwerte. Abhängig von der Festigkeitshypothese ist es möglich, mit einer sogenannten *Vergleichsspannung* allgemeine Spannungszustände zu beurteilen.

Die vielfach von Rechenkünstlern (die sich selbst als Statiker bezeichnen) bei der unkritischen Anwendung von z. T. ungeeigneten elektronischen Programmen zur Bemessung von Glasscheiben verwendete „von-Mises-Vergleichsspannung" wird dem spröden Material keinesfalls gerecht. Es ist vielmehr stets mit Hauptspannungen zu rechnen.

Üblicherweise wird für Glas als spröden Werkstoff die Normalspannungshypothese angesetzt, d. h. es wird unterstellt, dass die maximale Hauptnormalspannung für Versagen maßgebend ist. Ein Einfluss des Verhältnisses der wirkenden Hauptspannungen wird nicht berücksichtigt. In der Literatur finden sich vereinzelt Hinweise, dass auch ein Einfluss der Beanspruchungsart im Sinne des Verhältnisses der auftretenden Hauptspannungen (z. B. einachsig beim Vierschneiden-Verfahren, zweiachsig beim Doppelring-Biegeversuch) gegeben ist. Die Differenz der Prüfbiegefestigkeit infolge variierender Quotienten der Hauptnormalspannungen wird jedoch nicht quantifiziert.

4.5.2 Versuche zur Bruchhypothese

Um den Einfluss eines von Eins verschiedenen Verhältnisses der Hauptnormalspannungen σ_I und σ_{II} auf die Biegefestigkeit von Glas unmittelbar durch Versuche festzustellen, wurde in [40] ein entsprechender Versuchsaufbau entwickelt und Versuche durchgeführt.

4.5 Bruchhypothese

Ausgehend von Doppelring-Biegeversuch (mit $\sigma_I = \sigma_{II}$) und Vierschneiden-Verfahren (mit $\sigma_I \neq 0$, $\sigma_{II} = 0$) als geeignete Versuchsaufbauten für zwei Grenzfälle findet ein modifizierter Doppelring-Biegeversuch nach den Bildern 4.4 und 4.5 Verwendung.

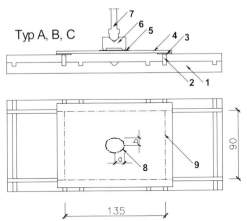

1 Basisplatte mit gefrästen Nuten für Auflagerleiste
2 Auflagerleiste mit Krümmungsradius des Auflagers von 2,5 mm
3 Zwischenlage aus Gummi
4 Probekörper
5 Zwischenlage aus Kunststoff (Klebefolie)
6 „Lastring" mit Krümmungsradius des Auflagers von 2,5 mm zur Einleitung der Kraft P
7 Kraftübertragungsteil mit Zentriereinrichtung für „Lastring" und Basisplatte
8 Berührungslinie des „Lastrings"
9 Berührungslinie der Auflagerleiste

Bild 4.4 Versuchseinrichtung „modifizierter Doppelring-Biegeversuch", Typ A, B und C; Schnitt und Draufsicht (ohne Positionen 5–7). Der dargestellte Aufbau entspricht Typ B.

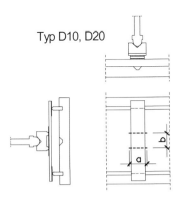

Bild 4.5 Versuchseinrichtung „modifizierter Doppelring-Biegeversuch", Typ D10 und D20 für einachsige Beanspruchung

Tabelle 4.2 Maße der Versuchseinrichtung in mm für die unterschiedlichen Typen

Typ	Glasprobe		Auflagerlinien		Lastring	
	Länge	Breite	Länge	Breite	a	b
A	110	110	90	90	11,25	11,25
B	155	110	135	90	12,8	9,9
C	290	110	270	90	13,5	9,4
D10	110	10	–	10	15	40
D20	110	20	–	20	25	20

Zwischenlage zwischen Auflagerleisten und den rechteckigen Glasprobekörpern, Krümmungsradius von Lastring und Auflagerleisten sowie Einrichtung zum Zentrieren entsprechen [68, 69].

Bei der hier gewählten rechteckförmigen Auflagerung mit der Möglichkeit abhebender Ecken ist wegen der fehlenden Punktsymmetrie der Auflagerung eine Berechnung der Spannungen und Durchbiegungen nicht mehr analytisch möglich wie bei dem klassischen Doppelring-Biegeversuch nach DIN oder anderen Veröffentlichungen, sondern erfordert nichtlineare FE-Berechnungen.

Durch entsprechende Konzeption der Versuche sowie Vorbehandlung der Proben sind die bekannten Einflussfaktoren (mechanischer Bearbeitungszustand von Oberfläche und Kanten, Eigenspannungen, Belastungsgeschwindigkeit und -dauer, Größe der auf Zug beanspruchten Fläche, umgebendes Medium und Temperatur, Alter, d. h. Zeitspanne nach letzter mechanischer Oberflächenbearbeitung) berücksichtigt, die einzelnen Typen unterscheiden sich nur noch durch das Verhältnis der Hauptspannungen.

Eine ausführliche Darstellung von Aufbau, Planung, Durchführung und Auswertung der Versuche ist in [40] gegeben.

4.5.3 Schlussfolgerungen und Bruchhypothese für Glas

Bei einem Verhältnis der Hauptspannungen $\sigma_{II}/\sigma_I = 1$ ist ein minimaler Wert der Bruchspannung gegeben und eine Reduzierung dieses Quotienten lässt größere Bruchspannungen erwarten, d. h. die üblicherweise für spröde Materialien angenommene Hypothese der maximalen Haupt- bzw. Normalspannung beschreibt somit das Verhalten von Glas, zumindest bezüglich der hier untersuchten Flächenbiegezugfestigkeit, nicht exakt richtig.

Werden für die Konstruktion der Bruchkurve die Bruchwerte mittels Doppelring-Biegeversuch mit $\sigma_I = \sigma_{II}$ bestimmt, so liegen diese auf der sicheren Seite; bei Verwendung von Ergebnissen z. B. des Vierschneiden-Verfahrens ist dies allerdings nicht der Fall, vgl. Bild 4.6.

4.5 Bruchhypothese

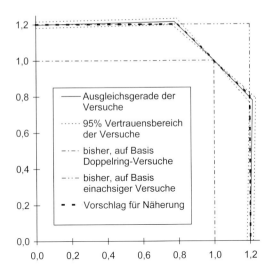

Bild 4.6 Bruchkurven für Glas nach der Hypothese der größten Normalspannung, nach den Versuchsergebnissen sowie dem Vorschlag zur Annäherung der Versuchsergebnisse

Eine mathematische Formulierung der in obigem Bild eingezeichneten Näherung ist in der folgenden Gl. (4.2) angegeben.

$$\chi = \begin{cases} 1{,}0 & \text{für } \dfrac{\sigma_{II}}{\sigma_I} = 1{,}0 \\[2mm] \dfrac{1}{2 - \dfrac{\sigma_{II}}{\sigma_I}} & \text{für } 0{,}8 \leq \dfrac{\sigma_{II}}{\sigma_I} \leq 1{,}0 \\[2mm] \dfrac{1}{1{,}2} & \text{für } \dfrac{\sigma_{II}}{\sigma_I} \leq 0{,}8 \end{cases} \qquad (4.2)$$

Aus Bild 4.6 oder Gl. (4.2) ist zu erkennen, dass bei einachsiger Beanspruchung gegenüber den in zweiachsigen Versuchen ermittelten Festigkeitskennwerten eine Steigerung der Tragfähigkeit um 20 % gegeben ist.

Inwieweit diese erarbeitete Bruchhypothese in praktische Bemessungskonzepte Eingang finden sollte, hängt sicherlich von der Frage der Annahme eines solchen, die Berechnungen aufwendiger gestaltenden Elementes durch die praktisch tätigen Ingenieure ab. Im Rahmen von zu erarbeitenden Hilfstabellen für eine bequeme Bemessung ist eine Berücksichtigung möglich und sinnvoll.

Die Bruchtheorie sollte jedoch Eingang finden in die Beurteilung von Bruchversuchen im Rahmen der Anwendungsforschung; hier treten z. B. bei der Untersuchung von Detailfragen wie Tragfähigkeit von Systemen Punkthalter–Glas unterschiedliche Verhältnisse der Hauptspannungen mit entsprechenden Auswirkungen auf die Deutung der Versuche auf.

5 Vorgespanntes Glas

5.1 Allgemeines

Eine Definition für vorgespanntes Glas ist in [18] und [19] angegeben: *Vorgespanntes Glas sind Glaserzeugnisse mit künstlich erzeugten Druckspannungszonen an den Glasoberflächen und einer Zugspannungszone im Glaskern. Die Vorspannung wird durch Abschrecken von Temperaturen des zäh-elastischen Bereiches (thermische Vorspannung) oder durch Ionenaustausch (chemische Vorspannung) erzielt. Durch die Vorspannung werden die mechanische Festigkeit und die Temperaturwechselbeständigkeit um ein Mehrfaches erhöht.* (Unter „Festigkeit" ist hier entsprechend Abschnitt 4.3 die „Prüffestigkeit" zu verstehen.)

Die dauerhafte Druckvorspannung an der Oberfläche im Glas erhöht die Widerstandsfähigkeit gegen mechanische und thermische Spannungen wesentlich, da Fehlstellen (Mikro- und Makrorisse, Kerben), von denen ein Bruch ausgeht, „überdrückt" werden. Ein Risswachstum kann erst einsetzen, wenn die Wirkung der Vorspannung überwunden ist, d. h. wenn auf der Oberfläche Zugspannungen auftreten, vgl. Bild 5.1. Im Inneren des Glasvolumens ist wegen des Fehlens entsprechender Fehlstellen und damit Rissausgangskerben eine Zugspannung unschädlich.

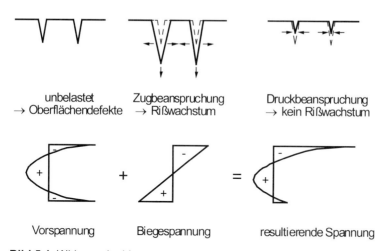

Bild 5.1 Wirkung der Vorspannung

Es ist zu unterscheiden:

– *Einscheiben-Sicherheitsglas* (ESG) (auch als „voll vorgespanntes Glas" bezeichnet), geregelt in DIN 1249-12 [74] sowie DIN EN 12150-1 [22].
  Entsprechend der genannten Vorschriften hat ESG ein im Vergleich zu normal gekühltem Glas sichereres Bruchverhalten und eine wesentlich erhöhte Widerstandsfähigkeit

gegen mechanische und thermische Spannungen.
Im Fall des Bruches zerfällt ESG in zahlreiche stumpfkantige Krümel.

– *Heißgelagertes Einscheibensicherheitsglas (ESG-H),* geregelt in der Bauregelliste A Teil 1 [81] und DIN EN 14179-1 [82].
Einscheibensicherheitsglas, das einem speziellen Heißlagerungstest zur Minimierung des Spontanbruchrisikos durch Nickelsulfideinschlüsse, unterzogen wurde.

– *Teilvorgespanntes Glas* (TVG) (auch als „thermisch verfestigtes Glas" bezeichnet), geregelt in DIN EN 1863-1 [21].
Entsprechend der genannten Vorschrift hat TVG im Vergleich zu normal gekühltem Glas eine wesentlich erhöhte Widerstandsfähigkeit gegen mechanische und thermische Spannungen.
Das Bruchbild ist ähnlich dem von normal gekühltem Glas.

– *Chemisch vorgespanntes Glas* (ChVG), geregelt in DIN EN 12337-1 [41].
Entsprechend der genannten Vorschrift hat ChVG eine erhöhte Beständigkeit gegen mechanische und thermische Beanspruchung, die sich ergibt aus der Oberflächenverdichtung infolge Austauschs von Ionen kleineren Durchmessers gegen solche größeren Durchmessers.
Das Bruchbild entspricht dem von gekühltem Glas.

5.2 Herstellung

Zur Herstellung thermisch vorgespannter Gläser wird das Glas über eine festgelegte Temperatur erhitzt und dann kontrolliert schnell abgekühlt, wodurch im Scheibenquerschnitt ein sich im Gleichgewicht befindlicher Spannungszustand zwischen äußeren Druck- und inneren Zugspannungen aufgebaut wird.

Für die chemische Vorspannung wird Kalk-Natronglas einem Ionenaustauschverfahren unterzogen: Die Ionen der Glasoberfläche mit kleinen Durchmessern werden durch Ionen großen Durchmessers ersetzt. Daraus ergibt sich eine in die Glasoberfläche eingebrachte Verdichtung mit entsprechenden Druckspannungen.

Im Bereich des konstruktiven Ingenieurbaus kommt derzeit chemisch vorgespanntes Glas nur in einzelnen Sonderfällen zur Anwendung, deshalb wird im Folgenden thermisch vorgespanntes Glas weiter betrachtet.

Bei der thermischen Vorspannung wird das bis etwa 100 °C oberhalb der Transformationstemperatur homogen erwärmte Glas durch Konvektion oder Wärmeleitung gezielt von der Oberfläche her abgekühlt. Der Kern befindet sich bei Beginn des Abkühlens noch im niedrigviskosen Zustand. Somit wird ein temporäres Temperaturgefälle von Oberfläche zum Kern erzeugt, ohne dass dabei wesentliche mechanische Spannungen entstehen. Ein Spannungsaufbau beginnt erst bei Unterschreiten der Transformationstemperatur mit dem Übergang vom viskosen in den festen Zustand. Die Temperaturdifferenz des Kerns ist größer als die der Oberfläche, wegen der unterschiedlichen thermischen Kontraktion entsteht deshalb im Kern eine Zug- und im Bereich der Oberflächen eine Druckspannung. Eine grafische Darstellung des Vorspannprozesses nach [75] ist in Bild 5.2 wiedergegeben.

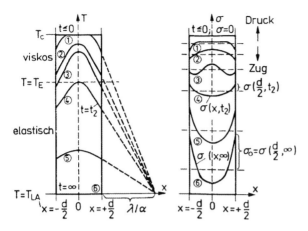

Bild 5.2 Schematische Darstellung des Temperatur- und Spannungsverlaufs in einer Glasscheibe beim thermischen Vorspannprozess, nach [75]

Die Größe der Vorspannung ist abhängig von der Abkühlung; bei Verwendung von kräftigen Luftströmen werden etwa −200 MPa erreicht, während sich mit dem Einsatz von organischen Flüssigkeiten −550 MPa erzielen lassen.

Eine genauere Erläuterung der physikalischen Vorgänge bei dem fertigungstechnisch anspruchsvollen Vorspannprozess ist beispielsweise in [76] oder [77, 78] gegeben.

Für den Entwurf von Interesse ist der Vorspannprozess in mehrfacher Hinsicht. Zum einen ist nach dem Aufbringen der Vorspannung keine weitere Bearbeitung der Gläser mehr möglich, d. h. Zuschnitt mit Kantenbearbeitung und Bohrungen müssen vor dem Durchlaufen des Vorspannofens abgeschlossen sein. Die fehlende Nachbearbeitungsmöglichkeit betrifft selbstverständlich auch den Einbau auf der Baustelle: Es ist eine möglichst exakte Planung und Fertigung auch der Unterkonstruktion erforderlich. Zum anderen sind die Abmessungen vorgespannter Gläser durch die Größe des für die Vorspannung verwendeten Ofens begrenzt.

5.3 Bruchverhalten

Neben der Größe der aufgebrachten Vorspannung unterscheiden sich ESG und TVG hauptsächlich durch ihr unterschiedliches Bruchbild und somit ihre unterschiedliche Resttragfähigkeit bei Weiterverarbeitung zu Verbund(sicherheits)glas.

Wird vorgespanntes Glas beispielsweise mit einer Metallspitze derart „angeschlagen", dass Oberflächenverletzungen und Risse bis in die Zugspannungszone reichen, so breiten sich die Risse infolge der gespeicherten elastischen Energie beschleunigt aus. Bei Erreichen der maximalen Rissgeschwindigkeit tritt jeweils eine Verzweigung der Bruchlinie auf. Nachdem die Beschleunigung von der Vorspannung abhängt, geht mit einer – betragsmäßig gesehen – größeren Vorspannung ein dichteres Netz der Bruchlinien einher. Das heißt, dass bei identischer Glasdicke mit – betragsmäßig – zunehmender Vorspannung die Größe der

Bruchstücke abnimmt. Untersuchungen zum Einfluss der Glasdicke ergeben, dass bei identischer Vorspannung die Größe der Bruchstücke mit zunehmender Glasdicke abnimmt. Das heißt, dass für Bruchstücke gleicher Größe bei zunehmender Glasdicke der Betrag der Vorspannung abnehmen muss.

Abgesehen von einer Bruchauslösung durch Anschlagen oder Überschreiten der Festigkeit infolge zu großer Beanspruchung tritt auch das sogenannte Spontanversagen auf.

5.4 ESG

Im Fall des Bruches von thermisch vorgespanntem ESG zerfällt es in zahlreiche kleine stumpfkantige Krümel. Entsprechend [22] wird die Bruchstruktur an 360 mm × 1100 mm großen Testscheiben geprüft, der Bereich innerhalb eines Radius von 100 mm um den Anschlagpunkt sowie 25 mm vom Rand ist von der Beurteilung ausgeschlossen. Für ESG aus Floatglas beträgt die minimale Anzahl der innerhalb einer 50 mm × 50 mm großen Maske gezählten Bruchstücke bei einer Nenndicke von 4 und 5 mm jeweils 20, bei Nenndicken von 6 bis 19 mm jeweils 30. Das längste Bruchstück darf eine Länge von 100 mm nicht überschreiten. Entsprechend [74] beträgt für ESG aus Floatglas die minimale Anzahl der innerhalb einer 10 mm × 10 cm großen Maske gezählten Bruchstücke bei einer Nenndicke von 4 und 5 mm jeweils 15, bei Nenndicken von 6 bis 15 mm jeweils 30. Das größte Bruchstück darf maximal eine Fläche von 25 cm^2 (4 und 5 mm Nenndicke) bzw. 15 cm^2 (6 bis 15 mm) aufweisen, das längste Bruchstück darf eine Länge von 18 cm (4 und 5 mm Nenndicke) bzw. 12 cm (6 bis 15 mm) nicht überschreiten.

Bild 5.3 Pendelschlagversuch: Bruch einer ESG-Scheibe
(1000 mm × 800 mm × 10 mm)

Wie in Bild 5.3 zu sehen, sind die einzelnen Bruchstücke noch verzahnt und zusammenhängend. Die bis zur Größe einer DIN-A4-Seite großen „Bruchstückfladen" zerfallen erst nach Aufprall auf dem Boden.

5.4.1 Spontanversagen

Vereinzelt treten Glasbrüche auch noch nach längerem Abschluss der Montagearbeiten ohne große äußere Belastung auf. Es handelt sich dann meist um das sogenannte *Spontanversagen* infolge Nickelsulfideinschlusses (vgl. Bild 5.4).

Die bei der Glasproduktion eingeschlossenen Nickelsulfide werden beim Aufheizen zum Vorspannen vollständig in α NiS_x umgewandelt und bei dem Abblasen „eingefroren". Die dann beginnende allotrope Umwandlung (d. h. Veränderung der räumlichen Struktur bei gleichbleibender chemischer Zusammensetzung) von α- zu β-Nickelsulfiden ist mit einer Volumenvergrößerung des Kristalls verbunden, durch die im Glasvolumen zu den durch den thermischen Vorspannprozess eingebrachten zusätzliche Zugspannungen erzeugt werden. Diese können nach entsprechender Reaktionszeit auch noch nach Jahren einen „Spontanbruch" auslösen. Dabei ist nur NiS_x mit x zwischen 1,0 und 1,03 gefährlich, da nur diese in dem relevanten Zeitintervall von 1 bis 100 Jahren einer Umwandlung unterliegen, die zum Bruch des Glases bei normaler Umgebungstemperatur führen.

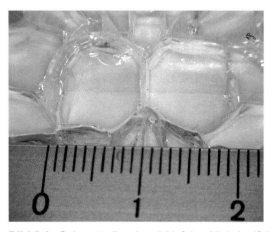

Bild 5.4 „Schmetterlingsbruch" infolge Nickelsulfideinschlusses

5.4.2 Heißlagerungsprüfung (Heat-Soak-Test)

Durch Lagerung der Gläser bei erhöhten Temperaturen (Heat-Soak-Test) kann die Umwandlung von α- zu β-NiS_x beschleunigt werden: bei 270 °C erfolgt die Umwandlung in einer, bei 280 °C in einer halben Stunde. Eventuelle spätere Brüche im Heat-Soak-Ofen haben als Ursache NiS_x-Formen, die wegen der längeren Reaktionszeit bei normalen Temperaturen nicht von Bedeutung sind. Als Obergrenze der Temperaturen bei der Heißlagerungsprüfung sind zur Verhinderung einer dann einsetzenden Rückumwandlung in die α-Phase 320 °C und zur Vermeidung einer merklichen Entspannung des ESG 300 °C zu nennen. Voraussetzung für ein zuverlässiges Ergebnis ist die Sicherstellung einer gleichmäßigen Temperaturverteilung auf der Glasoberfläche während der Haltezeiten [79].

Bauaufsichtlich wurde eine Heißlagerungsprüfung erstmalig in der DIN 18516-4 [80] geregelt, allerdings sind dort nur unzureichende Angaben hinsichtlich der Durchführung enthalten und es ereigneten sich immer wieder Spontanbruchschäden, trotz durchgeführtem Heißlagerungstest.

Basierend auf weitergehenden Forschungen wurde dann im Jahr 2002 ein „verbessertes" heißgelagertes ESG, mit der Bezeichnung ESG-H, als geregeltes Bauprodukt in die Bauregelliste Teil A Teil 1 [81] aufgenommen. Wichtige Parameter wie z. B. der Lagerungsabstand zwischen den Scheiben sowie die Festlegung genauer Temperaturbereiche der Glasmasse während Aufheiz- und Haltephase wurden definiert. Zusätzlich wurde eine Kalibrierung des Ofens, zu überprüfen in regelmäßigen Abständen, festgelegt.

Die Anforderungen der Heißlagerungsprüfung nach Bauregelliste A, Teil 1, Anlage 11.11, werden im Rahmen einer Erstprüfung sowie einer kontinuierlichen Fremdüberwachung und einer werkseigenen Produktionskontrolle des Herstellers überprüft.

Mittlerweile gibt es auch auf europäischer Ebene für heißgelagertes thermisch vorgespanntes Einscheibensicherheitsglas eine entsprechende Norm, DIN EN 14179-1 [82]. Im Wesentlichen stimmen die Parameter der Heißlagerungsprüfung nach Bauregelliste und DIN EN 14179-1 überein. Die Haltezeiten wurden bei beiden Vorschriften auf der sicheren Seite festgelegt. In der Bauregelliste wird eine Haltezeit von 4 Stunden vorgeschrieben, die Temperatur auf der Glasoberfläche sollte dabei zwischen 290 °C und 300 °C liegen. In DIN EN 14179-1 ist eine Haltezeit von 2 Stunden festgelegt, wobei während dieser Zeit die Temperatur 290 °C ± 10 °C auf der Glasoberfläche betragen sollte. Ebenso werden genaue Vorgaben bezüglich der Beladungszustände gegeben [83].

Durch die „verschärften" Vorschriften auf nationaler Ebene und die Einführung einer europäischen Norm, sind Glasschäden durch Nickelsulfid-Einschlüsse minimiert worden. Ein Spontanbruch durch Nickelsulfid-Einschlüsse kann zwar nach wie vor nicht völlig ausgeschlossen werden, allerdings beträgt das Restrisiko nicht mehr als ein Bruch auf 400 Tonnen heißgelagertes thermisch vorgespanntes Einscheibensicherheitsglas.

5.5 TVG

Im Fall des Bruches hat TVG ein spezielles Bruchverhalten ähnlich dem von normal gekühltem Glas ohne die Bildung von „Insel-Bruchstücken". Entsprechend [21] wird die Bruchstruktur an 360 mm × 1100 mm großen Testscheiben geprüft, der Bereich innerhalb eines Radius von 100 mm um den Anschlagpunkt sowie 25 mm vom Rand ist von der Beurteilung ausgeschlossen. Dabei dürfen vier von fünf Proben jeweils maximal zwei „Insel"-Bruchstücke mit jeweils maximal 10 cm^2 Flächen-/Massen-Äquivalent sowie 50 cm^2 Flächen-/Massen-Äquivalent aller kleinen Bruchstücke aufweisen; die fünfte Probe darf nicht mehr als drei „Inseln" oder ein maximales Flächen-/Massen-Äquivalent aller „Inseln" und kleinen Bruchstücke von 500 cm^2 aufweisen, vgl. Bild 5.5.

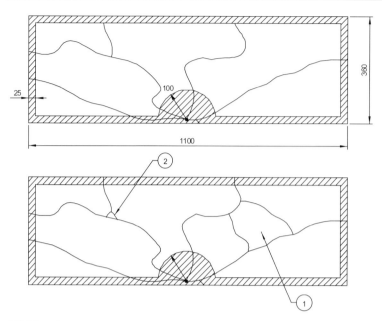

Bild 5.5 Repräsentatives Bruchbild und Darstellung von „Insel" ① (Fläche-/Masse-Äquivalent > 1 cm^2) und „kleinem Bruchstück" ② (Fläche-/Masse-Äquivalent ≤ 1 cm^2) nach DIN EN 1863-1 [21]

Bei Glasscheiben mit größeren Abmessungen, wie sie für tragende Bauteile eingesetzt werden, können im Bruchzustand unter Umständen auch Inseln auftreten. Nachdem TVG in der Regel zu VSG weiterverarbeitet wird, stellen diese Inseln keine Reduktion der Resttragfähigkeit dar: Eine Ablösung der „Insel" ist durch die Verbundwirkung mit der Folie verhindert; hinsichtlich der Reduktion der Steifigkeit durch Risse ist es unerheblich, ob ein Riss eine „Insel" bildet oder sich zum freien Rand fortsetzt.

5.6 Verteilung der Vorspannung über Querschnitt und Bauteil

5.6.1 Ermittlung der Vorspannung durch Versuch und Rechnung

Eine sowohl versuchstechnische wie analytische (d. h. rechnerische) Ermittlung der Vorspannung von Glas ist möglich. Ein ausführlicher Überblick über die Entwicklung sowie die Darstellung der Ergebnisse aus aktueller Anwendung an der RWTH in Aachen sind in [84–86] und [77, 78] zu finden.

Spannungsoptische Messmethoden sind bereits seit vielen Dekaden bekannt, parallel mit der technischen Weiterentwicklung der dafür erforderlichen „Hilfsmittel" wie Laser und elektronische Datenverarbeitung konnte die Messgenauigkeit verbessert werden. Das Prinzip der spannungsoptischen Messverfahren nutzt den Effekt der Doppelbrechung aus: Aus dem ursprünglich isotropen Glaskörper wird durch Belastung ein Stoff mit ausgezeichneten Richtungen, die Doppelbrechung ist entsprechend dem spannungsoptischen Grundgesetz nach Maxwell-Wertheim belastungsabhängig. Das heißt, dass sich ein in das Glas einfallender Strahl abhängig vom Spannungszustand in einen mit zwei ausgezeichneten Polarisationsrichtungen unterschiedlicher Lichtgeschwindigkeiten aufteilt. Durch Messung der Phasenverschiebung kann die Differenz der Hauptspannung gemessen werden. Ein Lichteinfall in ausgezeichneter Richtung ermöglicht bei einer bekannten Hauptspannung – zweckmäßig der Größe Null – eine direkte Bestimmung der Zugeordneten: senkrecht zur freien Oberfläche ist die Dickenspannung 0, dementsprechend kann bei Lichteinfall parallel zur Oberfläche direkt die oberflächenparallele Hauptspannung – bei Fehlen einer zusätzlichen Beanspruchung also die Größe der thermischen Vorspannung – gemessen werden.

Zu den verschiedenen spannungsoptischen Messverfahren wird z. B. auf [77, 78] oder – für eine Übersicht kommerziell anwendbarer Systeme – auf [87] verwiesen.

Die numerische Behandlung des thermo-viskoelastischen Materialverhaltens ist nach Aufbereitung der theoretischen Zusammenhänge durch Implementierung in entsprechende FEM-Programme möglich. Die erfolgreiche Anwendung zur Nachrechnung des Vorspannprozesses ist durch Vergleich der Berechnungsergebnisse mit entsprechenden spannungsoptisch gewonnenen Messwerten beispielsweise in [88–91] und [77, 78] gezeigt worden.

5.6.2 Spannungsverlauf in verschiedenen Zonen

Der Verlauf der Spannungen infolge thermischer Vorspannung über den Querschnitt ist bekanntermaßen parabelförmig; diese Aussage gilt jedoch streng nur für Bereiche mit ausschließlich zweiseitiger Abkühlmöglichkeit. Entsprechend den verschiedenen möglichen Richtungen der Abkühlung bzw. des Abflusses von Wärme beim Abschrecken im Rahmen des Vorspannprozesses kann die Glasscheibe bzw. -platte in mehrere Zonen eingeteilt werden, vgl. Bild 5.6.

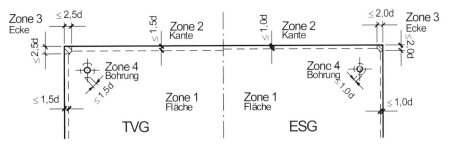

Bild 5.6 Einteilung der Glasscheibe in vier Zonen und jeweilige Ausdehnung, unterschieden für TVG (links) und ESG (rechts)

Exemplarisch ist in Bild 5.7 die Verteilung der Spannungen in der Fläche (Zone 1) und an der Kante (Zone 2) wiedergegeben. Es zeigt sich in geringem Anstand von der Kante eine Verschiebung der Lage des Nulldurchgangs der Eigenspannungsparabel mit einhergehenden – betragsmäßig – geringeren Werten der eingeprägten Vorspannung.

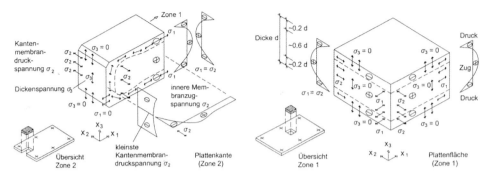

Bild 5.7 Verteilung der thermisch eingeprägten Vorspannung für Fläche (Zone 1) und Kante (Zone 2), nach [77, 78]

5.6.3 Festigkeitskennwerte

In [74] bzw. [21] ist für definierte Bedingungen ein Mindestwert der (Prüf-)Festigkeit (5%-Fraktil bei 95 % Aussagewahrscheinlichkeit) angegeben, den ESG bzw. TVG zu erfüllen haben.

In [77, 78] sind aus einer Vielzahl von Daten aus Bruchversuchen wie aus spannungsoptischen Messungen für vorgespannte TVG- und ESG-Scheiben unterschiedlicher Dicken und Hersteller für die vier Zonen charakteristische Werte für die Vorspannung bestimmt. Um nicht unnötig viele Unterscheidungen treffen zu müssen bzw. durch die entsprechenden Unterscheidungen unübersichtliche Ergebnisse zu produzieren, erfolgte eine gemeinsame Auswertung, getrennt jeweils nur nach den einzelnen Zonen.

Es zeigt sich, dass die Vorspannung in der Fläche, der Kante und an den Bohrungen in derselben Größenordnung liegt, diejenige der Ecke jedoch erheblich reduziert ist, vgl. Tabelle 5.1.

Interessant ist das Ergebnis, dass die Zonen 2 und 4 gegenüber der Fläche (Zone 1) für TVG eine – betragsmäßig – höhere Vorspannung aufweisen und für ESG die Verhältnisse umgekehrt sind, d. h. hier sind in der Fläche die – betragsmäßig – größeren Werte der Vorspannung zu beobachten.

Tabelle 5.1 Charakteristische Werte der Vorspannung
(5%-Fraktile bei 95 % Aussagewahrscheinlichkeit) in MPa für die vier Zonen, nach [77, 78]

Zone		Plattentragwirkung		Scheibentragwirkung	
		TVG	ESG	TVG	ESG
1	Mitte	-30	-84	-30	-84
2	Kante	-43	-75	-45	-63
3	Ecke	0	0	0	0
4	Bohrung	-40	-68	-37	-57

5.7 Dünnglas

Vorgespanntes Dünnglas wurde in der Vergangenheit hauptsächlich für Displays, wie z. B. LCD-Bildschirme, Touchscreens oder Handys, verwendet und spielte im Bauwesen eine eher untergeordnete Rolle. Im Wesentlichen spricht man im Baubereich bei Gläsern unter 3 mm Dicke von Dünnglas.

Die Verwendung von thermisch vorgespanntem Dünnglas im Bauwesen verspricht einige Vorteile, insbesondere bei der Verwendung von Dreifachisolierverglasungen oder Photovoltaikelementen. Durch Dreifachisolierglaselemente können zwar deutliche Energieeinsparungen erzielt werden, sie besitzen aber zwangsläufig einen dickeren Scheibenaufbau und haben damit ein erheblich höheres Gewicht, was einen wesentlichen Nachteil bei Transport und Montage darstellt. Wird bei Dreifachisolierverglasungen hingegen als Mittelscheibe Dünnglas verwendet, ist das Gewicht mit herkömmlichen Zweifachisolierverglasungen vergleichbar. Ebenso entstehen keine zusätzlichen Kosten durch die Verstärkung von Profilen und Beschlägen [92].

Auch bei Photovoltaikelementen bringt die Verwendung von thermisch vorgespannten Dünngläsern einige Vorteile. Neben dem geringeren Gesamtgewicht und einer erhöhten mechanischen Beanspruchbarkeit, wird beim Einsatz von Dünnglas-Frontscheiben die Lichttransmission verbessert und ein um bis zu 6 % höherer Energieertrag erzielt [93].

Mittlerweile existiert ein viel versprechendes neues Verfahren zur Herstellung von thermisch vorgespanntem Dünnglas. Es können Dünngläser von 0,9 mm bis 3 mm Dicke vorgespannt werden. Neu an diesem Verfahren ist, dass das Glas berührungslos auf einem Luftkissen durch den Vorspannofen befördert wird. Dadurch entstehen nur sehr geringe optische Distorsionen und es entstehen keine so genannten „Roller Waves", wie sie bei konventionellen horizontalen Vorspannöfen mit Rollentransport auftreten. Weitere Vorteile sind eine deutliche Energieeinsparung beim Vorspannprozess sowie die Möglichkeit zweiseitig beschichtete Gläser vorzuspannen. Ebenso liegen, nach Aussage des Herstellers, die Biegezugfestigkeiten deutlich über den genormten Mindestbiegezugfestigkeitswerten für vorgespanntes Glas. Allerdings handelt es sich derzeit noch um ein nicht geregeltes Bauprodukt.

6 Verbundglas und Verbundsicherheitsglas

6.1 Allgemeines

Die Sicherheitsanforderungen im Bauwesen [105] lassen wegen der Möglichkeit eines Versagens ohne jegliche Tragreserven den Einsatz einzelner Glasscheiben – zumindest als tragendes Element – nicht zu. Aus diesem Grund findet im konstruktiven Ingenieurbau Verbund- und Verbundsicherheitsglas Verwendung. Zur Herstellung dieser kommen neben Gläsern unterschiedlicher Veredelungsstufen verschiedene organische Zwischenmaterialien zum Einsatz. Dabei hängen selbstverständlich die Eigenschaften des Laminates unmittelbar auch von der verbindenden Zwischenlage ab.

Es war nach [18] zu unterscheiden in

- *Verbundglas (VG)*, definiert als mittels einer organischen Zwischenschicht zu einer Einheit gefügtes Glaserzeugnis aus planem oder gebogenem, farblosem oder getöntem Flachglas.
- *Verbundsicherheitsglas(VSG)* ist statt mit der bei Verbundglas geforderten organischen Zwischen*schicht* mit einer organischen Zwischen*folie,* vor allem aus Polyvinylbutyral (PVB) – ohne weitere Spezifikation – herzustellen; darüber hinaus müssen bei Bruch die Glasstücke fest an der Zwischenfolie haften, so dass sich keine großen, scharfkantigen, gefährlichen Glasbruchstücke ablösen können.

Zwischenzeitlich sind auch mit Gießharzen verbundene Verbundgläser für eine Anwendung im Überkopfbereich allgemein bauaufsichtlich zugelassen, d. h. als VSG einzustufen.

Entsprechend [19, 106] ist unter denselben Bezeichnungen nunmehr zu verstehen:

- *Verbundglas (VG)*, definiert als Aufbau aus einer Glasscheibe mit einer oder mehreren Scheiben aus Glas und/oder Verglasungsmaterial aus Kunststoff, die mittels einer oder mehrerer Zwischenschichten miteinander verbunden sind.
- *Verbundsicherheitsglas(VSG)* ist ein Verbundglas, bei dem im Fall eines Bruches die Zwischenschicht dazu dient, Glasbruchstücke zurückzuhalten, die Öffnungsgröße zu begrenzen, eine Restfestigkeit zu bieten und das Risiko von Schnitt- und Stichverletzungen zu verringern.

Hinsichtlich der Zwischenmaterialien für das flächige Verbinden von Glas sind verschiedene organische Schichten oder Folien zu unterscheiden. Derzeit kommen industriell Folien in Form von Rollenware oder als Platten und Gießharze zum Einsatz. Dabei sind verschiedene wichtige Unterscheidungsmerkmale für die Auswahl der für den jeweiligen Einsatz zweckmäßigsten Zwischenschicht zu betrachten:

- *Sicherheit* (d. h. Haftung der Glasbruchstücke nach Auftreten eines Bruches)
  Aus der Definition von Verbundsicherheitsglas in [18, 106] verbietet sich bislang wegen der schlechteren Haftung (bzw. dem Fehlen der Nachweise einer ausreichend zuverlässigen Haftung) eine Verwendung von Gießharz für Verbundsicherheitsglas. Dieser Gedanke liegt auch der nach [1] zur Verwendung zugelassenen Zwischenfolie aus Poly-

vinylbutyral zu Grunde. Zwischenzeitlich sind einige Verbundgläser mit Gießharzverbund sowie Ethylen-Vinylacetat (EVA) und SentryGlas (SG) für einen Einsatz auch im Überkopfbereich entsprechend TRLV [1] allgemein bauaufsichtlich zugelassen.

— *Lieferform* und *Verarbeitung*
Dem Aufeinanderlegen von Gläsern und Folien mit Herstellung des Verbundes durch Änderung von Temperatur oder Druck steht das Einfüllen von Gießharz (d. h. mehrere chemische Komponenten im richtigen Mischungsverhältnis) zwischen zwei Scheiben mit anschließendem Aushärten durch chemische Reaktion infolge Katalysator oder UV-Bestrahlung gegenüber.

— *Zusätzliche Funktionen* zum Verbund
Ein Einsatzgebiet für Gießharze ist die definierte mechanische Koppelung zweier Glasscheiben; dadurch wird ein bezüglich *Schalldämpfung* günstigeres Zwei-Massen-System erzeugt (Schallschutz-Fensterverglasung). Das Einbetten von Photovoltaikzellen (vgl. Kapitel 10) zwischen zwei Glasscheiben war bis vor einigen Jahren nur durch Verwendung spezieller, auch auf den Photovoltaikzellen haftender und gleichzeitig die Zwischenräume zuverlässig ausfüllender Gießharze möglich. Durch neuere Verfahren mit Zwischenfolien aus Ethylen-Vinylacetat (EVA) oder Polyvinylbutyral (PVB) können seit einiger Zeit auch Verbundgläser mit eingebetteten Photovoltaikzellen hergestellt werden, die gegenüber den bislang zum Einsatz kommenden Gießharzen erheblich verbesserte Eigenschaften hinsichtlich der Trag- und Resttragfähigkeit sowie Splitterbindung aufweisen.
Des Weiteren können *optische Effekte* durch bedruckte, eingefärbte oder selbstleuchtende Zwischenschichten erzielt werden. Eine alternative Gestaltungsmöglichkeit ist gegeben durch Einbetten von unterschiedlichen Materialien wie beispielsweise Stoff- oder Metallgewebe, (gelochtem) Metall, getrocknete Blätter oder anderer flache Elemente. Durch eingearbeitete Heizdrähte ist die Möglichkeit der *Heizung* von Verbundglas gegeben.

Als organische Kunststoffe weisen die Verbundfolien ein gänzlich anderes Verhalten als das Glas auf. Bei Beanspruchung kommt es zu einer volumenkonstanten Verformung, für die Querdehnzahl ist demzufolge $\mu = 0{,}5$ anzusetzen. Abhängig von der Belastung ist zunächst elastisches Verhalten zu beobachten, bei länger andauernden Beanspruchungen (wobei länger andauernd bereits einige Minuten sein können) kommt es zu z. T. irreversiblem Kriechen. Demnach ist ein viskoelastisches Materialgesetz zur Beschreibung der Zwischenmaterialien anzuwenden. Dabei ist zusätzlich die starke Temperaturabhängigkeit unbedingt zu beachten.

Außerdem darf nicht übersehen werden, dass mechanische Kennwerte, die z. B. an dem Rohstoff Folie vor Verarbeitung ermittelt wurden, wegen der Verbundprozedur bei zwischen Glasscheiben eingebetteter Folie unterschiedlich sein können.

6.2 Rohstoffe und Methoden zur Herstellung von Verbundglas

Neben dem sich aus der Bezeichnung heraus selbstverständlichen *Glas* sind die oben erwähnten organischen Kunststoffe zu nennen. Es folgt ein kurzer Überblick über die Rohstoffe des Verbundglases und der industriell eingesetzten Herstellungsverfahren.

6.2.1 Polyvinylbutyral (PVB)

6.2.1.1 Der Rohstoff

Polyvinylbutyral ist der Gruppe der Polyvinylacetale zugehörig und wird wegen der hohen Anforderungen für die Verwendung in Verbundsicherheitsglas aus Polyvinylalkohol (statt direkt aus Polyvinylacetat) gewonnen; inzwischen wird auch aus dem bei der Verarbeitung von PVB zu VSG anfallenden Verschnitt „recyceltes PVB" hergestellt. Abhängig vom geplanten Einsatzgebiet werden unterschiedliche PVB-Folien angeboten: für den Baubereich mit hoher Haftung wie auch mit kontrolliert reduzierter Haftung, speziell zur erhöhten Durchwurfhemmung. Des Weiteren gibt es für den Fahrzeugbereich, abgestimmt auf Rollen- und Gummiringverfahren sowie das Asahi-Verfahren, unterschiedlich konfektionierte PVB-Folien. Außerdem werden spezielle Folien zur Herstellung von VSG ohne Einsatz eines Autoklaven angeboten. Auch gibt es Entwicklungen, PVB-Folie mit anderen Folien zu kombinieren, um entsprechend gewünschte, veränderte Eigenschaften zu erhalten. Die Dicke der Folien weisen ein Vielfaches von 0,38 mm (30-mil) auf, üblich bzw. häufig sind 0,76 mm und 1,52 mm sowie bei besonderen Anforderungen 2,28 mm.

Als Kunststoff weist PVB ein temperaturabhängiges viskoelastisches Verhalten auf. Abhängig vom Anteil der Weichmacher ist die Glasübergangstemperatur im baupraktischen Bereich von ca. 12 bis 20 °C. Um einen Eindruck über den Einfluss der Temperatur zu vermitteln, sind in Bild 6.1 die Spannungs-Dehnungs-Linien der „nackten" PVB-Folie TROSIFOL MB (üblicherweise im Baubereich für VSG verwendeter Folientyp der Fa. Kuraray Europe, Division Trosifol) im Zustand vor der Verarbeitung zu VSG in Abhängigkeit der Temperatur dargestellt.

In [1] sind als Anforderungen für den Mittelwert der Folieneigenschaften eine Reißfestigkeit größer 20 MPa bei einer Reißdehnung von mindestens 250 % genannt.

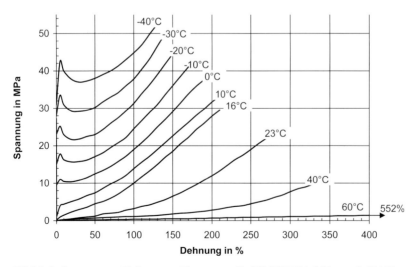

Bild 6.1. Spannungs-Dehnungs-Diagramm für TROSIFOL MB, nach [115]

6.2.1.2 Verarbeitung zu VSG

Die Folie aus PVB wird im staubfreien, klimatisierten Verlegeraum bei 18–20 °C und ca. 25–30 % relativer Luftfeuchtigkeit auf die gereinigten Glasscheiben passend faltenfrei aufgelegt, um dann in ein oder zwei weiteren Arbeitsschritten zu einer festen Einheit verbunden zu werden.

Beim Zwei-Stufen-Prozess wird zunächst ein Vorverbund durch Kalandrieren oder Vakuumbehandlung und anschließend der endgültige Verbund bei erhöhter Temperatur (ca. 135–145 °C) und Druck (12–13 bar) im Autoklaven erzeugt. Dabei ist die Temperatur im Inneren des Laminates maßgebend; dies ist vor allem bei Mehrfachverbunden von Bedeutung, da hier die Abweichung von der Lufttemperatur am größten ist. Bei zu hoher Temperatur kann es zu einer gelblichen Verfärbung der Folie kommen, bei zu niedriger Temperatur im Autoklaven ist bei zwar optisch einwandfreien (d. h. klarem Aussehen) die Haftung der Scheiben an der Folie nicht optimal.

Für komplizierte Glasaufbauten (beispielsweise gebogene Gläser) oder für Einbettung anderer Materialien wie PV-Zellen findet der autoklavfreie sog. Ein-Stufen-Prozess Anwendung. Hierbei werden die Gläser und speziell abgestimmte Folien in einen Kunststoffsack mit Ventilanschluss (Vakuumsack) eingepackt, in einem Arbeitsschritt erfolgt der Verbund durch Erwärmung und Entlüftung.

Die unterschiedlichen Verfahren und zugeordneten Folientypen zur Herstellung von VSG lassen unterschiedliches Verhalten der VSG-Elemente erwarten. Als weitere Parameter mit Auswirkungen auf das Verhalten von VSG sind Einflüsse aus dem Produktionsprozess vorhanden wie z. B. der Feuchtigkeitsgehalt der Folien. Für die autoklavfreie Produktion entwickelte Folie ergibt bessere, die Haftung und Verbundwirkung quantifizierende Pummel-Werte; berücksichtigt man noch die für die beiden Folien jeweils unterschiedlich vorgesehene Folienfeuchte, so wird der Abstand noch größer. Auch bei Auswertung von Kompressionsschertests zeigt sich eine Abhängigkeit von Feuchtigkeit und Typ der Folien sowie dem Herstellungsverfahren: mit zunehmender Feuchtigkeit nimmt die Haftung ab, die neuere Folie für autoklavfreien Fertigungsprozess zeigt bessere Haftung als die im konventionellen Zwei-Stufen-Prozess zu verarbeitende PVB-Folie.

Für die Anwendung im bauaufsichtlich relevanten Bereich ist PVB das einzige in der TRLV [1] bzw. [81] genannte Verbundmaterial, das bei Einhaltung der darin genannten Bedingungen (Reißfestigkeit > 20 MPa und Bruchdehnung > 250 %) ohne allgemeine bauaufsichtliche Zulassung angewendet werden darf. Dennoch wurden für einige Typen von PVB allgemeine bauaufsichtliche Zulassungen erteilt, zum Teil, da sie trotz Unterschreitung der Mindestanforderungen die Nachweise für Trag- und Resttragsicherheit erfüllen, zum Teil, um für einzelne Lastfälle eine günstig wirkende Schubverbundwirkung ansetzen zu können.

6.2.2 Ethylen-Vinylacetat (EVA)

6.2.2.1 Der Rohstoff

Ethylen-Vinylacetat (EVA) ist ein Copolymerisat, bei dem die Vinylacetatmoleküle statistisch in die Etylenkette eingebaut sind. Die EVA-Copolymere können charakterisiert werden durch den Vinylacetat-Anteil (angegeben in %) und den Polymerisationsgrad (ausgedrückt durch den die Schmelzviskosität quantifizierenden Schmelzindex). Ein steigender Vinylacetat-Gehalt im Copolymer bewirkt neben anderem eine höhere Flexibilität und Adhäsion sowie verbesserte Tieftemperatur-Eigenschaften bei verringerter Temperaturbeständigkeit; ein abnehmender Schmelzindex kennzeichnet verbesserte Flexibilität und Zähigkeit, höhere Kohäsion und Wärmebeständigkeit. Durch Variation von Vinylacetat-Gehalt und Schmelzindex lässt sich eine Vielzahl von Kombinationen herstellen, die unterschiedlichste Einsatzgebiete aufweisen wie z. B. von Spritzguss über Etikettenkleber bis zu Schmelzklebern. Dabei beträgt die Reißfestigkeit 2 MPa bis 26 MPa, während die Reißdehnung Werte von 400 bis 1500 % aufweist; die Shore A Härte liegt im Intervall von 15 bis 96.

Für die Herstellung von Verbundglas kommt EVA zum Einsatz als sog. Schmelzklebstoff, bei dem hohe Kohäsion mit guter Adhäsion einhergehen. Die für die Herstellung von VG verwendeten EVA-Folien weisen eine Reißfestigkeit in der Größenordnung von 10–25 MPa und Reißdehnungen über 500 % auf.

6.2.2.2 Herstellung von VSG

Die Produktion von Verbundglas erfolgt ähnlich dem autoklavenfreien Prozess bei PVB: Nach Auflegen der Folie auf die gereinigten Scheiben wird der thermoplastische Schmelzkleber durch Erwärmen verflüssigt, nach dem Abkühlen erstarrt er, die beiden Scheiben verbindend, und nimmt schnell die vorherige Festigkeit an. Dieser Schmelzvorgang ist reversibel und findet z. T. unter Unterdruck statt, um eventuell eingeschlossene Luft zu entfernen.

Industriell werden für den Verbundprozess Vakuum-Laminatoren eingesetzt. Werden Photovoltaikzellen eingebunden, so sind die Einbauteile, d. h. Zellen und Drähte, zur Sicherstellung der Haftung mit einem speziellen „Primer" (Haftvermittler) zu behandeln, wenn nicht eine mit entsprechenden Zusätzen versehene sog. „self-priming" EVA-Folie verwendet wird.

Dabei beeinflussen diese Zusätze bzw. Voranstriche selbstverständlich wiederum das Verhalten des Laminates. In [116] sind Werte eines Schälversuches zur Quantifizierung der Haftung angegeben; danach beträgt die Haftung auf Photovoltaikzellen im Schälversuch nur 2/3 der Werte auf Glas.

Für die vom DIBt mit [94] allgemein bauaufsichtlich zugelassenen auf EVA-basierten wärmehärtenden und räumlich vernetzenden Verbundfolie EVASAFE G71 sind zur Herstellung von Verbundsicherheitsglas sowohl die Ein-Schritt-Methode im sog. Ofenprozess mit Vakuum-Verbund (0,0–0,1 bar, 135 °C) als auch die Zwei-Schritt-Methode mit Vorlaminierung unter Vakuum (0,0–0,1 bar, 100 °C) und Laminierung im Autoklaven (12 bar,

135 °C) anwendbar. Gemein ist den Verfahren, dass es jeweils die folgenden drei Schritte beinhalten muss: Entlüftung (unter 60 °C), Vorverbund (90–100 °C) und Vernetzung (110–140 °C, optimal 135 °C). Die jeweils erforderlichen Haltezeiten sind von den zu laminierenden Glasdicken und Formaten – bzw. eigentlich dem Aufheizverhalten – abhängig. Eine zu kurze Vernetzungszeit wird durch leichte Trübung der Scheibe sichtbar, kann durch erneute Erhitzung bis zur völligen Vernetzung korrigiert werden. Die Dicke der EVA-Folien beträgt jeweils 0,4 oder 0,8 mm, in [94] ist hinsichtlich der Anwendung nach Technischen Regeln Vergleichbarkeit mit 0,38 oder 0,76 mm dickem PVB formuliert.

6.2.3 SentryGlas® (SG)

6.2.3.1 Der Rohstoff

Das Produkt SentryGlass® wird vom Hersteller DuPont™ als Ionoplast Polymere bezeichnet. In [95] wird dazu ausgeführt: *Die allgemeine Definition für eine Ionoplast-Zwischenschicht ist „Eine steife Folie (E-Modul über 100 MPa bei Temperaturen bis zu 50 °C), zusammengesetzt primär aus Ethylen / Methacrylsäure Copolymer mit geringen Mengen von Metallsalzen, die dauerhaft mit Glas verbunden werden kann."* Durch bloßes Verbiegen mit den Fingern ist festzustellen, dass Materialproben des Produkts – insbesondere im Vergleich zu PVB – bei Raumtemperatur erheblich (biege)steifer sind. Die Glasübergangstemperatur von SentryGlas® wird mit etwa 55 °C angegeben. Eine Gegenüberstellung des Verhaltens von SentryGlas® und PVB ist hinsichtlich des E-Moduls in Abhängigkeit der Temperatur (mit logarithmischer Skalierung beider Achsen) sowie des Spannungs-Dehnungs-Verhaltens in Bild 6.2 wiedergegeben.

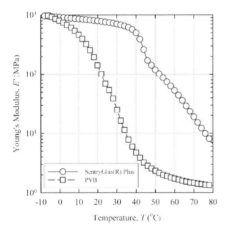
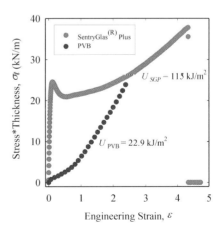

Bild 6.2. E-Modul für SentryGlas® und PVB in Abhängigkeit der Temperatur, nach [95]; Spannungs-Verzerrungs-Beziehung für SentryGlas® und PVB, nach [99]

Üblicherweise wird das Produkt mit einen UV-Blocker versetzt ausgeliefert, um bei Einsatz von VSG den von VSG aus PVB gewohnten UV-Schutz zu bieten; für spezielle Anwendungen – wie beispielsweise Gewächshäuser – ist auch ein Material ohne UV-Blocker erhältlich. SentryGlas® wird in Form von Platten mit Dicken von 0,89, 1,52, 2,28 und 3,05 mm (35-, 60-, 90- und 120-mil), sowie neuerdings auch in 0,9 mm Dicke auf Rolle vertrieben.

Ursprünglich wurde das Produkt entwickelt, damit Verglasungen in Florida, USA, Hurrikanen bzw. den von diesen durch die Luft gewirbelten Bauteilen widerstehen können. Nach [96] hat sich die Bezeichnung seit der Markteinführung gegen Ende der 1990er Jahre mehrfach geändert: von SentryGlass® über SentryGlass® Plus (SGP), SentryGlass® Plus 2000 zu SentryGlass® Plus 5000 zurück zu SentryGlass® im Jahre 2008. Die 2009 und 2010 erteilten abZ [97, 98] führen jeweils SentryGlas® 5000 als Verbundmaterial auf. In diesem Zusammenhang scheint es sinnvoll darauf hinzuweisen, dass es sich bei SentryGlas® Expressions™ um eine bedruckbare PVB-Folie von DuPont™ handelt – etwas verwirrend, denn PVB-Folien werden von DuPont üblicherweise unter Butacite® vertrieben.

6.2.3.2 Herstellung von VSG

Die Herstellung von Verbund- bzw. Verbundsicherheitsglas erfolgt im Autoklaven-Prozess ähnlich dem oben beschriebenen Zwei-Stufen-Verfahren zur Herstellung von VSG aus PVB. Einige Parameter weichen bei Verwendung von SentryGlas® statt PVB geringfügig ab, was bei einer alternierenden Herstellung in einer Linie entsprechende Sorgfalt erforderlich macht, denn die zwar nur geringen Abweichungen der Prozessparameter haben dennoch nicht unerheblichen Einfluss auf das Verbundverhalten des Laminats.

6.2.4 Gießharze

6.2.4.1 Die Rohstoffe

Als Gießharze kommen in der Regel Polymerisationsklebstoffe auf Acrylatbasis zum Einsatz, die mit Hilfe von Katalysatoren oder UV-Strahlen zwischen den beiden abgedichteten, zu verbindenden Gläsern bei Raumtemperatur aushärten. Je nach Einsatzgebiet im Bereich des Schallschutzes sowie Objektschutzes (Durchwurfhemmung) kommen unterschiedliche Mischungen zum Einsatz, vgl. Bild 6.6.

6.2.4.2 Herstellung von VG oder VSG

Für den Verbund mittels Gießharz werden in einem ersten Arbeitsschritt im Bereich der Kanten eine Randabdichtung aufgebracht, die Scheiben zusammengelegt und das Laminat verpresst. Anschließend wird der Zwischenraum mit dem noch relativ flüssigen Gießharz gefüllt, entlüftet und die Einfüllöffnung verschlossen. Das Aushärten kann je nach verwendetem Gemisch aufgrund chemischer Reaktion oder durch Bestrahlen mit UV-Licht erfolgen.

Wegen der mangelnden Durchlässigkeit der Gießharz-Zwischenschichten ist bei Härten mittels UV-Licht jede Lage Glas in einem einzelnen Verarbeitungsschritt zu verbinden; bedruckte Gläser oder eingebettete Photovoltaikzellen sind demzufolge nur im ersten Verbundschritt einzubauen.

Das mit [100] allgemein bauaufsichtlich zugelassene VSG GEWE-composite® wird mit mindestens einer Zwischenschicht Ködistruct LG des Herstellers Kömmerling, ein zweikomponentiges im Verarbeitungszustand flüssiges Harz, das in Dicke von 2–3 mm in den Spalt zwischen zwei Gläsern eingebracht wird. Auch durch die Verarbeitungszeit des chemisch aushärtenden Zwischenmaterials (Topfzeit) ist die maximale Größe auf 2,5 m × 3,2 m begrenzt. Wegen der maximalen Spannweite von an zwei gegenüber liegenden linienförmigen Lagerungen bei Überkopfverglasungen von 1,30 m (gegenüber 1,2 m nach [1]) ist für GEWE-composite® eine größere Resttragfähigkeit als bei VSG aus PVB zu erwarten. Nach Firmenangaben ist als weiterer Unterschied zu VSG aus PVB ein erhöhter Durchgang von UV-Strahlung bis 63 % im Bereich von 280 bis 380 nm (gegenüber 1 % bei PVB) sowie ein größerer Schubmodul zu nennen. Insbesondere die UV-Durchlässigkeit erlaubt eine sinnvolle Anwendung auch im Bereich von (Verkaufs-)Gewächshäusern oder für die Tierhaltung.

6.3 Tragverhalten von Verbundglas

Im Rahmen von einer Vielzahl von Forschungsvorhaben – häufig in Zusammenhang mit Zulassungsverfahren – wurden und werden Anstrengungen unternommen, die Grundlagen im Sinne von Materialdaten und -modellen für eine zuverlässige Berechnung des Tragverhaltens von Verbundglas zu schaffen und damit eine sichere Anwendung zu gewährleisten. Hierzu werden z. B. auch akademische (d. h. in dieser Form in der Regel baupraktisch nicht auftretende) Beanspruchungen entsprechend Bild 6.3 untersucht.

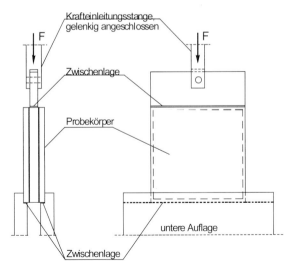

Bild 6.3 Versuchsaufbau zur Untersuchung des Tragverhaltens unter Schubbeanspruchung, aus [40]

6.3.1 Schubbeanspruchung

Die von den Herstellern der Verbundmaterialien genannten mechanischen Kennwerte gelten z. T. nur für das Verbundmaterial, bevor es zu Verbundglas verarbeitet wurde. Eine eventuelle Beeinflussung durch den Verbundprozess oder die Interaktion mit Glas oder Photovoltaikzellen unter Berücksichtigung der Temperatur sind darin nicht berücksichtigt. Des Weiteren ist ein direkter Vergleich wegen unterschiedlicher Testmethoden und Auswertung nicht möglich. Für die Beurteilung der Trag- und Resttragfähigkeit von Verbundglas sind diese Einflüsse von großem Interesse; die Ergebnisse von Untersuchungen zum Tragverhalten der unterschiedlichen Zwischenmaterialien, auch mit Photovoltaikzellen, sind in [40, 117, 118] zusammengefasst.

Während bei Raumtemperatur ein Versagen der Proben ohne Photovoltaikzellen infolge eines Mischbruches (d. h. nach anfänglichem Ablösen der Verbundschichten tritt Versagen infolge Überschreiten der Kohäsionsfestigkeit ein) zu beobachten ist, tritt bei höheren Temperaturen eine Verschiebung hin zum Adhäsionsbruch auf. Dieses Verhalten ist auch bei den Proben mit Photovoltaikzellen zu beobachten: bei Raumtemperatur werden die Zellen zerstört, während bei 60 °C warmen Probekörpern ein Ablösen der Gießharze von der Zellenoberfläche zu beobachten ist; bei EVA ist die Haftung auf den Zellen im warmen Zustand besser als bei den untersuchten Gießharzen, es ist ein gleiches Versagensbild wie bei Raumtemperatur zu sehen.

Mit abnehmender *Belastungsgeschwindigkeit* sinken die Werte für die Bruchschubspannung τ_{BRUCH} und Bruchgleitung g_{BRUCH}; diese Proportionalität zwischen Belastungsgeschwindigkeit und Bruchfestigkeit ist aus der Materialprüfung bekannt.

Die Tragfähigkeit der Gießharze ist geringer, bei den Folien ist bei Raumtemperatur PVB gegenüber EVA tragfähiger, während bei 60 °C die Verhältnisse umgekehrt sind. Die Proben mit Photovoltaikzellen erreichen geringere Festigkeiten.

Dabei ist anzumerken, dass bei Raumtemperatur (ca. 22 °C) die Maximallast (und damit die Bruchschubspannung) nicht durch Versagen der Verbundschicht, sondern durch Glasbruch begrenzt wird.

6.3.2 Biegebeanspruchung

Untersuchungen zum Tragverhalten von Bauteilen aus Verbundglas bei Biegebeanspruchung und vor allem bei Schlagbeanspruchung wurden bereits seit Längerem angestellt; hierbei war das Augenmerk jedoch auf die Anwendung im Fahr- und Flugzeugbau gerichtet. Die im Fahrzeugbau primär geforderte Durchschlagfestigkeit steigt mit sinkender Splitterbindung, da vor dem Durchbruch bzw. dem Einreißen der Folie große elastische und plastische Verformungen auftreten und diese umso wirksamer sind, je mehr Fläche der Folie sich an der Abtragung der Kraft beteiligt [119]. Für einen Einsatz im Bereich des konstruktiven Ingenieurbaus steht jedoch die Splitterbindung zur Sicherstellung ausreichender Resttragfähigkeit im Vordergrund, und diese – sich mit dem Tragverhalten von Verbundglas für die Anwendung im Bauwesen befassende – Literatur reicht weniger weit zurück.

Über intensive Untersuchungen des Verhaltens unter Biegebeanspruchung im Zusammenhang mit dem Bau der Oper in Sydney wird beispielsweise von [120, 121] berichtet. Inwieweit durch Änderungen der Folieneigenschaften die Ergebnisse absolut auch heute noch Gültigkeit haben, ist wegen fehlender Einblicke in die Produktionen schwer abzuschätzen.

Seit Mitte der 1980er Jahre beschäftigen sich in Texas (USA) Forscher näher und systematisch mit Verbundglas unter Biegebeanspruchung für den Baubereich [122–126]. Dabei liegt das Hauptinteresse auf dem Lastfall „kurzzeitige Beanspruchung", da als Anwendung die Verglasung von Fenstern unter kurzzeitiger Windbeanspruchung (Hurrikane!) im Vordergrund steht. Entsprechend den in [40] ausführlicher dargelegten Kritikpunkten (Belastungsgeschwindigkeit, fehlende statistische Auswertung, Vernachlässigung unterschiedlicher Vorspannung und Temperatur) sind die sehr umfangreichen Untersuchungen nicht für eine Bemessung geeignet, sondern allenfalls als Bestätigung der Aussage, dass für kurzzeitige Beanspruchungen bei nicht zu hohen Temperaturen von einer großen Verbundwirkung ausgegangen werden kann.

Auch aus aktuelleren Untersuchungen verschiedener Universitäten und Versuchsanstalten in Deutschland kann zusammenfassend festgestellt werden:

— Bei *Kurzzeitversuchen* sind Kriecheffekte nicht zu beobachten.

— Bei *Langzeitversuchen* sind deutliche Kriecheffekte festzustellen.

— Eine *zunehmende Temperatur* verstärkt durch das „weichere" Verhalten der Zwischenfolie Kriecheffekte, während sich bei *reduzierter Temperatur* dementsprechend ein „steiferes" Verhalten mit Annäherung an den Grenzfall „voller Verbund", d. h. Verhalten wie eine monolithische Platte, zeigt.

— Hinsichtlich der *Dauerfestigkeit* ist bei einer Belastungsfrequenz von 240 und 480 Lastwechseln je Minute auch nach über 10^6 Zyklen bei intakten Gläsern keine Verschlechterung des Verbundes wahrzunehmen. Anders stellt es sich bei gebrochenem VSG dar, hier finden im Bereich der Risse Ablösungen und damit stark zunehmende Verformungen statt.

Alle erforderlichen Parameter zur vollständigen Beschreibung des Materialverhaltens i. S. v. temperaturabhängigem, viskoelastischem Kunststoff sind noch nicht genügend genau bestimmt bzw. für eine allgemeine Anwendung nicht geeignet. So wird in [127] festgestellt: *„Auch wenn es sich bei allen Produkten in Tabelle 2.1 um Folien auf Basis von PVB handelt, können sie Abweichungen in der chemischen und physikalischen Struktur aufweisen. Dies kann zu Unterschieden im zeit- und temperaturabhängigen Steifigkeitsverhalten, in der Zugfestigkeit und Bruchdehnung, in der Alterungsbeständigkeit und in der Dauerhaftigkeit des Verbundes und der Adhäsion zwischen Folie und Glas führen. Aus den Untersuchungen dieser Arbeit an den drei Standardfolien ... können deshalb – ohne Kenntnis der chemischen Zusammensetzung bzw. ohne Ergebnisse vergleichender Versuche – keine oder nur eingeschränkte Rückschlüsse auf das Materialverhalten anderer PVB-Folien gezogen werden."* Hier gilt es jedoch zu unterscheiden in wissenschaftliche Untersuchungen und baupraktische Anwendung. Für Letztere waren bzw. sind durch geeignete Abschätzungen für eine auf der sicheren Seite liegende baupraktische Bemessung anwendbare

Materialwerte und evtl. Berechnungsmethoden zu erarbeiten. Durch geeignete Maßnahmen ist dabei sicherzustellen, dass die Eigenschaften des jeweiligen Materials innerhalb des Erfahrungsschatzes liegen.

Auf europäischer Ebene wird in CEN/TC 129 WG8 eine auf Versuchen basierte Einteilung von Verbundmaterialien in spezielle sog. Klassen diskutiert. Aktuell kann in Deutschland nur für Produkte und Anwendungen mit entsprechender allgemeiner bauaufsichtlicher Zulassung ein günstig wirkender Schubverbund angesetzt werden, vgl. beispielsweise [101–103]. Ansonsten sind derzeit auf der sicheren Seite liegend die beiden Grenzfälle des Verbundes (kein Verbund und voller Verbund) zu untersuchen.

6.4 Resttragverhalten von gebrochenem Verbundglas

6.4.1 Allgemeines

Die in den vorangegangenen Abschnitten getroffenen Aussagen betreffen Verbundglas im planmäßigen, unzerstörten Zustand. Nachdem Glasbruch nicht ausgeschlossen werden kann, muss eine ausreichende Resttragfähigkeit dann auf jeden Fall sichergestellt werden.

Resttragfähigkeit ist das Vermögen eines VSG-Elementes auch nach Zerstörung einer oder mehrerer, im Extremfall aller Glasscheiben noch Beanspruchungen (Eigengewicht oder sogar zusätzlich z. B. Schnee) abzutragen ohne herabzufallen. Abhängig von den verwendeten Gläsern gibt es verschiedene primäre Tragmechanismen:

Float/TVG: Im Bereich der Risse ist nur noch eine Tragwirkung auf Druck bzw. Kontakt gegeben, über die Zwischenschicht (Folie) findet eine Umlagerung der Beanspruchungen auf die andere Scheibe im Bereich des Risses statt. Bei entsprechend günstigem Bruchbild, d. h. bei ausreichendem Abstand der Risse in den einzelnen Scheiben, kann gedanklich von einem entsprechend dünneren Nettoquerschnitt ausgegangen werden. Weiteres Versagen bzw. Versagen weiterer Gläser tritt ein, sobald durch Ablösung der Zwischenschicht oder Kriechen und der damit verbundenen Umlagerung der inneren Kräfte eine Überschreitung der Glasfestigkeit im Nettoquerschnitt erfolgt. Im Grenzfall ergibt sich ein immer feiner werdendes Bruchbild. Mit der Zunahme der Risse sinkt die Steifigkeit des VSG und es kommt dementsprechend zu einer Zunahme der Verformungen. Hierbei treffen dann, insbesondere bei VSG aus zwei Gläsern, Risse am gleichen Ort zusammen, eine Umlagerung auf die dem Riss gegenüberliegende Scheibe ist nicht mehr möglich, sondern es zerschneiden die spitzen Bruchstücke die Folie. Dies ist insbesondere im Bereich von Punkthaltern zu beobachten.

ESG: Die Bruchstücke sind so klein, dass sie keine Biege- oder Zugtragwirkung mehr aufweisen, allenfalls eine Tragwirkung über Kontakt in der „Druckzone" kann erwartet werden. So trägt die Folie bzw. Zwischenschicht als Membran, d. h. über Zugkräfte, mit den damit einhergehenden großen Verformungen (sonst werden die Auflagerkräfte unendlich groß...).

Durch den Übergang von der Biegetragwirkung zur Membrantragwirkung ergibt sich eine andere Beanspruchung vor allem im Bereich der Auflagerung. Bei Auflagerung durch

Klemmung, linienförmig oder punktförmig, erfolgt ein Herausrutschen, sobald die auftretenden (Zug-)Kräfte nicht mehr durch die Klemmung übertragen werden können. Im Bereich von Punkthaltern in Bohrungen kann je nach Ausbildung der Punktlagerung ein Ausreißen der Folie oder Herausrutschen / Ausknöpfen aus zu kleinen Tellern erfolgen.

Wegen der hohen Komplexität und Abhängigkeit von Lagerung, Bruchbild, Lasten, Zwischenmaterial, Abmessungen können keine allgemeingültigen Aussagen zu einer Vorhersage von Resttragverhalten getroffen werden, eine Übertagung von Versuchsergebnissen auf ähnliche Fälle ist auch bei entsprechender Erfahrung nur bedingt möglich. Es gibt keine einfachen, auf der sicheren Seite liegenden Grenzfälle wie für die Abschätzung der Tragwirkung unzerstörter VSG (100 % und 0 % Verbund).

6.4.2 Resttragfähigkeit verschiedener Zwischenschichten

Im Rahmen der oben bereits erwähnten Untersuchungen [117, 118] wurde auch ein Vergleich der Resttragfähigkeit der unterschiedlichen Zwischenmaterialien durchgeführt. Dazu wurden an zwei gegenüberliegenden Rändern linienförmig in Klemmprofilen gelagerte Verbundglasscheiben mit identischen Glasdicken (2 × 8 mm) und Abmessungen (b = 480 mm, ℓ = 1500 mm) untersucht.

Bei Floatglasprobekörpern mit identischem, künstlichem Bruchbild tritt das Versagen ein, sobald durch Ablösung der Zwischenschicht oder Kriechen und damit verbunden Umlagerung der inneren Kräfte eine Überschreitung der Glasfestigkeit im Nettoquerschnitt erfolgt. Im Fall der ESG-Probekörper mit Gießharzzwischenschichten war die Grenztragfähigkeit gegeben durch Überschreiten der Zugfestigkeit. Durch eingebettete Photovoltaikzellen ergibt sich eine zwar geringe aber doch merkliche Versteifung der Zwischenschicht und damit verbunden ein etwas anderer Versagensmechanismus: während bei Verbundgläsern nur mit Gießharz eine Biegeform mit stetiger Krümmung zu beobachten ist, ergibt sich durch die abschnittsweise höheren Steifigkeiten im Bereich der Photovoltaikzellen eine Biegeform mit Knicken; in diesen Bereichen größerer Winkeländerung tritt das Versagen auf. Die Probekörper mit Zwischenschichten aus EVA-Folie mit und ohne Photovoltaikzellen sowie PVB Folie haben trotz der geringeren Verbundschichtdicke auch nach mehreren Tagen nicht versagt.

6.4.3 Spannungsverteilung und -umlagerung im Bereich eines Risses

Um qualitative und quantitative Aussagen zu Verteilung und Umlagerung von Spannungen im Bereich eines Risses machen zu können, werden einseitig mit einem Glasschneider geritzte und dann gebrochene Probekörper aus mit Dehnungsmessstreifen (DMS) versehenen VSG untersucht [128]. Eine Übersicht über Versuchsaufbau und Abmessungen der Probekörper einschließlich Anordnung der DMS ist in Bild 6.4 gegeben. Im Bereich zwischen den eingeleiteten Lasten treten (bei Vernachlässigung des Eigengewichtes) als Schnittgröße lediglich Moment ohne Querkraft auf. Die Versuche fanden unter Laborbedingungen bei 22 °C statt.

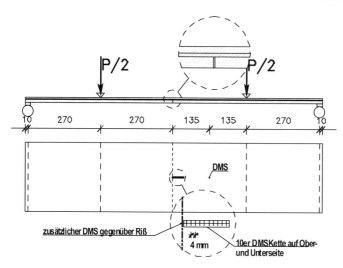

Bild 6.4 Versuchsaufbau, beispielhafter Probekörper 6/10-3, aus [40]

Zu Verdeutlichung des qualitativen Verlaufs der Spannungen an den Oberflächen von unterem und oberem Glas sind die Versuchsergebnisse für Probekörper 6/6-1 in Bild 6.5 wiedergegeben.

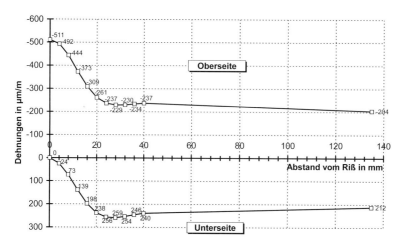

Bild 6.5 Verlauf der Spannungen, exemplarisch an 6/6-1 mit P = 400 N

Am Ort des Risses muss die obere, intakte Scheibe das gesamte Moment aufnehmen; die gemessene Spannung stimmt – unter Verwendung nur der Glasdicke der oberen Scheibe – mit der für das entsprechende statische System rechnerisch ermittelten überein. Mit zunehmenden Entfernung vom Riss tritt eine kontinuierliche Umlagerung von Spannungen der oberen auf die untere Scheibe auf, für einen kurzen Bereich kehrt sich dieser Effekt dann scheinbar um, bis sich eine Reduktion der Spannungen in beiden Scheiben einstellt. Die Umkehrung der Umlagerung ist zu erklären mit dem Phänomen des Querzugs im Bereich des Risses.

Die Auswirkung der Variation unterschiedlicher Parameter wie Belastungsgröße, Dickenverhältnis intakte/gebrochene Scheibe, Foliendicke sowie Belastungsdauer sind ausführlicher in [40] dargestellt. Zusammenfassend kann festgestellt werden:

- Der Ort des Minimums der Dehnungen (und damit der Spannungen) der oberen und unteren Scheibe ist unabhängig vom Niveau der Belastung.
- Je größer der Anteil der unteren, gebrochenen Scheibe am Gesamtquerschnitt ist, desto mehr wirkt sich ein Ausfall dieser bei der Abtragung der Beanspruchung aus; die Beanspruchung der Folie durch Umlagerung von Kraft oder Spannungen wächst dementsprechend ebenfalls.
- Hinsichtlich der Dicke der Zwischenschicht ist eine Proportionalität zwischen Anzahl der Folien und dem Abstand des Minimums und somit der Ausdehnung des Umlagerungsbereiches gegeben.
- Mit zunehmender Dauer der Belastung vergrößert sich der Bereich der Spannungsumlagerung bei gleichzeitig „voller" werdenden Kurven. Dabei ist der Zuwachs jedoch in den ersten Minuten am größten; diese Beobachtung stimmt mit den Beobachtungen über den zeitlichen Verlauf der Umlagerung bei nicht gebrochenen VSG-Elementen überein, vgl. Abschnitte weiter oben.

Im Rahmen der vorgestellten Versuchsreihe ist der Einfluss von Temperaturänderungen sowie eine Untersuchung der Auswirkungen auf das Tragverhalten bei Lage der gebrochenen Scheibe auf der Biegedruckseite nicht erfolgt. Dies wird in weiteren Versuchen zu untersuchen sein.

6.4.4 Resttragfähigkeit punktgehaltener abgespannter Vordächer mit unterschiedlichen Gläsern und Zwischenlagenmaterial

Bei Glaskonstruktionen kommt es neben der Dimensionierung der einzelnen Bauteile vor allem auf die Wahl des richtigen Glasproduktes im Sinne Glas und Zwischenlagenmaterial an. Dazu gilt es neben den statischen Nachweisen, die teilweise erheblichen Unterschiede im Resttragverhalten zu beachten. Im Folgenden soll an Hand des Beispiels eines Vordaches das unterschiedliche Resttragverhalten verschiedener Glasaufbauten dargestellt werden. Der Zerstörungszustand wurde bei allen Scheiben durch den sog. Kugelfallversuch erzeugt.

6.4.4.1 Monolithisches ESG

Das Vordach mit einer monolithischen 12 mm dicken Scheibe aus ESG zeigt keine Resttragfähigkeit, im Gegenteil sind noch großflächig zusammenhängende und dadurch gefährliche Bruchstücke zu erkennen, vgl. Bild 6.6.

Bild 6.6 Bruchverhalten von monolithischem ESG nach Kugelfallversuch, aus [104]

6.4.4.2 PVB-Verbund-Sicherheitsglas aus ESG

Wird entsprechend der derzeitigen baurechtlichen Situation ein Schubverbund rechnerisch nicht angesetzt, so ergibt sich für statische Beanspruchung des Daches mit Glasaufbau 2 × 6 mm ESG unter der Annahme linearer Verhältnisse nur die halbe Tragfähigkeit gegenüber dem Aufbau mit 12 mm monolithischem ESG.

Betrachtet man das Resttragverhalten, so lässt sich erkennen, dass die gebrochene Scheibe sich zwar sehr weich verhält und die Verformungen somit sehr groß werden, die Scheibe aber in den Halterungen bleibt und nur sehr kleine Splitter herabfallen, vgl. Bild 6.7. Unter höheren statischen Lasten (z. B. auch größeres Scheibenformat) oder anderen Lagerungsbedingungen (z. B. Klemmleisten) besteht dennoch die Gefahr des Ausknöpfens oder des Herausrutschens der Scheibe. Die Resttragfähigkeit von Überkopfverglasungen aus VSG aus ESG muss daher als unzureichend eingestuft werden.

Bild 6.7 Bruchverhalten von VSG mit PVB aus 2 × 6 mm ESG, aus [104]

6.4.4.3 PVB-Verbund-Sicherheitsglas aus TVG

Bedingt durch die gegenüber ESG geringere Vorspannung und damit zulässigen Spannungen ergibt sich wiederum bei Vernachlässigung des Schubverbundes im Vergleich zu

12 mm ESG ein um 71 % geringerer Wert für die statische Tragfähigkeit, gegenüber 2 × 6 mm ESG noch 42 % Unterschied.

Durch das grobe Bruchbild von TVG bleibt aber auch nach dem Brechen beider Lagen die Tragfähigkeit der Scheibe teilweise erhalten, vgl. Bild 6.8. Die Verformungen sind geringer und die damit verbundenen horizontalen Auflagerkräfte kleiner. Auch unter zusätzlicher statischer Belastung besteht nahezu keine Gefahr, dass innerhalb der bauaufsichtlich geforderten Standzeit ein Totalversagen der Verglasung eintritt.

Bild 6.8 Bruchverhalten von VSG mit PVB aus 2 × 6 mm TVG, aus [104]

6.4.4.4 SG-Verbund-Sicherheitsglas aus ESG

Am Beispiel von SentryGlas® lässt sich erkennen, dass die Eigenschaften der Zwischenlage das Verhalten des Glaselementes auch im Bruchzustand erheblich beeinflussen. Die in Bild 6.9 dargestellte Scheibe besteht wie die Scheibe in 6.4.4.2 aus 2 × 6 mm ESG, hier jedoch mit SentryGlas® als Zwischenlage. Im Gegensatz zu VSG aus ESG mit PVB-Folie sind die Verformungen hier deutlich geringer. Grund dafür ist das wesentlich steifere Verhalten der Zwischenlage bei Raumtemperatur.

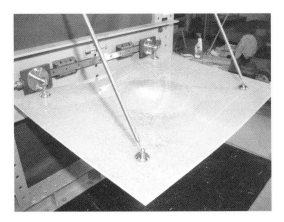

Bild 6.9 Bruchverhalten von VSG mit SentryGlas® aus 2 × 6 mm ESG, aus [104]

7 Berechnung von Verbundglas

7.1 Allgemeines

Die Berücksichtigung des tatsächlichen Tragverhaltens von Verbundglas wird derzeit in den meisten Fällen mittels Versuchen nachgewiesen. Um Kosten und Zeit zu sparen und auch den Einsatz von Verbundglas als tragendes Element im Bereich des konstruktiven Ingenieurbaues einfacher zu ermöglichen, ist ein rechnerischer Nachweis der Tragelemente unabdingbar. Die Berechnung der beiden Grenzfälle des Tragverhaltens – kein Verbund und voller Verbund – ist mit den Methoden der Statik möglich; gegebenenfalls ist dabei die Berücksichtigung der Verformungen bei der Aufstellung der Gleichgewichtsbedingungen wegen der z. T. sehr dünnen Bauteile und damit verbundenen Aktivierung der Membrantragwirkung, erforderlich. Interessante Effekte wie die Tatsache, dass bei speziellen Kombinationen von Geometrie und Beanspruchung der Grenzfall „zwei lose Platten" eine höhere Tragfähigkeit aufweist als die „monolithische Platte" mit einer Dicke entsprechend der Summe der Einzeldicken, sind dabei zu berücksichtigen. Für die Berechnung der dazwischen liegenden Fälle, d. h. für die Berechnung eines Systems mit elastischem Verbund, sind weitergehende Überlegungen erforderlich. Hierbei gibt es für einachsig abtragende Bauteile (Balken) bereits seit vielen Jahrzehnten theoretische Lösungen; auch für zweiachsig abtragende Platten sind Lösungen des elastischen Verbundes bekannt. Das Problem bei der Modellierung liegt weniger in der Lösung des statischen Problems, als in der Bestimmung der zutreffenden Materialwerte für die Zwischenschicht. Dies ist begründet in dem viskoelastischen Verhalten der Kunststoffe mit deren von Zeit und Temperatur abhängigen Verhalten. Die Verwendung eines variablen, d. h. zeitabhängigen Materialgesetzes für die Berechnung ist für ein konstantes Temperaturniveau durch Hinzufügen der Zeit als weitere Variable in die Berechnungen denkbar. Ein anderer Ansatz ist die Lösung des Problems mit Hilfe der „Finite-Elemente-Methode" (FEM) unter Verwendung geeigneter Modellierung, d. h. Elemente, Materialgesetze und Rechenverfahren.

7.2 Einachsig abtragende Bauteile (Balken)

7.2.1 Allgemeines

Für die Lösung nachgiebig verbundener, aus mehreren Schichten aufgebauter, einachsig abtragender Bauteile gibt es eine Reihe von Ansätzen aus verschiedenen Anwendungsgebieten wie z. B. aus dem Bereich der Stahl-Verbundträger und dem Holzbau („zusammengesetzte Träger"). Im Folgenden werden zunächst verschiedene Ansätze wiedergegeben; dabei sei darauf hingewiesen, dass wegen der Vielzahl der Veröffentlichungen zu diesem Themenbereich die hier gezeigten Lösungsansätze lediglich eine kleine Auswahl ohne Anspruch auf Vollständigkeit darstellen. Nach Betrachtung möglicher Modellierungen mittels FEM werden die verschiedenen Verfahren und deren Ergebnisse verglichen.

7.2.2 Analytische Lösungen

7.2.2.1 Träger mit elastischem Verbund

In [129] wird die Näherungslösung sowie einige Erweiterungen auf der Grundlage von [130] dargestellt. Eine eingeführte dimensionslose Größe k beschreibt die Größe der Querkraftverformung im Verhältnis zur Momentenverformung; bedingt durch den von [130] für das System von Differentialgleichungen des Trägers mit nachgiebigem Verbund vorgeschlagenen Lösungsansatz für Durchbiegung und gegenseitiger Verschiebung der Träger in der Verbundfuge, ist dieses k u. a. abhängig von der Lastanordnung und dem Ort des gesuchten Ergebnisses. In einer Tafel ist k für die Ermittlung der Durchbiegung und Schnittgrößen in Feldmitte eines Einfeldträgers angegeben. Hierbei ist zu beachten, dass für die „Träger mit biegesteifen Deckschichten" brauchbare Ergebnisse nur zu erwarten sind, solange Schnittgrößen oder Durchbiegung nur an einer Stelle des Trägers gesucht sind, und keine Superposition von Lastfällen mit sehr unterschiedlichen Werten für k erfolgt. Daraus folgt unmittelbar, dass eine Anwendung für Durchlaufträger nicht sinnvoll ist.

Für den Fall, dass die Deckschichten nicht kriechfähig sind und die zeitliche Zunahme der Schubverformung proportional der Anfangsverformung ist, wird ein Hinweis zur Berücksichtigung der zeitabhängigen Verformungen gegeben.

7.2.2.2 Um Schubverformungen erweiterte technische Biege- und Verdrehtheorie

Ausgehend von [131] wird in [64] ein Verfahren aufbereitet zur Berechnung beidseitig gelenkig gelagerter Balken aus Zwei- und Drei-Scheiben-Verbundglas, die durch Biegung oder Torsion beansprucht werden. Hierbei finden in einer Tafel zusammengestellte Momenten- und Durchbiegungsbeiwerte zur Ermittlung von sog. Eigenspannungsresultanten und Verformungen infolge Fugenversetzung Anwendung; diese angegeben Beiwerte gelten dabei nur für Ergebnisse in Feldmitte. Für symmetrisch aufgebaute Träger werden Querschnittswerte angeboten und ein Vergleich der so ermittelten Durchbiegungen mit Ergebnissen nach [132] vorgenommen. Auch in [133] wird auf derselben Grundlage die Berechnung von Verbundglasbalken kurz gezeigt.

Hinweise zur Berücksichtigung zeitlich veränderlicher Effekte durch das nichtlineare Verhalten der Verbundschicht finden sich jeweils nicht.

7.2.2.3 Sandwichtheorie

Ausgehend von der Differentialgleichung für den Sandwichbalken (das sind zwei äußere Schichten mit Biegesteifigkeit ohne Schubanteil, gekoppelt durch eine nur Schubkräfte übertragende, biegeweiche Zwischenschicht) wird von Hooper [120] für den, in seinen Versuchen mittels Vierschneiden-Verfahren (Balken auf zwei Stützen mit beidseitigem Kragarm, belastet durch zwei gleiche Kräfte in den Viertelspunkten) untersuchten Fall, eine Lösung für Verbundglas aus zwei Glasscheiben entwickelt und die dabei eingeführten, z. T. unhandlichen Abkürzungen werden grafisch dargestellt. Für den Schubmodul der Zwischenschicht wird dabei für kurzzeitige Belastung von linear-elastischem Verhalten ausgegangen.

Bei längerer Lasteinwirkung kann eine angegebene zeitabhängige Funktion zur Berücksichtigung der linear-viskoelastischen Theorie angesetzt werden. Auch die Abhängigkeit von der Temperatur wird angesprochen, formeltechnisch nicht näher betrachtet, d. h. es sind für verschiedene Temperaturen jeweils getrennte zeitabhängige Funktionen für G(t) zu ermitteln.

In allgemeiner Form werden in [132] die Differentialgleichungen des Sandwichelementes, d. h. eines Querschnittes mit biegesteifen Deckschichten und schubweicher Kernschicht, aufgestellt sowie die Lösung für einige Belastungsfälle des beidseitig gelenkig gelagerten Balkens angegeben. Die Rand- und Zwischenbedingungen für die Lösung statisch unbestimmter Systeme werden als Hilfestellung wiedergegeben.

Zur Berücksichtigung des Kriechens der Kernschicht wird das dann zu lösende System von Integrodifferentialgleichungen angegeben und für sinusförmige Querbelastung eines beidseitig gelenkig gelagerten Trägers die Lösung entwickelt. Die Hinweise zu weiteren beachtenswerten Problemen bei der Behandlung statisch unbestimmter Systeme lassen umfangreiche Formeln erwarten.

7.2.2.4 Weitere, anschauliche Modelle

In [134] wird ein theoretisches, ingenieurmäßiges Modell auf Grund von Gleichgewichtsbetrachtungen für den Balken mit zwei Glasscheiben und einer Zwischenlage entwickelt. Das Verbundverhalten wird über einen Schubübertragungsfaktor q erfasst, d. h. q = 1 voller Verbund, q = 0 keine Schubübertragung. Dabei zeigt sich, dass – abhängig von der untersuchten Kombination – zur Sicherstellung einer gleichen Tragfähigkeit von monolithischem und laminiertem Glas derselben *Nenn*dicke mit einer Ausnahme ein Faktor q kleiner Eins erforderlich ist, für eine Kombination sogar q = 0,46 ausreicht. Das vorgestellte Rechenmodell soll primär zeigen, dass auch im Falle eines nicht vollen Verbundes die Randspannungen eines Verbundglases nicht größer sind als bei monolithischem Glas derselben Nenndicke. Begründet ist dies z. T. auch in den unterschiedlichen Toleranzen der unterschiedlichen Glasdicken sowie dem „Steiner-Anteil" bei dicken Folien. Hinweise zur Berechnung einer Durchbiegung oder zur Berücksichtigung des zeitabhängigen Verhaltens der Zwischenschicht finden sich nicht. Zusammenfassend ist dieses Rechenmodell als zwar anschaulich, aber für eine Bemessung als untauglich zu bewerten.

Die Lösungen aus dem Bereich des Holzbaues für das Problem der Berechnung von durch orthogonal verleimte Schichten aufgebauten Holzwerkstoffen mit Berücksichtigung des elastischen Verbundes lassen sich auch auf Bauteile aus Verbundglas übertragen. Ein anschauliches Rechenmodell [135] teilt den realen, geschichteten Querschnitt in zwei ideelle Teilträger auf, vgl. Bild 7.1.

7.2 Einachsig abtragende Bauteile (Balken)

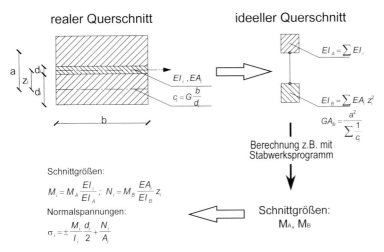

Bild 7.1 Rechenmodell und Lösungsgang, exemplarisch für realen Querschnitt aus zwei Gläsern und einer Zwischenschicht

Dem Träger A wird als Biegesteifigkeit die Summe der einzelnen Eigenbiegesteifigkeiten zugeordnet. Träger B erfasst das Zusammenwirken der einzelnen Schichten, seine Biegesteifigkeit ermittelt sich aus den „Steiner-Anteilen", seine Schubsteifigkeit aus der Schubnachgiebigkeit der Verbindungen. Um die Verträglichkeitsbedingungen (d. h. gleiche Durchbiegungen beider Träger A und B) zu erfüllen, sind geeignete Kopplungen einzuführen. Für dieses Ersatzsystem können z. B. mit Hilfe eines Stabwerkprogramms Verformungen und Schnittgrößen für die Träger A und B bestimmt werden. Die Spannungen errechnen sich daraus mit Geometrie und Steifigkeiten des Trägers.

Für aus zwei Schichten zusammengesetzte Träger stimmen die Differentialgleichungen des Trägers mit einem Querschnitt aus nachgiebig miteinander verbundenen Teilen und des Trägers mit Schubverformung und Eigenbiegesteifigkeit der Teile überein. Bei mehreren Schichten handelt es sich um eine Näherungslösung.

7.2.2.5 Vergleich der Anwendungsgrenzen bzw. -bereiche

Die Anwendungsbereiche der einzelnen, oben genannten Verfahren werden für einen Vergleich in Tabelle 7.1 gegenübergestellt. Dabei sind nur in den genannten Quellen bereits enthaltene und unmittelbar anwendbare Hilfsmittel und Lösungen berücksichtigt. Es ist zum Teil möglich, weitere Lastbilder oder statische Systeme analog zu erstellen.

Tabelle 7.1 Vergleich der unterschiedlichen Verfahren

	Wölfel	Güsgen	Hooper	Stamm, Witte	Kreuzinger, Scholz
System					
Glasschichten	beliebig	2 und 3 [1]	2	2	beliebig
statisches System	Einfeldträger	Einfeldträger	Einfeldträger	Einfeldträger [2]	beliebig
Lastbilder	mehrere	mehrere	eines [3]	mehrere	beliebig
Zeitabhängigkeit	Hinweise	keine Angabe	vager Hinweis	Hinweis	keine Angabe
Berechnung					
Hilfsmittel	Tafeln mit Gleichungen	Tafeln mit Gleichungen	Gleichungen, Diagramme	Gleichungen	Rechengang
Ergebnisse					
Ort	Feldmitte	Feldmitte	beliebig	beliebig	beliebig
Durchbiegung,	✓	✓	✓	✓	✓
Schnittgrößen,	✓	✓	✓	✓	✓
Spannungen	✓	✓	✓	✓	✓

Hinweise:
[1] Prinzipiell auch für weitere Schichten zu erweitern.
[2] Es finden sich Hinweise für statisch unbestimmte Systeme.
[3] Es können die angegebenen Gleichungen für andere Lastbilder gelöst werden.

7.2.3 Finite-Elemente-Methode (FEM)

Eine Abbildung des Trägers mit elastisch verbundenen Schichten ist auch durch finite Elemente möglich. Dabei ist das Spektrum der Modellierung von einfachen Stäben bis hin zu 3-D-Volumenelementen denkbar, eine Begrenzung ist bei der Leistungsfähigkeit verschiedener FEM-Programmsysteme bereits auf Personal-Computern weniger durch Rechenzeit oder Speichermedium, als vielmehr in der Übersichtlichkeit des Modells gegeben. Mit Hilfe geeigneter grafischer Pre- und Postprozessoren können aber auch umfangreiche Modelle übersichtlich erzeugt und dargestellt werden.

Die Modellierung des einfachen Trägers mit elastischem Verbund ist denkbar als:

− Einzelne Stäbe (Balken), mit diskreten Federn oder Fachwerkstäben gekoppelt.

− Einzelne Platten, mit diskreten Federn oder Fachwerkstäben gekoppelt.

− Einzelne Platten, die mit entsprechendem Versatz („offset") an eine, die Zwischenfolie repräsentierende Schicht aus 3-D-Volumenelementen anschließen.

− 3-D-Volumenmodell von Glas und Zwischenfolie.

− Spezielle Elementformulierung.

Bei der Verwendung des Begriffes „Platte" im Zusammenhang mit der FE-Methode handelt es sich hier in der Regel um eine unscharfe Formulierung bzw. Übersetzung: die Bezeichnung im FEM-Programm ist das englische „plate". Bei dem verwendeten FEM-Programm MSC/NASTRAN entspricht dies einem *Schalen*element, das als Grenzfall auch eben verwendet werden kann; somit ist neben der Biegetragwirkung z. B. auch eine Membrantragwirkung erfasst.

Abhängig von der Leistungsfähigkeit des verwendeten FEM-Programmsystems können für die Zwischenschicht bzw. die diese abbildenden Elemente (Federn oder 3-D-Volumenelemente) auch nichtlineare Materialbeziehungen zur Beschreibung des viskoelastischen, temperaturabhängigen Verhaltens der Zwischenschicht verwendet werden.

Dabei erscheint – vor allem in Hinblick auf die Berechnung von Flächentragwerken – die Verwendung von Volumenelementen für den Anwender am einfachsten, da die Umrechnung auf einzelne Federn nicht erforderlich ist; dies stellt insbesondere bei Elementen unterschiedlicher Geometrie und Größen eine Erleichterung dar.

7.2.3.1 Balken mit diskreten Federn verbunden

Die einzelnen Glasscheiben werden durch einen Stab in der Lage der Schwerachse mit entsprechenden Querschnittswerten abgebildet und durch diskrete Federn oder Fachwerkstäbe verbunden. Die Steifigkeiten sind in Abhängigkeit der Materialdaten und Anordnung der Federn bzw. Fachwerkstäbe zu bestimmen. Für weitere Details wird auf die Fachliteratur aus dem Bereich des Holz- und Stahlverbundbaus verwiesen, z. B. [136–138].

7.2.3.2 Platten mit diskreten Federn verbunden

Die einzelnen Glasscheiben können statt durch Stäbe mit Plattenelementen (genauer: Plate-Elementen = Schalenelementen) abgebildet und die Knoten durch entsprechende Federn verbunden werden.

7.2.3.3 Platten mit „offset" zu Volumenschicht

Nachdem die Umrechnung der Steifigkeiten auf diskrete Federn, vor allem im Fall von Elementen unterschiedlicher Geometrie, aufwendig ist, bietet sich eine Modellierung der Zwischenschichten (Folie, Gießharz) durch 3-D-Volumenelemente an.

Hierbei können im Fall von zwei Glasscheiben und einer Zwischenschicht die äußeren Glasscheiben durch Plattenelemente abgebildet werden; dabei dürfen die Plattenelemente nicht direkt an die Knoten der 3-D-Volumenelemente (= Zwischenschicht), sondern müssen um die halbe Plattendicke exzentrisch angeschlossen werden (sog. „offset"). Die bekannten Regeln für die Seitenverhältnisse von Elementen würden gerade im Fall der dünnen Folien zu einer sehr großen Anzahl von Elementen führen. Betrachtungen von Conlisk [139] haben gezeigt, dass bei Verwendung von Elementen mit einer um ein Vielfaches geringeren Dicke zwar die Verteilung der Schubspannungen in der Zwischenschicht unbefriedigend, die Übertragung der Schubkräfte und damit die Spannungen in den Glaselementen jedoch zutreffend abgebildet werden. Dies ist im Allgemeinen ausreichend.

Für die Berechnungsmethode Platte mit „offset" ist eine Übereinstimmung mit Versuchsergebnissen auch für „große" Verformungen gegeben. Die Ergebnisse von vergleichenden

Berechnungen mit verschiedenen Diskretisierungen stimmen für Durchbiegungen wie für Spannungen sehr gut überein.

7.2.3.4 Volumenelemente

Da ein Plattenelement nur auf eine Seite exzentrisch angeschlossen werden kann, verbietet sich das eben genannte Vorgehen für Verbundelemente aus mehr als zwei Glasscheiben. Eine Modellierung auch der Glasscheiben mit 3-D-Volumenelementen ermöglicht die Abbildung eines vielschichtigen Aufbaus. Gedanken zur Modellierung finden sich im Rahmen des Beispiels im Folgenden.

7.2.3.5 Spezielle Elementformulierung

Das in [140] vorgestellte Verfahren verspricht eine einfache Anwendung bei gleichzeitig realitätsnaher Modellierung: der 3-D-Aufbau der Mehrschichtsysteme wird durch zweidimensionale Netze erfasst, deren Elemente ein entsprechender Schichtaufbau mit Implizierung der erforderlichen Freiheitsgrade zugewiesen ist.

Die einzelnen Schichten eines beliebigen Schichtaufbaues werden mittels der Midlin-Plattentheorie unter Ansatz eines eben bleibenden Einzelquerschnittes unter Berücksichtigung der Schubverformungen beschrieben. Durch Verwendung gleicher Querverformungen aller Schichten wird die Zahl der Freiheitsgrade reduziert, für die Beschreibung der Zwischenschichten werden die kinematischen Bedingungen der Deckschichten benutzt. Unter Verwendung des auch in [141] vorgeschlagenen erweiterten Kelvin-Modells mit serieller Feder und Einbau der entsprechenden Gleichungen in die Gesamtsteifigkeitsmatrix lässt sich das viskoelastische Verhalten der PVB-Zwischenschichten zutreffend abbilden; der Einfluss der Temperaturabhängigkeit ist durch Reihenschaltung mehrerer entsprechender Kevin-Modelle berücksichtigt. Zur Berücksichtigung von Membrantragwirkung infolge großer Querverformungen sind die entsprechenden Standardansätze implementiert. Als zusätzliche Berechnungsmöglichkeiten sind dynamische Schwingungsvorgänge durch Ansatz des Newmark-Verfahrens sowie Kontaktalgorithmen zur Simulation von Stoßvorgängen angegeben.

7.2.4 Beispiel

Das folgende Beispiel soll einen Vergleich der mit den einzelnen Verfahren ermittelten Ergebnisse ermöglichen. System und Laststellung ist eingeschränkt durch die Forderung, alle oben vorgestellten Verfahren anzuwenden.

7.2.4.1 Gegeben

Statisches System und Belastung sind in Bild 7.2 angegeben; eine Belastung aus Eigengewicht ist nicht berücksichtigt. Dies ist begründet durch die ausreichend lange Zeit zwischen Versuchsaufbau und Belastung, so dass Kriecheffekte aus Eigengewicht abgeschlossen sind. Es ist angesetzt ein $G = 1{,}0$ MPa und $G = 0{,}5$ MPa; diese Werte ergeben sich aus „Rückwärtsrechnung" mit Verfahren [120] für etwa 5 Minuten bzw. 2 Tagen nach Lastaufbringung.

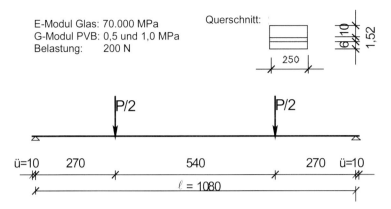

Bild 7.2 Beispiel: System und Belastung

7.2.4.2 Gesucht

Mit Hilfe der oben dargestellten Verfahren sollen die Durchbiegung in Feldmitte sowie die Spannungen an den einzelnen Oberflächen der Glasscheiben berechnet werden.

Wie oben bemerkt, sind einige Verfahren auch hinsichtlich der statischen Systeme begrenzt. Für eine bessere Vergleichbarkeit wird der seitliche Überstand von 10 mm in der Gegenüberstellung generell nicht berücksichtigt. Um den Einfluss der seitlichen Auskragung abschätzen zu können, wird er bei einer zweiten Berechnung nach [120] berücksichtigt, die Ergebnisse sind in Tabelle 7.2 *kursiv* angegeben.

7.2.4.3 Ergebnisse

Die Ergebnisse der analytischen Verfahren sind in Tabelle 7.2, die Auswirkungen unterschiedlicher Modellierung mit 3-D-Volumenelementen in Tabelle 7.3 zusammengefasst.

Tabelle 7.2 Durchbiegung w und Spannungen für Beispiel aus Bild 7.2

	w bei $x = \ell/2$ in mm	Spannungen in MPa 10 mm Platte oben	unten	6 mm Platte oben	unten
G = 0,5 MPa					
Wölfel	1,374	−3,966	3,229	−1,545	2,773
Güsgen	1,509	−4,125	3,473	−1,736	2,822
Güsgen *)	1,413	−3,907	3,138	−1,473	2,754
Hooper	1,381	−3,907	3,138	−1,473	2,754
Hooper, Überstand ü = 10 mm	*1,367*	*−3,885*	*3,104*	*−1,446*	*2,748*
Stamm, Witte	1,413	−3,907	3,138	−1,473	2,754
Kreuzinger, Scholz	1,414	−3,906	3,136	−1,471	2,754
FEM:					
Platte mit „offset" zu 3-D-Volumenelementen	1,428	−3,919	3,153	−1,482	2,758
3-D-Volumenelemente		vgl. Tabelle 7.3			
G = 1,0 MPa					
Wölfel	1,105	−3,412	2,375	−0,872	2,600
Güsgen	1,246	−3,529	2,556	−1,014	2,637
Güsgen *)	1,143	−3,299	2,201	−0,735	2,565
Hooper	1,100	−3,299	2,201	−0,735	2,565
Hooper, Überstand ü = 10 mm	*1,085*	*−3,280*	*2,171*	*−0,712*	*2,559*
Stamm, Witte	1,143	−3,299	2,201	−0,735	2,565
Kreuzinger, Scholz	1,143	−3,297	2,198	−0,733	2,564
FEM:					
Platte mit „offset" zu 3-D-Volumenelementen	1,154	−3,315	2,222	−0,747	2,570

*) Abweichend zu [64] ist die Schubsteifigkeit zu $S_{\omega\omega} \cdot G \; b/t_{Folie}$ mit $S_{\omega\omega} = 1$ statt mit $S_{\omega\omega} = \Sigma\Delta\omega^2 = 0{,}769$ angesetzt.

Tabelle 7.3 Ergebnisse verschiedener Diskretisierungen für G = 0,5 MPa

Diskretisierungen mit 3-D-Volumenelementen				Ergebnisse				
Grundriss $\ell_x \times \ell_y$ mm × mm	Verbundschichten Glas	PVB	Glas	Elemente je 50 mm Breite *)	w $(x = \ell/2)$ in mm	Spannungen in MPa 10 mm Platte oben	unten	6 mm Platte oben	unten
	Anzahl Schichten á mm								
54 × 50	1 á 10	1 á 1,52	1 á 6	60	1,424	−3,92	3,15	−1,48	2,75
27 × 25	1 á 10	1 á 1,52	1 á 6	240	1,425	−3,91	3,15	−1,48	2,75
13,5 × 12,5	1 á 10	1 á 1,52	1 á 6	960	1,426	−3,91	3,15	−1,48	2,75
27 × 25	6 á 1,67	1 á 1,52	5 á 1,2	960	1,418	−3,91	3,14	−1,47	2,75
1,66 × 1,67	6 á 1,67	1 á 1,52	5 á 1,2	214.500	1,418	−3,91	3,14	−1,47	2,75

*) Die Elementanzahl ergibt sich jeweils zu: (1080 mm / ℓ_x) · (50 mm / ℓ_y) · Schichtenanzahl

Die Übereinstimmung der Ergebnisse für Durchbiegung und Spannungen ist für die „Handrechenverfahren" insgesamt sehr gut, der Einfluss des seitlichen Überstandes ist hier vernachlässigbar.

Zu den Berechnungen mittels FEM ist zu bemerken, dass die Modellierung als Platte mit „offset" unter Verwendung von jeweils 54 mm × 50 mm großen Elementen in Übereinstimmung mit den anderen Lösungen ist. Dabei ist bei dem verwendeten FEM-Programmsystem MSC/NATRAN eine Modellierung des Versatzes („offset") in der Elementformulierung implementiert, die Einführung von „Zwischenbalken" wie z. B. in [142] ist nicht erforderlich.

Die Ergebnisse bei Verwendung von 3-D-Volumenelementen auch für das Glas stimmen für die untersuchten Diskretisierungen überein; lediglich hinsichtlich der Durchbiegung zeigen sich – vernachlässigbare – Differenzen zwischen Modellierung mit einer oder mehreren Elementschichten. Vergleicht man die erforderlichen Elemente für die Modellierung eines 50 mm breiten Balkens entsprechend Bild 7.2, so zeigt sich zwischen Methode „Platte mit offset" (40 „plate" und 20 „solid" Elemente) gegenüber „3-D-Volumen" (60 „solid") kein Unterschied, die Zahl der Knoten (und damit die benötigte Rechenzeit) ist bei Volumenelementen größer. Bei Tragwerken mit mehr als zwei Glasschichten ist die Abbildung mit Volumenelementen erforderlich, da der exzentrische Anschluss nicht zweiseitig erfolgen kann.

Zusammenfassend ist festzustellen, dass das Problem der richtigen Abbildung eines Verbundbalkens weniger im rechnerischen Modell besteht, als vielmehr in der zutreffenden Formulierung des anzusetzenden Materialgesetzes.

7.2.4.4 Parameterstudien

Hier stellt sich unmittelbar die Frage nach dem Einfluss eines veränderten Schubmoduls, um z. B. abschätzen zu können, in welchen Wertebereichen genauere Bestimmungen von G erforderlich sind oder unterbleiben können. Hierzu ist die analytische Lösung in [120] entsprechend mathematisch umgeformt und für das obige Beispiel (10 mm Glas oben, 6 mm Glas unten) der Einfluss von Foliendicke und Schubmodul G auf Durchbiegung in Bild 7.3 und auf Spannungen in Bild 7.4 dargestellt. Die Durchbiegung wird bei entsprechend großem G geringer als bei dem Grenzfall voller Verbund, da hierbei die Foliendicke zu 0 mm angenommen ist und somit die zusätzlichen Hebelarme für die Steineranteile nicht berücksichtigt sind.

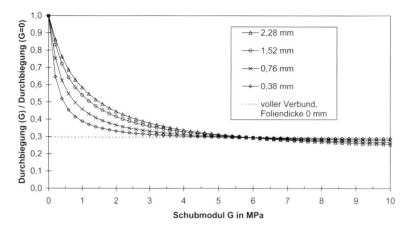

Bild 7.3 Durchbiegung als Funktion des Schubmoduls für verschiedene Foliendicken

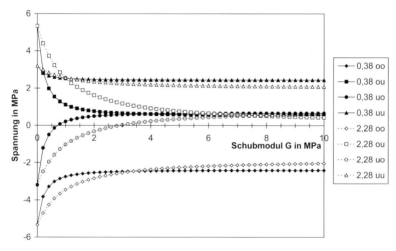

Bild 7.4 Spannungen auf den Oberflächen der Gläser als Funktion des Schubmoduls für zwei Foliendicken; Bezeichnung: Dicke der Folie in mm; erster Buchstabe steht für Lage der Glasscheibe (o = oben, u = unten); der zweite Buchstabe für die Oberfläche

Verschiedene Untersuchungen haben für Temperaturen größer ca. 20 °C einen Schubmodul $G \leq 1$ MPa, bei Temperaturen unter dem Gefrierpunkt $G \geq 2$ MPa ermittelt. Dabei sind die Zeitabhängigkeit und die Ermittlung des Schubmoduls (Tangenten- oder Sekantenmodul) nicht einheitlich vorgenommen worden.

Die obigen zwei Bilder zeigen, dass in dem Bereich realistischer Werte für den Schubmodul der Einfluss auf Durchbiegung und Spannungsverteilung am größten ist und insofern genauere, systematische Untersuchungen sinnvoll sind, um z. B. für den Lastfall Schnee eine Verbundwirkung annehmen zu können. Selbst wenn z. B. für kurzfristige Beanspruchungen wie Wind nicht ein Schubmodul entsprechend vollem Verbund angesetzt wird, so bewirkt bereits ein Schubmodul von G = 0,5 MPa eine nicht zu vernachlässigende Steigerung der Tragfähigkeit. Dabei sind die Aussagen immer in Zusammenhang mit der jeweiligen Foliendicke zu sehen: gerade im praxisrelevanten Bereich von G = 0–3 MPa sind erhebliche Unterschiede festzustellen.

7.3 Zweiachsig abtragende Bauteile (Platten)

Während es für einachsig abtragende Balken eine Vielzahl von Veröffentlichungen zur Berücksichtigung des elastischen Verbundes gibt, ist die Situation bei Flächentragwerken anders. Der Schwerpunkt der Überlegungen in der neueren Literatur liegt auf der Berechnung mit FEM, insbesondere durch diskrete Federn gekoppelte Platten. Analog dem letzten Abschnitt werden nach einem kurzen Überblick über analytische Ansätze die möglichen Modellierungen mittels FEM betrachtet.

7.3.1 Analytische Lösungen

7.3.1.1 Sandwichtheorie

In [132] finden sich die entsprechenden Differentialgleichungen sowie Hinweise zu Randbedingungen und eine allgemeine Lösung mit Reihenansätzen für ein Beispiel.

7.3.1.2 Weitere, anschauliche Modelle

Das oben für Balken dargestellte Verfahren [135] lässt sich auch für Flächentragwerke anwenden. Die Berechnung des Ersatzsystems erfolgt zweckmäßig mit Hilfe von entsprechenden Rechenprogrammen. Analog zum Träger sind zwei Platten A und B mit unterschiedlichen Ersatzsteifigkeiten miteinander gekoppelt zu berechnen. Bei Verwendung von Plattenelementen ist es von Vorteil, wenn unterschiedliche Materialeigenschaften für Biege- und Schubtragwirkung definiert werden können. Ansonsten können die Platten näherungsweise auch als Trägerrost idealisiert werden; somit ist die Berechnung von Flächentragwerken mit elastischem Verbund durch ein Stabwerksprogramm möglich.

7.3.2 Finite-Elemente-Methode (FEM)

Bei Flächentragwerken gelten im Wesentlichen die gleichen Aussagen wie bei einachsig abtragenden Balken. Dabei ist das Argument der Rechenzeit hier durchaus nicht unbedingt zu vernachlässigen.

Die Modellierung von Flächentragwerken mit elastischem Verbund ist denkbar als:

— Einzelne Platten, mit diskreten Federn oder Fachwerkstäben gekoppelt.
— Einzelne Platten, die mit entsprechendem Versatz („offset") an eine, die Zwischenfolie repräsentierende Schicht aus 3-D-Volumenelementen anschließen.
— 3-D-Volumenmodell von Glas und Zwischenfolie.
— Spezielle Elementformulierung.

7.3.2.1 Platten mit diskreten Federn verbunden

Die einzelnen Glasscheiben können mit Plattenelementen abgebildet und die Knoten durch entsprechende Federn verbunden werden. Bei nur zwei Platten werden die exzentrischen Anschlüsse vorteilhaft mittels „offset" der Platten (sofern im FEM-Programm diese Möglichkeit implementiert ist) realisiert, andernfalls sind geeignete Zwischenelemente einzuführen.

Anders als bei Balken treten bei Platten Schubverformungen nicht nur in eine Richtung auf. Bei FEM-Programmen können Federn in der Regel nur in zwei aufeinander senkrecht stehenden (Haupt-)Richtungen in Plattenebene modelliert werden. Nachdem Schubverformungen jedoch bezüglich der Richtung in Plattenebene allgemein auftreten, wird – streng betrachtet – durch diese Modellierung eine bis zum Faktor $2^{1/2}$ unterschiedliche Schubsteifigkeit erzeugt. In Abhängigkeit der Schubübertragung und der auftretenden Verformungen sind die Auswirkungen jeweils abzuschätzen.

Um einerseits diese Ungenauigkeiten und des Weiteren die Umrechnung der Steifigkeiten auf diskrete Federn (vor allem im Fall von Elementen unterschiedlicher Geometrie aufwendig) zu vermeiden, bietet sich eine Modellierung der Zwischenschichten (Folie, Gießharz) durch 3-D-Volumenelemente an.

7.3.2.2 Platten mit „offset" zu Volumenschicht

Hierbei können im Fall von zwei Glasscheiben und einer Zwischenschicht die äußeren Glasscheiben durch Plattenelemente abgebildet werden, die um die halbe Plattendicke exzentrisch angeschlossen werden (sog. „offset").

Für die Berechnungsmethode Platte mit „offset" hat [139] die Übereinstimmung mit Versuchsergebnissen auch für „große" Verformungen gezeigt, eigene Vergleichsrechnungen bestätigen dies.

7.3.2.3 Volumenelemente

Da ein Plattenelement nur auf einer Seite exzentrisch angeschlossen werden kann, verbietet sich dieses Vorgehen für Verbundelemente aus mehr als zwei Glasscheiben. Eine Modellierung auch der Glasscheiben mit 3-D-Volumenelementen ermöglicht die Abbildung eines vielschichtigen Aufbaus.

7.3.2.4 Spezielle Elementformulierung

Es gelten die Aussagen von Abschnitt 7.2.3.5 auch in Bezug auf Flächentagewerke.

7.3.3 Beispiel

7.3.3.1 Gegeben

In dem folgenden Beispiel soll eine Platte aus Verbundglas unsymmetrischen Aufbaus mit vier unterschiedlichen Methoden bzw. Modellierungen berechnet werden. Das System ist in Bild 7.5 wiedergegeben.

Es kamen jeweils Modelle mit 31 × 31 Elementen (entsprechend einer Elementgröße von 48,4 mm × 48,4 mm) zur Verwendung, um die Spannungen in Plattenmitte als Werte in Elementmitte zu erhalten. Für die Modellierung mit 3-D-Volumenelementen sind die beiden Glasscheiben und die Zwischenschicht durch jeweils eine Schicht abgebildet worden.

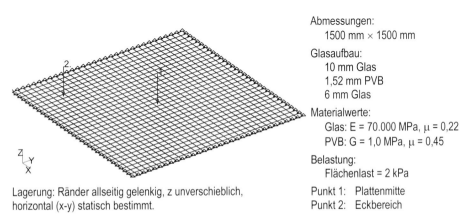

Abmessungen:
 1500 mm × 1500 mm

Glasaufbau:
 10 mm Glas
 1,52 mm PVB
 6 mm Glas

Materialwerte:
 Glas: E = 70.000 MPa, μ = 0,22
 PVB: G = 1,0 MPa, μ = 0,45

Belastung:
 Flächenlast = 2 kPa

Lagerung: Ränder allseitig gelenkig, z unverschieblich, horizontal (x-y) statisch bestimmt.

Punkt 1: Plattenmitte
Punkt 2: Eckbereich

Bild 7.5 Beispiel: Platte aus Verbundglas

Die Darstellung der Modellierung im Bereich einer Ecke als Ausschnitt aus den jeweiligen FE-Modellen findet sich in Bild 7.6.

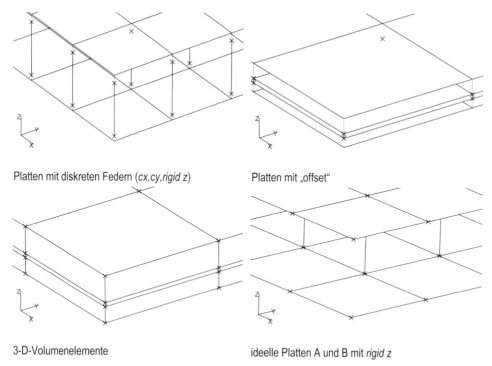

Bild 7.6 Unterschiedliche Modellierungen, es ist jeweils die Ecke dargestellt

Die Federkonstanten cx und cy zur (Schub-)Koppelung der beiden Platten berechnen sich aus dem Schubmodul, der jeweiligen „Einzugsfläche" und der Foliendicke.

Die Berechnung nach [135] erfolgt in Analogie zu oben an zwei ideellen Platten A und B, wobei Platte A die Eigenbiegesteifigkeit und Platte B Steiner-Anteile und Schubnachgiebigkeit der Zwischenschicht berücksichtigen. Bei dem hier verwendeten Programmsystem MSC/NASTRAN können für Plattenelemente (genau eigentlich: Schalenelemente) für unterschiedliche Tragwirkungen unterschiedliche Materialkennwerte angesetzt werden, die hier angesetzten Zahlenwerte sind in Tabelle 7.4 wiedergegeben. Verformungen senkrecht zur Plattenebene werden über entsprechende „rigid"-Zwischenelemente gekoppelt. Die Ergebnisse der ideellen Platten werden anschließend auf die realen Platten umgerechnet.

Tabelle 7.4 Kennwerte der Ersatzplatten A und B für die FEM-Berechnung

	Tragwirkung	Ideelle Ersatzsteifigkeit	Modelliert durch	
Platte A	Biegung	$EI_A = 7{,}09333 \cdot 10^9$ N mm²	$E = 70.000$ MPa	$t = 10{,}674$ mm
Platte B	Biegung	$EI_B = 2{,}379048 \cdot 10^{10}$ N mm²	$E = 70.000$ MPa	$t = 15{,}977$ mm
Platte B	Schub	$GA_B = 5{,}96253 \cdot 10^4$ N	$G = 3{,}73194$ MPa	$t = 15{,}977$ mm

Die Durchbiegung und Spannungen in Plattenmitte und im Eckbereich, berechnet nach den vier Methoden, sind in der folgenden Tabelle 7.5 angegeben.

Tabelle 7.5 Durchbiegung und extreme Hauptspannungen

Berechnung	Durchbiegung in mm	Spannungen in MPa			
		10 mm Platte		6 mm Platte	
		oben	unten	oben	unten
Element in Plattenmitte (mit Pfeil 1 gekennzeichnet)					
Platte mit Federn gekoppelt	3,289	−6,843	4,569	−1,511	5,325
Platte mit „offset"	3,314	−6,887	4,575	−1,507	5,362
3-D-Volumenelemente	3,300	−6,877	4,570	−1,511	5,357
Nach [135]	3,288	−6,863	4,562	−1,510	5,345
Element in Platteneckbereich (mit Pfeil 2 gekennzeichnet)					
Platte mit Federn gekoppelt		−6,375	4,924	−2,174	4,593
Platte mit „offset"		−6,277	4,881	−2,235	4,625
3-D-Volumenelemente		−6,436	5,005	−2,233	4,619
Nach [135]		−6,367	4,942	−2,206	4,580

Die Übereinstimmung der Ergebnisse ist für Durchbiegungen wie für Spannungen sehr gut.

7.4 Schlussfolgerungen

Wie auch in den obigen Beispielen dargestellt, besteht das Problem der richtigen Abbildung einer Verbundglasscheibe sowohl für Balken- als auch für Plattentragwirkung weniger im rechnerischen Modell, sondern vielmehr in der zutreffenden Formulierung und rechentechnischen Umsetzung des anzusetzenden Materialgesetzes.

Träger mit elastischem Verbund lassen sich sowohl mittels Handrechnung wie auch mit FEM berechnen. Dabei sind die Handrechenverfahren für Kontrollrechnungen im Bereich des linearen Materialverhaltens oder auch für Parameterstudien durchaus sinnvoll anzuwenden. Für die Berücksichtigung bzw. Abbildung von Nichtlinearitäten wie Krieheffekte und Temperaturabhängigkeit ist die Anwendung der FE-Berechnung sinnvoller.

Für Flächentragwerke sind lediglich das Verfahren [135] sowie die FE-Berechnung für die praktische Anwendung geeignet. Hierzu ist zu sagen, dass die Entscheidung für ein Verfahren und, im Rahmen der Anwendung der FEM, die Modellierung neben den zur Verfügung stehenden Hilfsmitteln vor allem durch die Modellgröße (nicht nur im Sinne von Anzahl der Knoten, sondern auch Modellierung der Materialien) bzw. durch die zur Verfügung stehende Rechenkapazität bedingt wird.

Die Berücksichtigung der Einflüsse aus viskoelastischem Materialverhalten der Zwischenschicht ist durch Verwendung der entsprechenden Ansätze mit FEM möglich. Dies gilt auch für das Verfahren [135]. Allerdings ist dies wegen der erforderlichen Zwischenschritte

(Umrechnung in ideelles System und Rücktransformation zur Berechnung der realen Schnittgrößen und Spannungen) für den Anwender etwas aufwendiger als die Anwendung von FEM. Stehen jedoch entsprechend leistungsfähige FE-Programme nicht zur Verfügung, so ist es ein zweckmäßiges Verfahren, um mittels eines Stabwerkprogramms und Überlegungen der Abbildung einer Platte als Trägerrost das statische System „Platte mit elastischem Verbund" zu berechnen. Des Weiteren ist es zum Verständnis des Tragverhaltens und für Kontrollrechnungen vorteilhaft anzuwenden.

Für die Nachrechnung von Versuchen oder die realistische Abbildung ist die Berechnung mittels FEM vorzuziehen. Hierbei ist zu bemerken, dass entsprechende Erfahrungen und Kontrollrechnungen erforderlich sind.

Das sogenannte „ω-Verfahren" oder Berechnungen unter Verwendung einer „effektiven Dicke", wie sie in der europäischen Norm prEN 13474 [143] enthalten sind, stellen eigentlich nur ein Hilfsmittel dar: Auf Basis der vorgenannten Theorien werden sogenannte ω-Werte oder effektive Dicken definiert, durch die ein system- und belastungsabhängiger Korrekturfaktor bestimmt wird.

8 Brandschutzverglasungen

8.1 Allgemeines

Im transparenten Brandschutz müssen immer komplette Bauteile (Bauarten), d. h. Glas, Rahmen und Dichtungen geprüft und klassifiziert werden. Im Wesentlichen können Bauteile zwei brandschutztechnischen Forderungen genügen:

— Begrenzung des Durchgangs von Flammen und Rauchgasen,
— Begrenzung des Wärmedurchgangs.

Verglasungen können durch die Verwendung spezieller Materialien diese Funktionen bis zu einem gewissen Grad erfüllen. Insbesondere zeichnet sich Borosilicatglas dadurch aus, dass es eine höhere Resistenz gegen Temperaturunterschiede bietet. Während herkömmliche Glasscheiben aus Kalknatron-Silicatglas bei Brandeinwirkung frühzeitig zu Bruch gehen, bleibt Borosilicatglas je nach Konstruktion transparent sowie intakt und kommt der Forderung nach Dichtigkeit auch als einschichtige Verglasung entgegen. DIN 4102-13 [144] bezeichnet Verglasungen mit dieser Eigenschaft als G-Verglasungen. Für die Feuerwiderstandsklasse F muss zusätzlich ein Schutz gegen die Wärmestrahlung gegeben sein. Das heißt, die brandabgewandte Seite (Schutzseite) darf sich während der Brandbelastung im Versuchsofen (vgl. Bild 8.1) gemäß der Einheits-Temperaturzeitkurve ETK nicht über eine bestimmte Temperatur erwärmen. Generell werden Bauteile bezüglich ihrer Feuerwiderstandsfähigkeit unterschieden in

— feuerbeständig,
— hochfeuerhemmend und
— feuerhemmend.

Zusätzlich werden Bauteile nach dem Brandverhalten ihrer Baustoffe unterschieden (MBO § 26 (2), Abs. 2) [146].

Erreicht wird diese Dämmfunktion durch eine Kombination aus mehreren Glasschichten und speziellen Zwischenschichten, die bei hoher Wärmeeinwirkung aufschäumen und so den Wärmedurchlasswiderstand deutlich erhöhen.

Bild 8.1 Überkopfverglasung im Brandversuch

Für Brandschutzverglasungen wurden noch keine technischen Regeln bauaufsichtlich eingeführt, daher zählen sie zu den ungeregelten Bauprodukten. Deshalb existieren zahlreiche allgemeine bauaufsichtliche Zulassungen für Brandschutzverglasungen in den Feuerwiderstandsklassen G und F. Die Zahl (30, 60, 90 oder 120) hinter der Kategorie gibt die minimale Dauer in Minuten an, in der die Verglasung die Anforderung aus Tabelle 8.1 erfüllt.

Tabelle 8.1 Anforderungen an Brandschutzverglasungen nach DIN 4102-13 [144]

	F-Verglasungen	G-Verglasungen
	Brandbeanspruchung nach Einheits-Temperaturzeitkurve (ETK)	
1	Verglasung darf unter Eigenlast nicht zusammenbrechen	
2	Durchgang von Feuer und Rauch muss verhindert werden	
3	Verglasung muss als Raumabschluss wirksam bleiben	
	– keine Flammen auf der feuerabgekehrten Seite	
	– angehaltener Wattebausch darf sich nicht entzünden oder glimmen	
4	die vom Feuer abgekehrte Seite darf sich nicht um mehr als 140 K (Mittelwert) bzw. 180 K (größter Einzelwert) erwärmen	

Durch die Harmonisierung der europäischen Normen existiert nun auch eine europäische Norm DIN EN 357 [145], in der Brandschutzverglasungen in bestimmten Kategorien klassifiziert werden. Es ist zu beachten, dass die Aussagen nur für die im Versuch geprüfte Konstruktion Gültigkeit besitzen. Eine Übertragung der Bewertungen auf Verglasungen mit anderer Geometrie, Auflagerkonstruktion, Einbausituation oder Materialeigenschaften ist nur eingeschränkt möglich. Tabelle 8.2 zeigt die in [145] geregelten Eigenschaften.

Tabelle 8.2 Eigenschaften von Brandschutzverglasungen nach DIN EN 357 [145]

Bezeichnung, Abkürzung	Definition
Tragfähigkeit, R	Fähigkeit eines Bauteils, einer Brandbeanspruchung von einer oder mehreren Seiten für eine gewisse Zeit ohne Stabilitätsverlust zu widerstehen
Raumabschluss, E	Fähigkeit eines Bauteils mit raumabschließender Funktion, einer Brandbeanspruchung von nur einer Seite zu widerstehen. Eine Übertragung des Brandes zur feuerabgewandten Seite infolge eines Hindurchtretens von Flammen oder erheblichen Mengen heißer Gase, die eine Entzündung der feuerabgewandten Seite oder benachbarten Materials zur Folge haben könnte, wird verhindert
Strahlung, W	Fähigkeit eines Bauteils mit raumabschließender Funktion, einer Brandbeanspruchung von nur einer Seite so zu widerstehen, dass die auf der feuerabgewandten Seite gemessene Wärmestrahlung für einen gewissen Zeitraum unterhalb eines bestimmten Wertes bleibt
Wärmedämmung, I	Fähigkeit eines Bauelements, einer Brandbeanspruchung von nur einer Seite zu widerstehen ohne Brandübertragung infolge erheblicher Wärmeleitung von der Brandseite zur feuerabgewandten Seite, was eine Entzündung der feuerabgewandten Seite oder von dieser Seite benachbartem Material zur Folge haben könnte, sowie die Fähigkeit für den betreffenden Klassifizierungszeitraum eine ausreichend starke Hitzebarriere zum Schutz von Menschen in der Nähe des Bauelements sicherzustellen
Rauchdichtheit, S	Fähigkeit eines Bauelements, den Durchtritt heißer oder kalter Gase oder von Rauch von einer Seite zur anderen einzuschränken

Ein Vergleich der nationalen mit der europäischen Norm zeigt, dass E-Verglasungen den G-Verglasungen und EI-Verglasungen den F-Verglasungen zugeordnet werden können.

8.2 Gegenwärtige und künftige Regelungen

Wie in Abschnitt 8.1 erläutert, sind Brandschutzverglasungen nicht geregelte Bauprodukte und bedürfen einer allgemeinen bauaufsichtlichen Zulassung mit Klassifizierung nach DIN 4102.

Auf europäischer Ebene wurde für Feuerschutzabschlüsse ein dreigliedriges System beschlossen: Es gibt eine Brandprüfnorm DIN EN 1634-1 [147], die jedoch in Bezug auf Feuerschutzabschlüsse zurzeit ausschließlich für den direkten Anwendungsbereich gültig ist. Daneben gibt es die Klassifizierungsnorm DIN EN 13501 [148] und demnächst auch die beschlossene Produktnorm. Während Prüf- und Klassifizierungsnorm bereits verfügbar sind, wird die Produktnorm momentan erst erarbeitet. Erst wenn auch die Produktnorm verfügbar ist, können die europäischen Regelungen vollständig angewandt werden. Feuerschutzabschlüsse, die unter die Produktnorm fallen, müssen dann nicht mehr über die allgemeinen bauaufsichtlichen Zulassungen behandelt werden. Sobald die europäische Produktnorm für Feuerschutzabschlüsse verfügbar ist, wird sie in die Bauregelliste B Teil 1 [81] eingestellt. Damit verbunden ist das Festlegen der in Abhängigkeit des Verwendungszweckes in Deutschland notwendigen Stufen und Klassen. Diese Festlegungen müssen von den Herstellern und Verwendern beachtet werden. Über die Tabelle 2 in der Bauregelliste A Teil 1 Anlage 0.1ff und 0.2ff erfolgt die Zuordnung der europäischen Klassen zu den deutschen bauaufsichtlichen Mindestanforderungen. Danach ist z. B. die Klassifizierung EI230 – C5 notwendig, um die Anforderung „feuerhemmend" zu erfüllen.

8.3 Zusätzliche Anforderungen

Bei Fassaden werden häufig an die Verglasung neben Anforderungen an den Brandschutz auch Anforderungen hinsichtlich Stoßsicherheit, d. h. absturzsichernder Funktion, gestellt. In der Regel sind die entsprechenden Nachweise für die unterschiedlichen Anforderungen (Absturzsicherung und Brandschutz) zu erbringen und darauf basierend eine Zustimmung im Einzelfall (ZiE) oder eine allgemeine bauaufsichtliche Zulassung (abZ) zu erwirken (vgl. Kapitel 12). Begründet ist dies in der Tatsache, dass ein Großteil der vom Deutschen Institut für Bautechnik (DIBt) erteilten allgemeinen bauaufsichtlichen Zulassungen für Brandschutzverglasungen deren Einsatz als absturzsichernde Verglasungen ausschließt und bei Brandschutzverglasungen der Nachweis der Tragfähigkeit unter stoßartigen Einwirkungen in Form eines allgemeinen bauaufsichtlichen Prüfzeugnisses auf Basis der TRAV [12] nicht zugelassen ist.

Bei absturzsichernden Verglasungen finden in der Regel Verglasungen aus Mehrscheibenisolierglas mit Verbundsicherheitsglas (VSG) Verwendung. Dabei ist zur Sicherstellung der absturzsichernden Wirkung das VSG vorzugsweise auf der Innenseite (stoßzugewandte Seite). Bei Brandschutzverglasungen hingegen ist häufig aus Gründen des UV-Schutzes der speziellen Natrium-Silicat-Brandschutzschichten das VSG auf der Außenseite anzuordnen. Eine Lösung kann zum einen darin bestehen, zwei Schichten VSG einzuplanen. Zum anderen kann der Nachweis erbracht werden, dass die speziellen Brandschutzschichten ein sicheres Bruchverhalten (u. a. begrenzte Öffnungsweiten der Risse bei Glasbruch entsprechend TRAV [12], Verletzungsgefahr auf der Stoßseite, Splitterabgang und Durchstoßverhalten entsprechend dem von VSG), Splitterbindung und Resttragverhalten aufweisen. Der Nachweis ist durch Versuche oder Gutachten möglich, wegen des Fehlens einer geregelten Prüfvorschrift ist jedoch kein allgemeines bauaufsichtliches Prüfzeugnis möglich, sondern generell eine Zustimmung im Einzelfall oder eine allgemeine bauaufsichtliche Zulassung [149] notwendig. Eine Kombination unterschiedlicher Nachweise kann als Basis für eine ZiE dienen, wobei jeweils zu prüfen und gutachterlich zu beurteilen ist, ob alle Anforderungen an die absturzsichernde Brandschutzverglasung verträglich erfüllt werden:

– Brandschutz von Verglasung und Lagerung,

– Nachweis der Verglasung gegen stoßartige Einwirkungen,

– Nachweis der Lagerungskonstruktion (Klemmleisten) gegen stoßartige Einwirkungen

9 Sicherheitsverglasungen

9.1 Angriffhemmende Verglasungen

In der Regel mehrschichtige Aufbauten aus Glas und ggf. Kunststoffplatten gewährleisten durchwurf- und durchbruchhemmendes Verhalten. In DIN EN 365 [150] werden zwei Prüfverfahren (Kugelfall und Axtschläge) beschrieben, anhand denen eine Klassifizierung vorgenommen werden kann. Es wird dabei lediglich die Sicherheit der Verglasungseinheit ohne Rücksicht auf die Anschlusskonstruktion eingeordnet.

9.2 Durchschusshemmende Verglasungen

Entscheidend für die Schutzfunktion einer Verglasung gegen Beschuss ist deren Masse und nicht deren Duktilität, da sich die Schockwelle vom Auftreffpunkt des Projektils zum Auflager der Scheibe (Rahmen) zu langsam ausbreitet, als dass die Auflagerkonstruktion zur Lastabtragung beitragen könnte [151].

Durch Beschusstests kann eine Verglasung nach DIN EN 1063 [152] als durchschusshemmend einer bestimmten Klasse zugeordnet werden. Unterschieden wird die Art der Waffe sowie Kaliber des Projektils und ob sich gefährliche Splitter von der schussabgewandten Seite der Scheibe lösen oder nicht. Polycarbonatplatten auf der Schutzseite des Verbundglases werden häufig zur Verhinderung solcher Splitter eingesetzt.

Die Versuchskategorien beginnen mit dem dreimaligen Beschuss durch eine Kleinkaliberbüchse und enden mit dem dreimaligen Beschuss durch eine Büchse Kaliber $7{,}62 \times 51$ mit Vollmantelgeschossen. Zusätzlich existieren zwei Klassen für Verglasungen, die Sicherheit gegen den Beschuss mit Schrotflinten bieten. Der Beschuss durch größere Kaliber ist nicht geregelt. Existiert eine entsprechende Gefahr, kann eigentlich nur ein nicht transparentes Schild aus bspw. Stahl den notwendigen Schutz bieten, da transparente Scheibenaufbauten unverhältnismäßig dick ausgeführt werden müssten.

9.3 Sprengwirkungshemmende Verglasungen

Im Gegensatz zur Einwirkung aus Beschuss ist der Vergleich „Versuchsszenario – tatsächlicher Anschlag bei Detonationseinwirkung" nur bedingt möglich, da die eigentliche Belastung auf die Verglasung von einer Vielzahl von Parametern abhängt. Reflexionen der Druckwelle an anderen Gebäuden oder Bauteilen führen zu Überlagerungen, die im Versuch nicht simuliert werden können, da sie sehr stark mit dem Ort der Explosion variieren. Im Freilandversuch werden häufig Container zur Aufnahme der Fenster oder Türen verwendet. Diese haben in der Regel eine wesentlich kleinere Frontfläche als in der tatsächlichen Ausführung. Die Folge sind Umströmungen, die zu geringeren Spitzenüberdrücken führen. Bei Versuchen mit dem Stoßrohr (vgl. Bild 9.1) treten diese negativen Auswirkungen nicht auf. Es wird eine quasi unendlich große Frontfläche simuliert. Außerdem sind diese Versuche besser reproduzierbar, zeitsparender und kostengünstiger [153].

Bild 9.1 Mit Druckluft betriebenes Stoßrohr [153]

Eine reine Beschränkung der Sichtweise auf die Verglasung allein kann zu konservativ sein, da Verglasungen als Teil leichter nachgiebiger Konstruktionen (z. B. weiche Seil-Netz-Fassaden) hinsichtlich des Last-Zeit-Verlaufs gutmütiger reagieren als in starren Konstruktionen. Der Spitzenüberdruck klingt schneller ab, wodurch die Belastung auf die Anschlusskonstruktion sinkt [154].

In der Normung werden sowohl das Glaselement allein als auch Fensterkonstruktionen insgesamt klassifiziert. Anhand von Stoßrohr- oder Freilandversuchen mit unterschiedlichen TNT-äquivalenten Sprengladungen können die Produkte in verschiedene Widerstandsklassen eingeteilt werden [155–157].

10 Photovoltaikverglasungen

10.1 Allgemeines

Die Integration von Photovoltaik(PV)-Elementen in die Gebäudehülle liefert nicht nur einen Beitrag zur umweltfreundlichen Energiegewinnung und damit zur Reduzierung des CO_2-Ausstoßes, sondern bietet auch aus architektonischer Sicht neue Gestaltungsmöglichkeiten. Von Vorteil ist weiterhin, dass PV-Elemente in Dächern oder Fassaden grundlegende Funktionen von konventionellen Fassadenelementen übernehmen können wie z. B. Sonnenschutz, Schallschutz oder thermische Isolierung [158].

Mittlerweile finden PV-Elemente auch in der Architektur immer größeren Zuspruch und müssen demnach auch den Ansprüchen der Planer gerecht werden. Von einigen Modulherstellern und Metallbaufirmen werden inzwischen Komplettsysteme einschließlich der Befestigungselemente angeboten.

Bei der Entwicklung von PV-Elementen werden ständig Fortschritte erzielt, hier sei insbesondere auf die Verbesserung des Wirkungsgrades als auch auf die Reduktion der Herstellungskosten und des Energieverbrauchs während der Herstellung [159, 160] hingewiesen.

Verbundglas ist besonders geeignet, PV-Elemente oder -Beschichtungen zu integrieren. Als Zwischenschichten werden z. B. EVA-, PVB-Folie oder Gießharze verwendet (vgl. Kapitel 6). Werden Verglasungen in der Fassade oder in Dächern verwendet, so müssen diese abhängig von ihrer Anwendung unterschiedliche Anforderungen hinsichtlich der Standsicherheit erfüllen. Dies bedeutet, dass neben dem herkömmlichen Tragfähigkeits- und Gebrauchstauglichkeitsnachweis (Durchbiegungsbegrenzungen) zusätzliche Anforderungen, wie z. B. Stoßsicherheit oder im Falle eines Glasbruchs ausreichende Resttragfähigkeit, zu erfüllen sind. In der Regel sind diese zusätzlichen Anforderungen experimentell über Versuche nachzuweisen [161].

10.2 Elementtypen

Prinzipiell können Solarzellen entsprechend ihrer Kristallstruktur und des verwendeten Ausgangsmaterials in verschiedene Kategorien eingeteilt werden (vgl. Bild 10.1).

Bild 10.1 Einteilung der Solarzellen nach Struktur und Ausgangsmaterial [162]

Man unterscheidet grundsätzlich zwischen kristallinen Zellen und Dünnschichtmodulen (vgl. Bilder 10.2, 10.7). Kristalline Zellen werden mit Abmessungen von ca. 100 mm × 100 mm und einer Dicke von 0,3–0,4 mm produziert. Monokristalline Zellen haben die höchste Qualität hinsichtlich Lebensdauer und elektrischem Wirkungsgrad (13–16 %). Der Herstellungsprozess ist vergleichsweise teuer, da die Zellen direkt aus den kristallinen Blöcken in runden Scheiben geschnitten werden. Polykristalline Zellen können in quadratischen Blöcken hergestellt werden. Ihre Produktion ist material- und energiesparender, aber ihr elektrischer Wirkungsgrad ist etwas geringer als bei monokristallinen Zellen (10–15 %).

Bei der Dünnschichttechnologie wird die Beschichtung direkt auf die Verglasung aufgedampft. Die Schichtdicke beträgt nur 2–3 µm. Nachteil ist, dass der elektrische Wirkungsgrad nur zwischen 3 und 10 % beträgt. Aber der Material- und Energieverbrauch bei der Herstellung ist erheblich geringer als bei kristallinen Zellen [162, 163].

Bild 10.2 Beispiel einer Verglasung mit integrierten kristallinen PV-Elementen

In der Architektur spielen Form und Farbe eine wichtige Rolle. Dunkle Farben, wie z. B. blau oder schwarz ergeben den besten Wirkungsgrad. Es ist aber auch möglich, hellere Farben mit geringerem Energieertrag zu verwenden. Mit der Dünnschichttechnologie können auch sehr transparente Schichten erzeugt werden (vgl. Bild 10.7).

10.3 Integration in die Gebäudehülle

In den meisten Fällen ist Glas, neben den Solarzellen, der Hauptbestandteil eines PV-Moduls. Verbundglas eignet sich sehr gut für die Integration von PV-Elementen und besteht aus zwei oder mehr Glasscheiben, die mit einer Zwischenschicht miteinander verbunden sind. Als Zwischenschichten werden u. a. PVB- und EVA-Folie als auch Gießharze verwendet (vgl. Kapitel 6). Bei dem Großteil der baupraktisch üblichen Anwendungen wird eine Zwischenfolie aus Polyvinylbutyral (PVB) verwendet. Durch Übereinanderlegen der 0,38 mm oder 0,76 mm dicken Basisfolien lassen sich unterschiedliche Gesamtfoliendicken erzielen.

10.3 Integration in die Gebäudehülle

PV-Elemente aus Glas werden wie übliche konstruktive Verglasungen im Baubereich behandelt. Bei Verwendung von Glas in der Gebäudehülle werden in der Regel zusätzliche Anforderungen an das Verbundglas gestellt, nämlich dass im Falle eines Bruchs die Zwischenschicht die Glasbruchstücke zurückhält, die Öffnungsbreite begrenzt, eine Resttragsicherheit bietet und das Risiko von Verletzungen minimiert, man spricht dann von Verbundsicherheitsglas (VSG). Insbesondere im Überkopfbereich wird die Verwendung von Verbundsicherheitsglas vorgeschrieben. Je nach verwendeter Glasart (ESG, TVG, Float) und daraus resultierendem Bruchbild, hat das Verbund-Sicherheitsglas eine mehr oder weniger gute Resttragfähigkeit.

Das Zwischenlagenmaterial PVB ist bisher als einziges geregeltes Bauprodukt in der Bauregelliste [81] für die Herstellung von VSG zugelassen. Die Verwendung von EVA-Folie oder anderen Zwischenlagen zur Herstellung von VSG ist über allgemeine bauaufsichtliche Zulassungen möglich [94, 97, 98].

Prinzipiell gibt es drei Möglichkeiten, die PV-Elemente in die Gebäudehülle zu integrieren:

– Die Elemente werden einfach an die existierende Fassade oder das Dach angebracht.
– Die Elemente ersetzen Teile der äußeren Fassade oder des Dachs (vgl. Bild 10.3).
– Die Elemente werden als tragendes Teil der Gebäudehülle integriert (vgl. Bild 10.4).

Bild 10.3 Beispiel einer hinterlüfteten Fassade

Bild 10.4 Beispiel einer Dachverglasung

Bei der Planung einer PV-Anlage ist auch die Orientierung bzw. Ausrichtung der Elemente zu beachten. Maximale Erträge werden in Mitteleuropa bei einer Südorientierung und einer Neigung gegen die Horizontale von ca. 30° erzielt. Ebenso ist auf eine ausreichende Hinterlüftung bzw. Modulkühlung zu achten, da mit zunehmender Erwärmung der elektrische Wirkungsgrad der Module abnimmt. Eine „Schwächung" der PV-Elemente kann auch durch partielle Abschattung, z. B. durch angrenzende Gebäudeteile, hervorgerufen werden.

10.4 Anforderungen an Entwurf und Bemessung

Im baupraktischen Bereich werden PV-Verglasungen wie herkömmliche Verglasungen gemäß ihrem Anwendungsbereich eingeordnet. Entsprechend des Anwendungsbereichs sind unterschiedliche Anforderungen hinsichtlich der Standsicherheit zu erfüllen. Dies bedeutet, dass neben dem herkömmlichen Tragfähigkeits- (Einwirkungen aus Eigengewicht, Wind, etc.) und Gebrauchstauglichkeitsnachweisen (Durchbiegungsbegrenzungen) zusätzliche Anforderungen, wie z. B. Stoßsicherheit (Absturzsicherung (vgl. Bild 10.5), begehbare Verglasung) oder im Falle eines Glasbruchs ausreichende Resttragfähigkeit (Überkopfverglasung, Bild 10.6), nachzuweisen sind. In der Regel sind diese zusätzlichen Anforderungen experimentell über Versuche nachzuweisen [161].

Neben den bauaufsichtlichen Anforderungen sind die Module zusätzlich gemäß der europäischen Norm DIN EN 61215 [164] bzw. DIN EN 61646 [165] zu zertifizieren. Bei diesen Prüfverfahren werden neben Tests zur elektrischen Sicherheit auch mechanische Anforderungen, wie z. B. Einwirkungen aus UV-Strahlung, Temperaturwechsel oder Feuchtigkeit simuliert.

Bild 10.5 Pendelschlagversuch bei einer PV-Verglasung mit kristallinen Zellen

Bild 10.6 Kugelfallversuch bei einem Dünnschichtmodul

10.5 Befestigungssysteme

Zur Befestigung der PV-Elemente gibt es eine Vielzahl von geeigneten Montagearten. Zunächst kann eine Differenzierung zwischen linien- und punktförmiger Lagerung erfolgen. Bei linienförmiger Lagerung können die Elemente bei gerahmter Ausführung direkt an einer entsprechenden Unterkonstruktion befestigt oder bei rahmenloser Ausführung mit Pfosten-Riegel-Systemen mechanisch befestigt (Pressleisten) bzw. verklebt (Structural Sealant Glazing) werden (vgl. Bild 10.7). Es gibt bereits allgemeine bauaufsichtlich zugelassene Module, die in solche Konstruktionen als Vertikal- oder Überkopfverglasung integriert werden können [166, 167].

Bild 10.7 Beispiel einer Pfosten-Riegel-Konstruktion

Bei punktförmiger Lagerung wird zwischen Klemmhalterungen und über in Glasbohrungen sitzenden Punkthaltern unterschieden.

Zur Verwendung von Standardmodulen bieten zahlreiche Firmen Klemmhaltersysteme an, die auf einer Unterkonstruktion flexibel angepasst und befestigt werden können. Eine weitere Variante sind Klemmsysteme, die flächenbündig in die Fassade integriert werden können. Prinzipiell gibt es eine Vielzahl von Befestigungsvarianten, die je nach Einbauort an oder in der Gebäudehülle auf die entsprechenden Anforderungen und Planungswünsche angepasst werden können. Mittlerweile existieren auch zahlreiche bauaufsichtlich zugelassene Systeme, die den Anforderungen und Planungswünschen gerecht werden.

11 Isolierverglasungen

11.1 Allgemeines

Neben dem Schließen von Bauwerksöffnungen und der Weiterleitung von Beanspruchungen als tragendes Bauteil übernimmt Glas noch weitere wichtige bauphysikalische Aufgaben. Schallschutz und Wärmedämmung sowie Klimapufferung wird zunehmend in Form der sogenannten Doppelfassaden oder durch die allgemein bekannten Isoliergläser (korrekt: Mehrscheiben-Isoliergläser) erreicht; Letztere werden nicht nur in Fenstern verwendet, sondern auch z. B. in Zusammenhang mit Stahlkonstruktionen als punktgehaltene Klimahülle.

DIN 1259 [19] definiert *Mehrscheiben-Isolierglas* als Verglasungseinheit, hergestellt aus zwei oder mehreren Glasscheiben, die durch einen oder mehrere luft- bzw. gasgefüllte Zwischenräume voneinander getrennt sind. An den Rändern sind die Scheiben luft- bzw. gas- und feuchtigkeitsdicht durch organische Dichtungsmassen, Verlöten oder Verschweißen verbunden. Mehrscheiben-Isolierglas bietet je nach Ausführung hohe Wärmedämmung und/oder Schallisolation.

Hinsichtlich Fertigung und Aufbau sind – wie in der obigen Definition bereits kurz angesprochen – drei Arten zu unterscheiden:

— *Ganzglas-Isolierglas*, hergestellt durch Erhitzen von zwei Glasscheiben im Randbereich mit anschließendem Abkröpfen und Verschmelzen. Der Scheibenzwischenraum wird danach mit trockener Luft bzw. Gas gefüllt und die Füllbohrungen nachträglich verschlossen.

— *Gelötetes Isolierglas*, bekannt z. B. unter der Bezeichnung „Thermopane", ist im Randbereich der Glasscheiben verkupfert und dann mit einem dünnen Bleisteg verlötet. In der Regel enthält der Scheibenzwischenraum keinen Trocknungsstoff, er wird mit getrockneter Luft gespült und die entsprechenden Bohrungen werden verlötet.

— *Isolierglas mit organisch geklebtem Randverbund* gibt es als ein- und zweistufiges System.
Für Isolierglas mit *einer Dichtungsstufe* wird ein mit Trockenstoff gefüllter, perforierter Abstandhalterrahmen aus Aluminium oder verzinktem Stahl im Bereich der Scheibenkanten mit den Gläsern dicht verklebt. Abhängig vom verwendeten Dichtstofftyp ergeben sich unterschiedliche Lebensdauern.
Bei dem modernen, derzeit überwiegend eingesetzten *zweistufigen System* dichtet die Verklebung des ebenfalls mit Trocknungsmittel gefüllten Abstandhalters (Spacer) mit den Glasscheiben den Scheibenzwischenraum (SZR) gegen eindringende Feuchtigkeit ab. Als zweite Dichtungsstufe wird der verbleibende Hohlraum außerhalb des Abstandhalterrahmens bis zu den Scheibenkanten mit dauerelastischem Dicht- und Klebstoff wie Polysulfid, Polyurethan oder Silikon aufgefüllt. Für die Auswahl der letztgenannten Kunststoffe sind wegen deren unterschiedlichen Verhaltens die Anforderungen hinsichtlich Diffusion von Füllgasen und UV-Beständigkeit wichtige Kriterien.
Für die Isolierglas-Abstandhalter werden konventionell Hohlprofile aus Aluminium verwendet; wegen deren guter Wärmeleitfähigkeit stellen diese eine lineare Wärmebrücke dar mit entsprechenden bauphysikalisch bedingten Folgen einer – zumindest im

"Heizfall" – relativ stark abgesenkten Temperatur im Kantenbereich: neben den negativen Auswirkungen auf die Energiebilanz des Gebäudes vergrößert sich das Risiko von Tauwasserausfall und damit verbunden die Gefahr von Schimmelbildung oder Schädigung des Fensterrahmenprofils.

Alternative Konstruktionsformen unter Verwendung von Abstandhaltern mit wärmetechnisch verbessertem Randverbund und damit im Vergleich zu Aluminium wärmerer raumseitiger Glaskante werden – basierend auf der entsprechenden Bezeichnung „warm edge" aus den USA – als „warme Kante" zusammengefasst. Entsprechend Anhang E von [174] ist eine Klassifizierung als wärmetechnisch verbesserter Abstandhalter gegeben, wenn das Produkt aus Dicke und Wärmeleitfähigkeit des Abstandhalters kleiner als 0,007 W/K ist.

Aktuell sind für die „warme Kante" neben sog. Edelstahlprofilen (eigentlich: Profile aus nichtrostendem Stahl) Systeme aus Silikonschäumen sowie verschiedene Kunststoffmischungen einschließlich spritzbaren Abstandhaltern aus thermoplastischem Kunststoff, der direkt auf das Glas aufgetragen wird, gebräuchlich. Weiterhin sind Systeme mit Kombinationen von Werkstoffen verbreitet: Ein Kunststoffkern geringer Wärmeleitfähigkeit – häufig Polypropylen – als „strukturelles Gerüst" wird ummantelt von Edelstahlfolie zur Sicherstellung einer guten Haftung der Dichtstoffe und Gasdichtheit.

Isolierglas verhindert nicht nur den Verlust von (Heiz-)Wärme – bzw. im Fall gekühlter Gebäude den ungewünschten Eintrag von Wärme –, sondern ermöglicht durch seine Transparenz auch solare Wärmegewinne. Durch Kombination mit speicherfähigen Baustoffen bei der Konstruktion von Bauten ist eine noch effektivere Nutzung der Sonnenenergie möglich.

Der U-Wert (früher: k-Wert) als Maß für den Wärmeverlust wird definiert als Wärmemenge, die je Zeiteinheit durch 1 m^2 eines Bauteils bei einem Temperaturunterschied der angrenzenden Raum- und Außenluft von 1 K hindurchgeht. Dementsprechend ist die Einheit für den U-Wert W/m^{2}K. Für Fenster und Türen werden in [174] die Regelungen zur Berechnung von U-Werten angegeben; dabei werden Fenster unter anderem unterschieden in Einfach-, Kasten- und Verbund-Fenster. Danach ergibt sich der U-Wert eines Einfach-Fensters U_w (mit Index w für window) nicht nur aus den flächenabhängigen Anteilen von Verglasung U_g (g für glazing) und Rahmen U_f (f für frame) sondern auch unter Berücksichtigung des kombinierten wärmetechnischen Einflusses von Glas, Abstandhalter und Rahmen; letzterer wird maßgeblich bestimmt durch die Wärmebrückenwirkung des Abstandhalters und quantifiziert durch den entsprechenden längenbezogenen Wärmedurchgangskoeffizienten ψ_g.

$$U_w = (A_g U_g + A_f U_f + \ell_g \psi_g) / (A_g + A_f)$$

Je nach Fensterformat lassen sich durch Verwendung von wärmetechnisch verbesserten Abstandhaltern gegenüber Verglasungen mit konventionellem „Alu-Spacer" Verbesserungen des U_w-Wertes von bis zu 0,2 W/m^{2}K erreichen.

Gegenüber einer Einscheibenverglasung mit einem U-Wert von 5,6 W/m^{2}K beträgt der U-Wert bei 2-Scheiben-Isolierglas aus 6 mm dicken Floatglas mit 12 mm Scheibenzwischenraum 3,1 W/m^{2}K. Durch die Verwendung von entsprechend beschichteten Glasscheiben erreichen moderne Wärmeschutzverglasungen deutlich reduzierte U-Werte, nach [173] sind für Doppelverglasungen Werte von $U_g = 1{,}1$ bis $0{,}9$ W/m²K marktüblich, 3-fach-Isolierverglasungen erreichen U_g-Werte von $0{,}8$ bis $0{,}4$ W/m²K.

Als Maß für die solaren Wärmegewinne dient der g-Wert oder Gesamtenergiedurchlassgrad von Verglasungen für Sonnenstrahlung in Wellenbereichen von 300 bis 2500 nm, angegeben in %. Er setzt sich zusammen aus direkter Sonnenenergietransmission und sekundären Wärmeabgaben nach innen.

Zusätzlich zu den thermischen Aspekten bieten Isolierverglasungen gegenüber der Einfachverglasung auch Vorteile bezüglich der Schalldämmung. Zur weiteren Verbesserung des Schallschutzes finden für die Fertigung der Verglasungselemente statt einzelner Scheiben Verbundglasscheiben mit speziellen Gießharzen oder Folien Verwendung.

Nachdem es eine Vielzahl an Kombinationen aus Glasdicken und SZR, Beschichtungen sowie Verbundgläsern gibt und diese in stetigem Wandel bzw. Weiterentwicklung stehen, wird für weitergehende Informationen und Zahlenwerte auf die entsprechenden Firmenunterlagen verwiesen.

Neben den bauphysikalischen Eigenschaften stehen für Entwurf und Bemessung im Vordergrund die durch das abgeschlossene Luft- bzw. Gasvolumen hervorgerufenen, zusätzlichen Beanspruchungen durch eine mittragende Wirkung auch der nicht unmittelbar beanspruchten Scheibe („Kisseneffekt") sowie durch Änderung der Druckverhältnisse der Umgebung bei abgedichtetem SZR („Klimalast"). Im folgenden Abschnitt 11.2 wird zunächst die Handrechnung für noch halbwegs zugängliches 2-Scheiben-Isolierglas unter Flächenbelastung betrachtet und dann in 11.3 die Erweiterung auf n-Scheiben-Isolierglas – einschließlich des Sonderfalls 3-Scheiben-Isolierglas – unter verschiedenen Belastungen.

11.2 Beanspruchung und rechnerische Erfassung von 2-Scheiben-Isolierglas

11.2.1 Allgemeines und Definitionen

Die ein Isolierglaselement bildenden Glas- oder Verbundglasscheiben werden an den Rändern durch den Randverbund (Abstandhalter und Verklebung) zusammengehalten. Dieser Rand kann als unverschiebliche, gelenkige Linienlagerung aufgefasst werden, die „Glasscheibe" trägt als allseitig liniengelagerte Platte.

Durch das eingeschlossene Luft- oder Gasvolumen ist eine mechanische Kopplung der Glasscheiben gegeben („Kisseneffekt"), vgl. Bild 11.1.

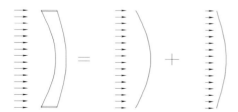

Bild 11.1 „Kisseneffekt": mittragende Wirkung der nicht direkt durch die äußere Einwirkung beanspruchten Scheibe

Durch eine äußere Beanspruchung auf eine Scheibe verformt sich diese abhängig von ihrer Nachgiebigkeit bzw. Steifigkeit. Hiermit verbunden ist eine Änderung des abgeschlossenen Scheibenzwischenraumvolumens und damit des Drucks im SZR, wodurch eine Verformung auch der anderen Scheibe bewirkt wird. Somit werden äußere Einwirkungen auf eine Scheibe auch von der anderen mitgetragen.

Eine zusätzliche Beanspruchung entsteht aus dem Unterschied der Druckverhältnisse von Scheibenzwischenraum und der Umgebung („Klimalast"), vgl. Bild 11.2.

Bei einem isochoren System ergibt sich aus der Änderung des Luftdruckes (gleich ob aus meteorologischen Gründen oder aus einer Höhendifferenz) oder der Temperatur eine entsprechende Flächenlast. Dabei bewirken eine meteorlogische Luftdruckänderung von 10 hPa, eine Höhendifferenz von 83 m oder eine Temperaturänderung von 3 °C jeweils eine Flächenbelastung von 1,0 kPa (= kN/m^2). Ist eine Verformung der Scheiben möglich, dann kann sich das Volumen des SZR ändern und die Beanspruchung entsprechend abgebaut werden. Somit ist die wirksame Klimalast abhängig von der Steifigkeit der einzelnen Scheiben (gegeben durch die Abmessungen) sowie vom SZR.

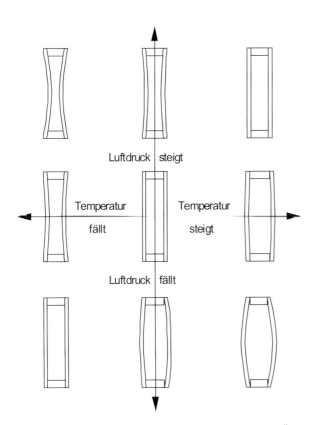

Bild 11.2 „Klimalast": qualitative Verformung durch Änderung von Temperatur oder Luftdruck bzw. Ortshöhe, nach [168]

11.2.2 Der Druck im SZR

Für die Bestimmung des Druckes im SZR gelten die in Bild 11.3 dargestellten Bezeichnungen und Definitionen. Dementsprechend werden die Scheiben außen mit dem Index „a", die inneren mit „i" gekennzeichnet. Der Index „pr" kennzeichnet die zum Zeitpunkt der Produktion herrschenden Verhältnisse: Volumen V_{pr}, Temperatur T_{pr} und Druck p_{pr}. Der am Einbauort des Isolierglaselementes herrschende Umgebungs-Luftdruck wird mit p_L bezeichnet, die Bedingungen im Scheibenzwischenraum sind „SZR" indiziert.

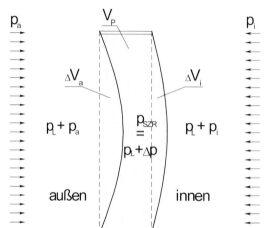

Bild 11.3 Bezeichnung und Druckverhältnisse am Isolierglaselement sowie positiv definierte äußere Flächenlasten p_a und p_i

Entsprechend der Darstellung in Bild 11.3 ergibt sich das Volumen im Scheibenzwischenraum infolge äußerer flächiger Beanspruchungen p_a und p_i sowie geänderten Druckverhältnissen zu:

$$V_{SZR} = V_{pr} - \Delta V_a + \Delta V_i \qquad (11.1)$$

Unter der Voraussetzung kleiner Verformungen kann von einem linearen Zusammenhang zwischen Belastung und Verformung sowie von dem durch diese aufgespannten Volumen ausgegangen werden. Es gilt die vereinfachte Darstellung von ΔV

$$\Delta V = v\, p \qquad (11.2)$$

Dabei ist v das von der Einheitsbelastung (z. B. $p = 1$ kPa) durch die verformte Scheibe aufgespannte Volumen. Für rechteckige Scheiben, Kreis und einige Dreiecke kann für Flächenbelastung eine geschlossene Lösung angegeben werden, vgl. [1, 169]:

$$v = A\, a^4\, B_v / (E\, d^3) \qquad (11.3)$$

wobei
A   Fläche der Scheibe
a   kennzeichnende Abmessung, z. B. für
   Rechteck: Länge der kurzen Kante
   Kreis: Durchmesser
   gleichseitiges Dreieck: Seitenlänge
   rechtw., gleichsch. Dreieck: Länge der Kathete (kurze Seiten)
B_v Beiwert für Volumen, z. B. für
   Rechtecke nach Tabelle 11.1
   Kreis: 0,0218
   gleichseitiges Dreieck: 0,0025
   rechtw., gleichsch. Dreieck: 0,0028
E   Elastizitätsmodul von Glas
d   Dicke der Platte (Scheibe)

Tabelle 11.1 Beiwert B_v für Rechteck mit Seitenlängen a und b (a < b) mit $\mu = 0{,}23$, aus [1]

a/b	1,0	0,9	0,8	0,7	0,6	0,5	0,4	0,3	0,2	0,1
B_v	0,0194	0,0237	0,0288	0,0350	0,0421	0,0501	0,0587	0,0676	0,0767	0,0857

Im allgemeinen Fall ist es für die Bestimmung von v zweckmäßig, eine numerische Integration der mittels einer FE-Berechnung ermittelten Einheitsbiegefläche durchzuführen. Alternativ kann bei abweichender Geometrie als Näherung für die Bestimmung des Isolierglasfaktors und damit der Klimalast der einbeschriebene Kreis (Inkreis) herangezogen werden. Damit wird das jeweilige Volumen unterschätzt, d. h. Isolierglasfaktor und Klimalast auf der sicheren Seite zu groß angenommen. Für eine näherungsweise Abschätzung von Durchbiegung oder Spannungen ist die Verwendung des Inkreises selbstverständlich nicht heranzuziehen, da die damit verbundene Unterschätzung hier auf der unsicheren Seite liegt. Für den Fall einer von der Flächenlast abweichenden Belastung finden sich unter Abschnitt 11.3 Hinweise für deren Berücksichtigung.

Somit lässt sich V_{SZR} darstellen als

$$V_{SZR} = V_{pr} - v\,(p_a - \Delta p) + v\,(\Delta p - p_i) \qquad (11.4)$$

Für die Bestimmung der Unbekannten Δp wird für das im Isolierglas eingeschlossene Gas die Zustandsgleichung für Gase $p\,V/T = konstant$ angewendet. Das Volumen V_{SZR} ergibt sich aus den mit Index „Pr" gekennzeichneten Größen zum Zeitpunkt der Produktion (d. h. dem Verschließen des Isolierglases) und zum gesuchtem Zeitpunkt herrschender Temperatur und wirkendem Druck (Index „SZR") zu:

$$V_{SZR} = \frac{V_{pr}\,p_{pr}}{T_{pr}}\frac{T_{SZR}}{p_{SZR}} = \frac{T_{SZR}}{T_{pr}}\frac{p_{pr}}{p_{SZR}}V_{pr} \qquad (11.5)$$

Durch Gleichsetzen von (11.4) und (11.5) lässt sich mit $p_{SZR} = p_L + \Delta p$ durch Umstellen eine quadratische Gleichung zur Bestimmung von Δp angeben:

$$(p_L + \Delta p)\left[1 - \frac{v_a(p_a - \Delta p)}{V_{pr}} + \frac{v_i(\Delta p - p_i)}{V_{pr}}\right] - \frac{T_{SZR}}{T_{pr}} p_{pr} = 0 \tag{11.6}$$

11.2.3 Einführung dimensionsloser Variablen und vereinfachte Lösung

11.2.3.1 Abkürzungen

Für die Lösung der Gl. (11.6) und zum Erhalt einer übersichtlicheren Darstellung ist die Einführung verschiedener dimensionsloser Variablen sinnvoll:

$$\delta_a = \frac{v_a}{v_a + v_i} = \frac{d_a^3}{d_a^3 + d_i^3} = 1 - \delta_i$$

$$\delta_i = \frac{v_i}{v_a + v_i} = \frac{d_i^3}{d_a^3 + d_i^3} = 1 - \delta_a \tag{11.7}$$

$$\varphi = \frac{1}{1 + (v_a + v_i)\dfrac{p_L}{V_{pr}}} \tag{11.8}$$

mit Gl. (11.3) und $V_{pr} = A \, d_{SZR}$:

$$\varphi = \frac{1}{1 + \dfrac{A \, a^4}{E} B_V \left(\dfrac{1}{d_a^3} + \dfrac{1}{d_i^3}\right) \dfrac{p_L}{A \, d_{SZR}}} \tag{11.9}$$

Es wird a^* als *charakteristische Kantenlänge* definiert:

$$a^* = \sqrt[4]{\frac{E}{p_L} \frac{d_{SZR}}{B_V} \frac{d_a^3 \, d_i^3}{d_a^3 + d_i^3}} \tag{11.10}$$

Mit $E = 70.000$ MPa und $p_L = 1000$ hPa $= 0{,}1$ MPa wird a^*:

$$a^* = 28{,}9 \sqrt[4]{\frac{d_{SZR}}{B_V} \frac{d_a^3 \, d_i^3}{d_a^3 + d_i^3}} \tag{11.11}$$

Dadurch vereinfacht sich die Schreibweise des Isolierglasfaktors φ weiter zu:

$$\varphi = \frac{1}{1 + \left(\dfrac{a}{a^*}\right)^4} \tag{11.12}$$

11.2.3.2 Linearisierte Lösung für Δp und linearisierter isochorer Druck p₀

Die exakte Lösung von Gl. (11.6) ist unübersichtlich. Mit den obigen Bezeichnungen sowie einigen in der Struktur der exakten Lösung und der Größenordnung der Einwirkungen begründeten möglichen Linearisierungen ergibt sich als gute Näherung die Lösung für Δp zu:

$$\Delta p = (1 - \varphi)(\delta_i p_a + \delta_a p_i) + \varphi \left(\frac{T_{SZR}}{T_{pr}} p_{pr} - p_L \right) \tag{11.13}$$

Der Klammerausdruck des letzten Summanden obiger Gleichung gibt die Auswirkungen einer Änderung des Luftdruckes zwischen Produktion und Einbauzustand wieder und kann mit ausreichender Genauigkeit (Kelvin-Skala) durch den linearisierten *isochoren Druck p_0* ersetzt werden.

Für die Bestimmung des isochoren Druckes sind mehrere Einflüsse zu berücksichtigen, dementsprechend sind die einzelnen Anteile des isochoren Drucks gegeben durch die drei Anteile für

– Höhe über NN:
 Der Luftdruck resultiert aus dem Gewicht der Luft und hängt von der Luftdichte sowie der Höhe der Luftsäule ab. Für Höhen bis 1000 m ergibt sich je 100 m Höhenzunahme eine Druckreduktion um ca. 12 hPa. Somit kann eine Änderung der Ortshöhe um ΔH berücksichtigt werden durch
 $p_0(\text{Ortshöhe}) = 0{,}012 \text{ kPa/m} \cdot \Delta H$

– Wetter:
 Neben der Ortshöhe wird der Luftdruck bekanntermaßen auch von der Wetterlage beeinflusst. In Europa können Hochdruckgebiete etwa 1050 hPa, Tiefdruckgebiete 950 hPa erreichen. In den TRLV [1] sind im Rahmen der Berechnungen anzusetzende Luftdruckunterschiede infolge meteorologischer Bedingungen angegeben:
 $p_0(\text{Wetterlage}) = - \Delta p_{met}$

– Temperatur:
 Bei behinderter Verformung bzw. Volumenänderung geht mit einer Steigerung der Temperatur ein Druckanstieg einher. Entsprechend dem *2. Gesetz von Gay-Lussac* kann eine Änderung der Temperatur ΔT berücksichtigt werden durch:
 $p_0(\text{Temperatur}) = 0{,}34 \text{ kPa/K} \cdot \Delta T$

Damit wird der (linearisierte) Druckunterschied im SZR zu:

$$\Delta p = (1-\varphi)(\delta_i\, p_a + \delta_a\, p_i) + \varphi\, p_0 \tag{11.14}$$

wobei

$$p_0 = 0,012 \text{ kPa/m}\, \Delta H - \Delta p_{met} + 0,34 \text{ kPa/K}\, \Delta T$$

11.2.3.3 Gesamtbelastung auf einzelne Scheiben

Die Gesamtbelastung auf die einzelnen Scheiben des Isolierglaselementes kann nun angegeben werden:

äußere Scheibe

$$p_{a,ges} = p_a - \Delta p = p_a(\delta_a + \varphi\delta_i) - p_i\delta_a(1-\varphi) - \varphi\, p_0 \tag{11.15}$$

innere Scheibe

$$p_{i,ges} = \Delta p - p_i = p_a\delta_i(1-\varphi) - p_i(\delta_i + \varphi\delta_a) + \varphi\, p_0 \tag{11.16}$$

11.2.4 Übersicht der Berechnung nach TRLV bzw. DIN 18008

Als Hilfestellung für die Berechnung von Isolierglasscheiben sind in den TRLV [1] das Vorgehen sowie die wichtigsten Gleichungen als Anhang angegeben. Im Wesentlichen unverändert (auch Gleichungsnummern und Tabellenbezeichnung stimmen überein) findet sich dies auch wieder in DIN 18008, nunmehr verteilt in Teil 2 [4, 5] Anhang A (Näherungsverfahren zur Ermittlung von Klimalasten und zur Verteilung von Einwirkungen) und Teil 1 [3] Tabelle 4 (Berücksichtigung besonderer Temperaturbedingungen am Einbauort) sowie Anhang A (Erläuterungen zu den Mindestwerten für klimatische Einwirkungen).

Im Folgenden wird Anhang A und Anhang B aus [1] wiedergegeben.

Anhang A: Berechnungsverfahren für Isolierglas

Für Isolierverglasungen mit allseitig gelagerten rechteckigen Glasscheiben können der Lastabtragungsanteil der äußeren und inneren Scheibe und die Einwirkungen infolge klimatischer Veränderungen bei kleinen Deformationen wie folgt berücksichtigt werden:

– Berechnung der Anteile δ_a und δ_i der Einzelscheiben an der Gesamtbiegesteifigkeit

$$\delta_a = \frac{d_a^3}{d_a^3 + d_i^3} \tag{A1}$$

$$\delta_i = \frac{d_i^3}{d_a^3 + d_i^3} = 1 - \delta_a \tag{A2}$$

11.2 Beanspruchung und rechnerische Erfassung von 2-Scheiben-Isolierglas

- Berechnung der charakteristischen Kantenlänge a^*

$$a^* = 28{,}9 \sqrt[4]{\frac{d_{SZR}\, d_a^3\, d_i^3}{\left(d_a^3 + d_i^3\right) B_V}} \tag{A3}$$

Der Beiwert B_v ist in Abhängigkeit vom Seitenverhältnis a/b in Tabelle A1 angegeben.

Werte für a^* sind für gebräuchliche Isolierglasaufbauten in Abhängigkeit vom Seitenverhältnis a/b in Tabelle A3 zusammengestellt.

- Berechnung des Faktors φ

$$\varphi = \frac{1}{1 + \left(a/a^*\right)^4} \tag{A4}$$

- Ermittlung des isochoren Druckes p_0

Der isochore Druck p_0 im Scheibenzwischenraum (Druck bei gleichbleibendem Volumen) ergibt sich wie folgt aus den klimatischen Veränderungen:

$$p_0 = c_1 \cdot \Delta T - \Delta p_{met} + c_2 \cdot \Delta H \tag{A5}$$

mit $c_1 = 0{,}34$ kPa/K
und $c_2 = 0{,}012$ kPa/m

- Verteilung der Einwirkungen

Die Verteilung der Einwirkungen und der Wirkung des isochoren Druckes auf die äußere und innere Scheibe kann entsprechend den Angaben von Tabelle A2 erfolgen.

In den Gleichungen A1 bis A5 ist
a kleinere Kantenlänge der Isolierverglasung in mm
b größere Kantenlänge der Isolierverglasung in mm
d_{SZR} Abstand zwischen den Scheiben (Scheibenzwischenraum) in mm
d_a Dicke der äußeren Scheibe in mm
d_i Dicke der inneren Scheibe in mm

Anmerkung: Bei VSG- und VG mit den Einzelscheiben (1, 2 ...) ist als Glasdicke die Ersatzdicke d^* wie folgt zu berücksichtigen:

- *voller Verbund:* $d^* = d_1 + d_2 + ...$

- *ohne Verbund:* $d^* = \sqrt[3]{d_1^3 + d_2^3 + ...}$

Tabelle A1 Beiwert B_v (*)

a/b	1,0	0,9	0,8	0,7	0,6	0,5	0,4	0,3	0,2	0,1
B_V	0,0194	0,0237	0,0288	0,0350	0,0421	0,0501	0,0587	0,0676	0,0767	0,0857

* Die Werte wurden auf der Basis der Kirchhoff'schen Plattentheorie für µ = 0,23 berechnet, Zwischenwerte können linear interpoliert werden.

Tabelle A2 Verteilung der Einwirkungen*

Lastangriff auf	Einwirkung	Lastanteil auf äußere Scheibe	Lastanteil auf innere Scheibe
äußere Scheibe	Wind w_a	$(\delta_a + \varphi\, \delta_i) \cdot w_a$	$(1 - \varphi)\delta_i \cdot w_a$
	Schnee s	$(\delta_a + \varphi\, \delta_i) \cdot s$	$(1 - \varphi)\delta_i \cdot s$
innere Scheibe	Wind w_i	$(1 - \varphi)\delta_a \cdot w_i$	$(\varphi\, \delta_a + \delta_i) \cdot w_i$
beide Scheiben	Isochorer Druck p_0	$-\varphi \cdot p_0$	$+\varphi \cdot p_0$

* Vorzeichenregelung siehe Anhang B

Tabelle A3 Anteil der Einzelscheiben an der Gesamtsteifigkeit eines Zweischeiben-Isolierglases und charakteristische Kantenlänge a* in mm für den Scheibenabstand d_{SZR} = 10; 12; 14 und 16 mm und für ein Seitenverhältnis von a/b = 0,33; 0,50; 0,67 und 1,0

d_{SZR} in mm	Glasdicke in mm		Steifigkeitsanteil		a* in mm			
	d_i	d_a	δ_i	δ_a	a/b = 0,33	a/b = 0,50	a/b = 0,67	a/b = 1,00
10	4	4	50 %	50 %	243	259	279	328
	4	6	23 %	77 %	270	288	311	365
	4	8	11 %	89 %	280	299	322	379
	4	10	6 %	94 %	284	303	326	384
	6	6	50 %	50 %	329	351	378	444
	6	8	30 %	70 %	358	382	411	484
	6	10	18 %	82 %	373	397	428	503
	8	8	50 %	50 %	408	435	469	551
	8	10	34 %	66 %	438	466	503	591
	10	10	50 %	50 %	483	514	554	652
12	4	4	50 %	50 %	254	271	292	343
	4	6	23 %	77 %	283	302	325	382
	4	8	11 %	89 %	293	313	337	396
	4	10	6 %	94 %	297	317	341	402
	6	6	50 %	50 %	344	367	395	465
	6	8	30 %	70 %	375	400	430	507
	6	10	18 %	82 %	390	415	448	527
	8	8	50 %	50 %	427	455	490	577
	8	10	34 %	66 %	458	488	526	619
	10	10	50 %	50 %	505	538	580	682
14	4	4	50 %	50 %	264	281	303	357
	4	6	23 %	77 %	294	314	338	397
	4	8	11 %	89 %	305	325	350	412
	4	10	6 %	94 %	309	329	355	418
	6	6	50 %	50 %	358	381	411	483
	6	8	30 %	70 %	390	415	447	526
	6	10	18 %	82 %	405	432	465	547
	8	8	50 %	50 %	444	473	510	600
	8	10	34 %	66 %	476	507	547	643
	10	10	50 %	50 %	525	559	603	709
16	4	4	50 %	50 %	273	291	313	369
	4	6	23 %	77 %	304	324	349	411
	4	8	11 %	89 %	315	336	362	426
	4	10	6 %	94 %	320	341	367	432
	6	6	50 %	50 %	370	394	425	500
	6	8	30 %	70 %	403	429	463	544
	6	10	18 %	82 %	419	446	481	566
	8	8	50 %	50 %	459	489	527	620
	8	10	34 %	66 %	492	525	565	665
	10	10	50 %	50 %	543	578	623	733

Anhang B: Erläuterungen

B1: Erläuterungen zu den Mindestwerten für klimatische Einwirkungen

Bei der Festlegung der Klimawerte in Tabelle 1 wurde von folgenden Randbedingungen ausgegangen:

- Einwirkungskombination Sommer

  – Einbaubedingungen
  Einstrahlung 800 W/m² unter Einstrahlwinkel 45°;
  Absorption der Scheibe 30 %;
  Lufttemperatur innen und außen 28 °C;
  mittlerer Luftdruck 1010 hPa;
  Wärmeübergangswiderstand innen und außen 0,12 m²K/W;
  resultierende Temperatur im Scheibenzwischenraum ca. +39 °C

  – Produktionsbedingungen
  Herstellung im Winter bei + 19 °C und einem hohen Luftdruck von 1030 hPa

- Einwirkungskombination Winter

  – Einbaubedingungen
  keine Einstrahlung;
  k-Wert des Glases 1,8 W/m²k;
  Lufttemperatur innen 19 °C und außen –10 °C;
  hoher Luftdruck 1030 hPa;
  Wärmeübergangswiderstand innen 0,13 m²K/W und außen 0,04 m²K/W;
  resultierende Temperatur im Scheibenzwischenraum ca. +2 °C

  – Produktionsbedingungen
  Herstellung im Sommer bei + 27 °C und einem niedrigen Luftdruck von 990 hPa

Eventuell vorhandenen besonderen Temperaturbedingungen am Einbauort kann mit den in Tabelle B1 angegebenen zusätzlichen Werten für ΔT und Δp_0 Rechnung getragen werden.

Tabelle B1 Zusätzliche Werte für ΔT und Δp_0 zur Berücksichtigung besonderer Temperaturbedingungen am Einbauort

Einwirkungskombination	Ursache für erhöhte Temperaturdifferenz	ΔT in K	Δp_0 in kN /m²
	Absorption zwischen 30 % und 50 %	+9	+3
	innenliegender Sonnenschutz (ventiliert)	+9	+3
Sommer	Absorption größer 50 %	+18	+6
	innenliegender Sonnenschutz (nicht ventiliert)	+18	+6
	dahinterliegende Wärmedämmung (Paneel)	+35	+2
Winter	unbeheiztes Gebäude	−12	−4

B2: Erläuterungen zur Vorzeichenregelung

Das positive Vorzeichen wird in Richtung der „Hauptlast" gewählt, z. B. bei einer Vertikalverglasung in Richtung des Winddrucks auf die äußere Scheibe (siehe Bild B2). Der Richtungspfeil zeigt damit von „außen" nach „innen". Diese Regelung bleibt auch erhalten, wenn andere Lasten dominieren, z. B. Windsog oder bei Isolierglas der Innendruck.

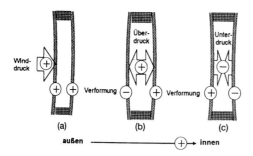

(a) Winddruck auf die äußere Scheibe positiv, damit auch die Durchbiegung nach „innen" positiv.

(b) Überdruck im Scheibenzwischenraum (positiv) bewirkt Ausbauchung der Innenscheibe nach innen (positiv) und Ausbauchung der Außenscheibe nach außen (negativ).

(c) Bei Unterdruck im Scheibenzwischenraum ergeben sich die Vorzeichen entsprechend.

Bild B2 Vorzeichen der Einwirkungen und Vorzeichen der Verformung bei einer Vertikalverglasung (dargestellt ist der verformte Zustand)

11.2.5 Beispiel und Diskussion

Unter Verwendung der in [1], Tabelle 1, angegebenen Rechenwerte für die klimatischen Einwirkungen ergibt sich ein isochorer Druck von $p_0 = 16$ kPa. Diese zunächst wirkende Beanspruchung wird durch die Nachgiebigkeit der einzelnen Glasscheiben (die hinsichtlich ihrer Tragwirkung besser als Glasplatten zu bezeichnen wären) und die damit verbundene Änderung des Volumens entsprechend dem Isolierglasfaktor φ abgebaut. Um einen Eindruck über die Auswirkungen unterschiedlicher Parameter zu erhalten, sind in Bild 11.4 für ein konstantes Seitenverhältnis $a/b = 1$ und unterschiedliche Glasaufbauten die Klimalast $\varphi \cdot p_0$ sowie die maximale Spannung in den Glasscheiben des Isolierglaselementes als Funktion der Seitenlänge a aufgetragen.

Ein Vergleich der Aufbauten 4/16/4 und 4/12/4 zeigt deutlich, dass mit einer Reduktion des Scheibenzwischenraumes symmetrischer Isoliergläser die Klimalasten sowie die daraus resultierenden Spannungen ebenfalls sinken.

Die Vergrößerung der Dicke *einer* Glasscheibe bei konstantem Scheibenzwischenraum, z. B. 4/16/4 auf 4/16/6 oder 4/12/4 auf 4/12/6, bewirkt ein steiferes Verhalten und somit größere Klimabeanspruchungen. Aus diesen resultieren bei linearer Berechnung größere Spannungen in der konstant gebliebenen dünneren Scheibe, d. h. bei Vergrößerung einer Glasdicke ergeben sich infolge klimatischer Wirkungen größere Spannungen.

Differenziertere Betrachtungen sind erforderlich bei Veränderung beider Glasdicken, z. B. von 4/16/4 (mit $a^* = 369$ mm) auf 6/16/6 ($a^* = 500$ mm). Die Klimalasten der 6/16/6-Isolierglasscheibe sind erwartungsgemäß wegen der größeren Steifigkeit entsprechend größer. Der maximale Wert der Spannungen in den Isolierglasscheiben ist für 4/16/4 größer als für 6/16/6, er tritt jeweils bei a* auf. Ab einer Länge von ca. 520 mm werden dann die Spannungen des 6/16/6 Isolierglaselementes größer als die des weicheren 4/16/4.

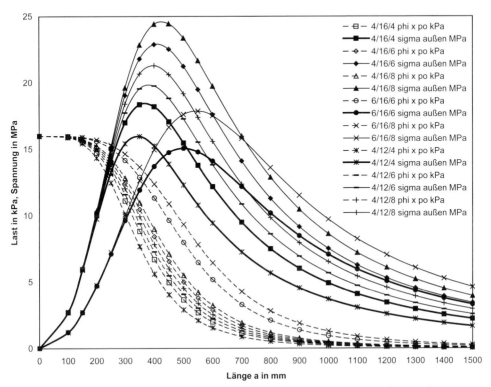

Bild 11.4 φ · 16 kPa (Klimalast) und maximale Spannung (lineare Berechnung) in MPa für unterschiedliche Isolierglasaufbauten bei konstantem Seitenverhältnis a/b = 1,0

Die Auswirkung der Variation einer Kantenlänge bei Isolierglaselementen mit einer festen Abmessung von 500 mm (——) und 1000 mm (- - -) ist in Bild 11.5 dargestellt. Qualitativ gelten dieselben Aussagen wie zuvor; zu beachten ist, dass a als die kleinere Seitenlänge und Eingangswert für die Berechnung von φ nur bis 500 mm bzw. 1000 mm variabel ist.

Bei praktischen Bauaufgaben kommen zur Belastung aus klimatischen Effekten in der Regel äußere Beanspruchungen wie Wind oder Schnee hinzu, die abhängig vom Steifigkeitsverhältnis auch auf die nicht unmittelbar belastete Scheibe einwirken. Somit sind bei Beachtung der unterschiedlichen Szenarien (Winter und Sommer) und gegebenenfalls noch von Grenzfällen des Verbundes eventuell verarbeiteter Verbundgläser Aussagen zur Auswirkung einer Modifikation des Glasaufbaus nicht einfach möglich. Anders als bei den klassischen Bemessungsaufgaben mit Holz oder Stahl bewirkt eine Vergrößerung der Bauteildicke nicht unbedingt eine Reduzierung der Ausnutzung.

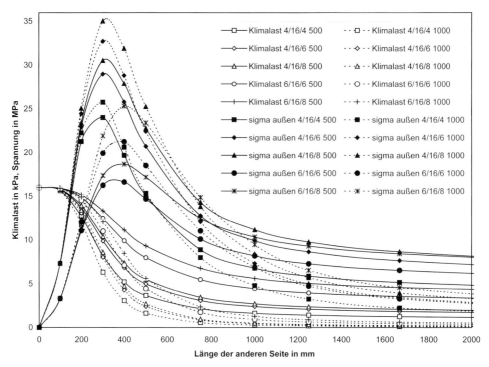

Bild 11.5 Maximale Spannung in MPa für verschiedene Isolierglasaufbauten bei einer konstanten (500 oder 1000 mm) und einer variablen Kantenlänge

Bei Vorliegen anderer geometrischer Formen als in Abschnitt 11.2.2 dargestellt oder punktförmig gelagerter Isolierglaselemente gestaltet sich die Berechnung durch die erforderliche Ermittlung entsprechender Einheitsvolumina zum Teil erheblich aufwendiger, wenn nicht Abschätzungen auf der sicheren Seite (wie z. B. Klimalast an kleinerer, rechteckiger Geometrie ermitteln und auf das System mit realen Abmessungen ansetzen) möglich sind.

11.3 Beanspruchung und rechnerische Erfassung von Mehrscheiben-Isolierglas

11.3.1 Allgemeines

Ist die Isolierverglasung aus mehr als 2 Scheiben und dementsprechend mit mehr als einem SZR aufgebaut, stellt sich die rechnerische Abbildung etwas aufwendiger dar. Eine geschlossene Lösung lässt sich für einige Sonderfälle noch angeben – wobei diese mit der Zahl der Glasscheiben oder anderer Variablen naturgemäß zunehmend unübersichtlich bzw. unhandlich werden. Im Folgenden wird zunächst eine rechnerische Erfassung für den allgemeinen Fall des durch unterschiedliche Einwirkungen beanspruchten n-Scheiben-Isolierglases dargestellt und anschließend angewendet für einige Sonderfälle wie das aus dem letzten Abschnitt bereits bekannte 2-Scheiben-Isolierglas oder das aufgrund der entsprechenden energetischen Anforderungen zunehmend eingesetzte 3-Scheiben-Isolierglas. Für weitergehende Herleitungen oder Details wird auf [170] und [172] verwiesen.

11.3.2 Die Drücke in den SZR

Für die Aufstellung der Bestimmungsgleichung der Drücke in den (n − 1) einzelnen Scheibenzwischenräumen gelten die in Bild 11.6 angegebenen Bezeichnungen. Zwischen den Scheiben i und i + 1 ist der Scheibenzwischenraum i angeordnet, der am Einbauort jeweils den Druck p_i, das Volumen V_i, und die Temperatur T_i aufweist. Zusätzlich wirken auf die einzelnen Scheiben i externe Flächenlasten (z. B. Eigengewicht, Schnee, Wind) $p_{e,i}$, Streckenlasten (z. B. Holmlasten) q_i oder Einzellasten F_i. Dabei ist die Nummerierung von außen (i = 0 Außenraum, i = 1 Außenscheibe) nach innen (i = n Innenscheibe bzw. Innenraum) aufsteigend, ebenso ist die positive Definition der Lasten von außen nach innen. Bedingungen zum Produktionszeitpunkt sind weiterhin mit „pr" indiziert, Luftdruck von Außenraum und Innenraum am Einbauort sind $p_0 = p_n = p_L$.

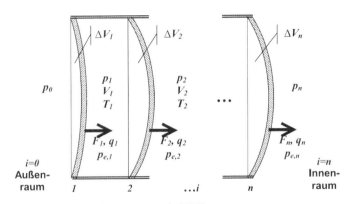

Bild 11.6 Bezeichnungen nach [170]

Das Volumen des Scheibenzwischenraumes i ergibt sich mit den Bezeichnungen in Bild 11.6 zu

$$V_i = V_{pr,i} - \Delta V_i + \Delta V_{i+1} \tag{11.17}$$

Wird von kleinen Verformungen und damit einem linearen Zusammenhang zwischen Einwirkungen und Verformungen ausgegangen, so lässt sich die Änderung des Volumens infolge der unterschiedlichen Einwirkungen vereinfacht allgemein darstellen:

$$\begin{aligned}\Delta V_p &= v_p\, p \quad \text{für Flächenlast}\\ \Delta V_q &= v_q\, q \quad \text{für Streckenlast}\\ \Delta V_F &= v_F\, F \quad \text{für Einzellast}\end{aligned} \tag{11.18}$$

Die Werte für v_p, v_q und v_F lassen sich bei einfacher Geometrie und – im Fall von Strecken- oder Einzellast – Lastposition analytisch ermitteln, im allgemeinen Fall ist eine Ermittlung mit Hilfe einer FE-Berechnung sinnvoll; für Flächenlast auf Rechteck, Kreis oder besonderen Dreiecken liefert Gl. (11.3) Werte für v_p.

Damit lässt sich das Volumen im Scheibenzwischenraum i darstellen in der Form

$$V_i = V_{pr,i} - v_{p,i}\, p_{i-1} + (v_{p,i} + v_{p,i+1})\, p_i - v_{p,i+1}\, p_{i+1} - \Delta V_{ex,i}$$
$$V_i = V_{pr,i} - v_{p,i}\, p_{i-1} + v_{p,i}\, p_i + v_{p,i+1}\, p_i - v_{p,i+1}\, p_{i+1} - \Delta V_{ex,i} \tag{11.19}$$

wobei sich die Änderung des Volumens infolge der äußeren Einwirkungen $\Delta V_{ex,i}$ aus folgenden einzelnen Beiträgen zusammensetzt

$$\Delta V_{ex,i} = (v_{p,i}\, p_{e,i} + v_{q,i}\, q_i + v_{F,i}\, F_i) - (v_{p,i+1}\, p_{e,i+1} + v_{q,i+1}\, q_{i+1} + v_{F,i+1}\, F_{i+1}) \tag{11.20}$$

Für die Bestimmung der unbekannten Drücke p_i in den einzelnen Scheibenzwischenräumen wird – wie oben bei der Bestimmung der Unbekannten Δp von Zweischeibenisolierglas – die Zustandsgleichung für Gase p V / T = *konstant* angewendet. Unter der Annahme gleicher Temperatur und gleichen Drucks in allen Scheibenzwischenräumen während der mit Index „pr" gekennzeichneten Produktion (bzw. während des Verschließens der Scheibenzwischenräume) gilt für jeden Scheibenzwischenraum i:

$$\frac{p_i \cdot V_i}{T_i} = \frac{p_{pr} \cdot V_{pr,i}}{T_{pr}} \quad \text{mit } i = 1, 2 \ldots n - 1 \tag{11.21}$$

Durch Einsetzen von Gl. (11.19) in (11.21) ergibt sich ein System von (n − 1) gekoppelten quadratischen Gleichungen zur Bestimmung der gesuchten Drücke p_i:

$$p_i (V_{pr,i} - v_{p,i}\, p_{i-1} + (v_{p,i} + v_{p,i+1})\, p_i - v_{p,i+1}\, p_{i+1} - \Delta V_{ex,i}) - p_{pr}\, V_{pr,i}\, T_i/T_{pr} = 0 \tag{11.22}$$

mit $i = 1, 2 \ldots n - 1$ und $p_0 = p_n = p_L$

Durch Lösen dieses Gleichungssystems per Handrechnung oder mittels geeigneter Software lassen sich die unbekannten Drücke p_i (wobei $i = 1, 2 \ldots n - 1$) bestimmen und daraus die Beanspruchungen der einzelnen Scheiben berechnen.

11.3.3 Einführung dimensionsloser Variablen und vereinfachte Lösung

11.3.3.1 Abkürzungen und Linearisierung

Von primärem Interesse für die spätere Bemessung sind Druckunterschiede bzw. Änderungen der Drücke und nicht deren absolute Werte. Auch um später zu einer einfacheren Darstellung zu gelangen, werden statt der Drücke p_i die Druckunterschiede Δp_i in den einzelnen Scheibenzwischenräumen i als Über- bzw. Unterdruck gegenüber dem Umgebungsdruck p_L definiert und eingeführt:

11.3 Beanspruchung und rechnerische Erfassung von Mehrscheiben-Isolierglas

$$\Delta p_i = p_i - p_L \quad \text{und damit} \quad p_i = \Delta p_i + p_L \tag{11.23}$$

Eine größere Übersichtlichkeit wird durch Einführung von dimensionslosen Größen erreicht. In Gl. (11.22) wird der längere Klammerterm jeweils durch volumenadäquate Summanden gebildet, so dass eine Division durch ein Volumen – hier sinnvoll $V_{pr,i}$ – nahe liegt.

Eine weitere Vereinfachung der Schreibweise ergibt sich durch Definition von α_i und α_i^+ als relative Änderung von Volumen, die im Wesentlichen von den Steifigkeiten der einzelnen den SZR i bildenden Scheiben i und i+1 abhängt, vgl. auch Gl. (11.2) zur Definition der absoluten Volumenänderung und Gl. (11.3) zur Definition von $v_{p,i}$.

$$\alpha_i = v_{p,i}\, p_L / V_{pr,i} > 0 \qquad \alpha_i^+ = v_{p,i+1}\, p_L / V_{pr,i} > 0 \tag{11.24}$$

Es ist unmittelbar zu erkennen, dass bei Mehrscheiben-Isolierverglasungselementen mit gleichen Dicken auch die einzelnen α_i und α_i^+ gleich sind.

Wie bei Gleichungen in der Statik üblich werden die Belastungsglieder – hier alle Anteile ohne Δp_{i-1}, Δp_i und Δp_{i+1} – abgespalten und auf die rechte Seite gebracht.

Wegen $\Delta p/p_L \ll 1$ sind die Beiträge der Form $\Delta p\, \Delta p\, v/V$ jeweils vernachlässigbar gegenüber Anteilen der Form $\Delta p\, p_L\, v/V$, wie auch auf der Belastungsseite $\Delta p_i\, \Delta V_{ex,i}/V_{pr,i}$ gegenüber $p_L\, \Delta V_{ex,i}/V_{pr,i}$ vernachlässigbar ist.

Auf der rechten Belastungsseite werden zum Erreichen analoger, vereinfachter Schreibweise einzelne Anteile zu Belastungsgliedern zusammengefasst. Es wird definiert die isochore Druckdifferenz aus äußeren Einwirkungen, häufig auch als „externe isochore Last" bezeichnet:

$$\Delta p_{ex,i} = p_L\, \Delta V_{ex,i} / V_{pr,i} \tag{11.25}$$

und die isochore Druckdifferenz infolge klimatischer Änderungen, häufig auch kurz „isochore Klimalast" oder nur als „Klimalast" bezeichnet:

$$\Delta p_{C,i} = p_{pr}\, T_i / T_{pr} - p_L \tag{11.26}$$

Durch Einführung einer vereinfacht abgeschätzten linearen Beziehung zur Berücksichtigung des Zusammenhangs von meteorologischem Luftdruck und geodätischer Höhe in der Form $p(H) = p_{met} - c_H\, H$ mit $c_H = 0{,}012$ kPa/m sowie mathematischer Umstellung der Gleichung lässt sich Gl. (11-26) in alternativer Schreibweise darstellen:

$$\Delta p_{C,i} = c_H (H_i - H_{pr}) + (p_{met,pr} - p_{met,i}) + (p_{met,i} - c_H H_{pr}) / T_{pr} (T_i - T_{pr}) \tag{11.27}$$

Die Abschätzung jeweils ungünstiger Bedingungen für eine mögliche Produktion im Sommer oder Winter und Mittelung der Werte erlaubt den Term $(p_{met,i} - c_H H_{pr}) / T_{pr}$ bei einem Fehler von unter 10 % konstant anzusetzen als $c_T = 0{,}34$ kPa/K und obige Gl. (11.27) vereinfacht sich zu der beispielsweise aus [1] (A5) bekannten Schreibweise zu

$$\Delta p_{C,i} = c_H (H_i - H_{pr}) + (p_{met,pr} - p_{met,i}) + c_T (T_i - T_{pr}) \tag{11.28}$$

Damit sind in der Gleichung für die isochore Klimalast die Anteile aus Ortshöhendifferenz, meteorologischen Luftdruckänderungen und Temperaturdifferenzen getrennt. Die Temperaturdifferenzen für die einzelnen Scheibenzwischenräume hängen dabei auch von den Eigenschaften der einzelnen Scheiben des Mehrscheiben-Isolierglases ab, insbesondere Beschichtungen und damit verbunden beispielsweise mögliches Aufheizen durch Absorption kann Temperaturen über denen der umgebenden Luft zur Folge haben.

Wie schon in Abschnitt 11.2.3 kann auch im allgemeinen Fall der Isolierglas-Faktor φ_i definiert werden:

$$\varphi_i = 1 / (1 + \alpha_i + \alpha_i^+) \tag{11.29}$$

Somit stellt sich Gl. (11.22) schließlich in vereinfachter Schreibweise dar:

$$-\alpha_i \Delta p_{i-1} + (1 + \alpha_i + \alpha_i^+) \Delta p_i - \alpha_i^+ \Delta p_{i+1} = \Delta p_{ex,i} + \Delta p_{C,i}$$
bzw.
$$-\varphi_i \alpha_i \Delta p_{i-1} + \Delta p_i - \varphi_i \alpha_i^+ \Delta p_{i+1} = \varphi_i (\Delta p_{ex,i} + \Delta p_{C,i}) \tag{11.30}$$

mit i = 1,2…n − 1 und $\Delta p_0 = \Delta p_n = 0$

Im Folgenden werden für drei Sonderfälle die Lösungen kurz dargestellt, Zahlenbeispiele zur weiteren Erläuterung finden sich in Teil III.

11.3.3.2 Lösung für 2-fach-Isolierverglasung und Gesamtbelastung der einzelnen Scheiben

Im Fall von Zwei-Scheiben-Isolierverglasung (d. h. n = 2) reduziert sich das Gleichungssystem (11.30) wegen i = 1 und $\Delta p_0 = \Delta p_2 = 0$ auf *eine* überschaubare Gleichung:

$$(1 + \alpha_1 + \alpha_1^+) \Delta p_1 = \Delta p_{ex,1} + \Delta p_{C,1}$$
bzw.
$$\Delta p_1 = \varphi_1 (\Delta p_{ex,1} + \Delta p_{C,1}) \tag{11.31}$$

Für eine etwas übersichtlichere Darstellung könnte auch auf den Index 1 verzichtet werden. Zur Bestimmung des Druckunterschiedes $\Delta p_1 = \Delta p$ im SZR als Über- bzw. Unterdruck gegenüber dem Umgebungsluftdruck $p_L = 100$ kPa sind zur Bestimmung von α_1 und α_1^+ bzw. φ_1 die Gl. (11.24) bzw. (11.29) sowie für die externe isochore Last $\Delta p_{ex,1}$ Gl. (11.25) unter Berücksichtigung von (11.20) sowie für die isochore Klimalast $\Delta p_{C,1}$ (11.28) heranzuziehen.

Als resultierende Belastung der einzelnen Scheiben i (mit i = 1…2) ist neben der jeweiligen externen Flächenlast $p_{e,i}$, Linienlast q_i und Einzellast F_i jeweils zusätzlich das ermittelte Δp anzusetzen. Bedingt durch die unterschiedlichen Volumenkoeffizienten der einzelnen Lastbilder müssen im Fall von Handrechnung Linien- und Einzellasten getrennt erfasst und anschließend superponiert werden. In dem Fall, dass nur externe Flächenlasten $p_{e,1}$ und $p_{e,2}$ einwirken, kann für beide Glasscheiben eine quasi resultierende Flächenlast angegeben werden:

$$p_{res,1} = p_{e,1} - \Delta p = -\varphi\, \Delta p_C + (1 - \varphi\, \alpha)\, p_{e,1} + \varphi\, \alpha^+\, p_{e,2}$$
$$p_{res,2} = \Delta p + p_{e,2} = \varphi\, \Delta p_C + \varphi\, \alpha\, p_{e,1} + (1 - \varphi\, \alpha^+)\, p_{e,2} \tag{11.32}$$

Aus den beiden Gleichungen ist unmittelbar die Besonderheit bei der Berechnung von Mehrscheiben-Isolierverglasung abzulesen: neben der um den Isolierglas-Faktor φ reduzierten isochoren Klimalast sorgt der „Kisseneffekt" beispielsweise dafür, dass Scheibe 1 einen $\varphi\, \alpha$ großen Anteil der „eigenen" Belastung $p_{e,1}$ auf Scheibe 2 „abgibt" und dabei gleichzeitig einen $\varphi\, \alpha^+$ großen Anteil der auf Scheibe 2 einwirkenden Belastung $p_{e,2}$ übernimmt.

11.3.3.3 Lösung für 3-fach-Isolierverglasung und relative Aufteilung der Belastung auf die einzelnen Scheiben

Für den Fall der Drei-Scheiben-Isolierverglasung ($n = 3$) ergeben sich für das Gleichungssystem (11.30) wegen $i = 1\ldots 2$ sowie $\Delta p_0 = \Delta p_3 = 0$ folgende zwei Gleichungen:

$$\Delta p_1 - \varphi_1\, \alpha_1^+\, \Delta p_2 = \varphi_1\, (\Delta p_{ex,1} + \Delta p_{C,1})$$
$$-\varphi_2\, \alpha_2\, \Delta p_1 + \Delta p_2 = \varphi_2\, (\Delta p_{ex,2} + \Delta p_{C,2}) \tag{11.33}$$

oder übersichtlicher in Matrizenschreibweise:

$$\begin{pmatrix} 1 & -\varphi_1\, \alpha_1^+ \\ -\varphi_2\, \alpha_2 & 1 \end{pmatrix} \begin{pmatrix} \Delta p_1 \\ \Delta p_2 \end{pmatrix} = \begin{pmatrix} \varphi_1\, (\Delta p_{ex,1} + \Delta p_{C1}) \\ \varphi_2\, (\Delta p_{ex,2} + \Delta p_{C2}) \end{pmatrix} \tag{11.34}$$

Die Lösung für die Druckdifferenzen in den SZR ergeben sich unmittelbar zu

$$\Delta p_1 = \frac{\varphi_1\, (\Delta p_{ex,1} + \Delta p_{C1}) + \varphi_2\, (\Delta p_{ex,2} + \Delta p_{C2})\, \varphi_1\, \alpha_1^+}{1 - \varphi_1\, \alpha_1^+\, \varphi_2\, \alpha_2}$$
$$\Delta p_2 = \frac{\varphi_2\, (\Delta p_{ex,2} + \Delta p_{C2}) + \varphi_2\, \alpha_2\, \varphi_1\, (\Delta p_{ex,1} + \Delta p_{C1})}{1 - \varphi_1\, \alpha_1^+\, \varphi_2\, \alpha_2} \tag{11.35}$$

Für die einzelnen Anteile gelten die Verweise wie bei der Lösung für Zwei-Scheiben-Isolierverglasung weiterhin. Zusätzlich wird folgende neue Abkürzung eingeführt:

$$\Phi = \frac{1}{\left(1 + \alpha_1 + \alpha_1^+\right)\left(1 + \alpha_2 + \alpha_2^+\right) - \alpha_1^+\, \alpha_2} \tag{11.36}$$

Die sich daraus ergebenden Ausdrücke für die resultierenden Flächenlasten der einzelnen Scheiben sind jedoch in allgemeiner Schreibweise (leider) sehr unübersichtlich; für den Fall, dass nur auf Scheibe 1 eine Flächenlast einwirkt, findet sich eine Darstellung in [170]. Übersichtlicher ist die Zusammenstellung der relativen Aufteilung der einzelnen Einwirkungen auf die einzelnen Glasscheiben in Tabelle 11.2.

Tabelle 11.2 Relative Aufteilung der Einwirkungen auf die einzelnen Glasscheiben von Drei-Scheiben-Isolierverglasung, nach [172]

Einwirkung	Lastanteil in % für			Summe
	Außenscheibe	Mittelscheibe	Innenscheibe	
$p_{e,1}$	$\Phi\,[(1+\alpha_1^+)(1+\alpha_2^+)+\alpha_2]$	$\Phi\,\alpha_1\,(1+\alpha_2^+)$	$\Phi\,\alpha\alpha_1\,\alpha_2$	1
$p_{e,3}$	$\Phi\,\alpha_1^+\,\alpha_2^+$	$\Phi\,\alpha_2^+\,(1+\alpha_1)$	$\Phi\,[(1+\alpha_1)(1+\alpha_2)+\alpha_1^+]$	1
$\Delta p_{C,1}$	$-\Phi\,(1+\alpha_2+\alpha_2^+)$	$\Phi\,(1+\alpha_2^+)$	$\Phi\,\alpha_2$	0
$\Delta p_{C,2}$	$-\Phi\,\alpha_1^+$	$-\Phi\,(1+\alpha_1)$	$\Phi\,(1+\alpha_1+\alpha_1^+)$	0

11.3.3.4 Lösung für symmetrische 3-fach-Isolierverglasung und relative Aufteilung der Belastung auf die einzelnen Scheiben

Symmetrisch aufgebaute Drei-Scheiben-Isolierverglasung besteht aus drei Scheiben gleicher Dicke ($d_1 = d_2 = d_3 = d$) mit zwei identischen Scheibenzwischenräumen ($s_1 = s_2 = s$). Somit folgt:

$$\alpha_1 = \alpha_1^+ = \alpha_2 = \alpha_2^+ = \alpha = \frac{p_L}{E}\frac{a^4}{d^3 s} B_V \quad \text{und} \quad \Phi = \frac{1}{(1+\alpha)(1+3\alpha)}$$

$$\frac{1}{a^{*4}} = \frac{p_L}{E}\frac{1}{d^3 s} B_V \quad \text{und damit} \quad \varphi = \frac{1}{1+\alpha}$$

(11.37)

Im üblichen Fall, dass die anzusetzende Klimalast in den Scheibenzwischenräumen nicht zu unterschiedlich ist, kann $\Delta p_{C,1} = \Delta p_{C,2} = \Delta p_C$ gesetzt werden. Wirkt nur eine Flächenlast auf die äußere Scheibe, so lässt sich wiederum die prozentuale Aufteilung der Flächenlast $p_{e,1}$ und isochoren Klimalast Δp_C in einer Tabelle angeben.

Tabelle 11.3 Relative Aufteilung der Einwirkungen auf die einzelnen Glasscheiben von symmetrischer Drei-Scheiben-Isolierverglasung, nach [172]

Einwirkung	Lastanteil in % für			Summe
	Außenscheibe	Mittelscheibe	Innenscheibe	
$p_{e,1}$	$(1+\varphi-\varphi^2)/(3-2\varphi)$	$(1-\varphi)/(3-2\varphi)$	$(1-\varphi)^2/(3-2\varphi)$	1
Δp_C	$-\varphi$	0	φ	0

Teil II Anwendungen

12 Baurechtliche Situation

12.1 Allgemeines

Das Baurecht stellt auf nationaler Ebene verschiedene Möglichkeiten zur Verfügung um für bauliche Anlagen die erforderlichen Nachweise der Verwendbarkeit zu führen, vgl. Bild 12.1.

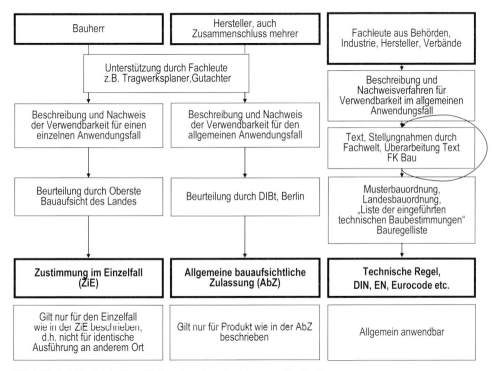

Bild 12.1 Möglichkeiten für Nachweise der Verwendbarkeit

Die oben dargestellten Möglichkeiten unterscheiden sich hinsichtlich Kosten- und Zeitaufwand: mit zunehmender Verallgemeinerung wächst der Aufwand für eine eindeutige Beschreibung und die Nachweise der Verwendbarkeit, im einzelnen Anwendungsfall kann es jedoch mit einer erheblichen Reduktion des Aufwandes verbunden sein. Bei einer *Zustimmung im Einzelfall* (ZiE) trägt der Bauherr das gesamte Risiko hinsichtlich Kosten und Terminplanung. Im Fall einer vorhandenen *allgemeinen bauaufsichtlichen Zulassung* (abZ) hat beispielsweise ein Hersteller (oder auch ein Verband) bereits die Verwendbarkeit nachgewiesen, der Bauherr hat sich lediglich an die Regelungen der abZ zu halten.

Bei Vorliegen eines genügend großen Erfahrungsschatzes werden im Zusammenwirken von Wissenschaft, Praxis, Bauaufsicht und Industrie Technische Regeln und Normen erarbeitet und schließlich eingeführt. Innerhalb deren Anwendungsgebiet ist dann Entwurf und Bemessung von baulichen Anlagen einfach möglich.

Seit Einführung der „*Richtlinie des Rates vom 21.12.1988 zur Angleichung der Rechts- und Verwaltungsvorschriften der Mitgliedsstaaten über Bauprodukte (89/106/EWG)*" [178], sind für viele Bauprodukte europäische harmonisierte Anforderungen zu erfüllen. Die Auswirkungen für eine – baurechtlich – einwandfreie Planung und Nachweisführung werden im Folgenden dargestellt.

12.2 Harmonisierung technischer Regelungen

12.2.1 Bauproduktenrichtlinie (BPR) und Bauproduktengesetz (BauPG)

Als eine Voraussetzung zur Schaffung eines gemeinsamen europäischen Binnenmarktes dient die „*Richtlinie des Rates vom 21.12.1988 zur Angleichung der Rechts- und Verwaltungsvorschriften der Mitgliedsstaaten über Bauprodukte (89/106/EWG)*", kurz *Bauproduktenrichtlinie* (BPR) [178], für die Harmonisierung technischer Regeln im Baubereich.

Nach der BPR müssen Bauprodukte brauchbar sein; von der Brauchbarkeit ist auszugehen, wenn die folgenden sechs „wesentlichen Anforderungen" von baulichen Anlagen, die mit den Bauprodukten errichtet werden, erfüllt werden können (entsprechend den Leitlinien wird entschieden, welche der Anforderungen relevant sind) [179]:

- Mechanische Festigkeit und Standsicherheit,
- Brandschutz,
- Hygiene, Gesundheit und Umweltschutz,
- Nutzungssicherheit,
- Schallschutz,
- Energieeinsparung und Wärmeschutz.

In den sogenannten *Grundlagendokumenten* werden die Voraussetzungen und Bedingungen für Bauprodukte, die Verfahrensregeln für den Nachweis der Brauchbarkeit, die Rolle technischer Regeln und das Verfahren zur Konkretisierung der wesentlichen Anforderungen geregelt. Zur Konkretisierung der rechtlichen Anforderungen stellt die BPR auf harmonisierte technische Spezifikationen, d. h. europäische Normen (EN) und *europäische technische Zulassungen* (European Technical Approval ETA) ab. Die Konformität der Produkte mit harmonisierten Normen oder Zulassungen wird durch ein CE-Zeichen dokumentiert. Hierzu ist ein vorgeschriebenes Konformitätsbescheinigungsverfahren auf Basis werkseigener Produktionskontrolle durch den Hersteller und ggf. weiterer externer Prüfungen und Überwachungen durch unabhängig qualifizierte Stellen durchzuführen.

Nach Anhang III der Bauproduktenrichtlinie werden unterschiedlich strenge Verfahren zum Nachweis der Konformität eines Produkts definiert. Welches Verfahren gewählt wird, hängt von der Bedeutung des Produkts für die Gesundheit und Sicherheit, der Art der Beschaffenheit des Produkts, dem Einfluss der Veränderlichkeit der Eigenschaften sowie der Fehleranfälligkeit der Herstellung des Produkts ab. Insgesamt stehen sechs unterschiedliche Systeme zur Verfügung (1+, 1, 2+, 2, 3, 4). Alle Verfahren basieren auf einer werkseigenen Produktionskontrolle des Herstellers, darüber hinaus werden je nach Bedeutung des Produkts in den verschiedenen Verfahren unterschiedlich strenge Kontrollen und Prüfungen von externen Zertifizierungs-, Überwachungs- oder Prüfstellen gefordert. Die Bestätigung der Konformität erfolgt bei System 1+ und 1 durch Konformitätszertifikat einer Zertifizierungsstelle und bei den anderen Systemen durch Konformitätserklärung des Herstellers.

Das CE-Kennzeichen besteht aus dem Namen und Kennzeichen des Herstellers, den Angaben zu Produktmerkmalen entsprechend der harmonisierten Normen oder europäischen technischen Zulassungen, der Jahreszahl der Herstellung und ggf. der Nummer des Konformitätszertifikats.

Die (europäische) *Bauproduktenrichtlinie* (BPR) ist in Deutschland durch das *Bauproduktengesetz* (BauPG) [180] in nationales Recht umgesetzt. Dabei enthält das BauPG alle formalen und materiellen Voraussetzungen für das *Inverkehrbringen* von Bauprodukten und den *freien Warenverkehr* mit Bauprodukten einschließlich der Verfahren des Brauchbarkeitsnachweises, des Konformitätsnachweises und der Konformitätsbescheinigung unter Verwendung des CE-Zeichens. Die Landesbauordnungen regeln die *Verwendung* der Bauprodukte. Dabei ist sichergestellt, dass die Nachweisverfahren nach BauPG (Brauchbarkeit, Konformität) und LBO (Verwendbarkeit, Übereinstimmung) aus Gründen der Kompatibilität beider Systeme weitgehend übereinstimmen.

12.2.2 Bauproduktenverordnung (BauPVO)

Die Bauproduktenrichtlinie sollte die Rechts- und Verwaltungsvorschriften der Mitgliedstaaten angleichen und damit den freien Verkehr von Bauprodukten im Binnenmarkt verbessern. Die Umsetzung der Richtlinie auf nationale Verordnungen der jeweiligen Mitgliedstaaten führte jedoch zu einer Vielzahl unterschiedlicher Auslegungen innerhalb des europäischen Wirtschaftraumes (EWR). Deshalb wird die Bauproduktenrichtlinie zukünftig durch die *Bauproduktenverordnung* (BauPVO) [181] (englisch: Construction Products Regulation CPR) ersetzt werden und für alle Mitgliedstaaten unmittelbar gelten. Sie gilt zwar in Deutschland bereits seit dem 24.04.2011, allerdings treten wesentliche Teile erst ab 1. Juli 2013 in Kraft. Die BauPVO soll die geltenden Rahmenbedingungen präzisieren und Transparenz und Wirksamkeit der bestehenden Maßnahmen verbessern. Ebenso soll das Verfahren vereinfacht und Kosten reduziert werden, insbesondere für kleine und mittelständische Unternehmen [179].

Wesentliche Neuerung ist dabei, dass der Hersteller eine sogenannte Leistungserklärung (LE) abzugeben hat, diese beinhaltet die Leistungsmerkmale von Bauprodukten in Bezug auf die wesentlichen Merkmale gemäß den geltenden Spezifikationen (harmonisierte Normen und Europäische Technische Bewertungen). Mit Erstellung der Leistungserklärung übernimmt der Hersteller die Verantwortung für die Konformität des Bauprodukts mit der erklärten Leistung, nur dann darf die CE-Kennzeichnung erfolgen. Gegenüber der BPR wird es nur noch fünf Systeme der Konformitätsbescheinigung geben (1+, 1, 2+, 3, 4), System 2 wird gestrichen. Ebenso wird neben den sechs wesentlichen Anforderungen an Bauwerke nach der BPR (vgl. Kapitel 12.2.1) zusätzlich die „Nachhaltige Nutzung der natürlichen Ressourcen" gefordert.

Europäische technische Zulassungen (ETA) werden nach der BauPVO zukünftig als *Europäische Technische Bewertungen* (European Technical Assessment ETA) bezeichnet, diese werden auf Grundlage eines sogenannten europäischen Bewertungsdokumentes (European Assessment Document EAD) erteilt. Das EAD wird als harmonisierte Spezifikation bekannt gemacht und ersetzt das bisherige Verfahren, bei dem ETAs mit und ohne Leitlinien (European Technical Assessment Guideline ETAG) erteilt werden können. Bereits vorhandene ETAs behalten jedoch weiterhin ihre Gültigkeit.

Um Verzögerungen zu verhindern, wird entgegen dem bisherigen Verfahren, die Erarbeitungszeit für ein EAD einschließlich dessen Veröffentlichung im Amtsblatt der Europäischen Union auf ungefähr maximal ein Jahr vorgeschrieben.

Durch die im europäischen Wirtschaftsraum eingerichtete Marktüberwachung soll ein fairer Wettbewerb und ein hoher Schutz des öffentlichen Interesses gewährleistet werden. Ziel ist eine Sicherstellung der Umsetzung der Bestimmungen innerhalb des europäischen Binnenraums. Dies sind im Wesentlichen, das Inverkehrbringen von nicht konformen Bauprodukten zu verhindern und unberechtigt mit dem CE-Kennzeichen versehene Bauprodukte vom Markt zu nehmen. Eine aktive Überwachung von Bauprodukten nach harmonisierten Normen oder europäischen technischen Bewertungen in Form von stichpunktartigen Kontrollen soll dies gewährleisten. Die Marktaufsicht erfolgt bundesweit einheitlich und ist in die europäische Koordination eingebunden, bisher erfolgte eine anlassbezogene Aufsicht auf Bundesländerebene. In Deutschland wird das Deutsche Institut für Bautechnik (DIBt) die Koordination übernehmen. Für die formale Überprüfung der Bauprodukte sind die Bundesländer zuständig.

Bauprodukte mit einem Übereinstimmungszeichen (Ü-Zeichen) nach Landesbauordnung unterliegen dagegen nicht der europäischen Marktaufsicht.

12.3 Musterbauordnung (MBO)

Bauordnungsrecht ist Länderrecht, demnach haben alle Bundesländer eine Landesbauordnung (LBO), deren Basis die Musterbauordnung (MBO) [146] darstellt. Ziel der Musterbauordnung ist es, ein einheitliches Bauordnungsrecht zu erzielen. Da die Musterbauordnung kein Gesetz darstellt, können die Landesbauordnungen entsprechende Abweichungen enthalten. Insbesondere sind die Unterschiede bei den Verfahrensregelungen zu erkennen.

Nach der Musterbauordnung sind bauliche Anlagen sowie ihre einzelnen Teile so anzuordnen, zu errichten und instand zu halten, dass die öffentliche Sicherheit und Ordnung, insbesondere Leben und Gesundheit, nicht gefährdet werden.

12.3 Musterbauordnung (MBO)

Zur eindeutigen Beschreibung werden die Begriffe *Bauprodukt* und *Bauart* unterschieden:

– **Bauprodukt**: Baustoffe, Bauteile und Anlagen, die hergestellt werden, um dauerhaft in bauliche Anlagen eingebaut zu werden oder aus Baustoffen und Bauteilen vorgefertigte Anlagen, die hergestellt werden, um mit dem Erdboden verbunden zu werden – z. B. Stahlprofile, Betonstähle, Beton, Fertiggaragen, Silos.

– **Bauart**: das Zusammenfügen von Bauprodukten zu baulichen Anlagen oder Teilen von baulichen Anlagen.

Zwei Beispiele sollen zur Verdeutlichung der Begriffe dienen:
Wird ein fertiges Isolierglasfenster auf die Baustelle geliefert und eingebaut, handelt es sich um ein Bauprodukt.
Wird die Verglasung einer Fassade erst auf der Baustelle mit der entsprechenden Halterung verbunden und eingebaut, die Fassade somit erst auf der Baustelle durch Zusammenfügen der Bauprodukte Glas und Halterung gefertigt, handelt es sich um eine Bauart.

Die Musterbauordnung unterscheidet die Bauprodukte nach Regelung und Kennzeichnung, vgl. Bild 12.2:

– **Geregelte Bauprodukte**: weichen nicht oder nicht wesentlich von den in der Bauregelliste Teil A genannten Regeln ab.

– **Nicht geregelte Bauprodukte**: weichen von technischen Baubestimmungen wesentlich ab oder es gibt keine allgemein anerkannten Regeln der Technik.

– **Bauprodukte mit untergeordneter Sicherheitsrelevanz und sonstige Bauprodukte**: sind Bauprodukte ohne Erfordernis eines Verwendbarkeitsnachweises, die sicherheitstechnisch untergeordnete Bedeutung haben und für die keine technische Regel erforderlich ist.

– **Bauprodukte, die nach BauPG bzw. BauPVO oder europäischen Vorschriften in den Verkehr gebracht und gehandelt werden dürfen.**

Die Verwendbarkeit geregelter Bauprodukte und Bauarten ergibt sich aus der Übereinstimmung mit den bekannt gemachten technischen Regeln, insbesondere der *Bauregelliste* [81] und der *Liste der eingeführten technischen Baubestimmungen* [182]. Für nichtgeregelte Bauprodukte und Bauarten ist eine Übereinstimmung mit einer *allgemeinen bauaufsichtlichen Zulassung* oder einem *allgemeinen bauaufsichtlichen Prüfzeugnis* oder einer *Zustimmung im Einzelfall* erforderlich.

Bauprodukte dürfen verwendet werden, wenn ihre Verwendbarkeit in dem für sie geforderten Übereinstimmungsnachweis bestätigt ist und sie deshalb das Ü-Zeichen tragen. Es werden drei unterschiedlich strenge Verfahren des Übereinstimmungsnachweises eines Bauprodukts definiert. Alle Verfahren basieren auf mindestens einer werkseigenen Produktionskontrolle des Herstellers (Verfahren ÜH). Darüber hinaus werden je nach Bedeutung des Produkts eine Erstprüfung durch eine anerkannte Prüfstelle gefordert (Verfahren ÜHP) oder zusätzlich eine regelmäßige Fremdüberwachung des Bauprodukts mit Übereinstimmungszertifikat einer anerkannten Zertifizierungsstelle (Verfahren ÜZ).

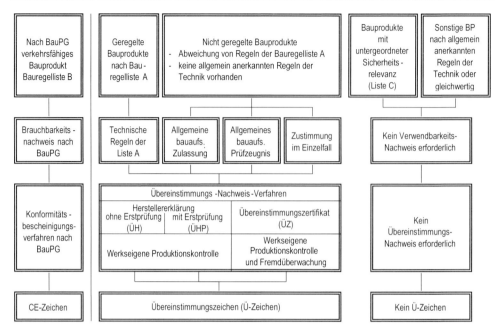

Bild 12.2 Einteilung der Bauprodukte nach Regelung und Kennzeichnung

Das CE-Zeichen ist kein Nachweis der Verwendbarkeit, sondern erlaubt lediglich, dass die Produkte in den Verkehr gebracht bzw. gehandelt werden dürfen. In Deutschland können für besondere Anwendungsfälle in der Bauregelliste A, Teil 1 oder Bauregelliste B, Teil 2 zusätzlich nationale Anforderungen formuliert werden, diese Bauprodukte tragen dann neben dem CE-Kennzeichen zusätzlich ein Ü-Zeichen.

Bauarten bedürfen eines schriftlichen Übereinstimmungsnachweises durch den Hersteller der Bauart, tragen jedoch kein Ü-Zeichen.

12.4 Bauregelliste

12.4.1 Allgemeines

Die Landesbauordnungen schreiben vor, dass die von den obersten Bauaufsichtsbehörden der Länder durch öffentliche Bekanntmachung eingeführten technischen Regeln zu beachten sind. Die technischen Regeln für Bauprodukte und Bauarten werden vom *Deutschen Institut für Bautechnik* (DIBt) in Berlin in den Bauregellisten A, B und C [81] zusammengestellt und im Einvernehmen mit den obersten Bauaufsichtsbehörden bekannt gemacht. Die Bauregellisten A, B und C bestehen aus verschiedenen Teilen mit unterschiedlichen Regelungsbereichen.

Die Bauregelliste A gilt nur für Bauprodukte und Bauarten im Sinne der Begriffsbestimmung der Landesbauordnungen. Die für die Bemessung und Ausführung der baulichen

Anlagen zu beachtenden technischen Regeln, die als Technische Baubestimmungen (vgl. Abschn. 12.5) öffentlich bekannt gemacht sind, bleiben hiervon unberührt.

In der Bauregelliste A Teil 1 werden Bauprodukte, für die es technische Regeln gibt (geregelte Bauprodukte), die Regeln selbst, die erforderlichen Übereinstimmungsnachweise und die bei Abweichung von den technischen Regeln erforderlichen Verwendbarkeitsnachweise bekannt gemacht. Sie sind mit dem Ü-Zeichen gekennzeichnet. (Nicht) harmonisierte europäische Normen für Bauprodukte können, falls erforderlich, mit zusätzlichen nationalen Anforderungen, welche in den entsprechenden Anlagen definiert sind, ebenfalls aufgenommen werden. Diese Bauprodukte tragen das CE-Kennzeichen und ein Ü-Zeichen [81].

Die Bauregelliste A Teil 2 gilt für nicht geregelte Bauprodukte, die entweder nicht der Erfüllung erheblicher Anforderungen an die Sicherheit baulicher Anlagen dienen und für die es keine allgemein anerkannten Regeln der Technik gibt oder die nach allgemeinen anerkannten Prüfverfahren beurteilt werden. Sie brauchen anstelle einer allgemeinen bauaufsichtlichen Zulassung nur ein allgemeines bauaufsichtliches Prüfzeugnis, tragen aber auch ein Ü-Zeichen [81].

Die Bauregelliste A Teil 3 gilt entsprechend für nicht geregelte Bauarten. Diese benötigen ein allgemeines bauaufsichtliches Prüfzeugnis, anstelle der Kennzeichnung mit dem Ü-Zeichen, wird eine Übereinstimmungserklärung des Anwenders der Bauart gefordert, in welcher die Einhaltung der Bestimmungen und Anforderungen des allgemeinen bauaufsichtlichen Prüfzeugnisses bestätigt werden [81].

In die Bauregelliste B werden Bauprodukte aufgenommen, die nach den Vorschriften der Mitgliedsstaaten der EU – einschließlich deutscher Vorschriften – und der Vertragsstaaten des Abkommens über den Europäischen Wirtschaftsraum zur Umsetzung von Richtlinien der EU in den Verkehr gebracht und gehandelt werden dürfen und die die CE-Kennzeichnung tragen.

Die Bauregelliste B Teil 1 ist Bauprodukten vorbehalten, die aufgrund des Bauproduktengesetzes in den Verkehr gebracht werden, für die es technische Spezifikationen (d. h. Spezifikationen für Bauprodukte und Bausätze, für die europäische technische Zulassungen erteilt werden) und in Abhängigkeit vom Verwendungszweck Klassen und Leistungsstufen gibt. Darüber hinaus enthält dieser Teil Bauprodukte im Geltungsbereich harmonisierter Normen [81].

In die Bauregelliste B Teil 2 werden Bauprodukte aufgenommen, die aufgrund anderer Richtlinien als der Bauproduktenrichtlinie in den Verkehr gebracht werden und nicht alle wesentlichen Anforderungen nach dem Bauproduktengesetz erfüllen. Zusätzliche Verwendbarkeitsnachweise sind deshalb erforderlich und bedürfen neben der CE-Kennzeichnung auch des Ü-Zeichens [81].

In die Liste C werden nicht geregelte Bauprodukte aufgenommen, für die es weder technische Baubestimmungen noch Regeln der Technik gibt und die für die Erfüllung baurechtlicher Anforderungen nur eine untergeordnete Rolle spielen. Daher entfällt der Verwendbarkeits- und Übereinstimmungsnachweis, ein Ü-Zeichen darf nicht angebracht werden [81].

12.4.2 Bauprodukte und Bauarten aus Glas

Für die Anwendung von Bauprodukten aus Glas im Konstruktiven Glasbau ist hauptsächlich Bauregelliste A Teil 1, Abschnitt 11 „Bauprodukte aus Glas" mit den zugehörigen Anlagen 11.5 bis 11.11 von Interesse.

Dort finden sich als Bauprodukte u. a. die Basiserzeugnisse aus Kalk-Natron-Silicatglas nach EN 572-9 [183]: Floatglas, Poliertes Drahtglas, Gezogenes Flachglas, Ornamentglas, Drahtornamentglas und Profilbauglas für die Verwendung nach den „Technischen Regeln für die Verwendung von linienförmig gelagerten Verglasungen" (TRLV) [1] und den „Technischen Regeln für die Verwendung von absturzsichernden Verglasungen" (TRAV) [12]. Zusätzlich ist Anlage 11.5 zu beachten, dort wird die Einhaltung gegebener charakteristischer Werte der Biegezugfestigkeit durch Prüfung nach DIN EN 1288 [71–73] gefordert. Ebenso enthalten sind Beschichtetes Glas nach EN 1096-4 [183], Thermisch vorgespanntes Kalknatron-Einscheibensicherheitsglas nach EN 12150-2 [185], Verbund-Sicherheitsglas mit PVB-Folie nach EN 14449 [28], Verbundglas nach EN 14449 und Mehrscheiben-Isolierglas nach EN 1279 [186] für die Verwendung nach den „Technischen Regeln für die Verwendung von linienförmig gelagerten Verglasungen" (TRLV) und den „Technischen Regeln für die Verwendung von absturzsichernden Verglasungen" (TRAV). Für alle genannten Normen sind entsprechende Anlagen zu beachten. Wegen der in den Anlagen zusätzlich geforderten nationalen Anforderungen tragen diese Bauprodukte neben dem CE-Kennzeichen zusätzlich das Ü-Zeichen.

Nur das Ü-Zeichen tragen hingegen die Bauprodukte heißgelagertes Kalknatron-Einscheibensicherheitsglas (ESG-H) sowie das Bauprodukt „vorgefertigte absturzsichernde Verglasung nach TRAV, deren Tragfähigkeit unter stoßartigen Einwirkungen bereits nachgewiesen wurde oder rechnerisch nachweisbar ist".

In Bauregelliste A Teil 2, Abschnitt 2 ist das Bauprodukt „vorgefertigte absturzsichernde Verglasung nach TRAV, deren Tragfähigkeit unter stoßartigen Einwirkungen experimentell nachgewiesen werden soll", enthalten. In Bauregelliste A Teil 3, Abschnitt 2 ist die Bauart „absturzsichernde Verglasung nach TRAV, deren Tragfähigkeit unter stoßartigen Einwirkungen experimentell nachgewiesen werden soll" aufgeführt. Sowohl für Bauprodukt und Bauart ist die Verwendbarkeit bzw. Anwendbarkeit über ein allgemeines bauaufsichtliches Prüfzeugnis zu führen.

Unter dem Abschnitt „Sonderkonstruktionen" ist in Bauregelliste B Teil 1, lfd. Nr. 1.8.4 das Bauprodukt Vorhangfassaden nach der harmonisierten Norm EN 13830 [187] enthalten, in Abschnitt 1.11 sind Bauprodukte aus Glas aufgeführt. Diese Bauprodukte tragen nur das CE-Kennzeichen und dürfen zunächst nur in Verkehr gebracht bzw. gehandelt werden. Ebenso sind in Bauregelliste B Teil 1 im Bereich des konstruktiven Glasbaus diverse Bauprodukte und Bausätze nach technischen Spezifikationen (mit und ohne Leitlinie) enthalten, für die europäische technische Zulassungen erteilt werden können. In Abhängigkeit vom Verwendungszweck, sind für diese Bauprodukte und Bauarten bzw. Bausätze zusätzliche Anforderungen entsprechend der Liste der Technischen Baubestimmungen zu beachten.

Alle anderen Bauprodukte aus Glas gelten als nicht geregelt und bedürfen einer allgemeinen bauaufsichtlichen Zulassung, oder einer Zustimmung im Einzelfall.

Nachfolgend werden einige Beispiele von Bauprodukten und Bausätzen gegeben, die aufgrund harmonisierter Normen oder europäischen technischen Zulassungen das CE-Kennzeichen tragen, deren Anwendung aber über allgemeine bauaufsichtliche Zulassungen geregelt werden:

Teilvorgespanntes Glas (TVG) trägt zunächst nur das CE-Kennzeichen, da es sich hierbei um ein Bauprodukt nach harmonisierter Norm DIN EN 1863 [21] handelt und in Bauregelliste B Teil 1 enthalten ist. Eine Verwendung nach den Technischen Regeln gemäß Liste der Technischen Baubestimmungen ist allerdings nur über eine allgemeine bauaufsichtliche Zulassung möglich. Eine zusätzliche Kennzeichnung mit dem Ü-Zeichen ist daher notwendig.

Ein weiteres Beispiel sind Punktgestützte Vertikalverglasungen nach Baugeregelliste B Teil 1, lfd. Nr. 4.11, für die europäische technische Zulassungen ohne Leitlinien (ETAG) erteilt werden. Neben der europäischen technischen Zulassung, welche die CE-Kennzeichnung vorschreibt, ist auf nationaler Ebene für die Bemessung und Ausführung gemäß Liste der Technischen Baubestimmungen eine allgemeine bauaufsichtliche Zulassung erforderlich. Ebenso ist eine Ü-Kennzeichnung erforderlich.

Europäische technische Zulassungen für geklebte Glaskonstruktionen nach Baugeregelliste B Teil 1, lfd. Nr. 2.4.4.13 und lfd. Nr. 3.4.4.13, die nach der Leitlinie ETAG 002 [188–190] erteilt werden, tragen nur ein CE-Kennzeichen. Es sind jedoch zusätzliche Anforderungen in der Liste der Technischen Baubestimmungen zu beachten. So wird für das Bauprodukt Silikonklebstoff auf Basis von ETAG 002 eine ETA erteilt, bei Anwendung als Bauart bedarf es allerdings zusätzlich einer allgemeinen bauaufsichtlichen Zulassung. Soll die Konstruktion bzw. die Verglasung weitere Anforderungen, wie beispielsweise eine absturzsichernde Funktion übernehmen, ist ebenfalls die Verwendbarkeit über eine allgemeine bauaufsichtliche Zulassung oder Zustimmung im Einzelfall nachzuweisen.

Die Beispiele zeigen, dass für die Anwendung bzw. Verwendung von Bauprodukten oder Bauarten bzw. Bausätzen mit dem CE-Kennzeichen die wesentlichen Informationen der Baugeregelliste und der Liste der technischen Baubestimmungen zu entnehmen sind. Allerdings gestaltet sich die Recherche in einigen Fällen sehr komplex, da die Informationen auf unterschiedliche Teile und Anlagen der genannten Dokumente verteilt sind.

12.5 Musterliste der Technischen Baubestimmungen

12.5.1 Allgemeines

Die Musterliste der Technischen Baubestimmungen [182] enthält technische Regeln für die Planung, Bemessung und Konstruktion baulicher Anlagen und ihrer Teile, deren Einführung als Technische Baubestimmunen auf der Grundlage des § 3 Abs. 3 MBO erfolgt. Diese im Grundsatz von allen Ländern gebilligte Liste wird von den obersten Baubehörden durch öffentliche Bekanntmachung als Technische Baubestimmungen bekannt gemacht.

Der jeweils aktuelle Stand der Umsetzung der Musterliste der Technischen Baubestimmungen in den Ländern kann im Internet auf den Seiten des DIBt unter „www.dibt.de" eingesehen werden.

Technische Baubestimmungen sind allgemein verbindlich, da sie nach § 3 Abs. 3 MBO beachtet werden müssen. Soweit technische Regeln durch die Anlagen in der Liste geändert oder ergänzt werden, gehören auch diese Änderungen und Ergänzungen zum Inhalt der Technischen Baubestimmungen.

Es werden nur die technischen Regeln eingeführt, die zur Erfüllung der Grundsatzanforderungen des Bauordnungsrechts unerlässlich sind. Die Bauaufsichtsbehörden sind allerdings nicht gehindert, im Rahmen ihrer Entscheidungen zur Ausfüllung unbestimmter Rechtsbegriffe auch auf nicht eingeführte allgemein anerkannte Regeln der Technik zurückzugreifen.

Anwendungsregeln nach harmonisierten Normen, sofern nicht in Teil I der Liste der Technischen Baubestimmungen enthalten, und nach europäischen technischen Zulassungen sind in Teil II der Liste aufgeführt. In Abschnitt 1 bis 4 befinden sich die Anwendungsregelungen für europäische technische Zulassungen (mit und ohne Leitlinie), da darin üblicherweise keine Regelungen für die Planung, Bemessung und Konstruktion baulicher Anlagen und ihrer Teile enthalten sind. Abschnitt 5 beinhaltet Anwendungsregeln nach harmonisierten Normen. Im Teil III sind Anwendungsregelungen für Bauprodukte und Bausätze aufgeführt, die in den Geltungsbereich nach § 17 Abs. 4 und § 21 Abs. 2 MBO fallen. Für den konstruktiven Glasbau ist dieser Teil derzeit nicht relevant.

Die technischen Regeln für Bauprodukte werden nach § 17 Abs. 2 MBO in der Bauregelliste A bekannt gemacht (vgl. Abschn. 12.4).

Teil I der Musterliste der Technischen Baubestimmungen hat folgende Gliederung:

1 Technische Regeln zu Lastannahmen und Grundlagen der Tragwerksplanung
2 Technische Regeln zur Bemessung und Ausführung
    2.1 Grundbau
    2.2 Mauerwerksbau
    2.3 Beton-, Stahlbeton- und Spannbetonbau
    2.4 Metallbau
    2.5 Holzbau
    2.6 Bauteile
    2.7 Sonderbauten
3 Technische Regeln zum Brandschutz
4 Technische Regeln zum Wärme- und zum Schallschutz
    4.1 Wärmschutz
    4.2 Schallschutz
5 Technische Regeln zum Bautenschutz
    5.1 Schutz gegen seismische Einwirkungen
    5.2 Holzschutz

6   Technische Regeln zum Gesundheitsschutz
7   Technische Regeln als Planungsgrundlagen
Anlagen zu den Technischen Regeln

Teil II Abschnitt 1 und Abschnitt 2 der Liste ist den Anwendungsregelungen für Bauprodukte und Bausätze im Geltungsbereich von Leitlinien für europäische technische Zulassungen vorbehalten. Entsprechend sind in Abschnitt 3 und Abschnitt 4 Anwendungsregelungen für Bauprodukte und Bausätze, für die europäische technische Zulassungen ohne Leitlinie erteilt werden, aufgeführt. Abschnitt 5 beinhaltet Anwendungsregelungen für Bauprodukte nach harmonisierten Normen. Teil III enthält derzeit nur die Verordnung zur Feststellung der wasserrechtlichen Eignung von Bauprodukten und Bauarten durch Nachweise nach der Musterbauordnung (WasBauPVO) und ist daher für den konstruktiven Glasbau nicht relevant.

12.5.2 Technische Regeln für Glas

In der Musterliste der Technischen Baubestimmungen Teil I ist Glas im Abschnitt 2.6 „Bauteile" wie folgt erwähnt:

Lfd. Nr. 2.6.5   DIN 18516-4, Februar 1990: Außenwandbekleidungen hinterlüftet aus Einscheiben-Sicherheitsglas; Anforderungen, Bemessung, Prüfung
Es sind die Anlagen 2.6/3, 2.6/6 E und 2.6/9 zu beachten.

Lfd. Nr. 2.6.6   Technische Regeln für die Verwendung von linienförmig gelagerten Verglasungen (TRLV) August 2006
Es sind die Anlagen 2.6/1, 2.6/6 E und 2.6/9 zu beachten.

Lfd. Nr. 2.6.7   Technische Regeln für die Verwendung von absturzsichernden Verglasungen (TRAV), Januar 2003
Es sind die Anlagen 2.6/6 E, 2.6/9 und 2.6/10 zu beachten.

Lfd. Nr. 2.6.8   Technische Regeln für die Bemessung und Ausführung von punktförmig gelagerten Verglasungen (TRPV), August 2006
Es sind die Anlagen 2.6/6 E, 2.6/8 und 2.6/9 zu beachten.

Unter Abschnitt 2.7 „Sonderkonstruktionen" ist folgende Norm enthalten:

Lfd. Nr. 2.7.9   DIN V 11535-1, Februar 1998: Gewächshäuser; Teil 1: Ausführung und Berechnung
Es sind die Anlagen 2.6/6 E und 2.6/9 zu beachten.

Zu den oben genannten Technischen Baubestimmungen sind in den genannten Anlagen Ergänzungen ausgeführt und dementsprechend zu beachten. Die wichtigsten Anlagen bzw. Auszüge davon sind im Folgenden aufgeführt:

Anlage 2.6/1, zu den TRLV:

Bei Anwendung der technischen Regel ist Folgendes zu beachten:
Die Technischen Regeln brauchen nicht angewendet zu werden für:

- Dachflächenfenster in Wohnungen und Räumen ähnlicher Nutzung (z. B. Hotelzimmer, Büroräume) mit einer Lichtfläche (Rahmeninnenmaß) bis zu 1,6 m².
- Verglasungen von Kulturgewächshäusern (siehe DIN V 11535:1998-02)
- Alle Vertikalverglasungen, deren Oberkante nicht mehr als 4 m über einer Verkehrsfläche liegt (z. B. Schaufensterverglasungen), mit Ausnahme der Regelung in Abschnitt 3.3.2.

Anlage 2.6/3, zu DIN 18516-4:

Bei Anwendung der technischen Regel ist Folgendes zu beachten:

1 Zu Abschnitt 1:
Der Abschnitt wird durch folgenden Satz ergänzt: Es ist heißgelagertes Einscheiben-Sicherheitsglas (ESG-H) nach Bauregelliste A, Teil 1, lfd. Nr. 11.13 zu verwenden.

2 Der Abschnitt 2.5.1 entfällt

3 Zu Abschnitt 3.3.4
In Bohrungen sitzende Punkthalter fallen nicht unter den Anwendungsbereich der Norm.

Anlage 2.6/6 E, Abschnitt 2.3 Teilvorgespanntes Kalknatronglas nach EN 1863-2:2004

Teilvorgespanntes Kalknatronglas ohne allgemeine bauaufsichtliche Zulassung darf nur verwendet werden, wenn bei der Bemessung die für Floatglas geltende zulässige Biegezugspannung angesetzt wird und es zur Herstellung einer der nachfolgend genannten Verglasungen verwendet wird:

- allseitig linienförmig gelagerte vertikale Mehrscheiben-Isolierverglasung mit einer Fläche von maximal 1,6 m²
- Verbundsicherheitsglas mit einer Fläche von maximal 1,0 m²

Andere Verwendungen von teilvorgespanntem Glas gelten als nicht geregelte Bauart.

Anlage 2.6/8, zu den TRPV:

Bei Anwendung der technischen Regel ist Folgendes zu beachten:

Zu Abschnitt 1:
Die Technischen Regeln brauchen nicht angewendet zu werden für alle Vertikalverglasungen, deren Oberkante nicht mehr als 4 m über einer Verkehrsfläche liegt (z. B. Schaufensterverglasungen).

Anlage 2.6/9, zu den technischen Regeln und Normen nach 2.6.5, 2.6.6, 2.6.7, 2.6.8 und 2.6.9

Für Verwendungen, in denen nach den Technischen Baubestimmungen heißgelagertes Einscheibensicherheitsglas (ESG-H) gefordert wird, ist heißgelagertes thermisch vorgespanntes Kalknatron-Einscheibensicherheitsglas (ESG-H) nach den Bedingungen der Bauregelliste A Teil 1 lfd. Nr. 11.13, Anlage 11.11 einzusetzen.

Anlage 2.6/10, zu den TRAV:

1 Zu Abschnitt 1.1
Der 1. Spiegelstrich wird wie folgt ersetzt:

„– Vertikalverglasungen nach den „Technischen Regeln für die Verwendung von linienförmig gelagerten Verglasungen", veröffentlicht in den DIBt Mitteilungen 3/2007 (TRLV), an die wegen ihrer absturzsichernden Funktion die zusätzlichen Anforderungen nach diesen technischen Regeln gestellt werden."

2 Zu Tabelle 2

Die in den Zeilen 1, 2, 3, 4, 7, 8, 9, 18, 20 und 28 der Tab. 2 aufgeführten Mehrscheiben-Isoliergläser dürfen ohne weitere Prüfung als ausreichend stoßsicher angesehen werden, wenn sie um eine oder mehrere ESG- oder ESG-H-Scheiben im Scheibenzwischenraum ergänzt werden.

Bauarten, die von den oben genannten wesentlich abweichen oder für die es keine Technischen Baubestimmungen gibt, gelten als nicht geregelt und bedürfen einer allgemeinen bauaufsichtlichen Zulassung, eines allgemeinen bauaufsichtlichen Prüfzeugnisses oder einer Zustimmung im Einzelfall.

In der Liste Teil II Abschnitt 2, lfd. Nr. 2.1 ist der Bausatz „Geklebte Glaskonstruktionen nach ETAG 002, Teile 1 und 2 [188, 189] enthalten, zusätzlich ist Anlage 2/1 zu beachten. In Abschnitt 3 und Abschnitt 4 einschließlich entsprechender Anlagen mit Anwendungsregelungen, sind weitere Bauprodukte und Bausätze aus dem konstruktiven Glasbau für die europäische technische Zulassungen ohne Leitlinie erteilt werden, enthalten.

Zu beachten ist bei diesen Bauprodukten und Bausätzen, dass durch die nationalen Anwendungsregelungen in den meisten Fällen zusätzlich eine allgemeine bauaufsichtliche Zulassung erforderlich ist.

Das Bauprodukt „Vorhangfassaden" nach harmonisierter Norm DIN EN 13830 [187] ist in Abschnitt 5, lfd. Nr. 5.5 aufgeführt, die Anwendung ist in Anlage 5/5 geregelt.

12.6 Allgemeine bauaufsichtliche Zulassung, Allgemeines bauaufsichtliches Prüfzeugnis

Wie oben ausgeführt, ist entsprechend der MBO ein Nachweis der Verwendbarkeit mittels

— einer Allgemeinen bauaufsichtlichen Zulassung des DIBt oder
— eines Allgemeinen bauaufsichtlichen Prüfzeugnisses einer dafür anerkannten Stelle

möglich, wenn für ein Bauprodukt oder eine Bauart kein Nachweis der Verwendbarkeit entsprechend den obigen Abschnitten 12.4 und 12.5 geführt werden kann.

Allgemeine bauaufsichtliche Zulassungen werden ausschließlich vom DIBt erteilt und gelten in der Regel fünf Jahre. Änderungen und Ergänzungen der Zulassung sind möglich bzw. nach Ablauf der Geltungsdauer auch eine entsprechende Verlängerung.

Im Rahmen des Zulassungsverfahrens muss zunächst beim DIBt für das entsprechende Bauprodukt oder die Bauart ein Antrag auf Erteilung einer allgemeinen bauaufsichtlichen Zulassung gestellt werden. Im Antrag sollte der Zulassungsgegenstand möglichst genau beschrieben werden. Anschließend wird der Antrag durch das DIBt geprüft und, sofern eine Zulassung prinzipiell möglich ist, entsprechende Prüfungen und Nachweise für den Nachweis der Verwendbarkeit bzw. Anwendbarkeit gefordert. Nach Bewertung und ggf. Abstimmung durch einen Sachverständigenausschuss erfolgt die Erteilung der Zulassung.

Die für nicht geregelte Bauprodukte und Bauarten aktuellen allgemeinen bauaufsichtlichen Zulassungen sind im Internet unter „http://www.dibt.de" in der entsprechenden Rubrik zu finden. Die Bereiche für allgemeine bauaufsichtliche Zulassungen sind in Tabelle 12.1 aufgeführt.

Tabelle 12.1 Zulassungsbereich 70 „Glas im Bauwesen"

Absturzsichernde Verglasungen	
70.1	Geklebte Fassadenelemente
70.2	Punktförmig gelagerte Vertikalverglasung
70.3	Überkopfverglasungen
70.4	linienförmig gelagerte Vertikalverglasungen
70.5	Absturzsichernde Verglasungen
70.6	Begehbare Verglasungen
70.7	Absturzsichernde Brandschutzverglasungen

Allgemeine bauaufsichtliche Prüfzeugnisse werden durch eine für den entsprechenden Verwendungszweck oder Anwendungsbereich anerkannte Prüfstelle, erteilt. Die für das entsprechende Bauprodukt bzw. die entsprechender Bauart anerkannten Prüfstellen sind dem jeweils aktuellen Verzeichnis der Prüf-, Überwachungs- und Zertifizierungsstellen (PÜZ-Verzeichnis) [191] zu entnehmen. Das Verfahren zur Erteilung eines Prüfzeugnisses erfolgt ähnlich dem Zulassungsverfahren, auch hier beträgt die Geltungsdauer in der Regel fünf Jahre.

Für das Bauprodukt „Vorgefertigte absturzsichernde Verglasung nach TRAV, deren Tragfähigkeit unter stoßartigen Einwirkungen experimentell nachgewiesen werden soll" gemäß Bauregelliste A Teil 2, lfd. Nr. 2.43 und die Bauart „Absturzsichernde Verglasung nach TRAV, deren Tragfähigkeit unter stoßartigen Einwirkungen experimentell nachgewiesen werden soll" gemäß Bauregelliste A Teil 3, lfd. Nr. 2.12 wird die Verwendbarkeit bzw. Anwendbarkeit über ein allgemeines bauaufsichtliches Prüfzeugnis geführt.

Nach aktuellen allgemeinen bauaufsichtlichen Prüfzeugnissen kann im Internet auf den Seiten des Fraunhofer IRB Verlags in der Baudatenbank „BZP" unter http://www.irb.fraunhofer.de recherchiert werden, diese können auch kostenpflichtig heruntergeladen werden.

12.7 Zustimmung im Einzelfall

Wenn für Bauprodukte oder Bauarten weder technische Regeln entsprechend Abschnitt 12.4 oder 12.5 noch allgemeine bauaufsichtliche Zulassungen oder Prüfzeugnisse entsprechend Abschnitt 12.6 vorliegen, so ist ihre Verwendbarkeit im Rahmen einer *Zustimmung im Einzelfall* nachzuweisen.

Dies betrifft – sofern kein durch eine allgemeine bauaufsichtliche Zulassung geregeltes System zur Anwendung kommt – insbesondere

— Überkopfverglasung, soweit nicht nach technischen Regeln,

— Vertikalverglasung, soweit nicht nach technischen Regeln,

— Betretbare oder begehbare Verglasungen, soweit nicht nach technischen Regeln,

— Absturzsichernde Verglasung, soweit nicht nach technischen Regeln (z. B. Brandschutzverglasungen mit absturzsichernder Wirkung),

— Tragelemente aus Glas, d. h. Stützen, Träger, Scheiben mit Berücksichtigung der aussteifenden Wirkung.

Der Antrag auf Erteilung einer Zustimmung im Einzelfall ist formlos an die zuständige oberste Bauaufsicht des Bundeslandes zu stellen. Dabei sind zweckmäßig anzugeben:

— Antragsgegenstand (Bauprodukt bzw. Bauart)

— Bauvorhaben

— Antragsteller (auch Empfänger des Zustimmungs- und Gebührenbescheides)

— Bauherr

— Zuständige Baurechtsbehörde (die einen Abdruck der ZiE erhält)

— Ggf. Aufsteller der Standsicherheitsnachweise

— Ggf. prüfende Stelle (Prüfingenieur oder Prüfamt)

Für die *Beschreibung des Antragsgegenstandes*, insbesondere der Ausführungsart und der vorgesehenen Abweichung von technischen Regeln, Zulassungen oder Prüfzeugnissen, sind eindeutige und vollständige Unterlagen wie Übersichts- und Werkpläne, Bau- und Nutzungsbeschreibungen sowie wichtige Angaben zur Bauausführung einzureichen.

Die Standsicherheit, Gebrauchstauglichkeit und Dauerhaftigkeit sowie Brand-, Wärme- und Schallschutz eines Bauproduktes bzw. einer Bauart sind für den Nachweis der Verwendbarkeit in jedem Einzelfall zu erbringen. Sind darüber hinaus auch Versuche oder gutachterliche Stellungnahmen erforderlich, sind die Versuchsergebnisse einer sachkundigen, anerkannten Prüfstelle bzw. Stellungnahmen eines sachkundigen, anerkannten Gutachters vorzulegen. Die Wahl der Prüfstelle und das Versuchs- und Prüfprogramm bzw. die Wahl des Gutachters sollten unbedingt vorab mit der Baubehörde abgestimmt werden.

Eine Zustimmung wird erteilt, wenn die Verwendbarkeit des Bauproduktes bzw. der Bauart nachgewiesen ist. Diese Zustimmung im Einzelfall ersetzt oder beinhaltet nicht die bautechnische Prüfung, sondern definiert die besonderen bei der Prüfung zu beachtenden Bedingungen. Die Gebühr für die Erteilung der Zustimmung im Einzelfall bemisst sich nach dem Verwaltungsaufwand und der Bedeutung des Zustimmungsgegenstandes und dem wirtschaftlichen Interesse des Antragsstellers.

12.8 Europäische technische Zulassung (ETA)

Gemäß BauPVO wird die Europäische technische Zulassung (ETA) zukünftig als Europäische technische Bewertung (European Technical Assessment ETA) bezeichnet. Grundlage der Erteilung wird das europäische Bewertungsdokument (European Assessment Document EAD) sein. Das EAD ersetzt das bisherige Verfahren, bei dem ETAs mit und ohne Leitlinien (European Technical Assessment Guideline ETAG) erteilt werden können. Bereits vorhandene ETAGs behalten jedoch weiterhin ihre Gültigkeit (vgl. Abschn. 12.2).

ETAs können durch Stellen, die von Mitgliedstaaten der EU hierfür bestimmt worden sind, erteilt werden. Die Zulassungsstellen sind in der EOTA (European Organisation for Technical Approvals) organisiert. Europäische technische Zulassungen gelten in jedem Mitgliedsland des europäischen Wirtschaftsraums (EWR). Allerdings können in dem jeweiligen Mitgliedsland für die Anwendung zusätzlich noch entsprechende nationale Anforderungen gestellt werden (vgl. Abschn. 12.4.2).

Eine ETA kann vom Hersteller in jedem Mitgliedstaat des EWR beantragt werden, sofern die Zulassungsstelle für diesen Produktbereich notifiziert ist. Das DIBt ist in Deutschland die einzige notifizierte Zulassungsstelle. Die Geltungsdauer einer ETA beträgt bisher in der Regel fünf Jahre, zukünftig soll es voraussichtlich keine zeitliche Begrenzung mehr geben.

12.9 Ausblick

Im europäischen Rahmen sind verschiedene Normen in Bearbeitung. DIN EN 13474, Teile 1 und 2 [11], sind als Entwurf veröffentlicht, die Einspruchsfrist ist zwischenzeitlich abgelaufen. Wegen der z. T. massiven Einsprüche wird die genannte Norm in der vorgelegten Form nicht eingeführt, es ist eine vollständige Überarbeitung erfolgt, mit einer Veröffentlichung soll demnächst gerechnet werden können.

Hinsichtlich der neuen nationalen Regelungen, insbesondere DIN 18008, wird auf die folgenden Kapitel verwiesen.

13 Entwurf und konstruktive Details

13.1 Allgemeines

Am Anfang der Lösung einer Bauaufgabe stehen in der Regel der Entwurf und die Dimensionierung des Tragwerks bzw. der einzelnen Bauteile, aus denen es zusammengesetzt ist. Bei den Baustoffen Beton und Stahl sind hierbei durch den Einsatz von Stahl- und Spannbeton sowie hochfester Baustähle und Stahlguss der Formgebung und den Abmessungen kaum Grenzen gesetzt. Bei Glas sind in Verbindung mit Stahl die konstruktiven und gestalterischen Möglichkeiten sogar noch größer, wenn die fertigungstechnisch bedingten Gegebenheiten berücksichtigt werden.

Neben den Nachweisen der Tragfähigkeit und Gebrauchstauglichkeit – gleich nach welchem Sicherheitskonzept – ist zusätzlich eine dem Werkstoff Glas gerecht werdende Entwicklung konstruktiver Details erforderlich. Aufgrund des spröden Materialverhaltens von Glas können lokale Spannungsspitzen nicht wie bei Stahl durch örtliches Plastizieren abgebaut werden, daher ist es besonders wichtig, auf eine möglichst gleichmäßige Lasteinleitung im Auflagerbereich und einen zwängungsarmen Einbau der Verglasung zu achten.

Eine Vielzahl von Schäden ist nicht begründet durch fehlerhafte Bemessung, sondern verursacht durch eine mangelhafte Durcharbeitung konstruktiver Details in der Planungsphase. Dabei ist z. T. aufgrund baupraktisch nicht vermeidbarer Toleranzen bei Fehlen entsprechender Ausgleichsmöglichkeiten eine plangemäße Montage kaum möglich.

13.2 Anwendungsbereich und Glasauswahl

Je nach Anwendungsbereich (vgl. Abschn. 1.2) werden an die Verglasung unterschiedliche Anforderungen gestellt. Insbesondere ist bei Glaskonstruktionen nicht nur die Beanspruchung bei intakter Verglasung ausschlaggebend, sondern für einige Anwendungen auch die Tragfähigkeit der (teil-)zerstörten Verglasung, d. h. es muss eine ausreichende Resttragfähigkeit sichergestellt sein. Resttragfähigkeitsanforderungen werden hauptsächlich an Horizontal- bzw. Überkopfverglasungen gestellt, bei Einwirkungen im gebrochenen Zustand verformen sich diese stärker als Vertikalverglasungen und es besteht die Gefahr des Herausrutschens aus der Lagerung. Des Weiteren dürfen im Überkopfbereich keine Bruchstücke abgehen, die unterhalb der Verglasung befindliche Personen verletzen könnten.

Um bestimmte Resttragfähigkeitseigenschaften zu erzielen, kommt es vor allem auf die richtige Glaswahl an. Aufgrund der in Abschnitt 6.4 erläuterten Tragmechanismen lassen sich folgende Empfehlungen geben: Grundsätzlich sollte VSG verwendet werden, ein grobes Bruchbild wie bei Floatglas oder TVG bringt entscheidende Vorteile gegenüber dem feinkrümeligen Bruchbild von ESG, welches in Verbindung mit einer PVB-Folie kaum Resttragfähigkeitseigenschaften aufweist. Für linien- und punktförmig gelagerte Verglasungen werden in den entsprechenden Technischen Regeln (TRLV [1], TRPV [2]) bzw. in DIN 18008-2 [4] und -3 [6] entsprechende konstruktive Randbedingungen hinsichtlich Glasart und -aufbau sowie Geometrie gegeben, die eine ausreichende Resttragfähigkeit ohne weitere Nachweise sicherstellen.

An Vertikalverglasungen werden in der Regel keine Resttragfähigkeitsanforderungen gestellt, dementsprechend kann neben Verbundsicherheitsglas auch Verbundglas und monolithisches Glas aus Floatglas, TVG oder ESG verwendet werden. Für absturzsichernde oder begehbare bzw. betretbare Verglasungen sind zusätzliche Anforderungen zu beachten. Anforderungen für absturzsichernde Verglasungen sind in den TRAV [12] oder DIN 18008-4 [7] definiert. In den TRLV [1] bzw. DIN 18008-5 [8] sind Regelungen für begehbare Verglasungen enthalten (vgl. Kapitel 14, 15). Bei punktförmig gelagerten Verglasungen können durch die geringe Klemmfläche, insbesondere im Bereich von Bohrungen lokal hohe Spannungen im Glas entstehen, so dass für derartige Lagerungen in der Regel vorgespanntes Glas verwendet wird.

In Abschnitt 17.1, Tabelle 17.2 ist eine Übersicht der zulässigen Glasprodukte für unterschiedliche Anwendungsbereiche in Abhängigkeit der Lagerungsart zusammengestellt.

Des Weiteren sind in einigen Anwendungsbereichen neben den bauaufsichtlichen Regelungen zusätzliche Anforderungen der Berufsgenossenschaften oder des Arbeitsschutzes zu berücksichtigen. Zu Reinigungszwecken betretbare Verglasungen wurden bisher in GS Bau 18 [192] und DIN 4426 [193] geregelt. Im Rahmen der Erarbeitung der DIN 18008 wurden die Prüfgrundsätze grundlegend überarbeitet und sind zukünftig in Teil 6 der Norm [9] enthalten, welche die bisherigen Anforderungen aus [192] ersetzen wird. Für Ganzglastüren und Glaswände im Bereich von Arbeitsplätzen und Verkehrswegen werden konstruktive Vorgaben bei der Ausführung gegeben sowie die Verwendung von Sicherheitsglas (VSG oder ESG bzw. ESG-H) vorgeschrieben [194].

Auf den Internetseiten der Deutschen gesetzlichen Unfallversicherung (DGUV) sind die Vorschriften und Regelwerke der Berufsgenossenschaften und der öffentlichen Unfallversicherungsträger zu finden (http://publikationen.dguv.de).

Ähnliche Vorgaben für die Verwendung von Sicherheitsglas gibt es z. B. in Österreich. Dort wird beispielsweise für Ganzglastüren und Verglasungen in Türen sowie Vertikalverglasungen bis 1,0 m bzw. 1,5 m Höhe über Standflächen Sicherheitsglas (VSG oder ESG) vorgeschrieben [195].

13.3 Fertigungstechnische Grenzen

In der Regel wird im konstruktiven Glasbau veredeltes Glas verwandt, d. h. vorgespannte, gegebenenfalls bedruckte, zu Verbund(sicherheits)glas oder Isolierglas weiterverarbeitete Glasscheiben. Floatglas wird gegen Ende des Produktionsprozesses üblicherweise in die Abmessungen von 3210 mm × 6000 mm zugeschnitten. Allerdings setzt sich in der Architektur ein Trend zu immer größeren Scheiben fort, so dass von einigen Herstellern mittlerweile vorgespannte Gläser und Isolierglas „standardmäßig" in den Abmessungen 3300 mm × 8000 mm produziert werden können. Größere Abmessungen sind unter Umständen verbunden mit längerer Wartezeit und gegen Aufpreis zu erhalten.

Neben diesen deshalb zweckmäßig einzuhaltenden Maximalabmessungen sind weitere Grenzen gegeben durch die verwendeten Maschinen der einzelnen Fertigungsstufen (z. B. Siebdruckanlagen, Vorspannöfen, Kalander, Autoklaven, Hebezeuge). Dabei befinden sich die Vorrichtungen für die jeweiligen Fertigungsstufen nicht notwendigerweise an einem Ort, es können lange Transportwege mit entsprechendem Bruchrisiko erforderlich werden.

13.4 Lagerung von Glasbauteilen

13.4.1 Allgemeines

Die Lagerung von Glasbauteilen kann linienförmig, an einzelnen Punkten (punktförmig) gehalten oder auch kombiniert erfolgen. Die Lagerung selbst wird entweder über mechanische oder geklebte Verbindungen hergestellt.

Neben der geometrischen Betrachtungsweise sind auch Unterschiede in der Lastabtragung von Bedeutung. Allen Möglichkeiten gemein ist, dass Kontakt von Glas mit anderen harten Werkstoffen, wie beispielsweise Metall, der Unterkonstruktion durch geeignete Konstruktion und Zwischenbauteile dauerhaft ausgeschlossen wird. Baupraktisch unvermeidbare und daher üblicherweise vorhandene Toleranzen des Rohbaus aus Metall oder gar Beton sind ebenfalls zu berücksichtigen, um Zwang beim Einbau unbedingt zu vermeiden. Des Weiteren muss die Lagerung auf Dauer trag- und funktionsfähig sein, die Verträglichkeit eventuell verarbeiteter Kunststoffe mit den Werkstoffen der Glasbauteile (insbesondere Verbundfolien von Verbundglas und Randverbund von Isolierverglasung) muss gewährleistet sein.

Neben den vielfach angewandten mechanisch linienförmig gelagerten Konstruktionen, handelt es sich bei den punktförmig gelagerten Verglasungen um eine Lagerungsart, die erst vor einigen Jahren in den Anwendungsbereich der Technischen Regeln aufgenommen wurde (vgl. Abschn. 16.3). Im Rahmen der DIN 18008 wurden die Regelungen hinsichtlich Bemessung und Konstruktion zwar erweitert und präzisiert, dennoch deckt die Norm nicht alle Konstruktionsmöglichkeiten ab (vgl. Abschn. 17.3). Wegen der Komplexität dieser Lagerungsart besteht nach wie vor Forschungsbedarf. Aktuelle Forschungsarbeiten sind z. B. [196, 197].

Insbesondere bei Punkthaltern ist zu beachten, dass nicht geregelte Bauprodukte, die nicht den Technischen Regeln oder einer Norm entsprechen, einer allgemeinen bauaufsichtlichen Zulassung oder Zustimmung im Einzelfall bedürfen, vgl. dazu Kapitel 12. Hierzu ist ein Nachweis der Verwendbarkeit zu führen (vgl. Abschn. 14.3.2).

Soll in der Architektur die Transparenz von Glas hervorgehoben werden, sind mechanische Lagerungselemente störend. Mit geklebten Verbindungen können hingegen plane Glaskonstruktionen ohne sichtbare Lagerungselemente realisiert werden. Klebeverbindungen können neben der Lastabtragung gleichzeitig als Zwischenschicht zur Vermeidung eines Kontakts zwischen Glas und Unterkonstruktion herangezogen werden. Anders als bei mechanischen Verbindungen sind bei tragenden Verklebungen allerdings erhöhte Anforderungen hinsichtlich der Dauerhaftigkeit zu erfüllen. In einigen Fällen kann auch eine Kombination aus mechanischen und Klebeverbindungen sinnvoll sein (z. B. tragenden Ganzglasecken).

Im Folgenden werden eine Übersicht der gängigen Lagerungsarten sowie Hinweise zu Anforderungen an Entwurf und Konstruktion gegeben.

13.4.2 Mechanische Verbindungen

13.4.2.1 Linienförmige Lagerung

Bei der Linienlagerung werden die Scheiben entweder direkt an der Glaskante oder in der Glasfläche geklemmt. Letztere Variante kann über Klemmleisten mit oder ohne zusätzliche Bohrungen gehalten werden.

Hinsichtlich der Ausbildung der elastischen Zwischenlagen kann im Wesentlichen unterschieden werden zwischen Vorlegebändern mit rechteckigem Querschnitt und solchen, die profiliert und in Nuten eingeklemmt sind; vgl. Bild 13.1. Beide Arten sind in der Regel aus EPDM gefertigt.

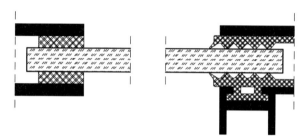

Bild 13.1 Formen der elastischen Zwischenlagen von Linienlagerungen

Je nach Breite der Klemmfläche lässt sich eine nahezu gelenkige bis drehsteife Lagerung erzielen. Erstere kommt in der Regel bei allseitiger, drei- oder zweiseitiger Lagerung zum Einsatz. Während eine Einspannung üblicherweise nur bei Kragarmen ausgeführt wird.

Ein zu geringer Einstand oder zu geringe Klemmung der Glaselemente kann Probleme mit der Resttragsicherheit nach sich ziehen: Die gebrochenen Verbundglaselemente rutschen aus der Halterung.

Bei zu großem Einstand kann bei Sonnenbestrahlung Glasbruch infolge der Temperaturdifferenzen zwischen der besonnten und der durch die Klemmleiste verschatteten Bereiche auftreten [198].

Auch zu großer Anpressdruck von Klemmleisten oder eingebrachte Zwangsverformungen z. B. bei unsachgemäßem Ausgleich eventuell vorhandener Toleranzen der Unterkonstruktion (d. h. „Einbau mit Gewalt") können zu Schäden führen.

Stehen Verbundglaselemente bei vertikalem Einbau auf einer Kante auf, so kann bei fehlendem Toleranzausgleich der Kontakt und damit die Abtragung der Beanspruchungen bei entsprechendem Versatz der Kanten nur durch eine einzelne Glasscheibe erfolgen. Dies kann wiederum zu einer Überbeanspruchung und damit verbunden zu Glasbruch führen.

Die Anwendungsbereiche von linienförmig gelagerten Verglasungen reichen von einfachen Fensterscheiben bis zu raumhohen Fassadenelementen. Mit am häufigsten werden in der Fassade linienförmig gelagerte Vertikal- und Horizontalverglasungen als sogenannte Pfosten-Riegel-Konstruktionen ausgeführt (vgl. Bilder 13.2 und 13.3). Je nach Anwendungsbereich können zusätzliche Anforderungen an die Verglasung gestellt werden, wie z. B. absturzsichernde Wirkung im Vertikalbereich oder Begehbarkeit oder Betretbarkeit im Horizontalbereich.

Bild 13.2 Beispiel einer vierseitig linienförmig gelagerten Dachverglasung

Bild 13.3 Beispiel einer raumhohen linienförmig gelagerten Vertikalverglasung

Konstruktive Randbedingungen für linienförmig gelagerte Verglasungen sind z. B. in den TRLV [1] oder DIN 18008-2 [5] gegeben (vgl. Abschn. 16.1 und Abschn. 17.2). Anforderungen an Vorhangfassaden sind in DIN EN 13830 [187] enthalten.

13.4.2.2 Punktförmige Lagerung

Hinsichtlich der Ausführung von Punkthalterungen können zunächst unterschieden werden Punkthalter ohne oder mit Bohrung, vgl. Bild 13.4.

Allen Haltertypen gemein sind die zur Aufnahme der Zug- und Druckkräfte notwendigen Klemmteller oder -scheiben. Diese sind über Schrauben oder Bolzen durch eine Bohrung oder, im Falle von Klemmhaltern, um die Scheibenkante herum verbunden. Die im Vergleich zur Linienlagerung kleinere Klemmfläche führt bei gleichen Scheibenabmessungen und Einwirkungen in der Regel zu höheren Spannungen im Glas, insbesondere im Bereich von Bohrungen.

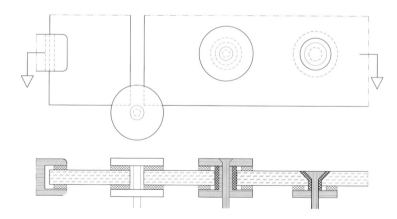

Bild 13.4 Verschiedene Ausführungen von Punkthaltern

Klemmhalter

Bei Punkthaltern ohne Bohrungen sind die Glaselemente im Bereich der Ecken oder an den Kanten bereichsweise geklemmt. Dadurch entfällt eine Vielzahl von möglichen Toleranzproblemen. Durch die lokale Klemmung entstehen zwar Spannungskonzentrationen im Glas, die aber im Vergleich zu Punkthalterungen mit Bohrungen in der Regel geringer ausfallen. Nachteilig ist, dass zwischen den einzelnen Glasscheiben eine relativ breite Fuge unvermeidlich ist.

Über Klemmhalter punktförmig gelagerte Verglasungen werden häufig im Vertikalbereich als hinterlüftete oder Doppelfassade ausgeführt (vgl. Bild 13.5). Die Verwendung bei ausfachenden Brüstungsverglasungen ist ein weiteres häufiges Einsatzgebiet (vgl. Bild 13.6).

Konstruktive Randbedingungen für punktförmig gelagerte Verglasungen mit Klemmhaltern sind z. B. in den TRPV [2], DIN 18008-3 [6] oder DIN 18516-4 [80] gegeben (vgl. Abschn. 16.3 und 17.3).

13.4 Lagerung von Glasbauteilen

Bild 13.5 Über Randklemmhalter gelagerte Doppelfassade

Bild 13.6 Durch Randklemmhalter gelagerte Brüstungsverglasung

Punkthalter in Glasbohrungen

Punkthalter in Bohrungen durchdringen das Glaselement und halten es entweder durch zwei Teller auf beiden Oberflächen der Verglasung oder die Klemmung erfolgt durch eine konusförmige Bohrung im Glas, ausgefüllt mit einem entsprechenden Metallbauteil mit Kunststoffhülse, und einem Teller an der Unterseite der Verglasung. Letztere Möglichkeit bietet eine ebene Oberfläche, ist aber hinsichtlich der Resttragfähigkeit wegen fehlender Klemmwirkung im Falle eines Glasbruchs gegenüber der Lösung mit zwei Tellern als weniger gut zu beurteilen.

Des Weiteren ist eine ungenaue Passung der Konusbohrung im Glas (vgl. Bild 13.7) und des dazugehörenden, entsprechend geformten Punkthalterbauteils eine mögliche Ursache für Glasbruch: Stimmen die Winkel des Konus in Glas und am Punkthalter nicht überein, kommt es nur in kleinen Bereichen zu Kontakt mit entsprechend hohen lokalen Beanspruchungen. Diese können bekanntermaßen nicht wie bei metallischen Werkstoffen durch lokales Fließen abgebaut werden, sondern lösen bei Überbeanspruchung einen Glasbruch aus.

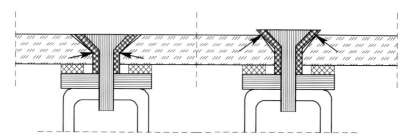

Bild 13.7 Toleranzprobleme durch ungenaue Passung versenkter Punkthalter

Um Zwang zu vermeiden, müssen Toleranzen zwischen Glasbohrung und Punkthalterbefestigung beispielsweise durch Langlöcher an der Unterkonstruktion ausgeglichen werden können. Ein Problem durch Versatz einzelner Glasscheiben von Verbundgläsern kann ähnlich wie bei Vertikalverglasung durch Versatz der Bohrungen auftreten (vgl. Bild 13.8).

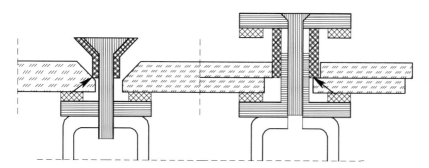

Bild 13.8 Mögliche Toleranzprobleme bei gebohrten Punkthaltern

13.4 Lagerung von Glasbauteilen

Zusätzlich müssen bei der Bemessung und konstruktiven Durchbildung Fertigungsungenauigkeiten der Punkthalter der Unterkonstruktion sowie der Verglasung [21, 22, 199] berücksichtigt werden. Eine Übersicht der Grenzabmaße für Bohrungen in ESG und TVG ist Tabelle 13.1 zu entnehmen.

Tabelle 13.1 Zulässige Toleranzen in Bohrungen

Glasart	Nenndurchmesser $\varnothing$ [mm]	Zul. Toleranz [mm]	Quelle
ESG TVG	$4 \leq \varnothing \leq 20$	$\pm 1,0$	DIN EN 12150-1 [22] DIN EN 1863-1 [21]
	$20 < \varnothing \leq 100$	$\pm 2,0$	
	$100 < \varnothing$	Anfrage beim Hersteller	

Ebenso ist bei der Verwendung von Verbund-Sicherheitsglas der zulässige Versatz der einzelnen Scheiben zu berücksichtigen [110]. In Tabelle 13.2 sind die zulässigen Höchstmaße enthalten. Für den Versatz der Bohrlöcher, die vor der Herstellung des Verbundes gefertigt werden müssen, gilt ein Grenzabmaß von $\pm 2,0$ mm [81].

Tabelle 13.2 Zulässiger Versatz bei VSG

Nennmaß B oder H [mm]	Höchstmaß für den Versatz [mm]	Quelle
B, H $\leq$ 1000	2,0	DIN EN 12543-5 [110]
1000 < B, H $\leq$ 2000	3,0	
2000 < B, H $\leq$ 4000	4,0	
B, H > 4000	6,0	

Eine Montage und zuverlässige Krafteinleitung kann durch Berücksichtigung der erwarteten Toleranzen mittels entsprechend größeren Bohrungen und Ausfüllen des Hohlraumes zwischen Glasbohrung und Punkthalterachse mittels geeignetem Material erfolgen.

Hinsichtlich der relativen Bewegungsmöglichkeit von Punkthaltern in Bohrungen und Unterkonstruktion sind verschiedene Ausführungen denkbar und im Einsatz. Eine statisch bestimmte Lagerung von Glaselementen ist möglich, wenn entsprechende Verschiebungsmöglichkeiten beispielsweise durch Langlöcher oder Buchsen ausgeführt werden. Das heißt, dass eine an vier Punkten gelagerte Scheibe einen Festpunkt hat, zwei Punkte mit je einem Freiheitsgrad in Scheibenebene und der vierte Punkthalter kann sich in beide Richtungen in Scheibenebene verschieben (vgl. Bild 13.9). Hierdurch ist eine durch Temperaturdehnungen denkbare Zwangsbeanspruchung ausgeschlossen, solange die Verformungsfähigkeit dauerhaft gegeben ist.

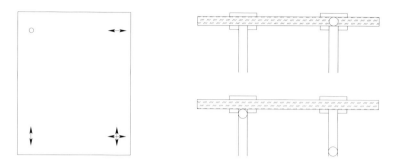

Bild 13.9 Bewegungsmöglichkeiten für statisch bestimmte Lagerung, mögliche Lage von Gelenken bei Punkthaltern (schematisch)

Häufig werden für großflächige Fassaden sogenannte „Spider" verwendet, die jeweils einen Auflagerpunkt für vier angrenzende Scheiben bilden (vgl. Bild 13.10) Dieser weist z. B. ein Festlager, ein Langloch und zwei Loslager auf, an die jeweils ein Punkthalter angeschlossen wird.

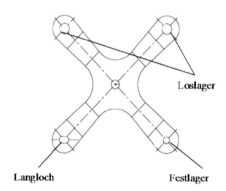

Bild 13.10 Beispiel einer „Spiderarm"-Halterung

Zur Ausbildung idealer Gelenke und Ausführung dauerhafter Verschieblichkeiten ist allerdings ein hoher konstruktiver und werkstofftechnischer Aufwand erforderlich, was zu hohen Kosten führt. Insbesondere ist das Eindringen von Feuchtigkeit bzw. Korrosion zu verhindern. Die Praxis zeigt, dass die Garantie einer dauerhaften Verschieblichkeit und damit zwängungsfreien Lagerung während der gesamten Nutzungsdauer eines Gebäudes häufig ein Problem darstellt.

Es werden Punkthalter ohne und mit (Kugel-)Gelenken angeboten, je nach Hersteller (bedingt durch Patente, Philosophie, Fertigungsmöglichkeiten) sind die Gelenke in der Glasebene (d. h. ohne Versatz), unter der Glasscheibe oder an der Befestigung Punkthalter/Unterkonstruktion angeordnet. Je nach Anwendungsfall und Beanspruchung sind die verschiedenen Typen einzusetzen. Eine Auswahl von Punkthaltertypen (Teller- und Senkkopfhalter) ist Bild 13.11 zu entnehmen.

Bild 13.11 Beispiele von Punkthaltertypen

Zur Vermeidung eines Stahl-Glas-Kontaktes werden zwischen Punkthalter und Glas geeignete Zwischenschichten eingebracht. Zwischen Teller und Glas werden elastische Zwischenschichten verwendet, hauptsächlich Ethylen-Propylen-Dien-Kautschuk (EPDM), Polyamid (PA), Polyvinylchlorid (PVC), Silikon, Weichaluminium oder Epoxidharze. Zwischen Bolzen und Glasbohrung werden in der Regel vorgefertigte Hülsen aus Aluminium oder Kunststoff eingebracht. Eine weitere Möglichkeit ist das Ausspritzen der Bohrung mit einer Vergussmasse, hier kommen insbesondere Reaktionsharze zum Einsatz. Diese Art von Verfüllung ermöglicht einen guten Toleranzausgleich zwischen Bohrloch und Halterung. Von Nachteil ist die hohe Präzision, die erforderlich ist, um eine gleichmäßige Verteilung des Füllmaterials im Bohrloch zu erzielen. Ebenso ist bei den meisten Reaktionsharzen auf eine ausreichende Aushärtungszeit zu achten. In Bild 13.12 ist eine mit Hybridmörtel ausgefüllte Bohrung dargestellt. Untersuchungen zu fünf unterschiedlichen Reaktionsharzen sind in [200] enthalten.

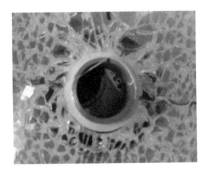

Bild 13.12 Beispiel einer mit Hybridmörtel ausgefüllten Bohrung

Im Fassadenbereich stellen Punkthalter eine Lagerungsalternative zu den klassischen Pfosten-Riegel-Konstruktionen dar (vgl. Bilder 13.13 und 13.14). In Verbindung mit Seilkonstruktionen lassen sich sehr filigrane Tragstrukturen realisieren.

Bild 13.13 Über Tellerhalter und Spiderarme gelagerte Glasfassade

Bild 13.14 Über Senkkopfhalter gelagerte Glasfassade

Bild 13.15 Über Tellerhalter gelagerte Vordachkonstruktion

Ein weiterer Einsatzbereich sind Dach- bzw. Horizontalverglasungen (vgl. Bild 13.15). Sehr oft ausgeführt werden auch über Stäbe abgehängte Vordachkonstruktionen die bisher nicht in den Geltungsbereich einer Norm oder Technischen Regel fallen, so dass die Verwendbarkeit generell über eine allgemeine bauaufsichtliche Zulassung oder Zustimmung im Einzelfall nachgewiesen werden muss.

Im Horizontalbereich werden in der Regel wegen der besseren Resttragfähigkeit Tellerhalter verwendet. Bei begehbaren oder betretbaren Verglasungen sind zusätzliche Anforderungen zu beachten (vgl. Kapitel 15, 16).

Konstruktive Randbedingungen für punktförmig gelagerte Verglasungen mit Tellerhaltern sind z. B. in den TRPV [2] oder DIN 18008-3 [6] gegeben (vgl. Abschn. 16.3 und 17.3). Für Konstruktionen außerhalb des geregelten Bereichs gibt es eine Reihe von allgemeinen bauaufsichtlichen Zulassungen, z. B. [201–204]. Eine jeweils aktuelle Übersicht der allgemeinen bauaufsichtlichen Zulassungen ist auf den Internetseiten des DIBt zu finden (www.dibt.de).

Sonderkonstruktionen

Entwicklungen, die auf hohe Transparenz und eine möglichst plane Glasoberfläche ohne Halterungen zielen, sind z. B. Punkthalter, die die Scheibe nur teilweise durchdringen (vgl. Bild 13.16), sogenannte Hinterschnittanker [205]. Eine andere Möglichkeit sind beispielsweise Halter, die in Fasen an den Glaskanten sitzen.

Bild 13.16 Sonderkonstruktionen

13.4.2.3 Kombination Linien- und Punktlagerung

Insbesondere bei Überkopfverglasung wird häufig an der Unterseite eine linienförmige Lagerung und gegen abhebende Kräfte eine punktförmige Lagerung, z. B. durch einzelne Teller ausgeführt. Abhängig von der Anordnung der punktförmigen Lagerung kann es hier bei größeren Verformungen zu „abhebenden Ecken" kommen.

13.4.3 Klebeverbindungen

13.4.3.1 Allgemeines

Eine Alternative zu mechanischen Befestigungen stellen Klebeverbindungen dar. Von Vorteil ist die gleichmäßige Lastabtragung über die Klebefugen in die Unterkonstruktion ohne in der Verglasung Spannungsspitzen zu erzeugen. Bohrungen oder Aussparungen in den zu verbindenden Bauteilen sind nicht erforderlich. In der Automobilindustrie gehören Klebeverbindungen zum Standard. Im Bauwesen stellt sich der Einsatz komplizierter dar, da die Nutzungsdauer von Gebäuden weitaus länger ist (in der Regel mindestens 25 Jahre) und daher aufwendigere Nachweise hinsichtlich der Dauerhaftigkeit und der Qualitätssicherung erforderlich sind. Außerdem ist die Verarbeitung auf der Baustelle, die spätestens bei Reparatur ansteht, nicht mit Bedingungen der Automobilfertigung zu vergleichen.

Allerdings gibt es für geklebte Konstruktion bisher keine Normen. Verklebungen sind in Deutschland bislang nur im Rahmen einer Zustimmung im Einzelfall oder einer europäischen technischen Zulassung für geklebte Fassaden (SSGS – Structural Sealant Glazing Systems) möglich. Die Anforderungen für die Zulassung von SSGS-Systemen regelt die europäische Leitlinie ETAG 002 [188]. Diese schreibt eine rechteckige Verglasung und eine an allen Kanten linienförmige Verklebung sowie die Verwendung eines Silikon- Klebstoffes vor. Structural Sealant Glazing Fassaden werden bereits seit den 1960er Jahren in den USA gebaut. Im Vergleich dazu liegen für andere Klebstoffe derzeit noch keine langjährigen Erfahrungen vor. Untersuchungen zur Eignung alternativer Klebstoffe und Verbindungsmöglichkeiten im konstruktiven Glasbau sind Gegenstand aktueller Forschungsarbeiten, z. B. [207–209].

13.4.3.2 Geeignete Klebstoffe und deren Eigenschaften

Für die Verwendung im konstruktiven Glasbau haben sich einige Klebstoffe aufgrund ihrer chemischen, physikalischen und mechanischen Eigenschaften als besonders geeignet erwiesen, dies sind vor allem Silikone. Daneben eignen sich noch Acrylate, Epoxidharze und Polyurethane [206, 207]. Ausgenommen der Silikone liegen für die genannten Klebstoffe derzeit noch keine Langzeiterfahrungen bei Anwendung im Glasbau vor, insbesondere fehlen Untersuchungen zur Dauerhaftigkeit.

Während der Nutzungsdauer können Einwirkungen u. U. zu Kriech- und Ermüdungserscheinungen führen. Des Weiteren können Umwelteinflüsse wie z. B. Temperatur, UV-Strahlung und Feuchtigkeit, zu Alterungserscheinungen und damit Festigkeitsverlust führen. Hier sind geeignete Testmethoden erforderlich, um die Dauerhaftigkeit nachzuweisen.

Bei geklebten Verbindungen kann prinzipiell zwischen Adhäsions- und Kohäsionsbruch oder einer Kombination beider Versagensarten unterschieden werden. Beim Adhäsionsbruch tritt das Versagen direkt an der Grenzfläche zwischen Klebstoff und zu verbindender Oberfläche auf. Beim Kohäsionsbruch tritt dagegen der Bruch innerhalb der Verklebung auf. Adhäsionsbrüche sollten vermieden werden bzw. sind z. B. nach ETAG 002 nicht zulässig, da dies Haftungsprobleme vermuten lässt. Die Haftwirkung ist im Wesentlichen von der Oberflächenqualität und -planität der zu verbindenden Komponenten abhängig. Je nach verwendetem Klebstoff ist u. U. die Oberflächen vorzubehandeln bzw. zu be- oder entschichten. Wichtig für dauerhafte Klebeverbindungen ist auch die Verträglichkeit mit anderen in Kontakt kommenden Materialien, wie z. B. EPDM, Beschichtungen, Dichtungen, etc.

Entsprechend deren E-Modul und Schubmodul können flexible und steife Klebstoffe unterschieden werden. *Silikone* und *Polyurethane* zählen zu den Ersteren und können in die Gruppe der Elastomere eingeordnet werden. Im Gegensatz zu steifen Klebstoffen können durch eine hohe Bruchdehnung Spannungsspitzen ausgeglichen und Toleranzen besser aufgenommen werden. Ebenso sind flexible Klebstoffe zur Aufnahme dynamischer Lasten geeignet. Unter Schubbelastung zeigen sie eine geringe Steifigkeit und weisen große Verformungen auf. Durch die große Verformbarkeit kommt es zu keinem schlagartigen Versagen der Klebefuge. Elastomere verhalten sich nahezu inkompressibel was bei Entwurf und Konstruktion entsprechend zu beachten ist. Aufgrund des ausgeprägten Kriechverhaltens unter Lasteinwirkung beträgt die Kurzzeitfestigkeit ein Vielfaches der Langzeitfestigkeit.

Von baupraktischer Relevanz ist hauptsächlich bei *Silikonen* die hohe Temperaturbeständigkeit ohne wesentliche Änderung der physikalischen Eigenschaften (−60 °C bis 150 °C), verbunden mit einer niedrigen Glasübergangstemperatur, Beständigkeit gegen UV-Licht, Ozon und Schwefeldioxid. Im Gegensatz zu anderen organischen Materialien führen bei Silikonen Temperaturveränderungen nicht zum Verhärten oder zum Erweichen. Allerdings weisen Silikone ausgeprägte Kriecherscheinungen auf und besitzen keine hohe Festigkeit. Aus architektonischer Sicht wird insbesondere bei Glas-Glas-Verbindungen die schwarze Farbe des Klebstoffs als störend empfunden.

Silikonklebstoffe sind als Einkomponenten- oder Zweikomponentensysteme erhältlich. Einkomponenten- und Zweikomponentensilikone unterscheiden sich im Wesentlichen darin, dass die Aushärtung von einkomponentigen Silikonen in Anwesenheit von Luft erfolgt. Dadurch werden mögliche Klebstoffgeometrien stark eingeschränkt. Bei Zweikomponentensilikonen hingegen erfolgt die Aushärtung chemisch über das Zusammenwirken der beiden Komponenten, so dass auch eine großflächige Verklebung möglich ist.

Polyurethane werden entweder als ein- oder zweikomponentige Systeme verwendet. Diese unterscheiden sich darin, dass einkomponentige Polyurethane nur an feuchter Luft aushärten. Je nach Zusammensetzung sind die mechanischen Eigenschaften und Verarbeitungsmöglichkeiten variierbar. Vorwiegend finden Polyurethane im Fahrzeugbau Anwendung.

Acrylate und *Epoxidharze* werden zu den steifen Klebstoffen gezählt. Sie weisen zwar eine hohe Festigkeit auf, können aber keine Spannungskonzentrationen abbauen oder große Verformungen aufnehmen und versagen durch Sprödbruch ohne Vorankündigung.

Die Klebstoffdicken von *Acrylaten* betragen in der Regel weniger als 1 mm, Unebenheiten auf den zu verklebenden Oberflächen können daher nur schwer ausgeglichen werden [210]. Für den konstruktiven Glasbau eignen sich hauptsächlich hochtransparente einkomponentige Acrylate. Die Aushärtung erfolgt durch ultraviolettes oder sichtbares Licht. Erfolgreich angewendet werden Acrylate bisher im Möbelbau zur Verbindung von Glaselementen und für die Verklebung von Scharnieren und Glastüren.

Für *Epoxidharze* werden im Bauwesen in der Regel zweikomponentige Epoxidharze verwendet, die bei Raumtemperatur aushärten. Es sind Klebstoffdicken über 5 mm möglich, so dass Toleranzen besser als mit Acrylaten aufgenommen werden können.

Um die mechanischen Eigenschaften und die Qualitätssicherung einer Klebeverbindung zu erzielen, sind in der Regel mehrere Arbeitsschritte erforderlich (Oberflächenvorbereitung, Auftragen, Fügen bzw. Fixieren und Aushärtung) und bedürfen größter Sorgfalt, da das Versagen einer Klebeverbindung ein erhebliches Sicherheitsrisiko darstellt. Einige Klebstoffe dürfen daher nur im Herstellwerk und nicht auf der Baustelle verarbeitet werden.

Detaillierte Informationen zu Klebeverbindungen sind z. B. [206, 210, 211] zu entnehmen.

Im Folgenden wird auf Silikonverbindungen noch etwas genauer eingegangen, da diese auf Grund ihrer nachgewiesenen Dauerhaftigkeit im Bauwesen eine zentrale Rolle spielen.

13.4.3.3 Structural Sealant Glazing Systeme

Für Structural Sealant Glazing Systeme (SSGS) werden innerhalb Europas europäische technische Zulassungen (ETAs) auf Grundlage der ETAG-Richtlinie 002 [188] erteilt. Gegenstand der Richtlinie sind die Komponenten Glas, Klebstoff sowie die Auflagerkonstruktion. Sie kann für Vertikal- und Horizontalverglasungen verwendet werden, der Einbaubereich liegt zwischen 7° und 90° gegenüber der Horizontalen.

Generell werden vier unterschiedliche Lagerungstypen unterschieden (vgl. Bild 13.17): Bei Typ 1 und Typ 2 werden alle Einwirkungen außer das Eigengewicht der Verglasung über die Verklebung abgetragen, bei Typ 3 und Typ 4 zusätzlich das Eigengewicht. Allerdings dürfen die letzteren beiden Typen nur für monolithische Einfachverglasungen verwendet werden. Typ 1 und Typ 3 haben zusätzlich mechanische Halterungen (sogenannte Nothalter) für den Fall eines Versagens der Verklebung.

In Deutschland sind nur Systeme des Typs 1 und 2 zulässig, ab einer Einbauhöhe von 8 m über Gelände ist generell nur Typ 1 zu verwenden. Für Verglasungen die nach ETAG 002, Teil 2 [189] mit beschichtetem Aluminium verklebt werden, ist die Einbauhöhe auf 8 m über Gelände unter Verwendung des Typs 1 beschränkt.

Die Verglasung muss rechteckig sein. Zur Verklebung dürfen nur Silikon-Elastomere verwendet werden. Die Verklebung selbst muss im Querschnitt rechteckig sein und linienförmig an allen Rändern der Verglasung auf Oberflächen aus unbeschichtetem oder beschichtetem Glas, eloxiertem oder beschichtetem Aluminium (beschichtetes Aluminium ist Gegenstand des zweiten Teils der ETAG 002 [189]) oder nichtrostendem Stahl aufgebracht werden. Für die Klebefugen sind Seitenverhältnisse zwischen 1:1 und 1:3 einzuhalten, hierbei muss die Dicke der Klebefuge mindestens 6 mm und die Breite der Klebefuge zwischen 6 mm und 20 mm betragen. Die exakten Werte ergeben sich aus einer Bemessung (vgl. Abschn. 14.4).

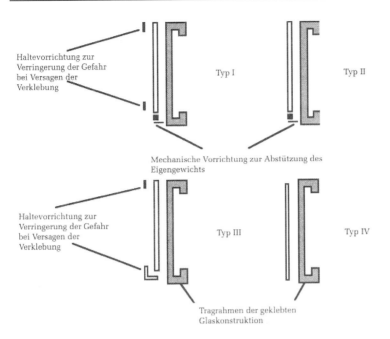

Bild 13.17 Auflagervarianten nach [188]

Zur Qualitätssicherung muss die Klebeverbindung unter Werkstattbedingungen, d. h. in der Regel beim Hersteller und nicht auf der Baustelle unter kontrollierten Bedingungen erfolgen. Zur Sicherung eines hohen Qualitätsstandards ist vom Hersteller eine ständige werkseigene Produktionskontrolle durchzuführen und unterliegt einer in regelmäßigen Abständen erfolgenden Fremdüberwachung durch eine unabhängige Prüfstelle.

Die Leitlinie geht von einer Nutzungsdauer von 25 Jahren aus und nennt umfangreiche Anforderungen und (Test-)Methoden zum Nachweis der Dauerhaftigkeit, die für einen Verwendbarkeitsnachweis erforderlich sind. Für die Komponenten der tragenden Verglasung werden Temperaturbereiche von −20 °C bis +80 °C abgedeckt.

Mittlerweile gibt es eine Vielzahl von Silikonklebstoffen und tragende Verglasungssysteme, die über eine ETA verfügen. Über die Internetseite der European Organisation of Technical Approvals (EOTA) unter www.eota.be kann über eine Suchfunktion eine aktuelle Übersicht erstellt werden. Hierbei ist noch zu unterscheiden zwischen Silikonen die nur für die Verklebung des Randverbundes von Isolierverglasungen und für SSG-Konstruktionen verwendet werden dürfen. Ein Beispiel eines zugelassenen Systems ist Bild 13.18 zu entnehmen.

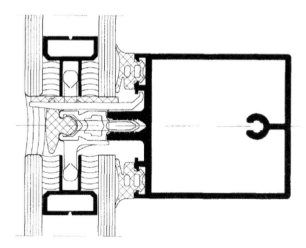

Bild 13.18 Beispiel eines SSG-Systems [212]

13.4.3.4 Andere tragende Silikonverbindungen

In der Regel werden auch für alternative Klebstoffgeometrien Zweikomponentensilikone mit vorhandener ETA verwendet, da diese eine nachgewiesene Dauerhaftigkeit besitzen, ohne die Anwesenheit von Luft aushärten und damit mehr Möglichkeiten zur Ausbildung der Klebefugengeometrie gegeben sind. Beim Entwurf sollte u. a. beachtet werden, dass im Bereich der Klebefuge dauerhafte Feuchtigkeit sowie hohe Temperaturen zu vermeiden sind.

Für die Lagerung von Glasträgern oder Schwertern werden U-, L- oder T-förmige Klebungen verwendet (vgl. Bild 13.19). Allerdings ist auch die Verklebung von Punkthaltern möglich. Eine Untersuchung und Bewertung hinsichtlich der Eignung der unterschiedlichen Klebstoffgeometrien bzw. -verbindungen enthält [213]. Eine kurze Zusammenstellung dieser Ergebnisse ist [214] zu entnehmen.

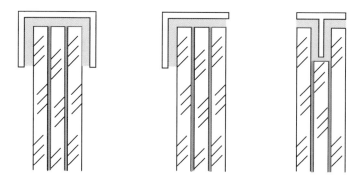

Bild 13.19 Unterschiedliche Klebstoffgeometrien tragender Verklebungen

Analog zu den Vorgaben für SSG-Konstruktionen sind auch hier umfangreiche Untersuchungen zur Dauerhaftigkeit der Klebeverbindung und Kontrollen zur Qualitätssicherung erforderlich. Die erforderlichen Verwendbarkeitsnachweise werden die in der Regel im Rahmen einer Zustimmung im Einzelfall festgelegt. Es empfiehlt sich daher schon in der Anfangsphase eines Projekts mit der zuständigen Bauaufsicht Kontakt aufzunehmen, um die Anforderungen rechtzeitig abzuklären.

13.4.3.5 Anwendungen

Die Einsatzgebiete von tragenden Verklebungen im konstruktiven Glasbau reichen mittlerweile von Standardfassaden in Pfosten-Riegel-Bauweise bis zu komplexen Einzellösungen.

Zur Erhöhung der Transparenz werden oft bei raumhohen Verglasungen sogenannte Ganzglasecken verwendet (vgl. Bild 13.20). Wird die vertikale herkömmliche Fugenabdichtung durch eine tragende Silikonverklebung ersetzt, führt die statisch wirksame Fuge zu einer Reduzierung der Beanspruchungen in der Verglasung, was wiederum zu einer möglichen Verringerung der Glasdicken führt. Bei Glasstützen oder Schwertern eignen sich tragende Verklebungen zur gleichmäßigen Lastweiterleitung in die Unterkonstruktion.

Neue Einsatzbereiche wie die Verwendung tragender Silikonverklebungen bei Lärmschutzwänden oder die Verklebung von Befestigungselementen mit Photovoltaik-Modulen sind Gegenstand aktueller Forschungen.

Bild 13.20 Beispiel einer raumhohen Verglasung mit Ganzglasecke

14 Berechnung und Bemessung

14.1 Allgemeines

Zunächst muss eine Konstruktion ausreichende Tragfähigkeit bieten. Bei Glaselementen wird der Nachweis in der Regel auf dem Niveau der Hauptzugspannungen geführt. Grund hierfür ist, dass die Zugfestigkeit von Glas wesentlich geringer als die Druckfestigkeit ist.

Stabilitätsprobleme sind nur bei in Scheibenebene lastabtragenden oder zur Aussteifung dienenden Verglasungen zu untersuchen, allerdings handelt es sich dabei um einen Bereich der noch nicht geregelt ist. Allerdings existiert bereits eine Vielzahl von Forschungsarbeiten (vgl. Kapitel 18), die in den entsprechenden Normteil der DIN 18008 einfließen können (vgl. Abschn. 17.7).

Als Gebrauchstauglichkeitskriterium werden Verformungen bzw. Durchbiegungen festgelegt, für die je nach Anwendungsbereich in der entsprechenden Technischen Regel oder Norm (vgl. Kapitel 15ff) Grenzwerte angegeben werden.

Wegen des spröden Materialverhaltens von Glas muss in bestimmten Anwendungsbereichen wie z. B. bei Überkopfverglasungen, eine ausreichende Resttragfähigkeit sichergestellt sein. Entweder werden konstruktive Randbedingungen definiert (vgl. DIN 18008-2, DIN 18008-3, DIN 18008-5), so dass ohne weiteren Nachweis die Resttragfähigkeit sichergestellt ist, oder bei Abweichung experimentelle Nachweise gefordert. Entsprechende Anforderungen hinsichtlich der Versuchsdurchführung sind teilweise geregelt (vgl. DIN 18008-5, DIN 18008-6) oder werden im Einzelfall definiert (vgl. Abschn. 14.5). Eine weitere Möglichkeit ist ein rechnerischer Nachweis, welcher allerdings nur dann möglich ist, wenn davon ausgegangen werden kann, dass bei mehrlagigem Verbund- oder Verbundsicherheitsglas nicht alle Lagen zerstört werden und die gesamte Last von den restlichen intakten Lagen aufgenommen wird.

Zusätzliche Anforderungen müssen erfüllt werden wenn die Verglasung absturzsichernd ist. Verglasungen werden als absturzsichernd eingestuft, wenn Personen auf Verkehrsflächen gegen seitlichen Absturz zu sichern sind. Neben dem rechnerischen Nachweis der Tragfähigkeit unter statischen Einwirkungen ist zusätzlich der Nachweis der Tragfähigkeit unter stoßartigen Einwirkungen zu führen. Letzterer kann im Wesentlichen auf drei unterschiedliche Arten erbracht werden: Experimentell durch Pendelschlagversuche an Probekörpern in Bauteilgröße, rechnerisch oder durch Einhaltung von konstruktiven Randbedingungen (vgl. TRAV, DIN 18008-4 sowie Abschn. 16.2, 17.4).

Bei Verglasungen, die planmäßig begehbar sein sollen, werden neben dem rechnerischen Nachweis der Tragfähigkeit unter statischen Einwirkungen Anforderungen an die Stoßsicherheit und Resttragfähigkeit gestellt. Stoßsicherheit und Resttragfähigkeit können entweder experimentell über Versuche an Probekörpern in Bauteilgröße oder durch Einhaltung von konstruktiven Randbedingungen nachgewiesen werden (vgl. DIN 18008-5 und Abschn. 17.5).

Ingenieurbüro Spreng

Neipperger Höhe 45
74081 Heilbronn

Tel. 07131/2786815
Fax 07131/2786817

email : ibspreng@web.de
Internet : http://www.ibspreng.de

Tragwerksplanung
Statik und Konstruktion für
Fassaden- , Glas- , Metall- u. Stahlbau

- Erstellung prüffähiger statischer Nachweise
- Glasdickenberechnung von Einfach- u. Isolierglas mit gemischter Glaslagerung mittels FE-Methode
- Pendelschlagversuchssimulation
- Fachberatung und –planung
- Genehmigungs- u. Werkstattplanung

Ausführung von Stahlbauten

HERBERT SCHMIDT,
RAINER ZWÄTZ,
LOTHAR BÄR,
KARSTEN KATHAGE,
VOLKER HÜLLER,
CHRISTIAN KAMMEL,
MICHAEL VOLZ

Ausführung von Stahlbauten

Kommentare zu
DIN EN 1090-1 und
DIN EN 1090-2
Mit CD-ROM: DIN 1090
Teile 1 und 2 im Volltext
2011. 618 S.,
ca. 200 Abb., 50 Tab., Gb.
€ 122,–*
ISBN: 978-3-433-02941-1

■ Der Übergang von der nationalen Norm wird mit einer tiefgreifenden Änderung der Abläufe beim Bauen in Stahl einhergehen.
  Der Kommentar liefert die notwendigen Erläuterungen und ergänzenden Hintergrundinformationen zu DIN EN 1090-1 und DIN EN 1090-2. Die Struktur der Erläuterungen mit Beispielen folgt genau der Struktur der Normen.
  Die Verfasser gehen dabei besonders auf die Begrifflichkeiten in der neuen Norm und auf die baurechtlichen Implikationen bei der Anwendung in Deutschland ein.
■ Kommentar aus erster Hand für erstklassige Stahlbauten
■ Arbeitserleichterung und Sicherheit bei der Auslegung der Norm
■ mit CD-ROM: DIN EN 1090-1 und DIN EN 1090-2 im Volltext
■ Die Hinweise auf die Verzahnung mit den Eurocodes, auf internationale Zusammenhänge in den nationalen Vorworten anderer Länder sowie auf ingenieurhistorische Bezüge dienen dem besseren Verständnis und erleichtern die Einarbeitung.

Online-Bestellung: www.ernst-und-sohn.de

Ernst & Sohn
Verlag für Architektur und technische
Wissenschaften GmbH & Co. KG

Kundenservice: Wiley-VCH
Boschstraße 12
D-69469 Weinheim

Tel. +49 (0)6201 606-400
Fax +49 (0)6201 606-184
service@wiley-vch.de

HRSG.: K. BERGMEISTER,
J.-D. WÖRNER,
F. FINGERLOOS (SEIT 2009)

Beton-Kalender 2013
Schwerpunkte: Lebensdauer
und Instandsetzung,
Brandschutz
Teile 1 und 2
2012.
ca. 1100 S. ca. 800 Abb.
ca. 100 Tab. Gb.
ca. € 169,–*
Fortsetzungspreis: ca. € 149,–*
ISBN: 978-3-433-03000-4
Erscheint November 2012

■ Bauwerke dauerhaft und wirtschaftlich planen heißt heute, für die geplante Lebensdauer neben der Standsicherheit auch die Gebrauchstauglichkeit unter Berücksichtigung zeitabhängiger Einflüsse und Materialeigenschaften eines Tragwerkes nachzuweisen. Außerdem: Brandschutz.

■ Jährliche Schwerpunkte:
    2008 – Konstruktiver Wasserbau, Erdbebensicheres Bauen
    2009 – Aktuelle Massivbaunormen, Konstruktiver Hochbau
    2010 – Brücken, Betonbau im Wasser
    2011 – Kraftwerke, Faserbeton
    2012 – Infrastruk-turbau, Befestigungstechnik, Eurocode 2

HRSG.: W. JÄGER

Mauerwerk-Kalender 2013
Schwerpunkt 2013: Bauen im Bestand
2012.
ca. 700 S. ca. 500 Abb. Gb.
ca. € 139,–*
Fortsetzungspreis: ca. € 119,–*
ISBN: 978-3-433-03017-2
Erscheint Februar 2013

■ Bewährtes und Neues: Im 38. Jahrgang das Praxiskompendium für den Mauerwerksbau: Grundlagen, Beispiele, Normenkommentare - aktuell und aus erster Hand.

■ Jährliche Schwerpunkte:
    2008 – Abdichtung und Instandsetzung, Lehmmauerwerk
    2009 – Ausführung von Mauerwerk
    2010 – Normen für Bemessung und Ausführung
    2011 – Nachhaltige Bauprodukte und Konstruktionen
    2012 – Eurocode 6

HRSG.: U. KUHLMANN

Stahlbau-Kalender 2013
Eurocode 3 – Anwendungsnormen, Stahl im Anlagenbau
2013.
ca. 800 S. ca. 600 Abb.
ca. 50 Tab. Gb.
ca. € 139,–*
Fortsetzungspreis: ca. € 119,–*
ISBN: 978-3-433-02994-7
Erscheint April 2013

■ Der Stahlbau-Kalender dokumentiert und kommentiert den aktuellen Stand des deutschen Stahlbau-Regelwerkes. Herausragende Autoren vermitteln Grundlagen und geben praktische Hinweise für Konstruktion und Berechnung.

■ Jährliche Schwerpunkte:
    2008 – Dynamik, Brücken
    2009 – Stabilität
    2010 – Verbundbau
    2011 – Eurocode 3 – Grundnorm, Verbindungen
    2012 – Eurocode 3 – Grundnorm, Brückenbau

HRSG.: N. A. FOUAD

Bauphysik-Kalender 2013
Schwerpunkt: Nachhaltigkeit und Energieeffizienz
2013.
ca. 700 S. ca. 500 Abb.
ca. 200 Tab. Gb.
ca. € 139,–*
Fortsetzungspreis: ca. € 119,–*
ISBN: 978-3-433-03019-6
Erscheint März 2013

■ Ein Kompendium praxisgerechter Lösungen für Konstruktion, Berechnung und Nachweisführung des Wärme- und Feuchteschutzes sowie des Brand- und Schallschutzes. Normen, Kommentare, Beispiele und Details runden die Titel ab.

■ Jährliche Schwerpunkte:
    2008 – Bauwerksabdichtung
    2009 – Schallschutz und Akustik
    2010 – Energetische Sanierung von Gebäuden
    2011 – Brandschutz
    2012 – Gebäudediagnostik

*Der €-Preis gilt ausschließlich für Deutschland. Inkl. MwSt. zzgl. Versandkosten. Irrtum und Änderungen vorbehalten. 0179600006_dp

Ernst & Sohn
Verlag für Architektur und technische Wissenschaften GmbH & Co. KG

Kundenservice: Wiley-VCH
Boschstraße 12
D-69469 Weinheim

Tel. +49 (0)6201 606-400
Fax +49 (0)6201 606-184
service@wiley-vch.de

Online-Bestellung: www.ernst-und-sohn.de

Für Verglasungen, die nur von Reinigungs- und Wartungspersonal betreten werden können, sind ein rechnerischer Tragfähigkeitsnachweis unter statischen Einwirkungen sowie der Nachweis der Stoßsicherheit und Resttragfähigkeit erforderlich. Letztere müssen experimentell über Versuche an Probekörpern in Bauteilgröße nachgewiesen werden (vgl. DIN 4426, DIN 18008-6 sowie Abschn. 17.6).

14.2 Linienförmig gelagerte Verglasungen

Die Berechnung der Spannungen und Verformungen rechteckiger linienförmig gelagerter Platten ist in der Regel verhältnismäßig einfach möglich. So kann z. B. eine über schmale Klemmleisten gehaltene Verglasung ohne Bohrungen in einem statischen System meist als frei verdrehbare Linienlagerung abgebildet werden. Da die Abmessung der Scheibe in Dickenrichtung im Vergleich zu Breite und Länge klein ist, kann die Modellierung als zweidimensionale Platte mit eindimensionaler Lagerung entlang der Stützlinien erfolgen. Für einfache Geometrien und Laststellungen sind hierfür analytische Lösungen der Plattendifferentialgleichung möglich [215]. In Abschnitt 19.9 sind diese in tabellarischer Form für verschiedene Randbedingungen unter Beachtung der Materialkennwerte von Glas aufbereitet.

14.3 Punktförmig gelagerte Verglasungen

14.3.1 Allgemeines

Die Berechnung von Verglasungen, die durch Punkthalter in Bohrungen gelagert werden, ist weitaus schwieriger als bei linienförmig gelagerten Scheiben. Ein Nachweis der Tragsicherheit und Durchbiegung sollte in der Regel mittels geeigneter FE-Berechnung erfolgen. Dabei ist besonders hinsichtlich der Modellierung im Bereich der Bohrungen besondere Sorgfalt erforderlich. Viele Untersuchungen [215, 217, 196, 197] zeigen, dass es notwendig ist, bei der Berechnung die Auflagersituation im Bereich der Bohrungen möglichst genau abzubilden, um eine möglichst realitätsnahe Abbildung der Spannungen und Verformungen zu erreichen. Die Lagerung nur eines Knotens ohne Modellierung von Bohrung, Zwischenlagen und Geometrie der Halter ist nicht ausreichend. Allerdings ist hierbei die Art der Modellierung von entscheidender Bedeutung.

Punktförmig gelagerte Verglasungen mit Tellerhaltern werden derzeit über die TRPV [2] und zukünftig über DIN 18008-3 [6] geregelt (vgl. Abschn. 16.3 und 17.3). Für Konstruktionen außerhalb des geregelten Bereichs, wie z. B. Verglasungen mit Halterungen in konusförmigen Bohrungen ist eine allgemeine bauaufsichtliche Zulassung oder Zustimmung im Einzelfall erforderlich.

14.3.2 Nachweis der Verwendbarkeit

Zum Nachweis der Verwendbarkeit von punktgehaltenen Verglasungen gehören zum einen die Nachweise der Punkthalter als Bauteil und zum anderen die Nachweise der Tragsicherheit und Gebrauchstauglichkeit.

Beim Nachweis der Tragsicherheit und Durchbiegung mittels FEM-Programmen sollten beispielsweise die folgenden Punkte beachtet werden:

- Netzfeinheit im Bereich von Spannungskonzentrationen.
- Die geometrischen Verhältnisse sind hinreichend genau abzubilden, d. h. Bohrungen (ggf. auch durch Volumenelemente), Exzentrizitäten, Zwischenlagen, Punkthalter. Dadurch können auch Zusatzbeanspruchungen aus Exzentrizitäten von Gelenken erfasst werden.
- Nicht gesicherte Eingangsgrößen sind durch geeignete Grenzfallbetrachtungen abzudecken.
- Ein günstig wirkender Schubverbund bei Verbundsicherheitsscheiben darf nicht berücksichtigt werden; d. h. der Grenzfall „voller Verbund" ist ungünstigenfalls (z. B. bei Klimabeanspruchungen oder Stützensenkung) zu untersuchen.
- Verformungen der Unterkonstruktion sowie Temperaturdehnungen können – abhängig vom Anwendungsfall – erhebliche Beanspruchungen zur Folge haben und dürfen nicht vernachlässigt werden.
- Für die Berechnung von Isolierverglasungen sind Klimalasten sowie gegebenenfalls der Randverbund zu beachten.
- Nichtlineare Berechnungsverfahren – beispielsweise hinsichtlich Geometrie, Material oder Kraftübertragungsmechanismen zwischen Punkthalter und Glas (Kontakt) – können erforderlich werden, wenn lineare Berechnungen nicht auf der sicheren Seite liegen oder verwendet werden, um rechnerische Beanspruchungen aus linearer Berechnung eventuell zu reduzieren.

Zusammenfassend ist festzustellen, dass zur Durchführung realitätsnaher Berechnungen neben einem leistungsfähigen, geeigneten FEM-Programmsystem die entsprechenden theoretischen Kenntnisse und Erfahrungen unerlässlich sind. Darüber hinaus ist eine Verifizierung des jeweils zugrunde liegenden Berechnungsmodells mit Hilfe analytischer Lösungen und geeigneter Versuche („Benchmark") notwendig, damit Aussagen zur Güte einer Berechnung bzw. Modellierung gemacht werden und daraus Modifikationen oder Kalibrierungen auf gesicherter Basis entwickelt werden können [215].

Eine Verifizierung soll, neben einer aufwendigen FE-Modellierung mit Volumen- und Kontaktansätzen, auch vereinfachte auf der sicheren Seite liegende Modellierungen ermöglichen, welche die maßgebenden Einflüsse berücksichtigen.

„Einfache", d. h. in der Praxis bewährte, punktförmig über Tellerhalter gelagerte Verglasungen im Vertikal- und Überkopfbereich regelt bislang die TRPV. In dieser Regel werden allerdings keine Angaben zur Verifizierung des FE-Modells gemacht. Als Glasprodukte dürfen daher auch nur VSG aus ESG bzw. TVG verwendet werden. Der Nachweis der Halter ist nicht Teil der Technischen Regel, er muss auf Basis der Technischen Baubestimmungen, allgemeinen bauaufsichtlichen oder europäischen technischen Zulassungen nachgewiesen werden.

In der zukünftig geltenden DIN 18008-3 wird dieser Problematik in weiten Bereichen Rechnung getragen. Für den Nachweis der Punkthalter und Zwischenmaterialien ist eine Prüfvorschrift für versuchstechnische Nachweise vorgegeben. Des Weiteren ist für die Verifizierung des FE-Modells im Bohrungsbereich eine mögliche Vorgehensweise beschrieben. Darüber hinaus wird die Möglichkeit gegeben, den Tragfähigkeits- und Gebrauchstauglichkeitsnachweis über ein vereinfachtes Verfahren zu führen, welches eine aufwendige Modellierung im Bohrungsbereich nicht erforderlich macht.

Im Rahmen allgemeiner bauaufsichtlicher Zulassungen werden allerdings für jeden Punkthaltertyp Bestimmungen zur Verifizierung des FEM-Programms einschließlich der erforderlichen Nachweise festgelegt, z. B. [203, 204, 218, 219]. Gleiches gilt bei Zustimmungen im Einzelfall.

In Baden-Württemberg sind die wichtigsten Anforderungen an den Punkthalter im Rahmen eines Zustimmungsverfahrens in einem Merkblatt (Merkblatt H1 „Glashalter im Rahmen von Zustimmungsverfahren in Baden-Württemberg", Fassung 14.01.2008 der LGA Baden-Württemberg, Landesstelle für Bautechnik) zusammengestellt und im Folgenden wiedergegeben:

Für Glashalterungen, deren Verwendbarkeit sich nicht auf Basis einschlägiger Vorschriften des Metallbaus nachweisen lässt, ist zu offenen Fragen eine gutachtliche Stellungnahme einer anerkannten Stelle vorzulegen.

Wichtige vom Hersteller (H) und dem Gutachter (G) zu beantwortende Fragen sind nachfolgend stichwortartig zusammengefasst:

H: Genaue und eindeutige Beschreibung des Haltersystems:
Abmessungen, genaue Materialangaben, geometrischer Anwendungsbereich, Angabe aller Fügeverfahren, Angabe der für Tragfähigkeit und Funktionalität wichtigen Fertigungstoleranzen, Angaben zu qualitätssichernden Maßnahmen, usw.

H: Montageanweisung, Angaben zu ggf. erforderlichen Wartungsintervallen

G: Tragfähigkeit (M, N, Q und kombinierte Belastung, Gewindebolzen sind in der Regel rechnerisch nachzuweisen)

G: Dreh- und Verschiebungswiderstände unter Last- und Temperatureinwirkung

G: Beurteilung nicht geregelter Materialien (z. B. Gewindebolzen aus nichtrostendem Stahl, der nicht durch die allgemeine bauaufsichtliche Zulassung Z-30.6-3 abgedeckt ist)

G: Zusammenfassende Stellungnahme zu Angaben des Herstellers (Montage, qualitätssichernde Maßnahmen, Dauerhaftigkeit, Wartungsintervalle, usw.) und Versuchsergebnissen

H: Vom Hersteller der Halter ist im Rahmen des Zustimmungsverfahrens eine Erklärung abzugeben, in der er die Übereinstimmung der tatsächlich zur Verwendung kommenden Halterungen mit den eingereichten Planungsunterlagen verantwortlich bestätigt.

G: Um bei rechnerischen Nachweisen ggf. notwendige unwirtschaftliche Grenzfallbetrachtungen zu vermeiden, wird zudem empfohlen, belegte für FE-Berechnungen erforderliche Eingangswerte zur Verfügung zu stellen. (z. B. Elastomersteifigkeiten für Winter und Sommerbedingungen, Verschiebungswiderstände, ggf. versuchstechnisch bestätigtes Rechenmodell zur Eichung von FE-Modellierungen, usw.)

Beispielhaft wird die Modellierung eines einfachen Vordaches mit 6 Punkthaltern in zylindrischen Bohrungen dargestellt, vgl. Bild 14.1. Drei Punkthalter sind unmittelbar an der Wand befestigt, die anderen drei über Zugstangen angeschlossen. Dadurch ergeben sich für das Glas zusätzliche Beanspruchungen in Scheibenebene, eine Berechnung mit einem ebenen FE-Modell ist nicht ohne weitere Überlegungen möglich. In dem Fall zylindrischer Bohrungen für die Punkthalter in Einfachverglasung ist – abhängig vom Punkthalter – eine Modellierung der Glasscheibe durch Schalenelemente möglich. Sobald jedoch Punkthalter in konischen Bohrungen zum Einsatz kommen, ist die Verwendung von Volumenelementen für die Abbildung der Glasscheibe im Bohrungsbereich erforderlich.

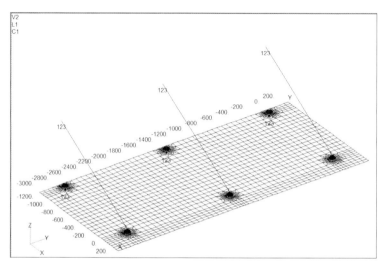

Bild 14.1 Isometrie: Punktgehaltenes Vordach mit Zugstangen abgehängt

In Bild 14.2 ist der mittlere, über eine Zugstange angeschlossene vordere Punkthalter vergrößert dargestellt. Die Generierung dieses FEM-Netzes erfolgte „automatisch", d. h. Knoten und Elementeinteilung erfolgt durch einen in der grafischen Oberfläche des FEM-Programmsystems integrierten Netzgenerator. Dabei finden auch dreieckige Elemente Verwendung.

14.3 Punktförmig gelagerte Verglasungen

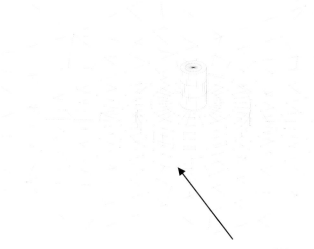

Bild 14.2 Detail im Bereich Punkthalter, „schlechtes" Netz

Die versteifende Wirkung mit der Folge rechnerischer, lokaler Spannungsspitzen ist in Bild 14.3 zu erkennen.

In Bild 14.4 sind die Hauptspannungen unter derselben Belastung an einem mittels manueller Nachbearbeitung erzeugten Netz mit ausschließlicher Verwendung von 4-Knoten-Elementen dargestellt. Für die Legende findet in beiden Fällen eine identische Skaleneinteilung Verwendung.

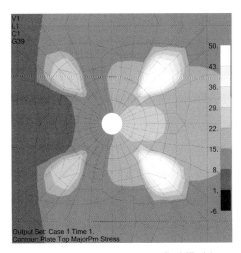 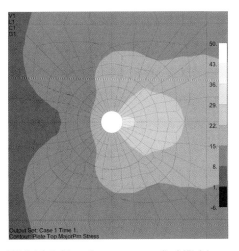

Bild 14.3 Hauptspannungen (in MPa) im Lochbereich unter Verwendung von Dreieckelementen (automatisch generiertes Netz)

Bild 14.4 Hauptspannungen (in MPa) im Lochbereich nach manueller Überarbeitung des Netzes, nur noch Viereckelemente

14.3.3 Ausblick

Als Weiterentwicklung zur Verifizierungsmethode nach DIN 18008-3 werden aktuell analytische Lösungen, die auf mechanischen Grundlagen basieren, für bereichsweise belastete Kreis- sowie Kreisringplatten unter veränderlichen Einwirkungen erarbeitet und mit FE-Berechnungen verglichen. Diese analytischen Lösungen können u. a. zur Qualitätssicherung von FE-Ergebnissen bei Punktlagerungen mit oder ohne Bohrung angewendet werden (Download unter www.unibw.de/glasbau) [220]. Zur Identifizierung von Lastübertragungspfaden zwischen Glas und Punkthalter wurden des Weiteren experimentelle Untersuchungen an Punkthaltern sowie an Glasscheiben in Kombination mit Punkthaltern durchgeführt Durch die experimentellen Untersuchungen konnte festgestellt werden, welche Lastübertragungspfade im Bohrungsbereich aktiviert werden. [197].

Die Modellierung von Verglasungen, die über Halterungen in konusförmigen Bohrungen gelagert werden, stellt sich noch komplexer dar als Halterungen in zylindrischen Bohrungen. Bislang gab es hierzu nur wenige Untersuchungen, um daraus eine Verifizierungsmethode abzuleiten. Im Rahmen von [196] werden derzeit verschiedene numerische Modellierungsparameter variiert und untersucht, wie z. B. Netzfeinheit im Bereich der Bohrung, Abbildung des Verformungsverhaltens der Zwischenschichten und Hülsen, Abbildung der Kraftübertragungsmechanismen zwischen Punkhalter und Glas. Des Weiteren werden u. a. geometrische Randbedingungen der Verglasung und der Halterung sowie Werkstoffkennwerte variiert und wesentliche Einflüsse auf die Beanspruchungen im Bohrungsbereich bestimmt.

14.4   Klebeverbindungen

14.4.1 Allgemeines

Für die Bemessung von Klebeverbindungen gibt es bisher nur für Silikone ein vereinfachtes Verfahren, das in ETAG 002 beschrieben wird und für rechteckige Verglasungen mit umlaufenden, im Querschnitt rechteckigen, Klebefugen gilt.

Untersuchungen [221] zeigen, dass zur realitätsnahen Abbildung unterschiedlicher Klebstoffgeometrien und zur Erfassung des komplexen Tragverhaltens von Klebstoffen, insbesondere des hyperelastischen Werkstoffverhaltens von Silikonen, die Entwicklung aufwendiger numerischer Modelle notwendig sind. Die Schwierigkeit liegt darin, geeignete Materialmodelle zu finden und dazugehörige Parameter zu identifizieren.

Bisher werden bei komplexen Klebstoffgeometrien zwar numerische Berechnungen durchgeführt, aber oft linear-elastische Werkstoffmodelle und ingenieurmäßige Grenzfallbetrachtungen herangezogen. Die Berechnungen liegen zwar auf der sicheren Seite, ermöglichen aber nicht den wirtschaftlichen Einsatz von Klebeverbindungen.

Einfache Ingenieurmodelle bzw. Bemessungsverfahren können allerdings erst entwickelt werden, wenn hinreichende numerische und versuchstechnische Untersuchungen vorliegen.

14.4.2 Bemessung nach ETAG 002

In ETAG 002 [188] wird das komplexe Materialverhalten von Silikonklebstoffen sowie die Beanspruchung der Klebefugen mit vereinfachten Annahmen in ein Bemessungskonzept umgesetzt. So wird z. B. von einer homogenen Spannungsverteilung in der Klebefuge ausgegangen, nichtlineare Spannungsverteilungen aufgrund der Durchbiegung der Verglasung unter Beanspruchung werden nicht berücksichtigt. Ebenso unberücksichtigt bleibt die Steifigkeit der Unterkonstruktion.

Die charakteristischen Festigkeitswerte werden aus Zug- bzw. Schubversuchen ermittelt und daraus die entsprechenden Bemessungswerte des Tragwiderstandes. Der Bemessungswert der Zugspannung und der Schubspannung werden wie folgt berechnet, es wird ein globaler Sicherheitsfaktor von $\gamma = 6{,}0$ angesetzt:

$$\sigma_{des} = \frac{R_{u,5}}{6} \quad \text{bzw.} \quad \tau_{des} = \frac{R_{u,5}}{6} \tag{14.1}$$

mit
$R_{u,5}$ charakteristische Festigkeit bei 5 % Bruchwahrscheinlichkeit und einem Vertrauensbereich 75 %
σ_{des} Zugspannung (Bemessungswert)
τ_{des} Schubspannung (Bemessungswert)

Genauere Informationen zur Bestimmung der charakteristischen Festigkeitswerte sind ETAG 002 zu entnehmen, sie sind in den europäischen technischen Zulassungen für die Silikone angegeben.

Die Durchbiegung der Unterkonstruktion ist auf 1/300 der Spannweite zwischen den Auflagerpunkten begrenzt. Für die Verglasung beträgt die maximale Durchbiegung in Feldmitte 1/100 der kürzeren Seite.

Für die Systeme des Typs 1 und des Typs 2 sind für die Dimensionierung der Klebefuge folgende Nachweise zu führen:

– Die minimale Verklebungsbreite wird wie folgt bestimmt:

$$h_c \geq \left| \frac{a \cdot W}{2 \cdot \sigma_{des}} \right| \tag{14.2}$$

mit
h_c Verklebungsbreite
a Länge der kürzeren Scheibenkante
W Wind- und/oder Schneeeinwirkung (Bemessungswert)
σ_{des} Zug-/Druckspannung (Bemessungswert)

– Die minimale Verklebungsdicke ergibt sich aus:

$$e \geq \left| \frac{G \cdot \Delta}{\tau_{des}} \right| \tag{14.3}$$

mit
G Schubmodul G = E/3
Δ Relativbewegung aus thermischer Ausdehnung
τ_{des} Schubspannung (Bemessungswert)

Dabei werden für die Ermittlung der Relativbewegung Δ, je nachdem, ob an der kurzen oder langen Kante die Abtragung des Eigengewichts erfolgt (zusätzliche mechanische Lagerung), zwei unterschiedliche Gleichungen angegeben:

Für die mechanische Auflagerung an der kurzen Kante gilt:

$$\Delta = \left(\alpha_c \left(T_c - T_0\right) - \alpha_v \left(T_v - T_0\right)\right) \sqrt{\left(\frac{a}{2}\right)^2 + b^2} \tag{14.4}$$

Für die mechanische Auflagerung an der langen Kante gilt:

$$\Delta = \left(\alpha_c \left(T_c - T_0\right) - \alpha_v \left(T_v - T_0\right)\right) \sqrt{a^2 + \left(\frac{b}{2}\right)^2} \tag{14.5}$$

mit
a Länge der kurzen Kante
b Länge der langen Kante
T_c Temperatur des Metallrahmens der zum Zeitpunkt t
T_0 Temperatur der Verglasung und des Metallrahmens bei Herstellung der Klebefuge, in der Regel $T_0 = 20$ °C
T_v Temperatur der Verglasung zum Zeitpunkt t
α_c Temperaturausdehnungskoeffizient des Metalls
α_v Temperaturausdehnungskoeffizient des Glases

— Für das Verhältnis von Verklebungsbreite h_c und Verklebungsdicke e gilt: $e \leq h_c \leq 3e$

Hierbei muss die Dicke der Klebefuge e mindestens 6 mm und die Breite der Klebefuge h_c zwischen 6 mm und 20 mm betragen.

Auf die Darstellung der Bemessungsgleichungen der Systeme des Typs 3 und 4 wird an dieser Stelle verzichtet, da diese in Deutschland nicht zugelassen sind. Es wird vielmehr auf die ETAG 002 verwiesen. Des Weiteren wird in der Leitlinie noch eine Bemessungsgleichung zur Dimensionierung der Verklebung des Randverbundes bei einer Isolierverglasung angegeben.

14.5 Versuchsgestützte Bemessung

14.5.1 Allgemeines

Die versuchsgestützte Bemessung (design assisted by testing) ist eine gängige Methode, um die Tragfähigkeit von Bauteilen oder ganzen Konstruktionen zu ermitteln. Entwurf und Berechnung können mit Hilfe von Versuchen erfolgen, wenn keine zutreffenden Berechnungsmethoden vorliegen, keine genormten Konstruktionen verwendet werden oder bestimmte Annahmen beim Entwurf überprüft werden sollen. Die Anwendung der versuchsgestützten Bemessung bedarf der Zustimmung des Bauherrn und der zuständigen Behörde [222, 223]. Allgemeine Hinweise zur versuchsgestützen Bemessung gibt DIN EN 1990-1, Anhang D [222].

Insbesondere bei komplexen Glaskonstruktionen sind u. U. Tragfähigkeitsversuche oder Versuche zur Verifizierung von Finite-Elemente-Berechnungen notwendig; ebenso kann die Resttragfähigkeit bei derartigen Konstruktion meistens nur über Versuche nachgewiesen werden. Im Rahmen eines Projektes oder einer allgemeinen bauaufsichtlichen Zulassung sind immer die Art und der Umfang der notwendigen Versuche vorab mit der Bauaufsicht zu klären und von einer anerkannten Prüfstelle durchzuführen.

Gängige Prüfmethoden für eine versuchsgestützte Bemessung sind im Wesentlichen nur für den Nachweis der Resttragfähigkeit vorhanden, die im Folgenden kurz wiedergegeben werden sollen.

14.5.2 Resttragfähigkeit

Wird die Resttragfähigkeit einer Horizontal- bzw. Überkopfverglasung über Versuche nachgewiesen, so erfolgt dies generell an Probekörpern in Bauteilgröße. Die Originaleinbausituation ist so genau wie möglich abzubilden. In einigen Fällen werden die Versuche auch direkt vor Ort am Bauvorhaben durchgeführt.

In der Regel wird die halbe (statisch angesetzte) Verkehrslast bzw. eine Mindestlast (im Allgemeinen 0,5 kN/m^2) auf die Scheibe aufgebracht und anschließend alle Lagen des Verbundsicherheitsglases mittels Hammer und Körner an mehreren Stellen angeschlagen. Hierbei sind möglichst ungünstige Rissverläufe anzustreben.

Abhängig von der Einbausituation wird vereinzelt auch der sogenannte Kugelfallversuch gefordert. Dabei wird eine 4,1 kg schwere Stahlkugel aus verschiedenen Höhen (in der Regel zwischen 1 m und 3 m) auf die Verglasung abgeworfen.

Der Versuch gilt als bestanden und eine ausreichende Resttragfähigkeit als nachgewiesen, wenn die Scheibe mindestens 24 Stunden in der Auflagerung bleibt und keine gefährlichen Bruchstücke herabfallen. Für bestimmte Bauvorhaben wie beispielsweise Bahnhöfe können auch längere Mindeststandzeiten gefordert werden.

14.5.3 Weitere Bereiche

Andere Bereiche, in denen Versuche zum Nachweis bestimmter Eigenschaften durchgeführt werden, wie z. B. die Stoßsicherheit und Resttragfähigkeit von begehbaren Verglasungen, die Stoßsicherheit von absturzsichernden Verglasungen, die Durchsturzsicherheit von Verglasungen oder die Stoßsicherheit und Resttragfähigkeit von zu Reinigungszwecken betretbaren Verglasungen, sind über die entsprechenden Teile der DIN 18008 geregelt.

Zur Überprüfung von Berechnungen mittels Finiter Elemente wird für punktgelagerte Verglasungen im Anhang B der DIN 18008-3 eine Vorgehensweise zur Verifizierung im Bohrungsbereich angegeben.

15 Überblick zu Bemessungskonzepten und Nachweisen unterschiedlicher Regelungen

15.1 Allgemeines

15.1.1 Einleitung

Die Bemessung von einfachen Fensterverglasungen erfolgte wegen des vergleichsweise geringen Gefährdungspotentials zu Recht mit „zulässigen Werten", die sich in der Vergangenheit bewährt hatten, der globale Sicherheitsfaktor lag – ohne Berücksichtigung der weiteren Sicherheit durch „falsche" mechanische Berechnungsmodelle – bei 1,5 für Floatglas und 2,4 für ESG: *„Bei bisher üblichen Bemessungsverfahren, auf Grundlage der Bach'schen Plattentheorie oder der Balkenträger-Methode, sind Rechenwerte der Biegespannung zur Dickenbemessung von senkrecht stehenden Glasscheiben unter Kurzzeitbelastungen von 30 MPa für Floatglas, 50 MPa für Einscheiben-Sicherheitsglas, ... üblich, wenn nicht in Anwendungsnormen..."* [42]. Des Weiteren stellten entsprechende Durchbiegungsbegrenzungen weitere Sicherheitselemente dar. Eine Übertragung dieser zulässigen Werte auf andere Anwendungen mit entsprechend anderen Beanspruchungen, wie z. B. Überkopf-Verglasungen, oder der Vergleich dieser zulässigen Werte mit Ergebnissen geometrisch nichtlinearer Berechnungen ist nicht sinnvoll.

Deshalb gibt es – basierend auf dem sogenannten zul-σ-Konzept – zulässige Werte für diese anderen Anwendungen mit entsprechend größeren globalen Sicherheitsfaktoren, vgl. [1]. Dem spezifischen Verhalten von Glas wird ansatzweise durch unterschiedliche zulässige Werte z. B. für die Spannung von Überkopf- und Vertikalverglasung Rechnung getragen.

Eine genauere Berücksichtigung des Verhaltens von Glas unter Verwendung moderner Sicherheitskonzepte kann durch Bemessungsverfahren mit verschiedenen Teilsicherheits- und Einflussfaktoren auf Basis der Bruchwahrscheinlichkeit unter Zuhilfenahme der Bruchmechanik erfolgen.

In diesem Kapitel werden zunächst die Nachweiskonzepte erläutert sowie die geschichtliche Entwicklung der Regelungen für den Konstruktiven Glasbau dargestellt. Als Überblick finden sich anschließend – getrennt für das sog. *zul-σ-Konzept* mit globalem Sicherheitsfaktor und das *Verfahren der Teilsicherheitsbeiwerte* – die Nachweisgleichungen einschließlich anzusetzender Werte unterschiedlicher Regelungen: von aktuell bauaufsichtlich eingeführten Technischen Regeln bis zu verschiedenen nationalen und internationalen Normen und Normentwürfen. Ein Vergleich der sich jeweils ergebenden Sicherheitsniveaus schließt das Kapitel ab. In den folgenden Kapiteln 16 und 17 wird näher auf die Anwendung der aktuell bauaufsichtlich eingeführten Normen und Technischen Regeln bzw. die in Weiß- und Gelbdruck vorliegende DIN 18008 für Entwurf und Bemessung eingegangen.

15.1.2 Nachweiskonzepte

Im Bereich des konstruktiven Glasbaus werden die Nachweise der Tragfähigkeit in der Regel auf dem Niveau der Spannungen geführt, wobei wegen der für den spröden Werkstoff Glas anzuwendenden Bruchhypothese jeweils die extremen Hauptzugspannungen

Verwendung finden. Darüber hinaus finden als Nachweis der Gebrauchstauglichkeit Begrenzungen der Verformungen – i. d. R. Durchbiegungen – Anwendung, wobei diese abhängig von der Regelung auch als zusätzlicher, „versteckter" Nachweis der Tragsicherheit dienen können. Dem Materialverhalten des Werkstoffes Glas geschuldet ist außerdem die Notwendigkeit abhängig von der Anwendung auch eine gewisse Resttragfähigkeit zu gewährleisten, wobei dies i. d. R. durch die Wahl der richtigen Bauprodukte und konstruktive Umsetzung sichergestellt wird.

Generell, d. h. unabhängig vom Sicherheits- oder Nachweiskonzept, erfolgt eine Bemessung in mehreren Schritten; vereinfacht sind dies die Folgenden (vgl. Bild 15.1):

(1) Modellbildung und Bestimmung der Einwirkungen (Lastannahmen)

(2) Berechnung der Beanspruchung

(3) Ermittlung der Beanspruchbarkeit

(4) Nachweis durch Vergleich von Beanspruchung und Beanspruchbarkeit

Der Vollständigkeit halber sei darauf hingewiesen, dass sich in den Bemessungsregeln bzw. -normen auch Regelungen zu Lastannahmen (bspw. anderweitig nicht erfasste Klimalasten für Mehrscheiben-Isolierverglasungen) oder Modellierung (bspw. Ansatz des Verbundes bei Verbund-Sicherheitsglas) finden; begründet in der vereinfachten, schematisierten Darstellung fehlen diese Aspekte in Bild 15.1.

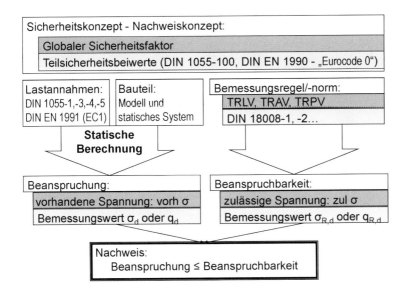

Bild 15.1 Ablauf der Bemessung

Um Unsicherheiten (Streuungen) beispielsweise von Einwirkungen oder Materialeigenschaften zu berücksichtigen, werden die Nachweise unter Verwendung entsprechender Sicherheitsbeiwerte geführt. Früher üblich war das häufig einfach als *zul-σ-Konzept* bezeichnete Konzept mit einem einzigen sog. *globalen Sicherheitsfaktor*, das neuere ist das sog. *Verfahren der Teilsicherheitsbeiwerte*.

15.1.2.1 Zul-σ-Konzept mit globalem Sicherheitsfaktor

Auf Spannungsniveau betrachtet erfolgt der Nachweis durch Vergleich der sog. vorhandenen Spannung (Beanspruchung) mit der sog. zulässigen Spannung (Beanspruchbarkeit). Die vorhandene Spannung ist zu ermitteln mittels der charakteristischen Werte der Lasten (Einwirkungen), der Geometrie und des Materials; sämtliche Sicherheitselemente sind „global" zusammengefasst in der zulässigen Spannung.

$$\text{vorh } \sigma = \sigma_{max}\left(g_k \oplus s_k \oplus w_k \oplus \sum p_k\right) \leq \frac{\sigma_{Bruch}}{\gamma_{global}} = \text{zul } \sigma \qquad (15.1)$$

Das $\oplus$ in obiger und folgenden Gleichungen bedeutet „in Kombination mit" und ist hier auch zu verstehen entsprechend der seinerzeit in DIN 1055-5:1975-06 Abschnitt 5 [224] niedergelegten vereinfachten Regel zur gleichzeitigen Berücksichtigung von Schnee- und Windlast (d. h. als LF H alternativ „s + w/2" und „s/2 + w"). In Anpassung an die aktuelle Schreibweise findet auch in der Gleichung des zul-σ-Konzeptes für die unmittelbar aus der entsprechenden Lastnorm entnommenen (charakteristischen) Werte der Lasten der Index k Verwendung, obwohl diese Kennzeichnung seinerzeit nicht benötigt und dementsprechend auch nicht verwendet wurde.

Die linke Seite lässt sich auch unter Verwendung der Schreibweise von DIN 1055-100 [225] bzw. DIN EN 1990 (Eurocode) [222, 223] darstellen, wobei selbstverständlich entsprechend dem zul-σ-Konzept mit globalem Sicherheitsfaktor γ_{global} die Teilsicherheitsbeiwerte auf der Einwirkungsseite zu 1,0 zu setzen sind und somit als Faktor entfallen können. Unter Q_j sind die unterschiedlichen veränderlichen Einwirkungen wie Verkehr, Wind, Schnee oder auch Klimalast zu verstehen, wobei Q_1 die sog. Leiteinwirkung darstellt.

$$\text{vorh } \sigma = \sigma_{max}\left(G_k \oplus Q_{k,1} \oplus \sum_{i>1}\left(\psi_{0,i} Q_{k,i}\right)\right) \leq \frac{\sigma_{Bruch}}{\gamma_{global}} = \text{zul } \sigma \qquad (15.2)$$

Es soll in diesem Zusammenhang darauf hingewiesen werden, dass für γ_{global} durchaus unterschiedliche Werte Verwendung finden, beispielsweise abhängig von Lastfallkombination (LF H, LF HZ, LF HS) oder Beanspruchung.

Neben den Nachweisen der Spannung sind ggf. geforderte Nachweise einer maximalen Durchbiegung mit denselben Beanspruchungen zu führen, d. h. die formale Unterscheidung von Nachweis der Tragsicherheit und der Gebrauchstauglichkeit durch eine getrennte Rechnung mit unterschiedlichen Einwirkungen bzw. Einwirkungskombinationen erfolgt nicht.

15.1 Allgemeines

$$\text{vorh } w = w_{max}\left(G_k \oplus Q_{k,1} \oplus \sum_{i>1}\left(\psi_{0,i}\,Q_{k,i}\right)\right) \leq \text{zul } w \tag{15.3}$$

Der Grenzwert der zulässigen Verformung wird häufig bezogen auf eine zugeordnete Bauteilspannweite wie bspw. $\ell/100$ oder auch als maximal zulässiger Festwert.

15.1.2.2 Verfahren der Teilsicherheitsbeiwerte

Entsprechend der Bezeichnung werden beim Verfahren der Teilsicherheitsbeiwerte – das bereits 1990 mit DIN 18800-1:1990 [226] im Stahlbau eingeführt wurde – die Sicherheitselemente aufgeteilt und jeweils Einwirkungen und Widerstand zugeordnet. Die aktuelle Generation der Konstruktions- und Bemessungsregeln im Bauwesen basiert auf diesem Konzept. Die Bemessungsgleichung zum Nachweis im Grenzzustand der Tragfähigkeit (TSNW oder ULS) stellt sich – wiederum auf das Niveau der Spannungen bezogen – entsprechend DIN 1055-100 [225] bzw. DIN EN 1990 (EC 0) [222, 223] folgendermaßen dar:

$$E_d = \sigma_{max,d} = \sigma_{max}\left(\gamma_G\,G_k \oplus \gamma_{Q,1}\,Q_{k,1} \oplus \sum_{i>1}\left(\gamma_{Q,i}\,\psi_{0,i}\,Q_{k,i}\right)\right) \leq \frac{\sigma_R}{\gamma_M} = R_d \tag{15.4}$$

Auf der rechten Seite finden im Glasbau weitere Faktoren zur Berücksichtigung spezieller, mit dem Werkstoff zusammenhängender Effekte Verwendung; diese werden in Abschnitt 15.3 erläutert.

Für die Nachweise im Grenzzustand der Gebrauchstauglichkeit (GTNW oder SLS) werden die Teilsicherheitsbeiwerte auf der Einwirkungsseite γ_G und γ_Q zu 1,0 gesetzt und können dementsprechend in der Nachweisgleichung entfallen.

$$E_d = w_{max,d} = w_{max}\left(G_k \oplus Q_{k,1} \oplus \sum_{i>1}\left(\psi_{0,i}\,Q_{k,i}\right)\right) \leq C_d \tag{15.5}$$

Der Bemessungswert des Gebrauchstauglichkeitskriteriums C_d wird in bauartspezifischen Bemessungsnormen angegeben; häufig handelt es sich dabei um Verformungen, bezogen auf eine zugeordnete Bauteilspannweite wie bspw. $\ell/100$ oder auch ein maximal zulässiger Festwert.

Eine Darstellung der Umsetzung der jeweiligen Sicherheitskonzepte erfolgt in den folgenden Abschnitten 15.2 und 15.3.

15.1.3 Zeitliche Entwicklung der Regelungen im Konstruktiven Glasbau

Nachdem Glas lange Zeit im Rahmen von handwerklich bewährten Konstruktionen Verwendung gefunden hatte, wurde das Anwendungsgebiet bis zum heutigen Tag erheblich ausgeweitet: von dem eine Lochfassade schließenden Fensterglas hin zu Verkehrslasten (Wind, Schnee, Personen) tragenden, gegen Absturz sichernden (Geländer) sowie aussteifenden Konstruktionselementen.

Aus der traditionellen, handwerklichen Verwendung von Glas – i. d. R. als Fensterelement – entwickelten sich schrittweise auch für sicherheitsrelevante Anwendungen Konstruktions- und Bemessungsregeln. Im Vordergrund stand dabei die einfache Handhabbarkeit, baustatische Berechnungen sowie ein Bezug zu anderen bautechnischen Regeln (wie beispielsweise Windlasten) erfolgte durch darauf basierende Hilfsmittel wie beispielsweise Bemessungstabellen. Im Sinne dieser einfachen Anwendbarkeit wurde dann auch für die TRLV [227] als Basis das zul-σ-Konzept mit globalem Sicherheitsfaktor herangezogen.

Um den Bedarf für Regelungen zur Bemessung solcher Anwendungen zu decken und damit kalkulierbare Planung zu ermöglichen, wurden unter Federführung des DIBt als „Sofortmaßnahme" die sog. Technischen Regeln erarbeitet und als technische Baubestimmungen eingeführt. Dabei wurden die zunächst getrennt betrachteten linienförmig gelagerten Überkopf- (TRÜko) [113] und Vertikalverglasungen (TRVert) [114] zur *„Technischen Regel für die Verwendung von linienförmig gelagerten Verglasungen (TRLV)"* zusammengefasst und –dem Bedarf der Baupraxis folgend – später durch Regelungen für absturzsichernde Verglasungen (TRAV) [12] und punktförmig gelagerte Verglasungen (TRPV) [2] ergänzt sowie eine neue Fassung [1] ersetzt. Diese folgten noch dem zul-σ-Konzept mit globalem Sicherheitsfaktor unter Verwendung zulässiger Werte für den Nachweis der Standsicherheit und Durchbiegung. Begründet auf einem entsprechenden Normungsantrag fand 2003 die erste Sitzung des AA zur Erarbeitung von *Bemessungs- und Konstruktionsregelungen für Bauprodukte aus Glas*, zusammengefasst in DIN 18008, statt. Eine tabellarische Darstellung der Entwicklung der bauaufsichtlich relevanten Regelungen zur Bemessung von Glaskonstruktionen seit 1990 findet sich in Tabelle 15.1.

Mit Veröffentlichung von DIN 18008 Teil 1 und 2 [3, 4] existieren gegenüber den eingeführten Technischen Regeln TRLV [1], TRAV [12], TRPV [2] (kurz zusammengefasst: TRXV) zwar neuere, dem aktuellen Bemessungskonzept der eingeführten DIN 1055-100 [225] bzw. DIN EN 1990 [222] (Verfahren der Teilsicherheitsbeiwerte) folgende Regelungen als Stand der Technik, diese beinhalten im Vergleich zu TRXV jedoch einen geringeren Regelungsumfang und lassen sich wegen des unterschiedlichen Sicherheitskonzeptes zur Abdeckung des vollständigen Anwendungsbereiches von TRXV jedoch nicht ohne Weiteres (d. h. z. B. Anpassungsrichtlinie) mit diesen kombinieren. So war eine relativ zügige Erarbeitung der Teile 3, 4 und 5 geboten; sie wurden im Oktober 2011 als Entwurfsfassung mit Einspruchsfrist 29.2.2012 veröffentlicht [6–8]. Nach der zwischenzeitlich erfolgten erfolgreichen Beratung der Einsprüche ist mit einer Veröffentlichung der Teile 3 bis 5 als Weißdruck sowie Teil 6 [9] als Gelbdruck (d. h. Entwurf) noch 2012 zu rechnen.

15.1 Allgemeines

Tabelle 15.1 Entwicklung der Regelungen zur Bemessung von Glaskonstruktionen in Deutschland seit 1990

Zeit	Regel, basierend auf zul-σ-Konzept (globaler Sicherheitsfaktor)	DIN 18008, basierend auf Konzept der Teilsicherheitsbeiwerte (DIN 1055-100)
1990	DIN 18516-4	
1994/96	E TRÜko und TRÜko	
1997	E TRVerti	
1998	TRLV (TRÜko und TRVerti)	
2001	E TRAV	
2001/02		Normungsantrag BÜV / ARGEBAU
2003	TRAV	1. Sitzung Arbeitsausschuss (Jan)
2005	E TRPV, E TRLV neu	
2006	TRPV, TRLV neu	Entwurf Teil 1 und 2 (März), Einspruchssitzung (Nov)
2009		2. Entwurf Teil 1, 2 (Juli)
2010		Einspruchssitzung (März), Endfassung Teil 1 und 2 (Weißdruck) (Dez)
2011		Veröffentlichung Entwurf Teil 3, 4, 5
2012		Einspruchssitzung (April,) Endfassung Teil 3, 4, 5 Veröffentlichung Entwurf Teil 6 (voraussichtlich)

Mit ÖNORM B 3716 wurde in Österreich eine Normenreihe mit dem Titel *Glas im Bauwesen – Konstruktiver Glasbau* in mehreren Teilen und (zwischenzeitlich) Versionen erarbeitet, [10, 230–234]. Einen Überblick über Inhalt und Daten sowie Status gibt Tabelle 15.2.

Parallel finden bereits seit vielen Jahren auf europäischer Ebene in CEN TC 129 WG8 Anstrengungen für die Erarbeitung einer europäischen Bemessungsnorm EN 13474 statt. Nachdem die Zuständigkeit von CEN TC 129 primär Regelungen für Bauprodukte betrifft, sollte die Anwendung der Bemessungsregeln von EN 13474 auf Fenster begrenzt sein. Aufgrund der massiven Einsprüche wurde eine Überarbeitung der 1999 veröffentlichten Entwurfsfassung pr EN 13474 [11] nötig, die bislang noch nicht abgeschlossen ist. Mit einer erneuten Veröffentlichung als Entwurfsfassung kann in 2012 gerechnet werden.

Kürzlich wurden die politischen Entscheidungen zur Erarbeitung eines Eurocodes für Glas durch CEN TC 250 getroffen; der veranschlagte Zeitrahmen beträgt 5 Jahre, so dass für eine europäisch einheitliche Bemessung im konstruktiven Glasbau noch etwas Geduld nötig ist.

Tabelle 15.2 Entwicklung der ÖNORM B 3716 Glas im Bauwesen – Konstruktiver Glasbau

Status	Datum	Titel und Inhalt
Norm	2012:02-01	**Beiblatt 1: Beispiele für Glasanwendungen**
Entwurf	2011:11-15	Beiblatt 1: Beispiele für Glasanwendungen
Norm	2010:06-01	Beiblatt 1: Beispiele für Glasanwendungen
Entwurf	2010:03-15	Beiblatt 1: Beispiele für Glasanwendungen
Norm	2009:11-15	**Teil 1: Grundlagen**
Norm	2009:11-15	**Teil 2: Linienförmig gelagerte Verglasungen**
Norm	2009:11-15	**Teil 3: Absturzsichernde Verglasung**
Norm	2009:11-15	**Teil 4: Betretbare, begehbare und befahrbare Verglasung**
Entwurf	2009:08-15	Teil 1: Grundlagen
Entwurf	2009:08-15	Teil 2: Linienförmig gelagerte Verglasungen
Entwurf	2009:08-15	Teil 3: Absturzsichernde Verglasung
Entwurf	2009:08-15	Teil 4: Betretbare, begehbare und befahrbare Verglasung
Norm	2007:12-01	**Teil 5: Punktförmig gelagerte Verglasungen und Sonderkonstruktionen**
Entwurf	2007:08-01	Teil 5: Punktförmig gelagerte Verglasungen und Sonderkonstruktionen
Norm	2006:12-01	Teil 4: Begehbare und befahrbare Verglasungen
Norm	2006:09-01	Teil 3: Absturzsichernde Verglasungen
Entwurf	2006:07-01	Teil 4: Begehbare und befahrbare Verglasungen
Norm	2006:03-01	Teil 1: Grundlagen
Norm	2006:03-01	Teil 2: Linienförmig gelagerte Verglasungen
Entwurf	2006:01-01	Teil 3: Absturzsichernde Verglasungen
Entwurf	2005:07-01	Teil 2: Linienförmig gelagerte Verglasungen
Entwurf	2005:06-01	Teil 1: Grundlagen

15.2 Nachweis auf Basis des zul-σ-Konzepts

15.2.1 Allgemeines

Ein Nachweis auf Basis des Konzepts der zulässigen Spannungen wird für den konstruktiven Glasbau in DIN 18516-4 [80] sowie den Technischen Regeln TRLV [1], TRAV [12] und TRPV [2] gefordert. Entsprechend der Schreibweise der Nachweisgleichungen für den Nachweis der Tragsicherheit (ULS) sowie der Gebrauchstauglichkeit (SLS) sind auf der linken Seite – basierend auf charakteristischen Werten für unterschiedliche Lastfälle (bzw. Einwirkungskombinationen) – jeweils sog. vorhandene Werte (Spannungen, Durchbiegungen) zu finden. Diese sind den zulässigen Werten auf der rechten Seite der Nachweisgleichung gegenüberzustellen. Für die rechte Seite der Nachweisgleichung (15.1) bzw. (15.2) finden sich in den genannten Regeln entsprechende zulässige Werte. Darüber hinaus sind zusätzliche Regelungen zur Kombination von Lasten zu finden, die die Ermittlung eines globalen Sicherheitsfaktors erschweren. Nachdem im folgenden Kapitel noch näher auf die Bemessung nach den Technischen Regeln eingegangen wird, werden in diesem Abschnitt nur die zulässigen Spannungen zusammengestellt, DIN 18616-4 [80] wird zunächst etwas ausführlicher dargestellt.

15.2.2 DIN 18516-4:1990: Außenwandbekleidungen aus ESG, hinterlüftet

15.2.2.1 Geltungsbereich, Baustoffe und Anwendungsbedingungen

Die Norm gilt in Verbindung mit Teil 1 für hinterlüftete Außenwandbekleidungen aus Einscheiben-Sicherheitsglas (ESG).

In Anlage 2.6/3 der Musterliste der Technischen Baubestimmungen zu Abschnitt 3.3.4 der DIN 18516-4 [80] ist klargestellt, dass in Bohrungen sitzende Punkthalter *nicht* unter den Anwendungsbereich dieser Norm fallen.

Es werden Hinweise gegeben zum Material ESG einschließlich Herstellungsprüfung (Heißlagerungsprüfung und Kantenbeschaffenheit) und zur Konstruktion, insbesondere der Befestigung bzw. Lagerung der Scheiben, sowie zu Bemessung und Prüfung.

Hinsichtlich der Heißlagerungsprüfung ist anzumerken, dass die Bauregelliste [81] diesbezüglich genauere Anforderungen an das Bauprodukt ESG-H stellt, insbesondere hinsichtlich der Haltezeit sowie der nötigen Überwachung finden sich an den Stand des Wissens angepasste Forderungen, vgl. auch Abschnitt 5.4.2.

Der erforderliche Glaseinstand beträgt bei allseitig linienförmiger Lagerung minimal 10 mm, bei zwei- oder dreiseitiger Lagerung wird gefordert: *Maß der Glasdicke zuzüglich 1/500stel der Stützweite, mindestens jedoch 15 mm*. Punktförmige Scheibenlagerung ist ohne versuchstechnischen Nachweis nach Teil 1 der Norm bei einer glasüberdeckenden Klemmfläche von minimal 1000 mm² und einer minimalen Glaseinstandstiefe von 25 mm möglich. Dabei sind Klemmflächen im Eckbereich asymmetrisch auszubilden, wobei das Verhältnis der Seitenlängen von die Scheibenecken umfassende rechteckige Halterungen minimal 1:2,5 betragen muss.

15.2.2.2 Nachweisformat, Ermittlung der vorhandenen und zulässigen Werte

Die *Einwirkungen* sind entsprechend den eingeführten Lastnormen anzusetzen. Für waagerechte und bis 85° gegen die Waagerechte geneigte Scheiben ist für die Bemessung die Eigenlast mit dem Faktor 1,7 zu multiplizieren.

Die *Methode der Berechnung* von Schnittgrößen, Durchbiegungen und Spannungen ist freigestellt, d. h. eine Anwendung aufwendigerer Theorien mit Berücksichtigung der Verformungen und Ausnützen einer Membrantragwirkung ist möglich.

Die *zulässigen Spannungen* für ESG ergeben sich aus angegebenen Mindestwerten der Biegefestigkeit durch Division mit dem globalen Sicherheitsfaktor von 3. Das heißt, dass beispielsweise für ESG aus Floatglas zul σ = 120 MPa / 3 = 40 MPa beträgt.

Für den Nachweis der *Durchbiegung* ist als zulässige Durchbiegung $\ell/100$ für die freie Scheibenkante und die Scheibenmitte genannt, wobei für ℓ die Länge der größeren Scheibenkante anzusetzen ist.

Neben einem rechnerischen Nachweis ist auch eine Bemessung auf Grundlage von Bauteilversuchen möglich; es werden entsprechende Anforderungen dargestellt.

15.2.3 Technische Regeln des DIBt: TRLV

Im Rahmen der Berechnungen der vorhandenen Spannungen oder vorhandenen Durchbiegungen darf ein günstig wirkender Schubverbund bei Verbund- oder Verbundsicherheitsgläsern nicht berücksichtigt werden; dies stellt neben dem globalen Sicherheitsfaktor ein nicht ohne Weiteres quantifizierbares, zusätzliches Sicherheitselement dar.

15.2.3.1 Nachweis der Standsicherheit

Für den Nachweis der Standsicherheit findet sich in TRLV [1] eine Tabelle mit zulässigen Biegezugspannungen, vgl. Tabelle 15.3.

Bei Mehrscheiben-Isolierverglasungen ist – zusätzlich zu den auch bei anderen Baustoffen anzusetzenden „üblichen Lasten" – auch die Wirkung von Druckdifferenzen zu berücksichtigen, die sich aus einer Veränderung der Temperatur, des meteorologischen Luftdruckes sowie des Unterschieds der geodätischen Höhe von Herstellort und Einbauort ergeben. Hierfür sind anzusetzende Rechenwerte sowie zusätzlich Regelungen im Fall der Überlagerung von Einwirkungen aus „üblichen" Lasten und Klimalasten angegeben: die zulässigen Biegezugspannungen dürfen im Allgemeinen um 15 % erhöht werden; bei Vertikalverglasungen mit Scheiben aus Floatglas und Glasflächen bis 1,6 m² um 25 %. Selbstverständlich ist auch der Nachweis für die jeweils einzeln angesetzten Lasten ohne Erhöhung zu führen. Im Kontext des Konzeptes der zulässigen Spannungen kann man die Lastfälle „übliche Lasten" und „Klimalasten" jeweils als LF H, die Kombination beider als LF HZ mit dann um 15 bzw. 25 % erhöhten zulässigen Werten auffassen.

Tabelle 15.3 Zulässige Biegezugspannungen in N/mm² nach TRLV [1]

Glassorte	Überkopfverglasung	Vertikalverglasung
ESG aus Floatglas (FG)	50	50
ESG aus Gussglas	37	37
Emailliertes ESG aus FG, Emaille auf Zugseite	30	30
Floatglas (früher SPG = Spiegelglas)	12	18
Gussglas	8	10
VSG aus Floatglas	15 (25*)	22,5

* Nur für die untere Scheibe einer Überkopfverglasung aus Mehrscheiben-Isolierverglasung bei Lastfall „Versagen der oberen Scheibe" zulässig.

Neben den Nachweisen im intakten Zustand ist im Fall von Mehrscheiben-Isolierverglasungen im Überkopfbereich die untere Scheibe zusätzlich nachzuweisen für den Fall des Versagens der oberen Scheibe(n) einschließlich deren Belastung. Als außergewöhnlichem Lastfall (LF HS) finden hierfür ebenfalls erhöhte zulässige Werte von 25 N/mm² für VSG aus Floatglas Verwendung; andere Glassorten sind nach TRLV [1] für diese Anwendung nicht möglich.

In der überarbeiteten Version der TRLV von 2006 [1] finden sich gegenüber der ersten Version [227] zusätzlich Regelungen zu begehbaren Verglasungen; hier werden neben den sich aus bauaufsichtlich bekannt gemachten Einwirkungen ergebenden Lastfällen auch Nachweise der örtlichen Mindesttragfähigkeit in Form einer Einzellast gefordert – ein Nachweis der ansonsten bei Bauteilen ohne ausreichende Querverteilung der Lasten erforderlich ist.

15.2.3.2 Durchbiegungsnachweis

Auch für den Nachweis der Durchbiegung findet sich in TRLV [1] eine entsprechende Tabelle mit zulässigen Werten, vgl. Tabelle 15.4.

Tabelle 15.4 Zulässige Durchbiegungen nach TRLV [1]

Lagerung	Überkopfverglasung	Vertikalverglasung
Vierseitig	1/100 der Scheibenstützweite in Haupttragrichtung	Keine Anforderung**
Zwei- und dreiseitig	Einfachverglasung: 1/100 der Scheibenstützweite in Haupttragrichtung	1/100 der freien Kante*
	Scheiben von Mehrscheiben-Isolierverglasung: 1/200 der freien Kante	1/100 der freien Kante**

* Auf die Einhaltung dieser Bedingung kann verzichtet werden, wenn nachgewiesen wird, dass unter Last ein Glaseinstand von 5 mm nicht unterschritten wird.
** Durchbiegungsbegrenzungen des Mehrscheiben-Isolierglasherstellers sind zu beachten.

Für die erst in der überarbeiteten und hinsichtlich des Anwendungsgebietes „*begehbare Verglasungen*" erweiterte Version der TRLV von 2006 [1] findet sich für diese Anwendung eine Begrenzung der Durchbiegungen auf 1/200stel der Stützweite.

15.2.4 Technische Regeln des DIBt: TRAV

Für die Nachweise der Tragfähigkeit sowie der Durchbiegungen wird bezüglich der zulässigen Grenzwerte auf die TRLV [1] verwiesen. Hinsichtlich der zu untersuchenden Kombination der einzelnen Lastfälle Wind, Holm und Klimalasten werden für *Mehrscheiben-Isolierverglasungen* als Erleichterung folgende quasi als LF H anzusetzende Kombinationen definiert:

– Wind $\oplus$ Holm/2 (ohne gleichzeitigen Ansatz von Klimalasten),
– Holm $\oplus$ Wind/2 (ohne gleichzeitigen Ansatz von Klimalasten),

- Holm ⊕ Klimalasten,
- Wind ⊕ Klimalasten.

Neben den Nachweisen gegen die als statische Einwirkungen bezeichneten Lasten Wind, Holm und Klima ist der Nachweis gegen stoßartige Beanspruchung i. S. v. Anprall einer Person zu führen. Hierfür werden drei alternative Möglichkeiten angeboten:

- versuchstechnische Nachweise,
- Ausführung analog einer in der Vergangenheit entsprechend versuchstechnisch nachgewiesenen Konstruktion – dokumentiert u. a. in den Tabellen 2 bis 4 der TRAV [12],
- rechnerischer Spannungsnachweis.

Für Letzteren sind in Anhang C vorhandene Kurzzeitspannungen für Konstruktionen unter definierten Randbedingungen und unterschiedlichen Lagerungssituationen in Tafeln zusammengestellt. Als zulässige Spannungen für ausschließlich kurzzeitige Einwirkungen werden genannt:

- 80 N/mm² für Floatglas,
- 120 N/mm² für TVG,
- 170 N/mm² für ESG.

15.2.5 Technische Regeln des DIBt: TRPV

Zum Nachweis der Standsicherheit und Gebrauchstauglichkeit von punktgelagerten Verglasungen verweist die TRPV [2] auf die TRLV [1], d. h. es sind dieselben zulässigen Werte wie bei linienförmig gelagerter Verglasung anzusetzen. Hinsichtlich der Ermittlung der vorhandenen Spannungen wird gefordert, dabei alle relevanten Einflüsse zu berücksichtigen.

Neben dem Nachweis der Standsicherheit und der Durchbiegungen ist bei Überkopfverglasungen zusätzlich ein Nachweis der Resttragfähigkeit zu führen. Hierzu werden in Abhängigkeit von Tellerdurchmesser der Punkthalter und Glasaufbauten maximal zulässige Stützraster angegeben; ein Vorgehen zum Nachweis bei abweichenden Bedingungen findet sich nicht.

15.3 Verfahren der Teilsicherheitsbeiwerte und (sichtbare) Anwendung der Bruchmechanik

15.3.1 Allgemeines

Für den Baustoff Glas als sprödem Material ist streng wissenschaftlich eine stochastische Bemessung mit auf der Bruchmechanik basierenden Elementen anzuwenden. Dies hätte als Konsequenz spezielle Teilsicherheitsbeiwerte auch für die unterschiedlichen Einwirkungen zur Folge gehabt. Im Sinne der gebotenen Kompatibilität zu anderen Baustoffen wurde auch für den Glasbau das bekannte Konzept der Teilsicherheitsbeiwerte nach DIN 1055-100 [225] bzw. EN 1990 (sog. Eurocode 0) [222] übernommen und entsprechende, dem

Werkstoff Glas geschuldete Einflussfaktoren auf der Widerstandsseite „integriert"; so können beispielsweise Auflagerreaktionen von Glaselementen vorteilhaft ohne weitere Umrechnung für die Dimensionierung der Unterkonstruktion oder der Befestigung an dieser als Einwirkung angesetzt werden.

Für den Nachweis der Tragfähigkeit ist zu zeigen, dass der Bemessungswert der Beanspruchung E_d kleiner ist als der der Beanspruchbarkeit R_d:

$$E_d \leq R_d \tag{15.6}$$

Dabei ergibt sich der Bemessungswert der Beanspruchung E_d aus den Gl. (14) bis (16) von DIN 1055-100 [225] oder Gl. (6.10) von EN 1990 [222], für ständige und vorübergehende Bemessungssituationen ist dieser bekanntermaßen gegeben durch:

$$E_d = E\left\{\sum_{j\geq 1} \gamma_{G,j} G_{k,j} \oplus \gamma_P P_k \oplus \gamma_{Q,1} Q_{k,1} \oplus \sum_{i>1} \left(\gamma_{Q,i} \psi_{0,i} Q_{k,i}\right)\right\} \tag{15.7}$$

Neben den Teilsicherheits- und Kombinationsbeiwerten aus den Grundlagennormen sind die Werte für die einzelnen Einwirkungen und deren Kombination in der Regel auf Basis der entsprechenden Einwirkungsnormen, d. h. DIN 1055 bzw. EN 1991, anzusetzen. In den glasspezifischen Bemessungsnormen finden sich zu den bei Mehrscheiben-Isolierverglasungen auftretenden jedoch anderweitig nicht berücksichtigten Klimalasten die entsprechenden Angaben (Einwirkung und Kombinationsbeiwerte) sowie Hinweise zu deren rechnerischer Berücksichtigung.

Im Folgenden werden nach einem kurzen Überblick der in der Vergangenheit zu diesem Thema erstellten wissenschaftlichen Arbeiten gleichsam als Hintergrundinformation die jeweiligen Gleichungen zur Bestimmung der Bemessungswerte der Beanspruchbarkeit nach unterschiedlichen Normen in Europa dargestellt. Dabei werden auch kurz Unterschiede angesprochen, die sich auf das Nachweisniveau auswirken – wie beispielsweise die Berücksichtigung des Schubverbundes bei Verbundsicherheitsglas.

15.3.2 Wissenschaftliche Arbeiten

Eine genauere Berücksichtigung des Verhaltens von Glas kann durch Bemessungsverfahren mit verschiedenen Teilsicherheits- und Einflussfaktoren auf Basis der Bruchwahrscheinlichkeit unter Zuhilfenahme der Bruchmechanik erfolgen.

Basierend auf der umfangreichen Literatur zur Berücksichtigung der verschiedenen Einflussfaktoren wurde das Konzept von [59] auch in Deutschland weiterverfolgt und Bemessungsverfahren mit verschiedenen Teilsicherheits- und Einflussfaktoren entsprechend dem Konzept der europäischen Normen (Eurocodes) entwickelt und veröffentlicht.

Shen [63] hat auf Grundlage probabilistischer Verfahren der Sicherheitstheorie und Bruchmechanik ein Bemessungs- und Sicherheitskonzept entwickelt, das in Übereinstimmung mit den Ansätzen neuerer Normen im Bauwesen die Unsicherheiten auf der Einwirkungs-

und Widerstandsseite jeweils mit Hilfe geeigneter Teilsicherheitsbeiwerte und Einwirkungsfaktoren abdeckt. Dabei werden die folgenden verschiedenen Effekte

- Einwirkungsstreuung und -häufigkeit
- Materialstreuung
- Flächeneinfluss
- Einwirkungsdauer

berücksichtigt und in praktische Werte umgesetzt.

Der Nachweis wird durch den Vergleich der Bemessungswerte der Einwirkung S_d mit den Bemessungswerten des Widerstandes R_d geführt, um die geforderte Sicherheit in den Grenzzuständen der Trag – und Gebrauchsfähigkeit zu gewährleisten. Der Nachweis hat folgende Form:

$$S_d\left[\sum(\gamma_G\,G_k)+\gamma_{Q,1}\,Q_{k,1}+\sum_{i>1}\left(\gamma_{Q,i}\,\psi_{0,i}\,Q_{k,i}\right)\right]\leq R_d\left[\frac{\eta_D\,\eta_F\,\sigma_k}{\gamma_R},f\right] \qquad (15.8)$$

wobei

γ_G	Teilsicherheitsbeiwert für ständige Einwirkungen
G_k	charakteristischer Wert der ständigen Einwirkungen
$\gamma_{Q,i}$	Teilsicherheitsbeiwerte der veränderlichen Einwirkungen
$Q_{k,1}$	Leitwert der veränderlichen Einwirkungen
$\psi_{0,i}$	Kombinationsbeiwerte für veränderliche Einwirkungen
$Q_{k,i}$	weitere veränderliche Einwirkungen
σ_k	charakteristischer Wert der Glasfestigkeit
η_D	Einflussfaktor der Belastungsdauer auf die Glasfestigkeit
η_F	Einflussfaktor der Flächengröße der Glasscheiben auf die Glasfestigkeit
γ_R	Teilsicherheitsbeiwert für Glasfestigkeit
f	Grenzwert der Durchbiegung

Die Grundlagen von Güsgen [64] entsprechen im Wesentlichen denen von [63], es werden die folgenden Effekte

- Einwirkungsstreuung und -häufigkeit,
- Materialstreuung,
- Flächeneinfluss,
- Einwirkungsdauer,
- Umgebungsbedingungen,

berücksichtigt und in praktische Werte umgesetzt.

15.3 Verfahren der Teilsicherheitsbeiwerte und (sichtbare) Anwendung der Bruchmechanik

Bei dem Nachweis wird dem Bemessungswert S_d der Einwirkungsseite der Bemessungswert R_d des Bauteilwiderstandes gegenübergestellt:

$$S_d \left[\sigma_{\text{äq},A_0,d} \right] \leq R_d \left[\frac{\sigma_{bB,A_0,k}}{\gamma_M} \right] \tag{15.9}$$

mit

$$\sigma_{\text{äq},A_0,d} = \alpha_\sigma(p)\,\alpha(A)\,\alpha(t)\,\alpha(S_V)\,\sigma_{\max} \left(\sum \left(\gamma_G\, G_k \right) + \gamma_{Q,1}\, Q_{k,1} + \sum_{i>1} \left(\gamma_{Q,i}\, \psi_{0,i}\, Q_{k,i} \right) \right)$$

wobei

$\sigma_{\text{äq},A0,d}$	Bemessungswert der schadensäquivalenten Beanspruchung
$\sigma_{bB,A0,d}$	Bemessungswert der unter Prüfbedingungen im Laborversuch ermittelten Beanspruchbarkeit
γ_M	Teilsicherheitsbeiwert der Glasfestigkeit
$\alpha_\sigma(p)$	Faktor zur Berücksichtigung der Spannungsverteilung der Glasoberfläche
$\alpha(A)$	Faktor zur Berücksichtigung der Größe der beanspruchten Oberfläche
$\alpha(t)$	Faktor zur Berücksichtigung der Einwirkungsdauer
$\alpha(S_V)$	Faktor zur Berücksichtigung der Umgebungsbedingungen
$\sigma_{\max}$	Bemessungswert der maximalen Hauptzugspannung
γ_G	Teilsicherheitsbeiwert für ständige Einwirkungen
G_k	charakteristischer Wert der ständigen Einwirkungen
$\gamma_{Q,i}$	Teilsicherheitsbeiwerte der veränderlichen Einwirkungen
$Q_{k,1}$	Leitwert der veränderlichen Einwirkungen
$\psi_{0,i}$	Kombinationsbeiwerte für veränderliche Einwirkungen
$Q_{k,i}$	weitere veränderliche Einwirkungen

In [40] ist neben der Berücksichtigung der Auswirkungen der in Abschnitt 4.5 für Glas angegebenen Bruchhypothese auch die Erweiterung auf vorgespannte Gläser, auf andere Gläser als Alkali-Kalkglas und kombinierte Beanspruchungen (gemeint ist Flächenbeanspruchung bei gleichzeitiger Kantenbeanspruchung, z. B. im Bereich von Bohrungen von an diskreten Punkten gelagerten Glasplatten) näher erläutert. Auch zur Einführung von Elementen der stochastischen Bemessung anstelle der deterministischen mit Teilsicherheitsbeiwerten auf der Widerstandsseite werden Überlegungen dargestellt. Darauf aufbauend wird hier das systematische Vorgehen zu einer auf der Bruchmechanik basierenden Bemessung allgemeiner Glasbauteile, d. h. für verschiedene Arten von Gläsern unterschiedlicher Vorspannung mit bzgl. „Festigkeit" unterschiedlichen Teilbereichen unter verschiedenen Einwirkungen bei variablen Umgebungsbedingungen, wiedergegeben. Für die Herleitung oder weitere Erläuterungen wird auf [40] verwiesen.

Für den späteren Nachweis ist lediglich die Spannung $\sigma_{ges}(x,y)$ an der Oberfläche (bzw. genauer: den Oberflächen) des Glasbauteiles von Interesse. Dabei setzt sich diese entsprechend Abschnitt 4.3 zusammen aus den Spannungen $\sigma_d(x,y)$ infolge äußerer Einwirkungen und eventueller Eigenspannungen σ_E aus eingeprägter Vorspannung:

$$\sigma_{ges}(x,y) = \sigma_d(x,y) + \sigma_E \tag{15.10}$$

Nachdem auch die Eigenspannung Streuungen unterliegt, ist für σ_E gegebenenfalls auch ein Sicherheitsbeiwert anzugeben, in obiger Gl. (15.10) wird σ_E als mit ausreichender Sicherheit zu verwendender Wert angenommen.

Aus den charakteristischen Werten der Einwirkungen nach Eurocode 1 [235] unter Verwendung der Teilsicherheits- und Kombinationsbeiwerte nach [64] berechnen sich die Bemessungswerte der Einwirkungen q_d:

$$q_d = \sum \left(\gamma_G \, G_k\right) + \gamma_{Q,1} \, Q_{k,1} + \sum_{i>1}\left(\gamma_{Q,i} \, \psi_{0,i} \, Q_{k,i}\right) \tag{15.11}$$

wobei

γ_G	Teilsicherheitsbeiwert der ständigen Einwirkungen,	1,35
G_k	charakteristischer Wert der ständigen Einwirkungen	
$\gamma_{Q,i}$	Teilsicherheitsbeiwerte der veränderlichen Einwirkungen	1,50
$Q_{k,1}$	charakteristischer Leitwert der veränderlichen Einwirkungen	
$\psi_{0,i}$	Kombinationsbeiwerte für veränderliche Einwirkungen	0,15 für Wind
		0,56 für Schnee
$Q_{k,i}$	weitere charakteristische Werte veränderlicher Einwirkungen	

Die Bemessungswerte der Spannungen $\sigma_d(x,y)$ für jeden Punkt (x,y) des zu untersuchenden Glasbauteils werden mit den bekannten Methoden der Statik und Mechanik, ggf. unter Berücksichtigung nichtlinearer Effekte, ermittelt. Unter den Spannungen sind dabei auch im Folgenden jeweils die Hauptspannungen zu verstehen, das Vorzeichen einer Druckvorspannung ist stets **negativ** zu verwenden. Der Maximalwert von Spannungen wird jeweils mit dem zusätzlichen Index *max* gekennzeichnet.

$$\sigma_{max,d} = \sigma_{max}\left(\sum\left(\gamma_G \, G_k\right) + \gamma_{Q,1} \, Q_{k,1} + \sum_{i>1}\left(\gamma_{Q,i} \, \psi_{0,i} \, Q_{k,i}\right)\right) \tag{15.12}$$

Entsprechend Abschnitt 4.3 ist die (Biege-)Festigkeit definiert als Summe von Prüffestigkeit $\sigma_{prüf,bB}$ und Eigenspannung σ_E und kann demzufolge nur bei bekannter Eigenspannung angegeben werden; auch hier gilt nach wie vor, dass eine Druckvorspannung ein negatives Vorzeichen hat.

15.3 Verfahren der Teilsicherheitsbeiwerte und (sichtbare) Anwendung der Bruchmechanik

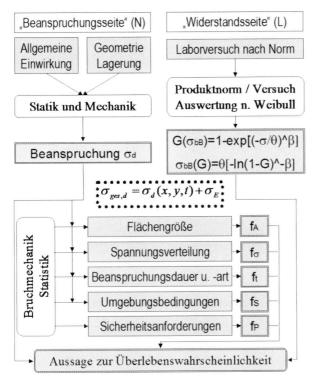

Bild 15.2 Nachweisführung in schematischer Darstellung

Der Nachweis erfolgt durch einen Vergleich der Beanspruchung $\sigma_{ges,d\,max}$ mit einer der akzeptierten Bruchwahrscheinlichkeit G_a zugeordneten Spannung, wobei $\sigma_{ges,d\,max}$ mittels den Faktoren f_A, f_σ, f_t, f_S und f_P auf die anderen Bedingungen (örtliche und zeitliche Spannungsverteilung, Geometrie, Umgebungsbedingungen, Bruchwahrscheinlichkeit) des den Laborversuch repräsentierenden $\theta_{u\,95\%}$ umgerechnet wird. $\theta_{u\,95\%}$ entspricht bei nicht vorgespannten Gläsern der Prüffestigkeit aus Laborversuchen $\sigma_{bB,A0}$, bei vorgespannten Gläsern wie ESG der TVG sind die Prüffestigkeiten aus Laborversuchen um den Betrag der Vorspannung zu reduzieren.

Es sind für die Nachweisgleichung unterschiedliche Schreibweisen denkbar, für die gleichzeitige Beurteilung einer Ausnutzung bietet sich die folgende Ungleichung an:

$$\frac{\sigma_{ges,d\,max}}{\theta_{u\,95\%}} f_A \, f_\sigma \, f_t \, f_S \, f_P \leq 1 \tag{15.13}$$

Sind im Rahmen der Bemessungsaufgabe mehrere (Teil-)Bereiche zu unterscheiden, so kann der Nachweis nicht mittels Gl. (15.13) erfolgen, sondern muss auf der Ebene der Überlebenswahrscheinlichkeit des gesamten Bauteils geführt werden.

Mit der vorgestellten Vorgehensweise können bei einem Nachweis die folgenden Einflüsse auf das Verhalten von Glasbauteilen unter Beanspruchung berücksichtigt werden:

− Einwirkungsstreuung und -häufigkeit
− Materialstreuung
− Flächeneinfluss
− Einwirkungsdauer
− Umgebungsbedingungen
− Glassorte
− nichtlineare Effekte
− Bruchhypothese
− Vorspannung von Glas

Dementsprechend ist die Nachweisführung aufwendig und für eine praktische Anwendung ohne die entsprechenden Hilfsmittel nur bedingt geeignet.

Für eine ausführlichere Darstellung der in diesem Abschnitt kurz angerissenen Verfahren einschließlich kritischem Vergleich sowie Beispiel wird auf [40] bzw. die erste Auflage dieses Buches verwiesen. Hier sollte nur ein kurzer Überblick gegeben werden, um die Hintergründe der in den folgenden Abschnitten dargestellten, in unterschiedliche Normen z. T. eingeflossene Schreibweisen bzw. Konzepte – insbesondere bzgl. Berücksichtigung einer eventuell vorhandenen Vorspannung – einordnen zu können.

Für Nachweisgleichungen im Kontext von Vorschriften sind neben einer unterschiedlichen Möglichkeit der Zusammenfassung der Einflussfaktoren auch hinsichtlich der Vorspannung alternative Schreibweisen denkbar – und in einigen Bemessungsnormen in Europa umgesetzt – indem bspw. der Anteil der Vorspannung von der Seite der Einwirkung auf die Seite des Widerstandes addiert wird. Dabei sind jedoch die Anteile aus Festigkeit des Basisglases und aus Vorspannung jeweils getrennt zu behandeln. Prinzipiell sind folgende drei Schreibweisen denkbar:

$$E_d = \sigma_{max,d} - \left|\frac{\sigma_E^{\#}}{\gamma_E}\right| \leq \frac{\sigma_R \cdot k_{mod}}{\gamma_M} = R_d \quad (i)$$

$$E_d = \sigma_{max,d} \leq \frac{\sigma_R \cdot k_{mod}}{\gamma_M} + \left|\frac{\sigma_E^{\#}}{\gamma_E}\right| = R_d \quad (ii) \qquad (15.14)$$

$$E_d = \sigma_{max,d} \leq \frac{\sigma_R^{\#} \cdot k_{mod}^{\#}}{\gamma_M^{\#}} = R_d \quad (iii)$$

In der ersten Schreibweise der Nachweisgleichung (i) wird die Vorspannung als günstig wirkende Einwirkung auf der linken Seite berücksichtigt; durch einfache Umformung kann

15.3 Verfahren der Teilsicherheitsbeiwerte und (sichtbare) Anwendung der Bruchmechanik

die Vorspannung auch auf die Seite der Beanspruchbarkeit gebracht werden, vgl. (ii). Den beiden Nachweisgleichungen ist gemein, dass die Werte der Festigkeit des Basisglases σ_R, der zugehörige Teilsicherheitsbeiwert γ_M sowie der Modifikationsbeiwert zur Berücksichtigung der Einwirkungsdauer k_{mod} jeweils unabhängig von der Vorspannung sind; bei unterschiedlich vorgespannten Gläsern sind jeweils die zugeordneten entsprechenden Werte der Vorspannung $\sigma_E^{\#}$ zu berücksichtigen. Schreibweise (iii) bedingt durch die Verwendung der physikalisch bzw. bruchmechanisch nicht sinnvollen Prüffestigkeit (anstelle (Eigen-)Festigkeit und Vorspannung) für die unterschiedlichen Niveaus der Vorspannung jeweils unterschiedliche Werte für γ_M und k_{mod} – wobei Letztere wegen fehlendem unmittelbarem Bezug zu bruchmechanischen Grundlagen undurchsichtig erscheinen (tatsächlich wären diese eigentlich korrekt durch den Umweg der Schreibweisen (i) oder (ii) zu ermitteln). Beispielhaft sei die unterschiedliche Zahl von „Beiwerten" bei nur drei unterschiedlichen Glasprodukten Floatglas, TVG aus Floatglas und ESG aus Floatglas und vier unterschiedlichen Belastungsdauern und damit vier k_{mod} kurz dargestellt:

Für Schreibweise (i) oder (ii) sind zu einem σ_R mit zugeordnetem γ_M drei Werte für σ_E (wobei der für Floatglas 0 ist) und vier für alle Gläser gleichermaßen ansetzbare Werte für k_{mod} nötig, in der Summe somit 9 Werte. Im Fall (iii) sind den drei unterschiedlichen Werten für $\sigma_R^{\#}$ bei günstiger Annahme jeweils ein $\gamma_M^{\#}$ und 4 $k_{mod}^{\#}$ zugeordnet, in der Summe somit $3 + 3 + 4 \times 3 = 18$ Werte; eine Reduktion der Anzahl an Parametern könnte durch Beschränkung auf einheitliche $\gamma_M^{\#}$ oder $k_{mod}^{\#}$ gelingen – zum Preis einer noch weitergehenden Intransparenz bzw. fehlenden Nachvollziehbarkeit.

15.3.3 DIN 18008

Abweichend von den in DIN 18008 [3–5] dargestellten Formeln zur Berechnung der Beanspruchbarkeit werden hier einige im Normentext als Prosa geregelte Punkte wie bspw. Berücksichtigung der Kantenqualität oder von VSG als zusätzliche Faktoren in die Gleichung mit aufgenommen; dadurch soll der Vergleich der unterschiedlichen Regelungen einfacher ermöglicht werden.

Für Gläser ohne planmäßige thermische Vorspannung (z. B. Floatglas) ergibt sich der Bemessungswert der Beanspruchbarkeit R_d aus

$$R_d = \frac{k_{mod} \cdot k_c \cdot f_k}{\gamma_M} \cdot k_{Kante} \cdot k_{VSG} \tag{15.15}$$

wobei
f_k charakteristischer Wert der Biegezugfestigkeit
γ_M Teilsicherheitswert für nicht vorgespanntes Glas, $\gamma_M = 1{,}8$
k_c Faktor zur Berücksichtigung der Art der Konstruktion, i. d. R. $k_c = 1{,}0$
k_{mod} Faktor zur Berücksichtigung der Lasteinwirkungsdauer, vgl. unten
k_{Kante} bei Kanten unter Zugspannung ist $k_{Kante} = 0{,}80$, sonst 1,0
k_{VSG} bei VSG ist $k_{VSG} = 1{,}10$, sonst 1,0

Zur Ermittlung der Beanspruchbarkeit von nach DIN 18008-2 linienförmig gelagerter Gläser ohne thermische Vorspannung ist $k_c = 1{,}80$ anzusetzen.

Tabelle 15.5 Rechenwerte für k_{mod} thermisch nicht vorgespannter Gläser nach DIN 18808 [3]

Einwirkungsdauer	Beispiele	k_{mod}
Ständig	Eigengewicht, Ortshöhendifferenz	0,25
Mittel	Schnee, Temperaturänderung und Änderung des meteorologischen Luftdrucks	0,40
Kurz	Wind, Holmlast	0,70

Bei Einwirkungskombinationen mit unterschiedlichen Einwirkungsdauern ist jeweils das der kürzesten Dauer zugeordnete k_{mod} anzusetzen (vgl. Tabelle 15.5); in jedem Fall sind sämtliche Einwirkungskombinationen zu untersuchen, da auch Kombinationen maßgebend werden können, die nicht den maximalen Betrag der Beanspruchung ergeben.

Für thermisch vorgespannte Gläser wird explizit darauf hingewiesen, dass Eigenspannungszustände aus thermischer Vorspannung auf der Widerstandsseite berücksichtigt werden. Der Bemessungswert der Beanspruchbarkeit R_d thermisch vorgespannter Gläser ist vereinfacht mittels folgender Gleichung zu berechnen:

$$R_d = \frac{k_c \cdot f_k}{\gamma_M} \cdot k_{VSG} \tag{15.16}$$

wobei
f_k charakteristischer Wert der Biegezugfestigkeit
γ_M Teilsicherheitswert für vorgespanntes Glas, $\gamma_M = 1{,}5$
k_c Faktor zur Berücksichtigung der Art der Konstruktion, i. d. R. $k_c = 1{,}0$
k_{VSG} bei VSG ist $k_{VSG} = 1{,}10$, sonst $k_{VSG} = 1{,}0$

In Tabelle 15.6 sind für die in Bauregelliste (BRL) [81] enthaltene Glaserzeugnisse die anzusetzenden charakteristischen Werte der Biegezugfestigkeit f_k entsprechend BRL [81] und darin genannten harmonisierten europäischen Produktnormen sowie die Beanspruchbarkeiten $\sigma_{R,d}$ zusammengestellt.

Die Nachweise der Gebrauchstauglichkeit sind in den folgenden Teilen der DIN 18008 [4], [6–9] geregelt, da diese von der jeweiligen Anwendung abhängen.

Tabelle 15.6 Beanspruchbarkeit R_d in MPa für unterschiedliche Glaserzeugnisse und Einbausituationen nach DIN 18008 [3–5] i. V. m. Bauregelliste [81]

Glaserzeugnis	f_k	Kante unter Zugspannung		Zug in Fläche	
	MPa	Mono	VSG	Mono	VSG
Floatglas (FG)	45	$k_{mod} \cdot 20$	$k_{mod} \cdot 22$	$k_{mod} \cdot 25$	$k_{mod} \cdot 27{,}5$
Floatglas; k_c=1,8*	45	$k_{mod} \cdot 36$	$k_{mod} \cdot 39{,}6$	$k_{mod} \cdot 45$	$k_{mod} \cdot 49{,}5$
TVG aus FG	70	46,7	51,3	46,7	51,3
TVG aus FG emailliert	45	30	33	30	33
ESG aus FG	120	80	88	80	88
ESG aus FG emailliert	75	50	55	50	55
ESG aus Ornamentglas	90	60	66	60	66
Draht(ornament)glas	25	$k_{mod} \cdot 11{,}1$	$k_{mod} \cdot 12{,}2$	$k_{mod} \cdot 13{,}9$	$k_{mod} \cdot 15{,}3$
Poliertes Drahtglas	25				
Ornamentglas (Gussglas)	25				

Wenn nicht anders angegeben ist k_c = 1,0.
„emailliert" für Gläser mit Emaille oder Siebdruck auf der Zugseite.
* Für nach DIN 18008 Teil 2 linienförmig gelagerte Verglasungen

Für kurzzeitige Einwirkungen wie Wind darf ein günstig wirkender Schubverbund zwischen Einzelscheiben von Verbundsicherheitsglas mit PVB-Folien nicht berücksichtigt werden.

Die Nachweisgleichung für den rechnerischen Nachweis gegen stoßartige Beanspruchung bei absturzsichernden Verglasungen entsprechend DIN 18008 Teil 4 [7] lautet

$$R_d = \frac{k_{mod} \cdot f_k}{\gamma_M} \cdot k_{Kante} \qquad (15.17)$$

wobei
f_k charakteristischer Wert der Biegezugfestigkeit
γ_M Teilsicherheitswert für Stoßnachweis ist $\gamma_M = 1{,}0$
k_{mod} Faktor zur Berücksichtigung der Lasteinwirkungsdauer,
         für ESG 1,4, für TVG 1,7, für thermisch entspanntes Floatglas 1,8
k_{Kante} bei Kanten von thermisch entspannten Floatglas unter Zugspannung ist $k_{Kante} = 0{,}80$, sonst 1,0

In diesem Fall darf außerdem voller Schubverbund angesetzt werden.

15.3.4 ÖNORM B 3716

Abweichend von den in ÖNORM B 3716 [230] dargestellten Formeln zur Berechnung der Beanspruchbarkeit werden hier einige im Normtext als Prosa geregelte Punkte wie bspw. Berücksichtigung der Kantenqualität als zusätzliche Faktoren in die Gleichung mit aufgenommen; dadurch soll der Vergleich der unterschiedlichen Regelungen einfacher ermöglicht werden.

Für Gläser ohne planmäßige thermische Vorspannung (z. B. Floatglas) ergibt sich der Bemessungswert der Beanspruchbarkeit R_d aus

$$R_d = \frac{k_{mod} \cdot k_b \cdot f_k}{\gamma_m} \cdot k_{Kante} \tag{15.18}$$

wobei
f_k charakteristischer Wert der Biegezugfestigkeit, vgl. unten
γ_m Teilsicherheitswert der Widerstandsseite,
für Float und VSG aus Float $\gamma_m = 1,5$ für Draht- und Gussglas $\gamma_m = 2,0$
k_b Faktor für die Art der Beanspruchung
Plattenbeanspruchung $k_b = 1,0$, Scheibenbeanspruchung $k_b = 0,8$
k_{mod} Faktor zur Berücksichtigung der Lasteinwirkungsdauer, vgl. unten
k_{Kante} bei Kanten unter Zugspannung ist $k_{Kante} = 0,80$, sonst 1,0

Tabelle 15.7 Abminderungsfaktor k_{mod} für Floatglas nach [230]

Einwirkungsdauer	Beispiele	k_{mod}
Lang	Ständige Last, Klimalast	0,60
Mittel	Schneelast, begehbar, befahrbar	0,60
Kurz	Wind, Holmlast, betretbar	1,0

Hinsichtlich der Berücksichtigung von verschiedenen gleichzeitigen Einwirkungen unterschiedlicher Dauer wird der Nachweis in folgender Schreibweise gefordert.

$$\sum_i \frac{S_{d,i}}{k_{mod}} \cdot \left(\frac{\gamma_m}{f_k \cdot k_b} \frac{1}{k_{Kante}} \right)_i \leq 1 \tag{15.19}$$

wobei neben den Erläuterungen zu Gl. (15.18)
$S_{d,i}$ Bemessungswert der einzelnen Einwirkungen

Dies kommt einer Addition der Ausnutzungsgrade für die einzelnen Lastanteile gleich. Zusätzlich gegenüber der Version von 2006 findet sich in der aktuellen Version 2009 folgender Satz: *Bei Lastkombinationen aus Einwirkungen, die zu verschiedenen Klassen der*

Einwirkungsdauer gehören, gilt die Einwirkung mit der kürzesten Dauer als maßgebend (jede Einwirkung ist bei Bemessung einzeln zu berücksichtigen); z. B. sind für eine ständige und eine kurzzeitige Belastung die Regeln für die Kurzzeitbelastung maßgebend.

Für thermisch vorgespannte Gläser wird explizit darauf hingewiesen, dass Eigenspannungszustände aus thermischer Vorspannung auf der Widerstandsseite berücksichtigt werden. Der Bemessungswert der Beanspruchbarkeit R_d thermisch vorgespannter ist vereinfacht mit folgender Gleichung zu berechnen:

$$R_d = \frac{k_{mod} \cdot k_b \cdot f_k}{\gamma_m} \cdot k_{Kante} \tag{15.20}$$

wobei

f_k charakteristischer Wert der Biegezugfestigkeit, vgl. unten
γ_m Teilsicherheitswert für TVG und ESG $\gamma_m = 1{,}5$
k_b Faktor für die Art der Beanspruchung
       Plattenbeanspruchung $k_b = 1{,}0$, Scheibenbeanspruchung $k_b = 0{,}8$
k_{mod} Abminderungsfaktor für Einwirkungsdauer, für ESG und TVG $k_{mod} = 1{,}0$

In Tabelle 15.8 sind die in ÖNORM B 3716 [230] angegebenen Werte der charakteristischen Festigkeit angegeben; dabei sei angemerkt, dass diese für die emaillierten Gläser von den in harmonisierten europäischen Produktnormen angegebenen Werten um 5 MPa nach unten abweichen. Für TVG und ESG sind die Basisgläser nicht näher definiert, es kann davon ausgegangen werden, dass nur die entsprechend thermisch vorgespannten Floatgläser gemeint sind.

Tabelle 15.8 Beanspruchbarkeit R_d in MPa für unterschiedliche Glaserzeugnisse und Einbausituationen nach ÖNORM B 3716 [230]

Glaserzeugnis	f_k MPa	Kante unter Zugspannung		Zug in Fläche	
		Platte	Scheibe	Platte	Scheibe
Floatglas (FG), VSG aus FG	45	$k_{mod} \cdot 24$	$k_{mod} \cdot 19{,}2$	$k_{mod} \cdot 30$	$k_{mod} \cdot 24$
TVG *aus FG*	70	46,7	37,3	46,7	37,3
TVG *aus FG* emailliert*	**40**	26,7	21,3	26,7	21,3
ESG *aus FG*	120	80	64	80	64
ESG *aus FG* emailliert*	**70**	46,7	37,3	46,7	37,3
Draht(ornament)glas	25	$k_{mod} \cdot 10$	$k_{mod} \cdot 8$	$k_{mod} \cdot 12{,}5$	$k_{mod} \cdot 10$
Gussglas (Ornamentglas)	25	$k_{mod} \cdot 10$	$k_{mod} \cdot 8$	$k_{mod} \cdot 12{,}5$	$k_{mod} \cdot 10$

* auch teilemalliert und siebbedruckt mit Keramikfarbe

Bei Verwendung von VSG mit Zwischenlagen aus PVB mit Reißfestigkeit größer 20 N/mm² und Bruchdehnung größer 250 % darf bei Vertikalverglasungen (wobei nach ÖNORM die Grenze 15° beträgt) für kurzzeitige Einwirkungen ein Schubmodul von G = 0,4 N/mm² angesetzt und damit günstig wirkender Schubverbund berücksichtigt werden. Im Fall von Stoßbelastungen darf voller Schubverbund angesetzt werden.

15.3.5 EN 13474

Die letzte Veröffentlichung eines Entwurfs von prEN 13474 [11] liegt bereits mehr als 10 Jahre zurück. Aufgrund der seinerzeit erhobenen Einsprüche wurde eine Überarbeitung nötig, es kann noch 2012 mit der Veröffentlichung einer neuen Entwurfsfassung gerechnet werden. Die im Folgenden wiedergegebenen Gleichungen basieren auf der letzten veröffentlichten Fassung [11], tatsächlich zur Verwendung kommende Beiwerte sowie Zahlenwerte können aktuell nicht angegeben werden und deshalb im Folgenden als k_{ABC} sowie k_{DEF} eingeführt.

Für Floatglas ohne thermische Vorspannung ist der Bemessungswert der Beanspruchbarkeit nach folgender Gleichung zu ermitteln:

$$R_d = \frac{k_{mod} \cdot f_{g;k}}{\gamma_{M;A}} k_{ABC} \tag{15.21}$$

wobei
$f_{g,k}$ charakteristischer Wert der Biegezugfestigkeit
$\gamma_{M;A}$ Teilsicherheitswert für nicht vorgespanntes Glas
k_{mod} Faktor zur Berücksichtigung der Lasteinwirkungsdauer
k_{ABC} Faktor(en) zur Berücksichtigung weiterer Effekte

Für den Faktor k_{mod} zur Berücksichtigung der Lasteinwirkungsdauer ist die Bestimmungsgleichung mit $k_{mod} = 0{,}663 \, t^{-(1/16)}$ angegeben, wobei für t die Belastungsdauer in Stunden einzusetzen ist.

Für Gläser mit thermischer Vorspannung ermittelt sich der Bemessungswert der Beanspruchbarkeit nach folgender Gleichung:

$$R_d = \frac{k_{mod} \cdot f_{g;k}}{\gamma_{M;A}} k_{ABC} + \frac{(f_{b,k} - f_{g,k})}{\gamma_{M,V}} k_{DEF} \tag{15.22}$$

wobei
$\gamma_{M;V}$ Teilsicherheitswert für thermische Vorspannung
$f_{b,k}$ charakteristischer Wert der Biegefestigkeit von vorgespanntem Glas
k_{DEF} Faktor(en) zur Berücksichtigung weiterer Effekte

15.3.6 NEN 2608

Nach einer zweiten Entwurfsfassung wurde im Dezember 2011 die Endfassung der NEN 2608 [236] veröffentlicht. Nachdem die darin getroffenen Regelungen sehr umfangreich sind, werden diese hier nicht vollumfänglich wiedergegeben, sondern lediglich verkürzt.

Zunächst ist festzuhalten, dass die Berechnungen nicht mit dem Nennwert der Glasdicke, sondern – sofern nicht durch Messungen bestimmt – mit dem um die maximal zulässigen Toleranzwerte reduzierten Maß durchzuführen sind. Das heißt, dass bei Glas beispielsweise der Nenndicke 5 mm lediglich 4,8 mm oder statt 10 mm sind 9,7 mm anzusetzen sind.

Für Gläser ohne planmäßige thermische Vorspannung (z. B. Floatglas) ergibt sich der Bemessungswert der Beanspruchbarkeit R_d aus

$$R_d = \frac{k_a \cdot k_e \cdot k_{mod} \cdot k_{sp} \cdot f_{g;k}}{\gamma_{m;A}} \tag{15.23}$$

worin

$f_{g;k}$ charakteristischer Wert der Biegezugfestigkeit, 45 N/mm², vgl. unten

$\gamma_{m;A}$ Teilsicherheitswert für Glas,
wenn Wind die vorherrschende veränderliche Belastung ist: $\gamma_{m;A} = 1,8$
ansonsten $\gamma_{m;A} = 2,0$

k_{sp} Faktor für die Oberflächenstruktur der Verglasung
Floatglas $k_{sp} = 1,0$; Ornamentglas $k_{sp} = 0,8$; emaillierte Fläche $k_{sp} = 0,78$

k_{mod} Faktor zur Berücksichtigung der Lasteinwirkungsdauer, vgl. unten

k_e Faktor zur Berücksichtigung der Kantenqualität
abhängig von Vorspanngrad und Belastung 0,62 bis 1,0

k_a Faktor zur Berücksichtigung der Größe der belasteten Fläche
Flächenlast und nichtlineare Berechnung $k_a = 1,644 \, A^{-1/25}$ mit A belastete Fläche in mm², ansonsten $k_a = 1,0$

Für die Bestimmung von k_{mod} wird folgende Gleichung angegeben:

$$k_{mod} = \left(\frac{5}{t}\right)^{\frac{1}{c}} \tag{15.24}$$

worin

c   Korrosionskonstante, abhängig von Temperatur und Feuchtigkeit

t   Zeitdauer in Sekunden entsprechend Anhang A,
im Fall mehrerer Einwirkungen ist jeweils die kürzeste anzusetzen

Die Korrosionskonstante c hängt im Wesentlichen von der möglichen Feuchtigkeit ab, für zum Scheibenzwischenraum von Mehrscheiben-Isoliergläsern orientierten Flächen kann im Mittenbereich (i. S. v. nicht Randbereich) c = 27 angesetzt werden, wenn die maximale Luftfeuchtigkeit im SZR 10 % nicht überschreitet. Im Fall von Verbundsicherheitsglas kann für die zur Zwischenfolie orientierten Flächen im Mittenbereich (i. S. v. nicht Randbereich) c = 18 angesetzt werden. Für die Randbereiche der eben dargestellten Situationen sowie übrigen Situationen ist c = 16. Obige Gleichung zur Bestimmung von k_{mod} kann für c = 16 und Zeit t in Stunden in die bekannte Form $k_{mod} = 0{,}663 \cdot t^{-(1/16)}$ überführt werden.

In einem normativen Anhang sind für unterschiedliche Lastbilder die anzusetzende Zeitdauern und sich daraus ergebende 57 Werte für k_{mod} zusammengestellt; wegen identischer Zeitdauern unterschiedlicher Lastbilder ergeben sich tatsächlich nur noch 33(!) unterschiedliche Zahlenwerte für k_{mod}.

Der Bemessungswert der Beanspruchbarkeit R_d thermisch vorgespannter ist mit folgender Gleichung zu berechnen:

$$R_d = \frac{k_a \cdot k_e \cdot k_{mod} \cdot k_{sp} \cdot f_{g;k}}{\gamma_{m;A}} + \frac{k_e \cdot k_z \cdot (f_{b;k} - k_{sp} \cdot f_{g;k})}{\gamma_{m;V}} \qquad (15.25)$$

worin
$f_{b;k}$ charakteristischer Wert der Biegefestigkeit von vorgespanntem Glas
$\gamma_{m;V}$ Teilsicherheitswert für Vorspannung: $\gamma_{m;V} = 1{,}2$
k_z Faktor für die Zone der Glasscheibe

Bezüglich des Faktors für die Zone der Glasscheibe k_z unterscheidet NEN 2608 [236] folgende vier Zonen:

Zone 1: Fläche, d. h. Bereiche die nicht Zone 2, 3 oder 4 sind: $k_z = 1{,}0$

Zone 2: Kantennahe Bereiche, d. h. bis zu einem Abstand von der Kante bei
ESG entsprechend der Glasdicke $k_z = 0{,}9$
TVG entsprechend der 1,5-fachen Glasdicke $k_z = 1{,}0$

Zone 3: Eckbereiche, definiert als Überlappungsbereich der Kantennahen Bereiche, ausgerundet mit einem Kreisbogen mit Radius der 3,41-fachen Glasdicke: hier wird von keiner Vorspannung ausgegangen, d. h. $k_z = 0$

Zone 4: Bohrungsrandnahe Bereiche: bis zu einem Anstand vom Bohrungsrand bei
ESG entsprechend der Glasdicke $k_z = 0{,}65$
TVG entsprechend der 1,5-fachen Glasdicke $k_z = 1{,}0$

Die charakteristischen Werte der Biegezugfestigkeit vorgespannter Gläser sowie des Produktes aus $k_{sp} \cdot f_{g;k}$ sind in Tabelle 15.9 zusammengestellt; sie gelten für Floatglas und die thermisch vorgespannten Glasprodukte entsprechend den harmonisierten europäischen Normen.

Tabelle 15.9 Charakteristische Werte der Biegezugfestigkeit vorgespannter Gläser nach NEN 2608 [236]

Glaserzeugnis	$k_{sp} f_{g;k}$ MPa	$f_{b;k}$ MPa	$f_{b;k} - k_{sp} f_{g;k}$ MPa
TVG aus Floatglas	45	70	25
TVG aus Floatglas emailliert	35	45	10
TVG aus Ornamentglas	**36**	55	19
ESG aus Floatglas	45	120	75
ESG aus Floatglas emailliert	35	75	40
ESG aus Ornamentglas	**36**	90	54

Hinweis: Die Beschichtung von Glas hat keine negativen Einflüsse auf die Festigkeit.

15.4 Vergleich der Regelungen für ausgewählte Anwendungen

Nachdem die in diesem Kapitel zusammengestellten Bemessungs- bzw. Nachweisgleichungen nicht nur bzgl. der Sicherheitskonzepte, sondern auch Schreibweisen und somit Berücksichtigung einzelner Einflussfaktoren einen unmittelbaren Vergleich nur schwer zulassen, werden für einige Anwendungen die Grenzwerte der Beanspruchbarkeit zusammengestellt (vgl. Tabellen 15.10 bis 15.13). Dazu werden die zulässigen Werte der TRLV [1] durch Multiplikation mit γ_F (bzw. den theoretisch möglichen Grenzwerten) vom Niveau der zulässigen Werte angehoben um sie wie bei einer Bemessung nach Eurocode mit Bemessungswerten der Einwirkung vergleichen zu können.

Für Einfachverglasungen (i. S. v. keine Mehrscheiben-Isolierverglasungen, d. h. monolithische und VSG-Verglasung) werden folgende Einbauszenarien betrachtet:

— Vertikalverglasung, d. h. primär unter Windbelastung,
— Überkopfverglasung, Einwirkungskombination Eigengewicht und Schnee maßgebend.

Tabelle 15.10 Beanspruchbarkeit R_d in MPa für Vertikalverglasung aus Floatglas unter Windlast

Vorschrift	f_k MPa	Kante unter Zugspannung		Zug in Fläche	
		Mono	VSG	Mono	VSG
TRLV, γ_F = 1,5	45	27,0	33,75	27,0	33,75
DIN 18008 Teil 1, k_c = 1,0	45	14,0	15,4	17,5	19,3
DIN 18008 Teil 2, k_c = 1,8 *	45	25,2	27,7	31,5	34,7
ÖNORM B 3716	45	24,0		30,0	
EN 13474 **	45	18,5		18,5	
NEN 2608 ***	45	20		25	

* Für nach DIN 18008 Teil 2 linienförmig gelagerte Verglasungen
** $\gamma_{m;A}$ = 1,8; k_{ABC} = 1,0 angenommen
*** k_a, k_{sp} jeweils zu 1,0 und c=16 angesetzt

Tabelle 15.11 Beanspruchbarkeit R_d in MPa für Vertikalverglasung aus vorgespannten Gläsern unter Windlast

Vorschrift	TVG aus FG		ESG aus FG	
	Mono	VSG	Mono	VSG
TRLV, γ_F = 1,5	43,5		75	
DIN 18008 Teil 1, k_c = 1,0	46,67	51,33	80	88
ÖNORM B 3716	46,67		80	
EN 13474 **	39,33		81	
NEN 2608 ***	45,83		87,5	

** $\gamma_{m;A}$ = 1,8; $\gamma_{m;A}$ = 1,2; k_{ABC} = k_{DEF} = 1,0 angenommen
*** k_a, k_e, k_{sp}, k_z, jeweils zu 1,0 und c = 16 angesetzt

Tabelle 15.12 Beanspruchbarkeit R_d in MPa für Überkopfverglasung aus Floatglas, Einwirkungskombination Eigengewicht und Schnee maßgebend

Vorschrift	Kante unter Zugspannung		Zug in Fläche	
	Mono	VSG	Mono	VSG
TRLV, γ_F = 1,35…1,5	16,2…18	20,25…22,5	16,2…18	20,25…22,5
DIN 18008 Teil 1, k_c = 1,0	8	8,8	10	11
DIN 18008 Teil 2, k_c = 1,8 *	14,4	15,8	18	19,8
ÖNORM B 3716	14,4		18	
EN 13474 **	11		11	
NEN 2608 ***	7,92		9,9	

* Für nach DIN 18008 Teil 2 linienförmig gelagerte Verglasungen
** $\gamma_{m;A}$ = 1,8; k_{ABC} = 1,0 angenommen
*** k_a, k_{sp} jeweils zu 1,0 und c=16 angesetzt

Tabelle 15.13 Beanspruchbarkeit R_d in MPa Überkopfverglasung aus vorgespannten Gläsern, Einwirkungskombination Eigengewicht und Schnee maßgebend

Vorschrift	TVG aus FG		ESG aus FG	
	Mono	VSG	Mono	VSG
TRLV, γ_F = 1,35…1,5	39,15…43,5		67,5…75	
DIN 18008 Teil 1, k_c = 1,0	46,67	51,3	80	88
ÖNORM B 3716	46,7		80	
EN 13474 **	31,83		73,5	
NEN 2608 ***	30,73		72,4	

** $\gamma_{m;A}$ = 1,8; $\gamma_{m;A}$ = 1,2; k_{ABC} = k_{DEF} = 1,0 angenommen
*** k_a, k_e, k_{sp}, k_z jeweils zu 1,0 und c=16 angesetzt

16 Konstruktion und Bemessung nach TRLV, TRAV und TRPV

Die Technischen Regeln [1, 2, 12] selbst sowie zugehörigen Erläuterungen [237, 238] sind im Internet zum kostenlosen Download zu finden. In diesem Kapitel soll die Bemessung und Konstruktion nach den Technischen Regeln erläutert werden. Dies kann und soll eine Lektüre der originalen Regelungstexte nicht ersetzen, auch wenn in diesem Kapitel einige Passagen aus diesen übernommen wurden; im Sinne einer besseren Lesbarkeit wird dabei in diesem Kapitel jeweils auf eine Kennzeichnung von Zitaten verzichtet.

16.1 TRLV

16.1.1 Geltungsbereich, Bauprodukte und Anwendungsbedingungen

Die in TRLV angegebenen Regelungen betreffen Verglasungen, die an mindestens zwei gegenüberliegenden Seiten durchgehend linienförmig gelagert sind. Dabei sind Verglasungen mit zusätzlicher punktförmiger Lagerung (wie z. B. rechteckige Verglasungen, die an den kurzen Seiten linienförmig, an den langen punktförmig gelagert ist) nicht geregelt. Auch kombinierte punkt- und linienförmige Lagerung wird durch die Einengung auf „durchgehend" linienförmige Lagerung ausgeschlossen. Ebenfalls nicht erfasst sind Verglasungen mit planmäßig tragender Verklebung. Bereits in den Erläuterungen von 1999 wird darauf hingewiesen, dass auf dem Markt verstärkt erhältliche Solarkollektoren mit ausschließlich geklebten Kollektorgläsern als nicht geregelt einzustufen sind.

Die „Technischen Regeln für die Verwendung von linienförmig gelagerten Verglasungen" regeln sowohl Überkopf- wie Vertikalverglasungen. Sie gelten explizit nicht für Verglasungen, die zu Aussteifungszwecken herangezogen werden, für geklebte Fassadenelemente sowie für gekrümmte Überkopfverglasungen. Gekrümmte Vertikalverglasungen hingegen sind durch die TRLV abgedeckt, wobei selbstverständlich geometriebedingte statische Effekte – insbesondere bei Mehrscheiben-Isolierverglasung – zu berücksichtigen sind; außerdem ist der Nachweis der Verwendbarkeit des Bauprodukts „gekrümmte Verglasung" zu erbringen. In der TRLV sind Anwendungsbedingungen definiert, bei deren Einhaltung ein rein rechnerischer Nachweis der Verglasungselemente möglich ist.

Abhängig von der Einbausituation werden Überkopfverglasungen und Vertikalverglasungen unterschieden. Dabei ist das maßgebende Kriterium zur Unterscheidung die erforderliche, von der Einbausituation abhängige Resttragfähigkeit: allseitig gelagerte Verglasungen verbleiben – auch wenn es sich um monolithisches Einscheiben-Sicherheitsglas handelt – im Fall des Glasbruchs in vertikaler Einbausituation im Rahmen, während dies bei geneigter Einbausituation seltener der Fall ist. Ein weiteres Kriterium ist die Berücksichtigung werkstoffspezifischen Verhaltens von Glas: Eine längere Belastungsdauer geht mit einer Reduktion der (Oberflächen-Zug-)Festigkeit einher. Bei Vertikalverglasungen überwiegt die kurzzeitige Einwirkung Wind, während mit zunehmender Neigung der Anteil des Eigengewichtes steigt und auch Schnee liegen bleiben kann. Deshalb sind konsequenterweise auch Vertikalverglasungen unter länger andauernden Einwirkungen als Überkopfverglasungen zu bemessen; darunter fallen beispielsweise Vertikalverglasungen von Shed-

Dächern mit der Möglichkeit der Schneeanhäufung oder mit anschließenden Wasserflächen geringer Tiefe (d. h. diese Wasserlasten haben nur einen untergeordneten Einfluss auf die Bemessungsspannungen). Für Aquarien hingegen ist der Wasserdruck bemessungsmaßgebend, sie sind nicht durch die TRLV abgedeckt, zulässige Spannungen gegenüber den Werten für Überkopfverglasungen sind erheblich reduziert. Als Kriterium für die Abgrenzung von Vertikalverglasung und Überkopfverglasung sind entsprechend der Regelung bei Brandschutzverglasungen 10° gegenüber der Vertikalen definiert worden. In anderen Regelungen wie bspw. [10, 11] finden sich davon abweichend 15°.

Für absturzsichernde und für begehbare sowie betretbare Verglasungen sind weitergehende Anforderungen zu berücksichtigen.

In der ersten Fassung der TRLV [227] war noch enthalten eine Freistellung für Vertikalverglasungen mit einer Oberkante von weniger als 4 m über angrenzenden Verkehrsflächen, wie beispielsweise Schaufensterverglasungen, begründet in dem erheblich geringeren Schadensrisiko. Damit sollten weiterhin Schaufenster in der bisherigen Bauweise hergestellt werden können; gleichwohl wird in den Erläuterungen zur TRLV empfohlen, eine Ausführung entsprechend der TRLV zu wählen, wenn sich – beispielsweise in Eingangsbereichen – unter der Vertikalverglasung Menschen aufhalten können. In der aktuellen Version [1] ist diese Anwendungseinschränkung nicht mehr enthalten, sie ist in einer entsprechenden Anlage in der MLTB [182] zu finden, gemeinsam mit einer weiteren für den Überkopfbereich. Danach brauchen die TRLV nicht angewendet zu werden für Dachflächenfenster in Wohnungen und Räumen ähnlicher Nutzung (z. B. Hotelzimmer, Büroräume) mit einer Lichtfläche (Rahmen-Innenmaß) bis einem zu 1,6 m² oder Verglasungen von Kulturgewächshäusern (in Abgrenzung zu Verkaufsgewächshäusern!). Die Freistellung sind bewusst nicht in den Technischen Regeln, sondern in der Anlage zur LTB formuliert, da diese als bauaufsichtliche Regelungen zu betrachten sind, die nicht in einem reduzierten Versagens- oder Gefährdungsrisiko für jeden einzelnen Betroffenen zu begründen sind. In den Erläuterungen wird ausgeführt: *Da hier jedoch das Gefährdungspotential für die öffentliche Sicherheit gering ist, kann die Verantwortung des Bauherrn an die Stelle von öffentlich-rechtlichen Vorschriften treten und die Entscheidung für Maßnahmen, die über die üblichen Standsicherheitsanforderungen hinausgehen, dem Bauherrn überlassen werden.*

Als Baustoffe dürfen die in der Bauregelliste enthaltenen Gläser verwendet werden, sowie als Zwischenfolie für die Herstellung von Verbundsicherheitsglas Polyvinylbutyral mit angegebenen Mindestwerten mechanischer Eigenschaften. Alternative Verbundsicherheitsgläser sind durch entsprechende allgemeine bauaufsichtliche Zulassungen mit der TRLV anwendbar, beispielsweise VSG aus TVG oder VSG mit alternativen Zwischenschichten.

Diverse konstruktive Hinweise sollen sicherstellen, dass der Bereich der bisherigen Erfahrung nicht verlassen wird. Dies betrifft auch die jeweils verwendbaren Bauprodukte: Im Fall von Überkopfverglasung können für die obere Scheibe von Mehrscheiben-Isolierverglasung alle Glasprodukte Verwendung finden, für die untere bzw. Einfachverglasung ist eine Einschränkung zur Sicherstellung der Resttragfähigkeit gegeben. Dies betrifft auch die Lagerung von zweiseitig gelagerten Überkopfverglasungen. Ausschließlich zulässig sind Dichtstoffe nach DIN 18545-2 Gruppe E sowie – in Verbindung mit geschraubten Pressleisten – Dichtprofile nach DIN 7863 Gruppen A bis D. Nicht möglich sind bei zweiseitiger Lagerung hingegen andere Verglasungsarten wie z. B. Dichtprofile bei normal befestigten Glasleisten. Für Vertikalverglasungen besteht als Forderung für die Resttragfähigkeit die Einschränkung, dass Einfachverglasungen aus grob brechenden Glaserzeugnissen wie Floatglas, Gussglas ohne Drahteinlage oder Verbundglas allseitig linienförmig zu lagern sind – wobei Stoßfugenverklebungen nicht als Lagerung gelten. Begründet ist dies in der Vorstellung, dass *Vertikalverglasungen aus Mehrscheiben-Isolierglas oder allseitig linienförmig gelagerter Einfachverglasung wegen der umlaufenden Einfassung der einzelnen Scheibe im Fall des Scheibenbruchs nicht sofort aus den Halteleisten herausfallen und Menschen gefährden.*

In Erweiterung der ersten Version finden sich in der aktuellen Fassung der TRLV auch Regelungen für begehbare Verglasungen als Treppenstufe oder Podest. Dabei ist einzuhalten eine Maximalabmessung von 1500 mm × 400 mm bei einem minimalen Glasaufbau von 10 mm für eine rutschfest ausgebildete Deckscheibe aus vorgespanntem Glas und jeweils 12 mm für die beiden unteren Scheiben aus Floatglas oder TVG.

Für das Anwendungsgebiet der Vertikalverglasungen ist die Verwendung von nicht heißgelagertem ESG nur noch zulässig bei Einbauhöhen unter 4 m, wenn keine Personen unter die Verglasung treten können. In allen anderen Einbausituationen, d. h. auch als Außenscheibe von Isolierverglasungen, ist bei Verwendung von ESG grundsätzlich ESG-H zu verwenden.

Weitere Änderungen gegenüber der TRLV betreffen im Wesentlichen konstruktive Festlegungen: häufig in der baupraktischen Anwendung aufgetretene Abweichungen, welche bezüglich der Sicherheit bzw. Resttragsicherheit unkritisch zu beurteilen sind, wurden in den Regelungsumfang aufgenommen. Beispielsweise betrifft dies bei Überkopfverglasungen die Erlaubnis von Auskragungen über Linienlagerungen hinaus und – damit verbunden – VSG aus TVG zur Befestigung von durchgehenden Klemmleisten mit entsprechenden Bohrungen zu versehen, vgl. Bild 16.1.

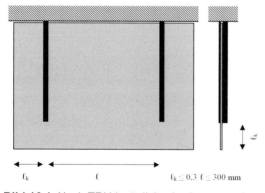

Bild 16.1 Nach TRLV mögliche Auskragung einer Überkopfverglasung über linienförmige Lagerungen hinaus

16.1.2 Nachweisformat, Ermittlung der vorhandenen und zulässigen Werte

Entsprechend den Erläuterungen wurde in der TRLV bewusst nicht das Konzept der Teilsicherheitsbeiwerte angewandt, sondern das Konzept der zulässigen Spannungen beibehalten. Auch für die Überlagerung von Einwirkungen finden keine Kombinationsbeiwerte Verwendung, sondern es wird auf das bislang übliche Vorgehen mit Unterscheidung in Lastfälle H und HZ zurückgegriffen – in der TRLV sind allerdings nur Werte für LF H angegeben sowie die Änderungen bei LF HZ in Prosa beschrieben. Dementsprechend ist der Nachweis durch Vergleich der vorhandenen Werte mit zulässigen Werten zu führen:

$$\text{vorh } \sigma = \sigma_{max} \left(g_k \oplus s_k \oplus w_k \oplus \sum p_k \right) \leq \text{zul } \sigma \tag{16.1}$$

Die linke Seite lässt sich auch unter Verwendung der Schreibweise von DIN 1055-100 [225] bzw. DIN EN 1990 (Eurocode) [222, 223] darstellen, hinsichtlich weiterer Erläuterungen vgl. auch Abschnitt 15.1.2.1

$$\text{vorh } \sigma = \sigma_{max} \left(G_k \oplus Q_{k,1} \oplus \sum_{i>1} \left(\psi_{0,i} Q_{k,i} \right) \right) \leq \text{zul } \sigma \tag{16.2}$$

Die die globalen Sicherheitswerte – und damit die zulässigen Spannungen – unterscheiden sich für unterschiedliche Bauprodukte, Einbau- und Belastungssituationen und sind zusammengestellt in Tabelle 16.1.

Die *Einwirkungen* sind entsprechend der bauaufsichtlich eingeführten Lastnorm anzusetzen. Bei Isolierverglasungen sind zusätzlich die Wirkung von Druckdifferenzen aus Veränderung der Temperatur, des meteorologischen Luftdruckes und der Höhendifferenz von Herstellungs- und Einbauort (sog. Klimalast), sowie die Kopplung der Glasscheiben durch das eingeschlossene Gasvolumen (sog. „Kisseneffekt") zu berücksichtigen. Im Anhang der TRAV ist ein entsprechendes Berechnungsverfahren für rechteckiges Isolierglas wiedergegeben.

Für die untere Scheibe einer Überkopfverglasung aus Mehrscheiben-Isolierglas ist als weiterer Lastfall „Versagen der oberen Scheibe" zu untersuchen, d. h. es ist zusätzlich zu den Lasten nach DIN 1055 das Eigengewicht der oberen Scheibe – dann jedoch ohne Klimabelastung – anzusetzen.

Die *Methode der Berechnung* von Schnittgrößen, Durchbiegungen und Spannungen ist freigestellt, d. h. eine Anwendung aufwendigerer Theorien mit Berücksichtigung der Verformungen und Ausnützen einer Membrantragwirkung ist möglich.

Um beim rechnerischen Nachweis bzw. bei der Ermittlung der Schnittgrößen und Verformungen für einen linienförmig gelagerten Rand von einer unverschieblichen Auflagerung ausgehen zu können, ist nachzuweisen, dass die Durchbiegung der Auflagerprofile den Wert von 1/200 der Scheibenlänge, maximal 15 mm, nicht überschreitet. Nachdem hier als Bezugsgröße die aufzulagernde Scheibenlänge und nicht die Stützweite der Auflagerprofile dient, wird die obere Grenze von 15 mm erst bei aufzulagernden Scheibenlängen von 3 m maßgebend.

Für die Berechnung von Verbundglas darf ein günstig wirkender Schubverbund nicht berücksichtigt werden. Das heißt, dass die beiden Grenzzustände „ohne Verbund" und „voller Verbund" zu betrachten sind. Insbesondere bei der Berechnung von Isolierglaselementen ist eine Voraussage des maßgebenden Grenzfalls für den Verbund nicht einfach möglich, da mit zunehmender Steifigkeit die klimainduzierten Belastungen in einem stärkeren Maß steigen können als der Widerstand der Verglasung. Ebenso darf der Randverbund bei Isolierverglasung nicht angesetzt werden.

Im Fall von Mehrscheiben-Isolierverglasungen sind neben „Kombination aus üblichen Lasten" als LF H auch die Klimalasten zu berücksichtigen; folgende Lastfälle sind – ggf. auch für unterschiedliche Grenzfälle des Verbundes – nachzuweisen:

Lastfall H   Kombination aus Eigengewicht, Wind und Schnee
Lastfall H   Klimalast
Lastfall HZ   Kombination aus Eigengewicht, Schnee und Wind sowie Klimalast
Lastfall HS_{iso} Kombination aus Eigengewicht, Schnee und Wind auf untere Scheibe von Mehrscheiben-Isolierverglasung

Im Fall von begehbaren Verglasungen ist entsprechend TRLV neben den üblichen Einwirkungen als zusätzlicher Lastfall „Eigengewicht + Einzellast" mit einer Einzellast von 1,5 kN (gleichmäßig verteilte lotrechte Verkehrslast von $p = 3,5$ kN/m²) bzw. 2,0 kN ($p \leq 5$ kN/m²) mit einer Aufstandsfläche von 100 mm × 100 mm anzusetzen. Dabei darf für den rechnerischen Nachweis die oberste Scheibe des VSG nicht als tragend angesetzt werden. In den nach Erscheinen der TRLV aktualisierten *Empfehlungen für das Zustimmungsverfahren* [239] wird für die Größe der anzusetzenden Flächen- und Einzellasten, verwiesen auf die Werte entsprechend der anzusetzenden Nutzungskategorie der eingeführten Lastnorm, als Aufstandsfläche ein Quadrat mit der Seitenlänge von 50 mm gefordert. Um diese Verschärfung – insbesondere bei zweiseitiger Lagerung – etwas zu kompensieren, dürfen für diesen Lastfall nunmehr alle Schichten des VSG angesetzt werden; als zusätzlicher Lastfall HS ist der Ausfall der obersten Schicht zu untersuchen.

Zusammenfassend sind für begehbare Verglasungen demnach folgende Nachweise der Tragfähigkeit zu führen:

Nach TRLV:
    oberste Lage nicht mitwirkend
    LF H   Eigengewicht und gleichmäßig verteilte Verkehrslast
    LF H   Eigengewicht und Einzellast 1,5 bzw. 2,0 kN auf 100 mm × 100 mm

Nach [239]:
    oberste Lage ansetzbar
    LF H   Eigengewicht und gleichmäßig verteilte Verkehrslast
    LF H   Eigengewicht und Einzellast nach Lastnorm auf 50 mm × 50 mm
    oberste Lage gebrochen, d. h. nicht mitwirkend

LF HS$_{begeh}$ Eigengewicht und gleichmäßig verteilte Verkehrslast
HF HS$_{begeh}$ Eigengewicht und Einzellast nach Lastnorm auf 50 mm × 50 mm

Zulässige Biegezugspannungen und Durchbiegungen sind in Tabellen angegeben. Die Verwendung unterschiedlicher zulässiger Werte für Vertikal- und Überkopfverglasung aus Float- und Gussglas berücksichtigt die unterschiedlichen Lasteinwirkungsdauern (Wind bei Vertikalverglasungen, Eigengewicht und Schnee im Überkopfbereich). Ergänzende bzw. erweiternde Festlegungen (z. B. zur Berücksichtigung der geringeren Wahrscheinlichkeit des gleichzeitigen Auftretens unterschiedlicher Lasten) finden sich zusätzlich im Text der TRLV, sie sind hier in den oben zusammengestellten Lastfallkombinationen und Tabelle 16.1 berücksichtigt.

Tabelle 16.1 Zulässige Biegezugspannungen in N/mm²
nach TRLV [1] bzw. für TVG nach abZ

Glassorte	Überkopfverglasung				Vertikalverglasung	
	LF H	LF HZ	LF HS iso	LF HS begeh TRAV	LF H	LF HZ
ESG aus Floatglas (FG)	50	57,50		75,0	50	57,50
ESG aus Gussglas	37	42,55		55,5	37	42,55
Emailliertes ESG aus FG, Emaille auf Zugseite	30	34,50		45,5	30	34,50
TVG aus Floatglas	29	33,35		43,5	29	33,35
Emailliertes TVG aus FG, Emaille auf Zugseite	18	20,7		27,7	18	20,70
Floatglas (früher SPG = Spiegelglas)	12	13,80			18	20,70 22,50 *
Gussglas	8	9,20			10	9,20
VSG aus Floatglas	15	17,25	25	22,5	22,5	25,875 28,125 *

* Größerer Wert darf bei Glasflächen bis 1,6 m² angesetzt werden.

Nachdem für „normale" Fenster ein Nachweis entsprechend der TRLV nicht nötig ist, finden sich „Nachweiserleichterungen", die für übliche Fensterkonstruktionen (Fläche nicht größer 1,6 m², Scheibendicke minimal 4 mm, Differenz der Scheibendicken nicht größer 4 mm, Scheibenzwischenraum nicht größer 16 mm und charakteristischer Wert der Windlast nicht größer 0,8 kPa, Einbauhöhe bis 20 m) eine Bemessung entbehrlich machen.

Beim Nachweis der Durchbiegungsbegrenzung steht nicht die Tragsicherheit, sondern die Gebrauchstauglichkeit im Vordergrund. Gegebenenfalls sind mögliche Durchbiegungsbegrenzungen von Herstellern der Mehrscheiben-Isolierverglasungen zu beachten.

Tabelle 16.2 Zulässige Durchbiegungen nach TRLV [1]

Lagerung	Überkopfverglasung		Vertikalverglasung	Begehbare Verglasung
Vierseitig	1/100 der Scheibenstützweite in Haupttragrichtung		Keine Anforderung **	1/200 der Stützweite
Zwei- und dreiseitig	Einfachverglasung: 1/100 der Scheibenstützweite in Haupttragrichtung		1/100 der freien Kante *	
	Scheiben von Mehrscheiben-Isolierverglasung: 1/200 der freien Kante		1/100 der freien Kante **	

* Auf die Einhaltung dieser Bedingung kann verzichtet werden, wenn nachgewiesen wird, dass unter Last ein Glaseinstand von 5 mm nicht unterschritten wird.
** Durchbiegungsbegrenzungen des Mehrscheiben-Isolierglasherstellers sind zu beachten.

Die fehlende Durchbiegungsbegrenzung für Vertikalverglasungen kann insbesondere bei großen ESG-Verglasungen zu großen Verformungen und damit verbunden optischen Beeinträchtigungen oder ungewohnten Schwingungen führen; aus diesem Grund sollten in solchen Fällen entsprechende sinnvolle Durchbiegungsbegrenzungen verantwortlich gewählt werden.

16.1.3 Anhänge

In dem Anhang A der TRLV ist ein Berechnungsverfahren für Isolierglas unter Temperatur- und Klimalasten zu finden. In Anhang B sind Erläuterungen zu den klimatischen Einwirkungen angegeben; nachdem die Einwirkungskombinationen „Sommer" und „Winter" auf moderaten Randbedingungen begründet sind, wurden hier des Weiteren Zuschläge für dann ggf. zu berücksichtigende ungünstige Einbausituationen zusammengestellt.

16.2 TRAV

16.2.1 Geltungsbereich, Bauprodukte und Anwendungsbedingungen

Wie der Name „Technische Regeln für die Verwendung absturzsichernder Verglasungen" schon besagt, gilt diese für Verglasungen, wenn diese (auch) dazu dienen, Personen auf Verkehrsflächen gegen seitlichen Absturz zu sichern.

Die vielfältigen Ausführungsvarianten, die unter dem Oberbegriff „absturzsichernde Verglasung" zusammengefasst sind, teilt die TRAV in die drei Kategorien ein, wie sie in Bild 16.2 dargestellt sind.

In Kategorie A fallen linienförmig gelagerte Vertikalverglasungen, die keinen vorgesetzten Holm oder tragenden Brüstungsriegel zur Aufnahme von Horizontallasten besitzen. Ferner müssen alle Kanten sicher vor Stößen geschützt sein.

Als Kategorie B gelten Verglasungen, die an der Unterkante linienförmig geklemmt sind und deren einzelne Scheiben an der Oberkante durch einen durchgehenden Handlauf verbunden sind.

16.2 TRAV

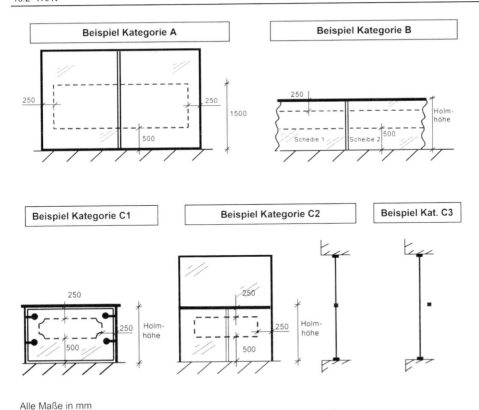

Alle Maße in mm

Bild 16.2 Beispiele unterschiedlicher Kategorien und Auftreffbereiche beim Stoßnachweis

In Kategorie C sind hauptsächlich ausfachende Glaselemente zu verstehen, die nicht zur Abtragung von Horizontallasten in Holmhöhe dienen. Einzig in dieser Kategorie ist eine punktförmige Lagerung der Scheiben möglich, wobei die Anwendung auf den Innenbereich beschränkt ist.

Für jede Kategorie sind zudem konstruktive Vorgaben angegeben und die verwendbaren Glassorten bestimmt.

16.2.2 Einwirkungen und Nachweisführung

Der Nachweis der Tragfähigkeit unter statischen Einwirkungen ist für Glas und Unterkonstruktion rechnerisch nach TRLV zu führen.

Für Mehrscheiben-Isolierverglasungen sind neben den üblicherweise anzusetzenden Einwirkungen Wind und Holmlasten wiederum Klimalasten zu berücksichtigen. Nach TRAV sind für Mehrscheiben-Isolierverglasungen die folgenden Kombinationen als LF H zu untersuchen:

LF H   Windlast + Holmlast /2
        Windlast / 2 + Holmlast
        Holmlast + Klimalast
        Windlast + Klimalast

Für Verglasungen der Kategorie B sind neben dem planmäßigen Zustand auch Nachweise für den Fall einer Beschädigung eines beliebigen Brüstungselementes zu führen. Abhängig von dem vorhandenen Kantenschutz ist dabei nur die der „Angriffsseite" zugewandte Glasschicht oder das vollständige Element als durch Bruch ausgefallen zu betrachten. Der durchlaufende Holm muss in jedem Fall in der Lage sein, die Holmlasten bei vollständigem Ausfall eines beliebigen Brüstungselementes auf Nachbarelemente, Endpfosten oder Verankerung am Gebäude abzutragen. Die Nachweise der Geländerkonstruktion im (Teil-)Bruchzustand werden als Lastfall HS_{TRAV} mit entsprechend erhöhten zulässigen Spannungen für die Verglasungen betrachtet. Somit sind zu untersuchen:

LF H   Windlast + Holmlast
LF HS   Ausfall einer oder aller Schichten: Windlast und Holmlast

Für den Nachweis der Tragfähigkeit unter stoßartigen Einwirkungen bietet die TRAV drei alternative Möglichkeiten.

Die direkteste, aber auch aufwendigste Methode ist ein experimenteller Nachweis am Originalbauteil bzw. an einem entsprechenden Nachbau, der sog. „Pendelschlagversuch" mit einem Pendelkörper nach DIN EN 12600:1996-12 [240].

Die zweite und einfachste Möglichkeit ist die Verwendung von Verglasungen mit bereits nachgewiesener Stoßsicherheit, die in der TRAV aufgeführt sind. Je nach Kategorie und Lagerung können so Abmessungen bis zu 4,0 m × 2,5 m (b × h) ohne weiteren Nachweis (der Stoßsicherheit) realisiert werden, wobei dazu aber zahlreiche in den TRAV genannte Randbedingungen einzuhalten sind.

Für linienförmige Rechteckverglasungen gibt es ferner die quasi rechnerische Nachweismöglichkeit über Spannungstabellen. Für bestimmte Abmessungen und Glasdicken können so die Spannungen in Abhängigkeit von der anzusetzenden Pendelfallhöhe ermittelt und mit den angegebenen zulässigen Spannungen verglichen werden.

Das breite Spektrum der Ausführungsvariationen wird durch die drei eng definierten Kategorien der TRAV nicht vollständig abgedeckt. Alle Verglasungen mit absturzsichernder Funktion, die sich nicht in eine dieser drei Kategorien einordnen lassen, gelten als ungeregelt und bedürfen entsprechend einer abZ oder einer ZiE.

16.2.3 Anhänge

Die Anhänge ergänzen den Regelungstext: Anhang A definiert relevante Auftreffstellen für Pendelfallversuche, Anhang B enthält konstruktive Vorgaben für von Versuchen freigestellte Brüstungen der Kategorie B. Anhang C enthält die Spannungswerte für quasirechnerischen Nachweis liniengelagerter Verglasungen, ergänzt durch Erläuterungen in

Anhang E. Zulässige Abweichungen von der Rechteckform sind in Anhang D zusammengestellt.

16.3 TRPV

16.3.1 Geltungsbereich, Bauprodukte und Anwendungsbedingungen

Die in den TRPV geregelten Verglasungen dürfen ausschließlich durch mechanische Halterungen formschlüssig gelagert sein, d. h. geklebte Verbindungen sind nicht erfasst. Des Weiteren dürfen Glasscheiben nur ausfachend angeordnet sein, d. h. planmäßig nur durch Eigengewicht, Temperatur und Querlasten beansprucht werden. Die tragende Unterkonstruktion muss jeweils in sich ausgesteift sein. Mittels Zugstangen abgehängte Vordächer sind beispielsweise nicht erfasst.

Bezüglich der Punkthalter wird unterschieden in U-förmige, die Glaskanten umfassende sog. *Randklemmhalter* einerseits und in *Tellerhalter* andererseits. Letztere sind dadurch definiert, dass zwei Teller mit einem minimalen Durchmesser von 50 mm verbunden sind mittels eines Bolzens, der durch eine zylindrische Bohrung im Glas geführt wird. Sofern diese Halterungen nicht nach den eingeführten technischen Baubestimmungen nachgewiesen werden können – was bei entsprechenden Anforderungen hinsichtlich der optischen Gestaltung oder bei Vorliegen von Kugelgelenken kaum möglich ist – bedürfen diese einer allgemeinen bauaufsichtlichen Zulassung.

Der Anwendungsbereich ist bei maximalen Glasformaten von 2500 mm × 3000 mm eingeschränkt bis maximal 20 m über Gelände.

Die Forderungen für verwendbare Glasprodukte ergeben sich aus einer eventuell erforderlichen Resttragfähigkeit, ebenso wie minimale Einstandstiefen oder die möglichen Anordnungen der unterschiedlichen Punkthalter.

16.3.2 Nachweisführung und Ermittlung der vorhandenen Werte

Bezüglich des Nachweiskonzeptes wird auf TRLV verwiesen. Hinsichtlich der konstruktiven Randbedingungen und Anforderungen an die erforderliche statische Berechnung finden sich z. T. „weiche" Formulierungen wie „hinreichend steif, ausreichend tragfähig", „durch geeignete Maßnahmen", „alle relevanten Einflüsse (z. B. Spannungskonzentration am Bohrlochrand, Exzentrizitäten, …)", „auf der sicheren Seite liegend erfassen und nicht ausreichend gesicherte Annahmen durch ingenieurmäßige Grenzfallbetrachtungen abzudecken".

Nachdem zwischenzeitlich DIN 18008-3 als Entwurfsfassung erschienen ist, können dort Hinweise hierzu entnommen und entsprechend übertragen werden.

Für Überkopfverglasungen sind in einer Tabelle maximale Spannweiten mit nachgewiesener Resttragfähigkeit angegeben; diese sind jeweils geringer als bei entsprechenden Systemen mit *allgemeiner bauaufsichtlicher Zulassung*. Das heißt, dass wegen des Aufwandes einer im Fall der Anwendung der TRPV in jedem Fall zu erstellenden statischen Berechnung (mit Prüfung durch Prüfingenieur) die Einzelanfertigung gegenüber eines Systems mit *allgemeiner bauaufsichtlicher Zulassung* allenfalls bei großen Stückzahlen interessant sein wird – es sei denn, dass (wie in der Baupraxis leider auch zu beobachten) ohne die erforderlichen bautechnischen Nachweise oder in entsprechend niedrigerer Qualität „kostengünstiger" gebaut wird.

16.3.3 Hilfsmittel auf Basis der TRLV

16.3.3.1 Elektronische Programme – Software

Es gibt verschiedene Software mit Berechnungen auf Basis der Technischen Regeln zu kaufen. Dabei wird nach Eingabe der äußeren Lasten und Bestimmung der klimatischen Beanspruchungen die Berechnung der Spannungen und Durchbiegungen linear oder auch nichtlinear ausgeführt. Integriert in solche Programme sind zum Teil auch Module zur Bestimmung der Einwirkungen. Hier ist anzumerken, dass auch bei noch so ansprechend programmierten Eingabemasken die Anwendung für Anwender ohne die entsprechenden Grundkenntnisse häufig einem Glückspiel ähnelt.

Wie üblich trägt der Aufsteller einer statischen Berechnung auch bei Anwendung von elektronischen Programmen die volle Verantwortung für die Ergebnisse. Insofern sollten vor Anwendung derartiger Programme zunächst Proberechnungen z. B. von Beispielen mit bekannten Ergebnissen erfolgen und in jedem Fall die Ergebnisse auf Plausibilität geprüft werden.

16.3.3.2 Typenstatik

Vom *Institut des Glaserhandwerks für Verglasungstechnik und Fensterbau* ist als Hilfsmittel eine Technische Richtlinie „Typenstatiken für ausgewählte Vertikalverglasungen nach TRLV" [241] erstellt worden. Die typgeprüften, anwenderfreundlichen Diagramme sollen eine einfache Bemessung für 90 % der Anwendungsfälle erlauben. Aus 14 Diagrammen für verschiedene Glasaufbauten (vgl. Tabelle 16.3) können für Windbelastungen von 0,5 kPa, 0,8 kPa und 1,1 kPa die jeweils maximal zulässigen Abmessungskombinationen abgelesen werden. Durch die zwischenzeitlich erfolgte zunehmende Verwendung von Mehrscheiben-Isolierverglasungen mit 2 Scheibenzwischenräumen einerseits und aufwendigere Ermittlung der Windlasten andererseits sind diese leider nur noch eingeschränkt brauchbar.

Tabelle 16.3 In „Typenstatiken für ausgewählte Vertikalverglasungen" [92] berücksichtigte Glasaufbauten

Glasart	Dicke in mm	Glasart	Aufbau in mm	Glasart	Aufbau in mm
SPG	8	Isolierglas	4 / 16 / 4	Isolierglas	6/2 / 16 / 4
SPG	10	Isolierglas	4 / 16 / 6	Isolierglas	8/2 / 16 / 4
SPG	12	Isolierglas	6 / 16 / 6	Isolierglas	6/2 / 16 / 6
VSG	8 / 2	Isolierglas	4 / 16 / 8	Isolierglas	8/2 / 16 / 4
VSG	10 / 2	Isolierglas	6 / 16 / 8		

17 Konstruktion und Bemessung nach DIN 18008

Die DIN 18008 ist beim Beuth Verlag gegen entsprechendes Entgelt zu erwerben. In diesem Kapitel soll ein Überblick über den Regelungsumfang für Konstruktion und Bemessung nach DIN 18008 gegeben werden. Dies kann und soll eine Lektüre der originalen Regelungstexte nicht ersetzen. Zur ausführlicheren Darstellung der Hintergründe von DIN 18008 wird an einem Kommentar gearbeitet, so dass dieser mit der Endfassung der ersten 5 Teile von DIN 18008 vorliegt.

DIN 18008 untergliedert sich aktuell in die folgenden sieben Teile:

Teil 1: Begriffe und allgemeine Grundlagen
Teil 2: Linienförmig gelagerte Verglasungen
Teil 3: Punktförmig gelagerte Verglasungen
Teil 4: Zusatzanforderungen an absturzsichernde Verglasungen
Teil 5: Zusatzanforderungen an begehbare Verglasungen
Teil 6: Zusatzanforderungen an zu Instandhaltungsmaßnahmen betretbare Verglasungen
Teil 7: Sonderkonstruktionen

Insbesondere für einen Vergleich mit TRXV ist eine tabellarische Darstellung des Anwendungsbereiches vorteilhaft, vgl. Tabelle 17.1.

Tabelle 17.1 Regelungsumfang von TRXV und DIN 18008

Einbausituation	Linienförmige Lagerung		Punktförmige Lagerung	
vertikal	TRLV	DIN 18008-2	TRPV	DIN 18008-3
über Kopf bzw. horizontal	TRLV	DIN 18008-2	TRPV	DIN 18008-3
absturzsichernd	TRAV	DIN 18008-4	TRAV	DIN 18008-4
begehbar	TRLV	DIN 18008-5	–	DIN 18008-5
betretbar	–	DIN 18008-6	–	DIN 18008-6
Tragelement	–	DIN 18008-7	–	DIN 18008-7

Eine Übersicht über mögliche Anwendungen für die unterschiedlichen Lagerungsarten nach DIN 18008 ist in Tabelle 17.2 zusammengestellt.

Tabelle 17.2 Übersicht über mögliche Anwendungen für unterschiedliche Lagerungsarten nach DIN 18008 [3–5]: ausgefüllte Felder sind mit der jeweiligen Lagerung möglich

L = Linienlagerung K = Klemmhalter T = Tellerhalter			Float-glas	TVG	ESG	ESG-H	VSG aus			
							FG	TVG	ESG	ESG-H
Vertikal-verglasung	einfach		L(1)	L(1)		L	L	L	L	L
						K	K	K	K	K
						T		T	T	T
	ISO	eine Scheibe	L	L	L(2)	L	L	L	L	L
			K	K		K	K	K	K	K
		andere Scheibe	L	L	L(2)	L	L	L	L	L
			K	K	K	K	K	K	K	K
Horizontal-verglasung	einfach						L	L		
								T		
	ISO	obere Scheibe	L	L	L	L	L	L	L	L
		untere Scheibe							L	L

(1) Nur falls allseitig gelagert
(2) Nur für Verglasungen mit oberer Kante nicht über 4 m über Verkehrsfläche

Die Gliederung der DIN 18008 in 7 Teile ist begründet in einer sinnvollen Unter- bzw. Aufteilung des zu regelnden Anwendungsbereiches, wie es ja bereits bei den TRXV zu finden ist. In Teil 1 finden sich allgemein gültige Grundlagen (bspw. hinsichtlich Sicherheitskonzept, Anforderungen und Ermittlung von Widerstand). Anschließend wird in Teil 2 und Teil 3 eine Unterscheidung entsprechend der Lagerung – und damit quasi auch entsprechend dem „Schwierigkeitsgrad" bzw. Modellierungsaufwand statischer Berechnungen – in linienförmig und punktförmig vorgenommen; in Unterabschnitten sind jeweils zusätzliche, der Einbausituation (vertikal oder horizontal bzw. über Kopf) geschuldete Anforderungen aufgeführt. Zusätzliche Anforderungen aus speziellen Anwendungen wie absturzsichernde, begehbare oder betretbare Verglasungen sind in den Teilen 4, 5 und 6 formuliert; nachdem aus der Anwendung i. d. R. die Einbausituation vorgegeben ist, entfällt hier jeweils diese Unterscheidung (Geländer sind i. d. R. vertikal, Glasböden i. d. R. horizontal eingebaut). Im Sinne einer übersichtlichen Darstellung sind umfangreichere Abschnitte jeweils in Anhänge ausgegliedert – wobei auch hier zur Verdeutlichung getrennte Regelungsbereiche auch in getrennten Anhängen behandelt werden.

Mit DIN 18008 ist die Diskrepanz zwischen tatsächlich ausgeführten Konstruktionen und genormten Bemessungsregeln reduziert. Fasst man die TRXV als Vorgänger auf, so ist der Umfang der Regelungen gewachsen; dies ist jedoch tatsächlich in mehr Inhalt begründet, der konsequent strukturiert wurde. Außerdem ist festzustellen, dass mit DIN 18008 (endlich) auch Glas wie alle anderen Baustoffe nach dem Konzept der Teilsicherheitsbeiwerte zu bemessen ist, Umrechnungen oder Doppelberechnungen (bspw. für Bemessung von Glas und deren Unterkonstruktion) können entfallen. Der im Vergleich zu TRXV mit Anwendung der DIN 18008 verbundene, durch die Betrachtung unterschiedlicher Lastdauern bedingte Mehraufwand für Floatglas ist – insbesondere bei Mehrscheiben-Isolierverglasung – sinnvoll nur mit Unterstützung durch EDV zu bewerkstelligen; dabei bedeutet EDV nicht notwendig immer kommerziell vertriebene Software, eine Tabellenkalkulation kann hier ausreichend sein. Hinsichtlich der Ausnutzbarkeit des Werkstoffes Glas ist festzustellen, dass sich für vorgespannte Gläser nach DIN 18008 gegenüber TRXV eine größere Tragfähigkeit ergibt, für Floatglas kann keine pauschale Aussage getroffen werden.

Im Rahmen dieses Kapitels soll ein Überblick gegeben und die generellen Randbedingungen erläutert werden, es kann und soll nicht die Lektüre der DIN 18008 oder des in Vorbereitung befindlichen *„Kommentar zur DIN 18008"* ersetzen.

17.1 DIN 18008 Teil 1 – Begriffe und allgemeine Grundlagen

17.1.1 Allgemeines, Einwirkungen

Entsprechend dem Titel des Normteils sind in Teil 1 neben Definitionen von Begriffen und Symbolen sowie Hinweisen zu Konstruktionswerkstoffen und generellen Konstruktionsvorgaben insbesondere die Grundlagen für den Nachweis der Tragfähigkeit, Gebrauchstauglichkeit und Resttragfähigkeit zusammengefasst. Auf eine Wiedergabe der Symbole wird hier verzichtet, sie werden bei Bedarf erläutert.

17.1.2 Sicherheitskonzept und Konstruktionswerkstoffe

Die Nachweise sind entsprechend dem Konzept der Teilsicherheitsbeiwerte zu führen. Wichtig ist die Forderung, dass Verglasungskonstruktionen so zu bemessen und auszubilden sind, dass sie mit angemessener Zuverlässigkeit den planmäßig während ihrer vorgesehenen Nutzung auftretenden Einwirkungen standhalten und gebrauchstauglich bleiben. Dies bedeutet zum einen, dass bei unplanmäßigen Einwirkungen oder nicht vorgesehener Nutzung durchaus mit einem Schaden zu rechnen ist, und zum anderen die Bemessung nicht für „100 % Sicherheit", sondern eben für eine angemessene Zuverlässigkeit erfolgt. Auch daraus sowie wegen des spröden Bruchverhaltens ergibt sich die Forderung ausreichender Resttragfähigkeit für bestimmte Konstruktionen. Hierbei sind wiederum die Art der Konstruktion, der Schädigungsgrad sowie die zu berücksichtigenden Einwirkungen als Einflussfaktoren genannt, jedoch ohne genauer spezifiziert zu sein.

Eine gegenüber rechnerischen Nachweisen alternative Nachweisführung mittels Versuchen wird ausdrücklich gestattet, allerdings nur, sofern die entsprechenden Versuche und Auswertung in der Normenreihe DIN 18008 geregelt sind.

Nachdem es sich bei DIN 18008 um eine Bemessungsnorm handelt, können keine Forderungen oder Kennwerte aus anderen Vorschriften für Bauprodukte aufgenommen werden; dies betrifft insbesondere die Werte für die charakteristische Biegezugfestigkeit. Hier wird davon ausgegangen, dass jeweils Mindestwerte als 5%-Fraktilwert bei 95 % Aussagewahrscheinlichkeit sowie „typische Bruchbilder" gewährleistet sind. Im Rahmen dieses Buches sind die entsprechenden Werte zusammengetragen.

Hinsichtlich der Zwischenlagerungen wird die dauerhafte Beständigkeit gegen zu berücksichtigende Einflüsse gefordert, wobei fachgerechte Pflege und Wartung vorausgesetzt werden.

17.1.3 Einwirkungen

Neben den üblicherweise anzusetzenden Einwirkungen wie beispielsweise Eigengewicht, Schnee, Wind, Personenlasten sind im Fall von Mehrscheiben-Isolierverglasungen die im Zusammenhang mit dem abgeschlossenen Volumen induzierten Einwirkungen zu berücksichtigen. Zu diesen bei Mehrscheiben-Isolierverglasung konstruktionsbedingt auftretenden Einwirkungen (Druckdifferenzen zwischen SZR und Umgebung infolge Änderung der Temperatur, des meteorologischen Luftdrucks sowie der Höhenlage) finden sich entsprechende Werte, vgl. Tabelle 17.3.

Tabelle 17.3 Einwirkungskombinationen für Klimalasten sowie eventuelle Zu- oder Abschläge für die Berücksichtigung besonderer Temperaturbedingungen am Einbauort

Einwirkungskombination		Temperaturdifferenz		Änderung des atmosphärischen Drucks	Ortshöhendifferenz
		ΔT in K	ΔT_{add} in K	Δp_{met} in kPa	ΔH in m
„Sommer"		+20		−2,0	+600
„Winter"		−25		+4,0	−300
„Sommer"	Absorption zwischen 30 % und 50 %		+9		
	innenliegender Sonnenschutz (ventiliert)		+9		
	Absorption größer 50 %		+18		
	innenliegender Sonnenschutz (nicht ventiliert)		+18		
	dahinterliegende Wärmedämmung (Paneel)		+35		
„Winter"	Unbeheiztes Gebäude		−12		

17.1.4 Ermittlung von Spannungen und Verformungen

Für Glas ist linear-elastisches Materialverhalten anzunehmen, die Verwendung findenden Rechenmodelle müssen die Verhältnisse jeweils auf der sicheren Seite abbilden. Dazu dürfen in geometrisch nichtlinearem Verhalten begründete Effekte berücksichtigt werden, sofern sie günstig wirken; im Fall ungünstiger Auswirkung müssen diese berücksichtigt werden.

Analog ist ein günstig wirkender Schubverbund zwischen Einzelscheiben von Verbundsicherheitsglas darf – unabhängig vom Verbundmaterial – nach DIN 18008 nicht berücksichtigt werden. Gleiches gilt für den Randverbund von Mehrscheiben-Isolierverglasung sowie die Koppelung durch das in Scheibenzwischenräumen eingeschlossene Gasvolumen. Eine Ausnahme stellt die Berechnung des Stoßvorgangs nach Teil 4 Anhang C dar: Dabei kann von vollem Schubverbund ausgegangen werden.

Für die Glasdicken sind die Nennwerte einzusetzen.

17.1.5 Nachweis der Tragfähigkeit und Gebrauchstauglichkeit

Für den rechnerischen Nachweis der Tragsicherheit nach dem Konzept der Teilsicherheitsbeiwerte entsprechend DIN 1055-100 ist nachzuweisen, dass der Bemessungswert der Beanspruchung E_d kleiner ist als der der Beanspruchbarkeit R_d.

$$E_d \leq R_d \tag{17.1}$$

Dabei ergibt sich der Bemessungswert der Beanspruchung E_d aus den Gln. (14) bis (16) von DIN 1055-100, für ständige und vorübergehende Bemessungssituationen ist dieser bekanntermaßen gegeben durch:

$$E_d = E\left\{\sum_{j\geq 1}\gamma_{G,j}\,G_{k,j} \oplus \gamma_P\,P_k \oplus \gamma_{Q,1}\,Q_{k,1} \oplus \sum_{i>1}\left(\gamma_{Q,i}\,\psi_{0,i}\,Q_{k,i}\right)\right\} \tag{17.2}$$

Es wird explizit darauf hingewiesen, dass Eigenspannungszustände aus thermischer Vorspannung auf der Widerstandsseite berücksichtigt werden.

Hinsichtlich der Kombination von Einwirkungen darf vereinfachend davon ausgegangen werden, dass die Einwirkungen voneinander unabhängig sind. Die Einwirkungen aus Temperaturänderung und meteorologischem Druck dürfen als *eine* Einwirkung zusammengefasst werden. Für die nicht in DIN 1055-100 bzw. Eurocode 0 enthaltenen Einwirkungen werden Kombinationsbeiwerte angegeben, vgl. Tabelle 17.4

Tabelle 17.4 Kombinationsbeiwerte ψ

Einwirkung	ψ_0	ψ_1	ψ_2
Einwirkungen aus Klima (Änderung der Temperatur und Änderung des meteorologischen Luftdrucks) sowie temperaturinduzierte Zwängungen	0,6	0,5	0
Montagezwängungen	1,0	1,0	1,0
Holm- und Personenlasten	0,7	0,5	0,3

Der Bemessungswert der Beanspruchbarkeit R_d thermisch vorgespannter Gläser ist gegeben durch Vereinfachung (dieser Hinweis soll deutlich machen, dass entsprechend den physikalischen Grundlagen eigentlich eine Aufspaltung in „Eigenfestigkeit" und „Vorspannanteil" korrekt wäre)

$$R_d = \frac{k_c \cdot f_k}{\gamma_M} \cdot k_{VSG} \tag{17.3}$$

mit f_k als dem charakteristischen Wert der Biegezugfestigkeit und γ_M als Teilsicherheitsbeiwert für thermisch vorgespannte Gläser mit einem Wert von $\gamma_M = 1{,}5$. Der Beiwert k_c berücksichtigt die Art der Konstruktion, i. d. R. ist 1,0 anzusetzen. Der Beiwert k_{VSG} ist in DIN 18008 nicht enthalten, die Regelung ist als Prosa im Text zu finden und hier als indirekten Hinweis darauf zusätzlich in die Gleichung aufgenommen.

Für Gläser ohne planmäßige thermische Vorspannung (z. B. Floatglas) ergibt sich der Bemessungswert der Beanspruchbarkeit R_d aus

$$R_d = \frac{k_{mod} \cdot k_c \cdot f_k}{\gamma_M} \cdot k_{Kante} \cdot k_{VSG} \tag{17.4}$$

Hierbei berücksichtigt der gegenüber Gl. (17.3) für vorgespannte Gläser zusätzlich eingeführte Faktor k_{mod} die Lasteinwirkungsdauer; er beträgt für alle Einwirkungskombinationen mit kurzzeitigen Einwirkungen wie Wind oder Holmlast $k_{mod} = 0{,}7$ und für alle Einwirkungskombinationen mit mittelmäßig andauernden Einwirkungen (z. B. Schnee, Temperaturänderung) $k_{mod} = 0{,}4$; für ständige Einwirkungen wie Eigengewicht oder Ortshöhendifferenz gilt $k_{mod} = 0{,}25$. Es ist bei Einwirkungskombinationen mit unterschiedlichen Einwirkungsdauern jeweils das der kürzesten Dauer zugeordnete k_{mod} anzusetzen; in jedem Fall sind sämtliche Einwirkungskombinationen zu untersuchen, da auch Kombinationen maßgebend werden können, die nicht den maximalen Betrag der Beanspruchung ergeben. Im Fall, dass bei Scheiben ohne planmäßige Vorspannung eine Kante unter Zugspannung steht, ist die entsprechende Beanspruchbarkeit auf 80 % zu reduzieren, in obiger Gleichung durch den gegenüber der Originalgleichung in DIN 18008 zusätzlich eingeführten Faktor k_{Kante} verdeutlicht.

Für Verbundsicherheitsglas darf generell eine um 10 % vergrößerte Beanspruchbarkeit angesetzt werden; in den Gleichungen in diesem Abschnitt wiederum durch Einführung eines zusätzlichen Faktors (k_{VSG}) verdeutlicht.

In Tabelle 17.5 sind neben voraussichtlich anzusetzenden charakteristischen Werten der Biegezugfestigkeit f_k die Beanspruchbarkeiten $\sigma_{R,d}$ einiger häufig angewandter Glasprodukte zusammengestellt.

Tabelle 17.5 Beanspruchbarkeit R_d in MPa für unterschiedliche Glaserzeugnisse und Einbausituationen nach DIN 18008 [3–5] i. V. m. Bauregelliste [81]

Glaserzeugnis	f_k MPa	Kante unter Zugspannung		Zug in Fläche	
		Mono	VSG	Mono	VSG
Floatglas (FG)	45	$k_{mod} \cdot 20$	$k_{mod} \cdot 22$	$k_{mod} \cdot 25$	$k_{mod} \cdot 27{,}5$
Floatglas; $k_c=1{,}8$ *	45	$k_{mod} \cdot 36$	$k_{mod} \cdot 39{,}6$	$k_{mod} \cdot 45$	$k_{mod} \cdot 49{,}5$
TVG aus FG	70	46,7	51,3	46,7	51,3
TVG aus FG emailliert	45	30	33	30	33
ESG aus FG	120	80	88	80	88
ESG aus FG emailliert	75	50	55	50	55
ESG aus Ornamentglas	90	60	66	60	66
Draht(ornament)glas	25	$k_{mod} \cdot 11{,}1$	$k_{mod} \cdot 12{,}2$	$k_{mod} \cdot 13{,}9$	$k_{mod} \cdot 15{,}3$
Poliertes Drahtglas	25				
Ornamentglas (Gussglas)	25				

Wenn nicht anders angegeben ist $k_c = 1{,}0$.
„emailliert" für Gläser mit Emaille oder Siebdruck auf der Zugseite.
* Für nach DIN 18008 Teil 2 linienförmig gelagerte Verglasungen

Die Nachweise der Gebrauchstauglichkeit sind in den folgenden Teilen der DIN 18008 geregelt, da diese von der jeweiligen Anwendung abhängen.

17.1.6 Nachweise der Resttragfähigkeit

Für die als Teil des Sicherheitskonzeptes zu verstehende Resttragsicherheit werden drei alternative Möglichkeiten der Nachweisführung genannt:

— Einhaltung konstruktiver Vorgaben, wie sie sich beispielsweise in den Folgeteilen finden.

— Rechnerische Nachweise; darunter ist beispielsweise zu verstehen, indem unter Vernachlässigung von als gebrochen angenommenen Glasschichten die rechnerischen Nachweise für Teilzerstörungszustände geführt werden.

— Versuchstechnische Nachweise, die in den Folgeteilen der Norm definiert sind.

17.1.7 Generelle Konstruktionsvorgaben

Dem Werkstoffverhalten geschuldet ist die Forderung einer Lagerung unter Vermeidung unplanmäßiger lokaler Spannungsspitzen, wie beispielsweise bei Kontakt von Glas mit anderen harten Materialien. Hierbei sind im Rahmen der Planung auch Toleranzen oder

Zwangsbeanspruchungen zu berücksichtigen, wenn diese sich nicht dauerhaft konstruktiv ausschließen lassen.

Die Ausrundung von Bohrungen und Ausschnitten sollte selbstverständlich sein. Bei Bohrungen und Ausschnitten wird eine anschließende thermische Vorspannung gefordert. Mangels ausreichender belegter Nachweise sind im Regelungsumfang der DIN 18008 ausschließlich durchgehende Bohrungen und Ausschnitte enthalten, d. h. konusförmige Bohrungen sind nicht geregelt. Als minimaler Abstand zwischen Bohrungen und Ausschnitten werden 80 mm gefordert, im Fall dass zwischen Bohrungsrändern bzw. Bohrungsrand und Glaskante weniger als 80 mm Glasbreite verbleiben, ist für die Bemessung von der Festigkeit des Basisglases ohne thermische Vorspannung auszugehen. Dabei dürfen durch solche Bohrungen keine Tellerhalter zur Lagerung einer Glasscheibe geführt werden, es sind lediglich Bohrungen zur Erzielung einer Öffnung gemeint.

17.2 DIN 18008 Teil 2

17.2.1 Allgemeines, Anwendungsbedingungen

In Teil 2 finden sich im Wesentlichen die konstruktiven Regelungen aus TRLV wieder, insbesondere Anwendungsbedingungen und zusätzliche Regelungen, getrennt für Horizontalverglasung (Neigung $\leq 10°$, früher Überkopfverglasung) und Vertikalverglasung. Ebenfalls unverändert übernommen sind im Anhang das Näherungsverfahren zur Ermittlung von Klimalasten und deren Verteilung für Mehrscheiben-Isolierverglasungen mit nur einem SZR. Deshalb werden diese hier nicht nochmals wiedergegeben.

Linienlagerungen müssen einen Glaseinstand aufweisen, der die Standsicherheit der Verglasung langfristig sicherstellt. Dabei muss die linienförmige Lagerung an mindestens zwei gegenüberliegenden Seiten normal zur Scheibenebene beidseitig, d. h. für Druck- und Soglasten, wirksam sein. Die Ausführung von Stufenfalz mit Klemmung nur eines Teils der Verglasungseinheit ist ausgeschlossen durch die Forderung nach Wirksamkeit für alle Scheiben. Die Ansetzbarkeit einer linienförmige Lagerung ist wiederum definiert durch eine Durchbiegungsbegrenzung der Unterkonstruktion: bezogen auf die aufgelagerte Scheibenlänge (d. h. nicht Länge des Profils!) darf der Bemessungswert der Durchbiegung der Unterkonstruktion den Wert von $\ell/200$ nicht überschreiten.

17.2.2 Zusätzliche Regelungen für Horizontal- und Vertikalverglasungen

Im Fall von Horizontalverglasungen sind – bedingt durch die erforderliche Resttragfähigkeit zum Schutz vor Verkehrsflächen – für Einfachverglasungen bzw. die untere Scheibe von Mehrscheiben-Isolierverglasungen nur VSG aus grob brechenden Gläsern (Floatglas, TVG) oder alternativ Drahtglas zu verwenden. Eine Beeinträchtigung der Resttragfähigkeit durch Bohrungen oder Ausschnitte darf selbstverständlich nicht gegeben sein. Eine allseitige Lagerung ist erforderlich bei Verglasungen mit Stützweiten von mehr als 1,2 m. Die minimale Dicke der PVB-Zwischenfolie beträgt in der Regel 0,76 mm – einzig bei allseitiger Lagerung von VSG mit maximaler Hauptstützweite von 0,8 m darf mit 0,38 mm dünner PVB-Folie ausgeführt werden. Die Randbedingungen für die Verwendung von Drahtglas entsprechen denen der TRLV: maximale Spannweite 0,7 m bei minimal 15 mm Glaseinstand und nicht ständig der Feuchtigkeit ausgesetzten Kanten.

Im Fall von Vertikalverglasungen sind bei Einbausituationen über 4 m oberhalb einer Verkehrsfläche folgende zusätzlichen Anforderungen zu beachten:

— Einfachverglasung (i. S. v. keine Mehrscheiben-Isolierverglasung) aus grob brechenden Glasarten wie Floatglas oder TVG sowie VG sind allseitig zu lagern.

— Nicht zu VSG verarbeitete ESG-Verglasungen sind als ESG-H auszuführen.

17.2.3 Nachweise der Tragfähigkeit und Gebrauchstauglichkeit

Die Nachweiserleichterung bzw. eigentlich Freistellung für „übliche Fenster" bis zu 1,6 m² – nunmehr ausgeweitet auf Zwei- und Dreischeiben-Isolierglas ist analog TRLV wiederum enthalten: bei Einbauhöhen bis 20 m über Gelände und nur durch Wind, Eigengewicht und klimatische Einwirkungen beanspruchte allseitig linienförmig gelagerte Mehrscheiben-Isolierverglasungen mit einem oder zwei Scheibenzwischenräumen bedürfen bei normalen Produktions- und Einbaubedingungen keines Nachweises bei Einhaltung der folgenden Bedingungen:

— Glaserzeugnis: Floatglas, TVG, ESG, ESG-H oder VSG aus vorgenannten

— Fläche nicht größer als 1,6 m²

— Scheibendicken minimal 4 mm

— Differenz der Scheibendicken nicht größer als 4 mm

— Scheibenzwischenraum nicht größer als 16 mm

— Charakteristischer Wert der Windeinwirkung nicht größer als 0,8 kPa

Auf das erhöhte Bruchrisiko von Scheiben aus Floatglas bei Gläsern mit einer Kantenlänge der kurzen Kante von unter 500 mm (ein SZR) bzw. 700 mm (zwei SZR) wird hingewiesen.

Falls wegen Nichteinhaltung der Randbedingungen dennoch ein Nachweis zu führen ist, so bei dem Nachweis der Tragfähigkeit für die Ermittlung des Widerstandes gegen Spannungsversagen bei Gläsern ohne thermische Vorspannung $k_c = 1,8$ (gegenüber sonst 1,0) anzusetzen.

Als außergewöhnliche Bemessungssituation ist die untere Scheibe einer Horizontalverglasung aus Mehrscheiben-Isolierglas auch für den Fall des Versagens der oberen Scheiben nachzuweisen.

Auch die Bedingungen für den Nachweis der Gebrauchstauglichkeit sind aus TRLV bekannt: die maximale Durchbiegung beträgt $\ell/100$; darauf kann verzichtet werden, wenn auch bei Berücksichtigung einer Sehnenverkürzung ein ausreichender Mindestglaseinstand von 5 mm nachgewiesen werden kann. Hierbei sind gegebenenfalls höhere Anforderungen der Hersteller von Mehrscheiben-Isolierverglasung zu berücksichtigen.

17.3 DIN 18008 Teil 3

17.3.1 Allgemeines

Für den Entwurf von Teil 3 war neben TRPV auch DIN 18516-4 eine Grundlage. Die Unterscheidung in Tellerhalter (durch Glasbohrungen geführt) und Klemmhalter (ohne Bohrungen am Rand oder Eckbereich von Verglasungen) wurde beibehalten, wobei Tellerhalter weiterhin eingeschränkt sind auf zylindrische Glasbohrungen sowie die gesamte Glasdicke umgreifend.

17.3.2 Anwendungsbedingungen und Konstruktion

Kleinere Änderungen gegenüber TRPV betreffen Anwendungsbedingungen und Konstruktion:

– Abmessungen und Einbauhöhe sind frei.
– Punkthalter aus bauaufsichtlich verwendbarem Stahl, Aluminium oder nichtrostendem Stahl (früher: ausschließlich nichtrostender Stahl).
– Glasdicken der zu VSG verbindenden Glasscheiben dürfen um Faktor 1,7 (früher 1,5) abweichen.
– Randabstand minimal 80 mm auch beidseitig, d. h. auch auf Winkelhalbierender möglich.

17.3.3 Zusätzliche Regelungen für Vertikal- und Horizontalverglasungen

Für durch Klemmhalter gelagerte Vertikalverglasungen ist gegenüber DIN 18516-4 das Spektrum der verwendbaren Bauprodukte wie auch der möglichen Ausbildung der Klemmhalter ausgeweitet: neben ESG-H sind auch möglich VSG aus FG, TVG oder ESG sowie Mehrscheiben-Isolierverglasung aus allen Werkstoffen. Bei Nachweis ausreichenden Einstandes auch im verformten Zustand dürfen bei Klemmhaltern sowohl Glaseinstand von 25 mm wie auch Klemmfläche von 1000 mm^2 unterschritten werden.

Für Horizontalverglasungen findet sich eine Tabelle mit Kombinationen aus Tellerdurchmesser, Glasaufbauten und maximalen Stützweiten bei rechtwinkligem Stützraster, bei denen der Nachweis der Resttragfähigkeit erbracht ist, vgl. Tabelle 17.6.

Tabelle 17.6 Durch Tellerhalter gelagerte Konstruktionen mit nachgewiesener Resttragfähigkeit

Tellerdurchmesser mm	Glasdicke TVG mm minimal	Stützweite in Richtung 1 mm maximal	Stützweite in Richtung 2 mm maximal
60	2 × 8	950	750
60	2 × 10	1000	900
70	2 × 6	900	750
70	2 × 8	1100	750
70	2 × 10	1400	1000

17.3.4 Einwirkungen und Nachweise

Hinsichtlich der Nachweise wird auf Teil 1 verwiesen, als Kriterium der Gebrauchstauglichkeit werden $\ell/100$ angegeben. Hinsichtlich der Modellierung wird auf die Anhänge verwiesen.

17.3.5 Anhänge

Offensichtlich werden die Unterschiede zu den bestehenden Regeln in den Anhängen:

— Anhang A: Werkstoffe

— Anhang B: Verifizierung im Bohrungsbereich von Finite-Elemente-Modellen

— Anhang C: Vereinfachtes Verfahren für den Nachweis der Tragfähigkeit und der Gebrauchstauglichkeit von punktgestützten Verglasungen

— Anhang D: Versuchstechnische Nachweise für Glashalter und Zwischenmaterialien („Prüfvorschrift Punkthalter")

Damit werden neben der Forderung *„auf der sicheren Seite liegendes, geeignetes Berechnungsverfahren"* nun für jeden Anwender die für eine solche FE-Modellierung benötigten Materialdaten einfach zugänglich einheitlich dokumentiert (A) und Anwender sensibilisiert hinsichtlich einer dem Werkstoff Glas gerecht werdenden Modellierung (B). Für den Fall, dass (bspw. wegen fehlender rechentechnischer oder finanzieller Möglichkeiten) eine ansonsten nötige aufwendige FE-Modellierung nicht erfolgen kann oder soll wird mit Anhang C ein alternatives, auf der sicheren Seite liegendes vereinfachtes Verfahren bereitgestellt. Nachdem Punkthalter häufig nicht – oder zumindest nicht mit vertretbarem Aufwand – mittels eingeführter Technischer Baubestimmungen nachzuweisen sind, bietet Anhang D die Grundlage für einen versuchstechnischen Nachweis, der gleichzeitig auch Basisdaten für eine FE-Modellierung liefern kann.

17.4 DIN 18008 Teil 4

Der Entwurf für Teil 4 basiert im Wesentlichen auf den bewährten TRAV, wobei auch in diesem Teil einige Ergänzungen umgesetzt wurden. So ist beispielsweise Kategorie A (kein

Holm oder Handlauf) nicht mehr auf linienförmige Lagerung eingeschränkt und der Handlauf für Kategorie B (unten eingespannte Glasbrüstung) kann nicht mehr nur auf der oberen Scheibenkante, sondern auch durch Tellerhalter befestigt sein, vgl. Bild 17.1.

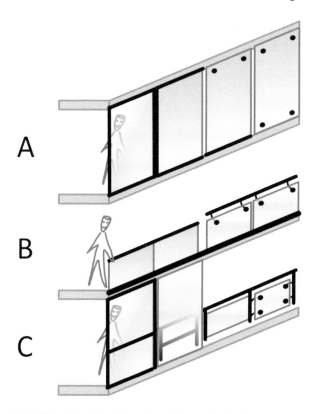

Bild 17.1 Beispiele für absturzsichernde Verglasungen unterschiedlicher Kategorie

Die Regelungen für Nachweise gegen stoßartige Einwirkungen sind einheitlich in entsprechende Anhänge ausgelagert:

- Anhang A: Nachweis der Konstruktion durch Bauteilversuch (Pendelschlagversuch) weist die Eignung von Glas und Lagerungskonstruktion gleichzeitig nach.
- Anhang B: Zusammenstellung von Konstruktionen, die in der Vergangenheit entsprechende Bauteilversuche bestanden haben.
- Anhang C: Zwei alternative Verfahren, nach denen der Nachweis für linienförmig gelagerte Verglasung rechnerisch erfolgen kann. Zur Überprüfung der eigenen volldynamisch transienten Simulation des Stoßvorgangs sind entsprechende Verifizierungsschritte enthalten, zum anderen bietet das vereinfachte Nachweisverfahren eine einfache Möglichkeit zur Überprüfung der Ergebnisse.

- Anhang D enthält die Anforderungen an die Lagerungskonstruktionen, die bei Nachweisen der Verglasung nach Anhang B oder C stets auch einzuhalten sind.
- Anhang E regelt den versuchstechnischen Nachweis von Kantenschutz bzw. mit Kantenschutz versehener Konstruktionen
- Anhang F enthält schließlich einen wirksamen Kantenschutz

Die „Tabelle 2" der TRAV ist basierend auf den dem Arbeitsausschuss zur Verfügung gestellten Daten etwas erweitert worden und kann auch für 3-Scheiben-Isolierverglasung angewandt werden.

17.5 DIN 18008 Teil 5

Mit Ausnahme der in TRLV enthaltenen – für Anwendung in größeren Stückzahlen oder größeren Flächen unwirtschaftlichen bzw. ungeeigneten – Aufbauten für begehbare Verglasungen war eine solche Anwendung jeweils außerhalb der eingeführten technischen Baubestimmungen. Die im Zustimmungsverfahren anzuwendenden Hinweise [239] dienten als Basis für den Entwurf von Teil 5. Die Regelungen sind beschränkt auf begehbare Verglasungen mit ausschließlich planmäßigem Personenverkehr von maximal 5 kPa. Dazu ist ein VSG aus mindestens drei Scheiben zu verwenden, deren Deckscheibe abhängig von den örtlichen Gegebenheiten ausreichend rutschsicher sein muss. Neben den üblichen Einwirkungen ist für die rechnerischen Nachweise der Lastfall „Eigengewicht und Einzellast" mit einer Aufstandsfläche von nur 50 mm × 50 mm in ungünstigster Laststellung zu untersuchen. Als außergewöhnliche Einwirkungskombination ist zusätzlich der Nachweis für den Zustand der gebrochenen und dementsprechend nicht tragenden obersten Glasschicht zu führen. Als Grenzwert der Gebrauchstauglichkeit ist eine Durchbiegung von $\ell/200$ genannt. Wiederum in Anhänge ausgelagert sind der Nachweis der Stoßsicherheit und Resttragsicherheit durch Bauteilversuche (Anhang A) sowie die Zusammenstellung von Konstruktionen mit bereits erfolgreich durchgeführten Versuchen (Anhang B).

17.6 DIN 18008 Teil 6

Teil 6 (Zusatzanforderungen an zu Instandhaltungsmaßnahmen betretbare Verglasungen) wird derzeit erarbeitet, abhängig von dem Fortschritt der Überarbeitung von DIN 4426 ist mit einem Abschluss der Beratungen noch 2012 zu rechnen.

17.7 DIN 18008 Teil 7

Für Teil 7 (Sonderkonstruktionen) liegt eine Gliederung vor, zuverlässige Prognosen hinsichtlich der weiteren Bearbeitung von Teil 7 sind aktuell kaum möglich.

18 Tragelemente

18.1 Allgemeines

Glas eignet sich nicht nur, Lasten senkrecht zur Plattenebene, sondern auch Lasten in Scheibenebene abzutragen. So können Glasstützen, -balken oder -schwerter bzw. aussteifende Scheiben aus Glas anstelle von herkömmlichen Baustoffen, insbesondere Metall, Funktionen des Sekundär- und Haupttragwerks übernehmen und die Transparenz einer Konstruktion erhöhen. Bereits im 19. Jahrhundert wurde beim Bau von Gewächshäusern die aussteifende Wirkung von Glas ausgenutzt.

Allerdings ist wegen des unterschiedlichen Lastabtragungsverhaltens und eines verhältnismäßig hohen Schadensrisikos im Versagensfall ein hoher Aufwand bei Entwurf und Bemessung notwendig. Darüber hinaus fehlen Regelungen bzw. Normen, so dass die Verwendbarkeit von Tragelementen bisher nur über eine Zustimmung im Einzelfall nachgewiesen wird. Bisher werden in der Regel von der Bauaufsicht experimentelle Nachweise gefordert, da rechnerische Nachweise nur in Ausnahmefällen möglich sind, sofern ausreichende Untersuchungen vorliegen (vgl. Abschn. 14.5).

Unzählige ausgeführte Projekte und eine Vielzahl von Forschungsarbeiten auf diesem Gebiet zeigen jedoch, dass das Interesse an Tragelementen aus Glas groß ist. Als Beispiel sei hier der Glaspavillon an der Glasfachschule in Rheinbach genannt, dort werden die Dachlasten planmäßig über die Wandverglasung abgetragen.

18.2 Stabilität und Lasteinleitung

Tragelemente aus Glas müssen wegen ihrer Schlankheit zusätzlich hinsichtlich Stabilitätsversagen untersucht werden. Das Knick- und Beulverhalten von Tragelementen wird durch diverse Parameter beeinflusst und ist Gegenstand aktueller Forschungsarbeiten. Von zentraler Bedeutung sind dabei die Geometrie des Bauteils sowie die Art der Lasteinleitung.

Die Bauteile werden hinsichtlich ihrer Beanspruchung unterschieden in Stützen bzw. Schwerter, Balken und aussteifende Elemente, d. h. schub- und druckbeanspruchte Scheiben.

In der Regel dienen sogenannte Glasschwerter zur Abtragung von Windlasten in Fassaden. Die Anwendung erstreckt sich von einteiligen Schwertern für Schaufensterverglasungen über mehrteilige Schwerter bis hin zu Sonderkonstruktionen (vgl. Bild 18.1).

Biegeträger unter Beanspruchung ihrer starken Achse werden z. B. bei begehbaren Glasböden oder -brücken sowie für Auflager von Dachverglasungen eingesetzt. Wegen ihrer geringen Torsionssteifigkeit sind diese Tragelemente besonders hinsichtlich Stabilitätsversagen gefährdet.

Wie bei allen Glaskonstruktionen ist auch bei Tragelementen die konstruktive Ausbildung der Auflager ein wichtiger Aspekt. Mit dem Ziel Spannungsspitzen zu vermeiden und zur Vermeidung eines Glas-Metall-Kontaktes ist auf eine möglichst gleichmäßige Lastabtragung, Toleranzausgleichsmöglichkeiten sowie die Verwendung geeigneter Zwischenmaterialien zu achten.

Bild 18.1 Beispiele von Glasschwertern

18.3 Ausblick

Forschungsarbeiten, Dissertationen und Projekte zeigen die vielfältigen Möglichkeiten, Glas als lastabtragende und aussteifende Elemente zu verwenden. Sie beinhalten sowohl grundlegende Untersuchungen zum Stabilitätsverhalten als auch Untersuchungen zur Anwendung von Tragelementen aus Glas.

Umfassende Stabilitätsuntersuchungen für gängige Tragelemente aus Glas sind [242] zu entnehmen. Grundlegende Untersuchungen zum Tragverhalten von druckbeanspruchten Glaselementen enthält [243]. Biegekippen von Glasträgern wird beispielsweise in [244], [245] untersucht. Ausführliche Untersuchungen zum Beulverhalten von Glasscheiben durch unterschiedliche Arten der Lasteinleitung finden sich in [246].

Es existieren bereits einige Dissertationen, die sich mit den Möglichkeiten zur Ausnutzung des Schubverbundes von Scheiben beschäftigen. Von besonderem Interesse ist hierbei die Randverklebung der Scheiben, die u. a. in diversen Arbeiten untersucht wurde [247–250].

Aktuell wurde ein filigranes Stahl-Glas-System, das im Wesentlichen aus Scheiben und vertikalen Randbalken besteht, in [251] entwickelt. Hierzu wurden experimentelle und numerische Untersuchungen durchgeführt und ein entsprechendes Bemessungskonzept, welches verschiedene Schadensszenarien berücksichtigt, erstellt.

Ein anderes aktuelles Forschungsvorhaben an der RWTH Aachen beschäftigt sich mit Möglichkeiten zur Standardisierung und Vereinfachung von Stabilitätsnachweisen von Glaselementen [252].

Aufgrund der vielen Forschungsergebnisse kann damit gerechnet werden, dass zumindest für einige Anwendungen Bemessungsansätze erarbeitet werden, die in die Norm DIN 18008-7 einfließen können.

Teil III Beispiele

19 Beispiele

Anhand einiger Beispiele werden die derzeitig gültigen Bemessungs- und Nachweisverfahren erläutert, sind aber nicht im Sinne einer vollständigen, prüffähigen statischen Berechnung zu sehen. Die Verglasungen unterscheiden sich hinsichtlich Funktion, Geometrie und Lagerung, bilden aber trotzdem nur eine Auswahl der Möglichkeiten, Glas in der Architektur einzusetzen. Die statischen Nachweise sind auf das Glas als solches reduziert. Windlasten werden zum Teil vereinfacht ohne Berücksichtigung von Sogspitzen o. Ä. angesetzt. Lagerkonstruktionen, Verschraubungen und Unterkonstruktion sind nicht Gegenstand der vorliegenden Bemessungsbeispiele, müssen aber in der Regel im Rahmen einer prüffähigen Statik bemessen werden. Die Unterkonstruktion wird als ausreichend tragfähig und steif vorausgesetzt und nicht näher betrachtet. Weiter wurden Einflüsse aus dem Verformungsverhalten der Unterkonstruktion vernachlässigt, d. h. eine zwängungsfreie Lagerung jeweils vorausgesetzt.

19.1 Beispiel 1: Vordach mit 2-seitig linienförmig gelagerten Glasscheiben

Einbausituation	Überkopfverglasung
Lagerung	2-seitig linienförmig
Glas	VSG aus Floatglas
Baurecht	Unproblematisch, da nach TRLV [1] bzw. DIN 18008 [3–5] nachzuweisen

19.1.1 Allgemeines, System und charakteristische Einwirkungen

Zu untersuchen ist ein einfaches Vordach als Überdachung der Eingangssituation eines Bürogebäudes, vgl. Bild 19.1. Die tragende Unterkonstruktion (Stützen, Tragrohr und Kragarme) besteht aus Stahl, auf den Kragarmen ist als Deckung in den inneren Feldern eine 2-seitig liniengelagerte Verglasung angeordnet. Die Randfelder sind mit Stahltrapezblech eingedeckt, d. h. die Glasscheiben kragen seitlich nicht aus.

Das Achsmaß der Tragkonstruktion (Kragarme) beträgt 850 mm, die geringe Neigung der Glasscheiben wird vernachlässigt. Die Unterkonstruktion wird als ausreichend steif angenommen.

Der Nachweis der Überkopfverglasung kann nach den Technischen Regeln für die Verwendung von linienförmig gelagerten Verglasungen (09/98) [1] erfolgen.

Glasaufbau: VSG aus 2 × 6 mm Floatglas
$t_{PVB} \geq 0{,}76$ mm

19.1 Beispiel 1: Vordach mit 2-seitig linienförmig gelagerten Glasscheiben

Einstandstiefe: $\ell/500 + 2 \cdot 6$ mm = ~ 850 mm / 500 + 12 mm
$\qquad\qquad\qquad\qquad\quad$ = 13,7 mm < 15 mm

Spannweite Glasscheiben: ℓ = 850 mm − 100 mm + 2 · 15 mm = 780 mm

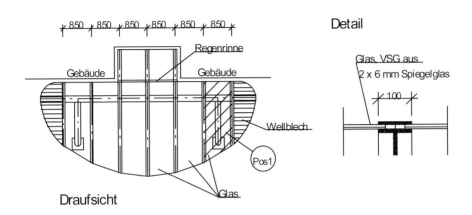

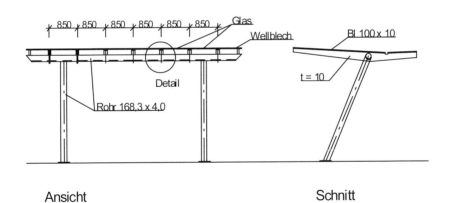

Bild 19.1 Systemübersicht

Die anzusetzenden charakteristischen Einwirkungen ergeben sich zu:

Eigengewicht: $\quad g = 2 \cdot 0{,}006$ m · 25 kN/m³ = 0,3 kN/m²

Schnee: $\quad s = 1{,}0$ kN/m²

Wind: aufgrund der örtlichen Lage des Vordaches keine Windlasten angesetzt.

19.1.2 Nachweis nach „zul-σ-Konzept" – TRLV

Anzusetzende Gesamtlast:

$$q = g + s = 0{,}3 \text{ kN/m}^2 + 1{,}0 \text{ kN/m}^2 = 1{,}3 \text{ kN/m}^2$$

Die *Berechnung von Spannungen und Durchbiegungen* erfolgt nach [1] ohne Ansatz einer Verbundwirkung der VSG-Scheibe durch Ansatz der halben Last auf eine Scheibe mit 6 mm Dicke.

Betrachtet wird ein 1,0 m breiter Glasstreifen.

q_1 $= 0{,}5 \cdot 1{,}3 \text{ kN/m}^2 \cdot 1 \text{ m} = 0{,}65 \text{ kN/m} = 0{,}65 \text{ N/mm}$

max M $= q \cdot \ell^2 / 8$
$\quad\quad = (0{,}65 \text{ kN/m} \cdot (0{,}78 \text{ m})^2) / 8 = 0{,}05 \text{ kNm} = 50.000 \text{ Nmm}$

W $= d^2 \cdot b / 6 = 6^2 \cdot 1000 / 6 = 6000 \text{ mm}^3$

σ $= M / W$
$\quad = 50.000 \text{ Nmm} / 6000 \text{ mm}^3 = 8{,}33 \text{ N/mm}^2 = 8{,}33 \text{ MPa}$

Anmerkung: Durch die schräge Außenkante ergeben sich bei Berechnung mittels eines FEM-Programms etwas höhere Werte für die Spannungen.

EIu $= 5/384 \, q \, l^4$
$\quad\quad = 5/384 \cdot 0{,}65 \text{ N/mm} \cdot (780 \text{ mm})^4 = 3{,}1328 \cdot 10^9 \text{ Nmm}^2$

E = 70.000 MPa

I = $d^3 \cdot b / 12 = 6^3 \cdot 1000 / 12 = 18.000 \text{ mm}^4$

u $= \text{EIu} / (\text{E I})$
$\quad = 3{,}1328 \cdot 10^9 \text{ Nmm}^2 / (70.000 \text{ MPa} \cdot 18.000 \text{ mm}^4) = 2{,}49 \text{ mm}$

Zulässige Spannungen und Durchbiegungen (Beanspruchbarkeiten) nach den Technischen Regeln für die Verwendung von linienförmig gelagerten Verglasungen [1]:

VSG aus Floatglas: $\quad\quad\quad\quad\quad\quad$ zul σ = 15 MPa

Überkopfverglasung, 2-seitig gelagert: $\quad$ zul u = ℓ / 100 = 780 mm / 100 = 7,8 mm

Die *Nachweise* werden durch Vergleich der vorhandenen Beanspruchung mit den zulässigen Werten der Beanspruchbarkeit geführt.

vorh σ ≈ 8,33 MPa < zul σ = 15 MPa $\quad$ Ausnutzung 8,33/15 = 55 %

vorh u = 2,49 mm < zul u = 7,8 mm

19.1.3 Nachweis nach Konzept der Teilsicherheitsbeiwerte – DIN 18008

Anzusetzende Einwirkungskombinationen für Nachweis der Tragsicherheit:

Für Floatglas ist der Nachweis unter Berücksichtigung der Einwirkungsdauer zu führen. Somit ergeben sich folgende zu betrachtende Kombinationen:

$q_{d,mittel}$ = 1,35 g + 1,5 s = 1,35 · 0,3 kN/m² + 1,5 · 1,0 kN/m² = 1,91 kN/m²

$q_{d,ständig}$ = 1,35 g = 1,35 · 0,3 kN/m² = 0,41 kN/m²

Anzusetzende Einwirkungskombinationen für Nachweis der Gebrauchstauglichkeit:

$q_{d,mittel}$ = 1,0 g + 1,0 s = 1,0 · 0,3 kN/m² + 1,0 · 1,0 kN/m² = 1,3 kN/m²

Die *Berechnung von Spannungen und Durchbiegungen* erfolgt nach [3] Abschnitt 7.2 ohne Ansatz einer Verbundwirkung der VSG-Scheibe durch Ansatz der halben Last auf eine Scheibe mit 6 mm Dicke.
Betrachtet wird ein 1,0 m breiter Glasstreifen.

$q_{d1, mittel}$ = 0,5 · 1,91 kN/m² · 1 m = 0,95 kN/m = 0,95 N/mm

max M = q · ℓ^2 / 8
    max M_{mittel} = (0,95 kN/m · (0,78 m)²) / 8 = 0,072 kNm = 72.438 Nmm
    max $M_{ständig}$ = (0,41 kN/m · (0,78 m)²) / 8 = 0,015 kNm = 15.400 Nmm

W = d² · b / 6 = 6² · 1000 / 6 = 6000 mm³

σ = M / W
    $σ_{d1,mittel}$ = 72.438 Nmm / 6000 mm³ = 12,07 N/mm² = 12,07 MPa
    $σ_{d1,ständig}$ = 15.400 Nmm / 6000 mm³ = 2,57 N/mm² = 2,57 MPa

Anmerkung: Durch die schräge Außenkante ergeben sich bei Berechnung mittels eines FEM-Programms etwas höhere Werte für die Spannungen.

EIu = 5/384 q l⁴
     = 5/384 · 0,65 N/mm · (780 mm)⁴ = 3,1328 · 10⁹ Nmm²

E = 70.000 MPa

I = d³ · b / 12 = 6³ · 1000 / 12 = 18.000 mm⁴

u = EIu / (E I)
   = 3,1328 · 10⁹ Nmm² / (70.000 MPa · 18.000 mm⁴) = 2,49 mm

Bemessungswert des Tragwiderstandes (Beanspruchbarkeiten) nach DIN 18008-1 [3] Gl. (3) und DIN 18008-2 Absatz 7.2:

$R_d = σ_{R,d} = k_{mod}\ k_c\ f_k / γ_M = k_{mod}$ · 1,8 · 45 N/mm² / 1,8 = k_{mod} · 45 N/mm²

Wegen DIN 18008-1 Absatz 8.3.8 (Kanten von Scheiben ohne thermische Vorspannung unter Zug) dürfen nur 80 % der Biegezugfestigkeit angesetzt werden;
wegen DIN 18008-1 Absatz 8.3.9 (VSG oder VG) darf der Tragwiderstand um 10 % erhöht werden. Somit sind anzusetzen:

$$R_d = \sigma_{R,d} = k_{mod} \cdot 45 \text{ N/mm}^2 \cdot 0{,}80 \cdot 1{,}1 = k_{mod} \cdot 39{,}9 \text{ N/mm}^2$$

Die Gln. (15.15) und (17.4) führen zum selben Ergebnis.

Alternativ kann der Bemessungswert des Tragwiderstandes unmittelbar aus Tabelle 15.6 bzw. Tabelle 17.2 abgelesen werden:

Floatglas mit $k_c = 1{,}8$ bei Kanten unter Zug und VSG: $R_d = k_{mod} \cdot 39{,}9$ MPa.

Somit ergeben sich für die unterschiedlichen Einwirkungsdauern:

$$\sigma_{R,d,\text{ mittel}} = k_{mod} \cdot 39{,}9 \text{ N/mm}^2 = 0{,}4 \cdot 39{,}9 \text{ N/mm}^2 = 15{,}84 \text{ N/mm}^2$$
$$\sigma_{R,d,\text{ ständig}} = k_{mod} \cdot 39{,}9 \text{ N/mm}^2 = 0{,}25 \cdot 39{,}9 \text{ N/mm}^2 = 9{,}90 \text{ N/mm}^2$$

Bemessungswert des Gebrauchstauglichkeitskriteriums nach DIN 18008-2 [4] Abschnitt 7.3:

$$C_d = u_{C,d} = \ell / 100 = 780 \text{ mm} / 100 = 7{,}8 \text{ mm}$$

Die *Nachweise* werden durch Vergleich der Beanspruchung mit der Beanspruchbarkeit geführt.

$\sigma_{d,\text{mittel}} \approx 12{,}07$ MPa $< \sigma_{R,d,\text{mittel}} = 15{,}84$ MPa   Ausnutzung 12,1/15,8 = 76 %
$\sigma_{d,\text{ständig}} \approx 2{,}57$ MPa $< \sigma_{R,d,\text{ständig}} = 9{,}90$ MPa   Ausnutzung 2,6/9,9 = 26 %

$u = 2{,}49$ mm $< u_{C,d} = 7{,}8$ mm

19.2 Beispiel 2: Linienförmig gelagerte Isolierverglasung

Einbausituation	Überkopfverglasung
Lagerung	4-seitig linienförmig
Glas	Isolierverglasung außen ESG innen VSG aus Floatglas
Baurecht	Unproblematisch, da nach TRLV [1] bzw. DIN 18008 [3–5] nachzuweisen

19.2.1 Allgemeines

Zu untersuchen ist eine Fassade mit 4-seitig auf eine Metallunterkonstruktion gelagerter Isolierverglasung. Die Unterkonstruktion wird als ausreichend tragfähig und steif vorausgesetzt und nicht näher betrachtet.

Die Neigung der Fassade beträgt 20° gegenüber der Vertikalen, es handelt sich somit um eine Überkopfverglasung.

Die Berechnung der Beanspruchung der Isolierverglasung sowie die Nachweise können wiederum entsprechend den „Technischen Regeln für die Verwendung von linienförmig gelagerten Verglasungen" [1] bzw. DIN 18008 [3–5] geführt werden.

Wegen der komplexen Beziehungen zwischen Klimalast und Scheibengröße sowie Scheibenaufbau kann die Bemessungsaufgabe nicht ohne vorherige Rechnung auf z. B. die größte Isolierglaseinheit als maßgebende Scheibe beschränkt werden. Vielmehr ist eine Vielzahl von Scheiben zu untersuchen.

Interessant ist bei diesem Beispiel zum einen, dass bei identischem Glasaufbau nicht das Bauteil mit maximalen Abmessungen maßgebend ist und zum anderen, dass nicht immer die Einwirkungskombination mit Ansatz aller Einwirkungen maßgebend sein muss.

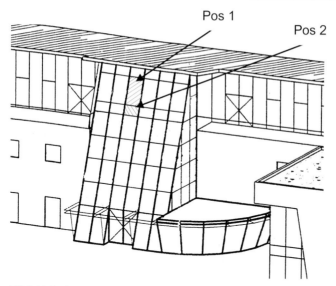

Bild 19.2 Ansicht der Fassade

Exemplarisch werden zwei Positionen mit identischem Aufbau nach Bild 19.3 betrachtet:

Abmessungen a × b (a < b) Position 1: 931×1344 mm²
Position 2: 542×1063 mm²

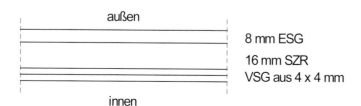

8 mm ESG

16 mm SZR

VSG aus 4 × 4 mm

Bild 19.3 Aufbau des Isolierglaselements

19.2.2 Charakteristische Einwirkungen

19.2.2.1 Eigengewicht

$g_{innen} = 0{,}008 \text{ m} \cdot 25 \text{ kN/m}^3 = 0{,}2 \text{ kN/m}^2$

$g_{innen,\perp} = 0{,}2 \text{ kN/m}^2 \cdot \cos 70° = 0{,}068 \text{ kN/m}^2$

$g_{außen,\perp} = g_{innen,\perp} = 0{,}068 \text{ kN/m}^2 = 0{,}068 \text{ kPa}$

19.2.2.2 Winddruck

Vereinfachend wird nur der Lastfall Winddruck angesetzt, Erhöhungsfaktor für Einzelbauteile auf Druck wird in diesem Beispiel nicht angesetzt.

Für gegebene Windzone und Einbauhöhe ergibt sich mit $q = 0{,}8$ kN/m² und $c_p = 0{,}8$

auf äußere Scheibe: $\quad w_a = w_D = 0{,}8 \cdot 0{,}8$ kN/m² $= 0{,}64$ kN/m² $= 0{,}64$ kPa

auf innere Scheibe: $\quad w_i = 0$

19.2.2.3 Schnee

$\alpha = 70° \rightarrow s = 0$

19.2.2.4 Klimalasten (isochorer Druck)

$p_0 = c_1 \cdot \Delta T - \Delta p_{met} + c_2 \cdot \Delta H$

wobei
c_1 $\quad$ 0,34 kPa/K
ΔT $\quad$ Differenz der Temperatur zwischen Herstellung und Gebrauch
Δp_{met} $\quad$ Differenz des meteorologischen Luftdruckes zwischen Einbau- und Herstellungsort
c_2 $\quad$ 0,012 kPa/m
ΔH $\quad$ Differenz der Ortshöhe zwischen Einbauort und Herstellungsort

Es werden für ΔT, Δp_{met} und ΔH die in Tabelle 1 der TRLV [1] bzw. Tabelle 3 von DIN 18008-1 [3] angegebenen Werte angesetzt, es ergibt sich:

$p_0 = +16$ kPa im Sommer

$p_0 = -16$ kPa im Winter

Für die Bildung von Einwirkungskombinationen bei Nachweis nach DIN 18008 ist eine Trennung in ständige Einwirkungen (aus ΔH) und in Einwirkungen mittlerer Einwirkungsdauer (aus ΔT und Δp_{met}, wobei diese nach DIN 18008-1 Absatz 8.3.5 als *eine* veränderliche Einwirkung betrachtet werden dürfen) erforderlich:

$p_{0,Sommer} = p_{0,Sommer,ständig} + p_{0,Sommer,mittel} \quad = 7{,}2$ kPa $+ 8{,}8$ kPa $\quad = 16{,}0$ kPa
$p_{0,Winter} = p_{0,Winter,ständig} + p_{0,Winter,mittel} \quad = -3{,}6$ kPa $- 12{,}5$ kPa $\quad = -16{,}1$ kPa

19.2.3 Verteilung der charakteristischen Einwirkungen auf die einzelnen Scheiben des Isolierglaselementes

Für die Nachweise nach TRLV können die Belastungsanteile aus Klima bei Verwendung der in TRLV vorgegebenen Werte einfach betragsmäßig addiert werden. Bei Nachweisen nach TRLV mit Verwendung der tatsächlichen Einbauhöhe ΔH oder in jedem Fall bei Nachweisen nach DIN 18008 ist für das Bilden der anzusetzenden Lastkombination bzw. Einwirkungskombination eine konsequente Verwendung der Vorzeichen für die einzelnen Belastungsanteile erforderlich, insbesondere aus Klimalastanteilen für Winter und Sommer. Alternativ können die Beträge unter Verwendung der sich jeweils ergebenden Verformungsfiguren mit dem richtigen Vorzeichen kombiniert werden. Dies empfiehlt sich in jedem Fall als Plausibilitätskontrolle. Für das hier betrachtete Beispiel sind die qualitativen Verformungen in Bild 19.4 dargestellt.

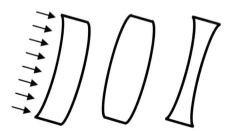

Bild 19.4 Qualitative Verformungen (überhöht) infolge Eigengewichts und Winddruck (links), Klimalasten in Sommer (Mitte) und Winter (rechts)

Daraus ergibt sich beispielsweise, dass für den Nachweis der äußeren (linken) Scheibe eine betragsmäßige Addition von Windlasten und Klimalasten aus Winter bzw. für die innere (rechte) Scheibe eine betragsmäßige Addition von Windlasten und Klimalasten aus Sommer korrekt ist. Außerdem ist der Fall zu untersuchen, dass ständige Einwirkungen aus Eigengewicht und die Klimalasten unterschiedliche Wirkungsrichtung aufweisen.

Um Aussagen zum maßgebenden System treffen zu können, sind die beiden Grenzfälle „ohne Verbund" und „voller Verbund" zu betrachten.

19.2.3.1 Ohne Verbund

Die anzusetzende Ersatzglasdicke d^* ergibt sich zu:

äußere ESG-Scheibe 8 mm: $\quad d^* = (\Sigma\, d_i^3)^{(1/3)} = d = 8$ mm

innere VSG aus 4 + 4 mm: $\quad d^* = (\Sigma\, d_i^3)^{(1/3)} = (4^3 + 4^3)^{(1/3)} = 5{,}04$ mm

Anteile δ_a und δ_i der Einzelscheiben an der Gesamtbiegesteifigkeit:

äußere ESG-Scheibe 8 mm: $\quad \delta_a = d_a^3/(d_a^3 + d_i^3) = 8^3 / (8^3 + 5{,}04^3) = 0{,}8$

innere VSG aus 4 + 4 mm: $\quad \delta_i = d_i^3/(d_a^3 + d_i^3) = 1 - \delta_a = 1 - 0{,}8 = 0{,}2$

Charakteristische Kantenlänge:

Als Eingangswert für die Ermittlung des Isolierglasfaktors φ ist die charakteristische Kantenlänge a^* zu berechnen:

$$a^* = 28{,}9 \cdot \sqrt[4]{\frac{d_{SZR} \cdot d_a^3 \cdot d_i^3}{(d_a^3 + d_i^3) \cdot B_v}}$$

19.2 Beispiel 2: Linienförmig gelagerte Isolierverglasung

Pos. 1:

$a/b = 931 / 1344 = 0{,}69 \rightarrow B_v = 0{,}036$

$a^* = 422{,}1$ mm

Pos. 2:

$a/b = 542 / 1063 = 0{,}51 \rightarrow B_v = 0{,}049$

$a^* = 390{,}8$ mm

Isolierglasfaktor φ:

$$\varphi = \frac{1}{1 + \left(\dfrac{a}{a^*}\right)^4}$$

Pos. 1: $\varphi = 0{,}041$

Pos. 2: $\varphi = 0{,}213$

Klimalasten und Verteilung der Einwirkungen auf innere und äußere Scheibe:

Pos. 1:

$\Delta p \quad = \varphi \cdot p_0$
$\quad\quad = 0{,}04 \cdot 16$ kPa $= \pm 0{,}66$ kPa

$\Delta p_{\text{Winter, ständig}} \quad = \varphi \cdot p_{0\ \text{Winter, ständig}}$
$\quad\quad = 0{,}04 \cdot (-3{,}6)$ kPa $= -0{,}15$ kPa

$\Delta p_{\text{Winter, mittel}} \quad = \varphi \cdot p_{0\ \text{Winter, mittel}}$
$\quad\quad = 0{,}04 \cdot (-12{,}5)$ kPa $= -0{,}51$ kPa

$\Delta p_{\text{Sommer, ständig}} \quad = \varphi \cdot p_{0\ \text{Sommer, ständig}}$
$\quad\quad = 0{,}04 \cdot 7{,}2$ kPa $= 0{,}30$ kPa

$\Delta p_{\text{Sommer, mittel}} \quad = \varphi \cdot p_{0\ \text{Sommer, mittel}}$
$\quad\quad = 0{,}04 \cdot 8{,}8$ kPa $= 0{,}36$ kPa

äußere Scheibe:

$g = 0{,}07$ kPa

$p_a = (\delta_a + \varphi \cdot \delta_i) \cdot w_a$
$\quad = (0{,}8 + 0{,}041 \cdot 0{,}2)\ 0{,}64$ kPa $= 0{,}52$ kPa

innere Scheibe:

$g = 0{,}07$ kPa

$p_i = w_a - p_a$
$= 0{,}64$ kPa $- 0{,}52$ kPa $= 0{,}12$ kPa

Pos. 2:

$\Delta p = 0{,}213 \cdot 16$ kPa $= \pm 3{,}41$ kPa

$\Delta p_{\text{Winter, ständig}} = 0{,}213 \cdot (-3{,}6)$ kPa $= -0{,}77$ kPa

$\Delta p_{\text{Winter, mittel}} = 0{,}213 \cdot (-12{,}5)$ kPa $= -2{,}66$ kPa

$\Delta p_{\text{Sommer, ständig}} = 0{,}213 \cdot 7{,}2$ kPa $= 1{,}53$ kPa

$\Delta p_{\text{Sommer, mittel}} = 0{,}213 \cdot 8{,}8$ kPa $= 1{,}87$ kPa

äußere Scheibe:

$g = 0{,}07$ kPa

$p_a = (0{,}8 + 0{,}213 \cdot 0{,}2) \cdot 0{,}64$ kPa $= 0{,}54$ kPa

innere Scheibe:

$g = 0{,}07$ kPa

$p_i = 0{,}64$ kPa $- 0{,}54$ kPa $= 0{,}10$ kPa

19.2.3.2 Voller Verbund

Die anzusetzende Ersatzglasdicke d^* ergibt sich zu:

äußere ESG-Scheibe 8 mm: $\quad d^* = \Sigma d_i = d = 8$ mm

innere VSG aus 4 + 4 mm: $\quad d^* = \Sigma d_i = 4 + 4 = 8$ mm

Anteile δ_a und δ_i der Einzelscheiben an der Gesamtbiegesteifigkeit:

äußere ESG-Scheibe 8 mm: $\quad \delta_a = d_a^3/(d_a^3 + d_i^3) = 8^3 / (8^3 + 8^3) = 0{,}5$

innere VSG aus 4 + 4 mm: $\quad \delta_i = d_i^3/(d_a^3 + d_i^3) = 1 - \delta_a = 1 - 0{,}5 = 0{,}5$

Charakteristische Kantenlängen:

$$a^* = 28{,}9 \cdot \sqrt[4]{\frac{d_{SZR} \cdot d_a^3 \cdot d_i^3}{(d_a^3 + d_i^3) \cdot B_v}}$$

19.2 Beispiel 2: Linienförmig gelagerte Isolierverglasung

Pos. 1:

$a/b = 931 / 1344 = 0,69 \rightarrow B_v = 0,036$

$a^* = 530,8$ mm

Pos. 2:

$a/b = 542 / 1063 = 0,51 \rightarrow B_v = 0,049$

$a^* = 491,4$ mm

Isolierglasfaktor φ:

$$\varphi = \frac{1}{1 + \left(\dfrac{a}{a^*}\right)^4}$$

Pos. 1: $\varphi = 0,096$

Pos. 2: $\varphi = 0,403$

Klimalasten und Verteilung der Einwirkungen auf die innere und äußere Scheibe:

Pos. 1:

$\Delta p = 0,096 \cdot 16$ kPa $= \pm 1,54$ kPa

$\Delta p_{\text{Winter, ständig}} = \varphi \cdot p_{0\ \text{Winter, ständig}}$
$= 0,096 \cdot (-3,6)$ kPa $= -0,35$ kPa

$\Delta p_{\text{Winter, mittel}} = \varphi \cdot p_{0\ \text{Winter, mittel}}$
$= 0,096 \cdot (-12,5)$ kPa $= -1,20$ kPa

$\Delta p_{\text{Sommer, ständig}} = \varphi \cdot p_{0\ \text{Sommer, ständig}}$
$= 0,096 \cdot 7,2$ kPa $= 0,69$ kPa

$\Delta p_{\text{Sommer, mittel}} = \varphi \cdot p_{0\ \text{Sommer, mittel}}$
$= 0,096 \cdot 8,8$ kPa $= 0,84$ kPa

äußere Scheibe:

$g = 0,07$ kPa

$p_a = (0,5 + 0,096 \cdot 0,5)\ 0,64$ kPa $= 0,35$ kPa

innere Scheibe:

$g = 0,07$ kPa

$p_i = 0,64$ kPa $- 0,35$ kPa $= 0,29$ kPa

Pos. 2:

$\Delta p = 0{,}403 \cdot 16 \text{ kPa} = \pm 6{,}45 \text{ kPa}$

$\Delta p_{\text{Winter, ständig}} = 0{,}403 \cdot (-3{,}6) \text{ kPa} = -1{,}45 \text{ kPa}$

$\Delta p_{\text{Winter, mittel}} = 0{,}403 \cdot (-12{,}5) \text{ kPa} = -5{,}04 \text{ kPa}$

$\Delta p_{\text{Sommer, ständig}} = 0{,}403 \cdot 7{,}2 \text{ kPa} = 2{,}90 \text{ kPa}$

$\Delta p_{\text{Sommer, mittel}} = 0{,}403 \cdot 8{,}8 \text{ kPa} = 3{,}55 \text{ kPa}$

äußere Scheibe:

$g = 0{,}07 \text{ kPa}$

$p_a = (0{,}5 + 0{,}403 \cdot 0{,}5) \, 0{,}64 \text{ kPa} = 0{,}45 \text{ kPa}$

innere Scheibe:

$g = 0{,}07 \text{ kPa}$

$p_i = 0{,}64 \text{ kPa} - 0{,}45 \text{ kPa} = 0{,}19 \text{ kPa}$

19.2.4 Nachweis nach TRLV

19.2.4.1 Lastzusammenstellung

Für den Lastfall H ist die Kombination aus Eigengewicht und Klima maßgebend, da die Kombination aus Eigengewicht und Wind geringere Werte ergibt. Die anzusetzenden Lasten ergeben sich dementsprechend für die einzelnen Scheiben der einzelnen Positionen jeweils für beide Grenzfälle des Verbundes in allgemeiner Schreibweise zu:

äußere Scheibe $\quad q = g + \Delta p$
innere Scheibe $\quad q = g + \Delta p$

Mit den Werten aus obigem Abschnitt ergibt sich in übersichtlicher Form:

Ohne Verbund	äußere Scheibe 8 mm ESG	innere Scheibe 2 × 4 mm Float
Pos. 1	0,07 + 0,66 = 0,73 kPa	0,07 + 0,66 = 0,73 = 2 × 0,37 kPa
Pos. 2	0,07 + 3,41 = 3,48 kPa	0,07 + 3,41 = 3,48 = 2 × 1,74 kPa
Mit Verbund	äußere Scheibe 8 mm ESG	innere Scheibe 8 mm Float
Pos. 1	0,07 + 1,54 = 1,61 kPa	0,07 + 1,54 = 1,61 kPa
Pos. 2	0,07 + 6,45 = 6,52 kPa	0,07 + 6,45 = 6,52 kPa

Für den Lastfall HZ ergeben sich für die einzelnen Scheiben die jeweils anzusetzenden Lasten in allgemeiner Schreibweise jeweils zu:

äußere Scheibe $\quad q = g + p_a + \Delta p$
innere Scheibe $\quad q = g + p_i + \Delta p$

Wiederum in übersichtlicher Form zusammengestellt die für LF HZ anzusetzenden Lasten:

Ohne Verbund	äußere Scheibe 8 mm ESG	innere Scheibe 2 × 4 mm Float
Pos. 1	0,07 + 0,52 + 0,66 = 1,25 kPa	0,07 + 0,12 + 0,66 = 0,85 = 2 × 0,43 kPa
Pos. 2	0,07 + 0,54 + 3,41 = 4,02 kPa	0,07 + 0,10 + 3,41 = 3,58 = 2 × 1,79 kPa
Mit Verbund	äußere Scheibe 8 mm ESG	innere Scheibe 8 mm Float
Pos. 1	0,07 + 0,35 + 1,54 = 1,96 kPa	0,07 + 0,29 + 1,54 = 1,90 kPa
Pos. 2	0,07 + 0,45 + 6,45 = 6,97 kPa	0,07 + 0,19 + 6,45 = 6,71 kPa

Für den Lastfall HS, d. h. „Bruch der oberen Scheibe" sind auf die untere Scheibe neben den einwirkenden Verkehrslasten das Eigengewicht der gebrochenen oberen Scheibe anzusetzen; die Klimalasten sind bei gebrochener Scheibe nicht wirksam. Dementsprechend ist nur auf die untere Scheibe anzusetzen:

innere Scheibe $\quad q = g + g + p$

Ohne Verbund	äußere Scheibe 8 mm ESG	innere Scheibe 2 × 4 mm Float
Pos. 1	gebrochen	0,07 + 0,07 + 0,64 = 0,78 = 2 × 0,39 kPa
Pos. 2	gebrochen	0,07 + 0,07 + 0,64 = 0,78 = 2 × 0,39 kPa

Der Grenzfall voller Verbund ist unter Annahme linearer Verhältnisse für LF HS nicht maßgebend, da bei gleicher Einwirkung mehr Tragfähigkeit zur Verfügung stünde. Da die Klimalasten gegenüber Windlasten überwiegen und außerdem die zulässigen Spannungen gegenüber LF H und HZ vergrößert sind, ist dieser Lastfall bei diesem Beispiel nicht maßgebend.

19.2.4.2 Zu berechnende Systeme (jeweils Belastung und Glasdicke)

Unter der Voraussetzung linearer Verhältnisse kann je Position die Zahl der zu berechnenden Systeme reduziert werden: basierend auf der Kenntnis über den Faktor der zulässigen Spannungen von LF H auf LF HZ von 1,15 kann der maßgebende Lastfall für den Spannungsnachweis ausgesucht werden; des Weiteren kann entschieden werden, ob „ohne Verbund" oder „voller Verbund" die größeren Spannungen oder die größeren Durchbiegungen erwarten lässt.

		Äußere Scheibe		Innere Scheibe	
		ohne Verbund	mit Verbund	ohne Verbund	mit Verbund
		8 mm ESG	8 mm ESG	2 × 4 mm FG	8 mm FG
LF H	Pos. 1	0,73 kPa	1,61 kPa	je 0,37 kPa	1,61 kPa
	Pos. 2	3,48 kPa	6,52 kPa **	je 1,74 kPa **	6,52 kPa
LF HZ	Pos. 1	1,25 kPa	1,96 kPa ***	je 0,43 kPa *	1,90 kPa **
	Pos. 2	4,02 kPa	6,97 kPa *	je 1,79 kPa *	6,71 kPa
LF HS	Pos. 1			je 0,39 kPa	0,78 kPa
	Pos. 2			je 0,39 kPa	0,78 kPa

* für Nachweis Durchbiegung, ** für NW Spannungen, *** für beides maßgebend

Der Lastfall HS „Bruch der oberen Scheibe" ist nicht maßgebend.

19.2.4.3 Berechnung von Spannungen und Durchbiegungen

Die Berechnung erfolgt mit einem geeigneten FEM-Programm, um ggf. auch eine geometrisch nichtlineare Berechnung durchführen zu können. Dies kann bei größeren Durchbiegungen erforderlich werden.

Es ergeben sich folgende maßgebende Spannungen und Durchbiegungen:

			8 mm ESG	2 × 4 mm FG	8 mm FG
Pos. 1	LF HZ	Spannungen	12,1 MPa		11,7 MPa
	LF HZ	Durchbiegungen	3,5 mm	5,0 mm	
Pos. 2	LF H	Spannungen	17,8 MPa	19,0 MPa	
	LF HZ	Durchbiegungen	1,9 mm	3,9 mm	

19.2.4.4 Beanspruchbarkeiten (zulässige Werte)

Zulässige Biegezugspannungen

Es handelt sich um eine Überkopfverglasung.
Bei der Bemessung für Spannungen aus der Überlagerung der Einwirkungen nach den Abschnitten 4.1 (DIN 1055) und 4.2 (Klima) der [1] ist eine Erhöhung der zulässigen Werte um 15 % möglich. Vgl. auch Abschnitt 16.1.2, Tabelle 16.1

ESG aus Floatglas: zul σ = 50 MPa (LF H) bzw. 1,15 · 50 = 57,50 MPa (LF HZ)

VSG aus Floatglas: zul σ = 15 MPa (LF H) bzw. 1,15 · 15 = 17,25 MPa (LF HZ)

VSG aus Floatglas: zul σ = 25 MPa für den Lastfall HS „obere Scheibe gebrochen".

19.2 Beispiel 2: Linienförmig gelagerte Isolierverglasung

Zulässige Durchbiegungen

Vierseitige Lagerung: Die maximale Durchbiegung ist begrenzt auf 1/100 der Scheibenstützweite in Haupttragrichtung, unabhängig von der Lastfallkombination.

19.2.4.5 Nachweise

Einheiten: Spannungen in MPa, Durchbiegungen in mm.

		8 mm ESG	2 × 4 mm FG	8 mm FG
Pos. 1	Spannungen	12,1 < 57,50 ✓		11,7 < 17,25 ✓
	Durchbiegungen	3,5 < ℓ/100 = 9,3 ✓	5,0 ⁺ < ℓ/100 = 9,3 ✓	
Pos. 2	Spannungen	17,8 < 50 ✓	19,0 > 15 nicht erfüllt!	
	Durchbiegungen	1,9 < ℓ/100 = 5,4 ✓	3,9 < ℓ/100 = 5,4 ✓	

⁺ geometrisch nichtlineare Berechnung.

Gegebenenfalls können durch Ansatz der bei dem Bauvorhaben tatsächlich auftretenden Höhendifferenzen ΔH zwischen Produktionsort und Baustelle die Klimabelastungen ausreichend reduziert werden. Der Nachweis kann auf jeden Fall erfüllt werden durch Reduktion der Glasdicke (dadurch ergeben sich wegen der geringeren Steifigkeit geringere Klimalasten) oder die Verwendung von TVG statt SPG / Floatglas; bei der zweiten Variante ist TVG mit allgemeiner bauaufsichtlicher Zulassung erforderlich.

19.2.5 Nachweis nach DIN 18008

19.2.5.1 Einwirkungskombinationen für Nachweis der Tragsicherheit

Für Floatglas sind abhängig von der jeweiligen Einwirkungsdauer unterschiedliche k_{mod} und damit unterschiedliche Grenztagfähigkeiten anzusetzen, wobei für die Bestimmung von k_{mod} die Einwirkung mit der kürzesten Dauer maßgebend ist. Dabei sind laut DIN 18008-1 Abschnitt 8.3.7 sämtliche Lastfallkombinationen zu prüfen. Bei Annahme linearer Verhältnisse kann die maßgebende Einwirkungskombination auch dadurch bestimmt werden, dass der Bemessungswert der Einwirkungskombination durch das zugeordnete k_{mod} dividiert wird: der maximale Wert zeigt die maßgebende Kombination an.

Für die äußere Scheibe aus ESG ist diese Unterscheidung nicht zu treffen, hier ist die Bemessung für die Einwirkungskombination mit maximalen Werten durchzuführen.

Für die Einwirkungskombination *ständige Einwirkungen* sind folgende Kombinationen für die einzelnen Scheiben anzusetzen:

äußere Scheibe $\quad q_d = 1{,}35\,(g + \Delta p_{\text{Winter, ständig}})$
innere Scheibe $\quad q_d = 1{,}35\,(g + \Delta p_{\text{Sommer, ständig}})$

Für die Einwirkungskombination *mittlere Einwirkungsdauer* sind folgende Kombinationen für die einzelnen Scheiben anzusetzen:

äußere Scheibe $q_d = 1{,}35\,(g + \Delta p_{Winter,\,ständig}) + 1{,}5\,\Delta p_{Winter,\,mittel}$
innere Scheibe $q_d = 1{,}35\,(g + \Delta p_{Sommer,\,ständig}) + 1{,}5\,\Delta p_{Sommer,\,mittel}$

Für die Einwirkungskombination mit *kurzer Einwirkungsdauer* sind folgende Kombinationen für die einzelnen Scheiben anzusetzen:

Bei Ansatz der Klimalasten als Leiteinwirkung ergibt sich nach mit $\psi_0 = 0{,}6$ für Windeinwirkungen:
äußere Scheibe $q_d = 1{,}35\,(g + \Delta p_{Winter,\,ständig}) + 1{,}5\,\Delta p_{Winter,\,mittel} + 1{,}5 \cdot 0{,}6\,p_a$
innere Scheibe $q_d = 1{,}35\,(g + \Delta p_{Sommer,\,ständig}) + 1{,}5\,\Delta p_{Sommer,\,mittel} + 1{,}5 \cdot 0{,}6\,p_i$

Bei Ansatz von Wind als Leiteinwirkung ist ψ_0 für Klimalasten nach DIN 18008-1 Tabelle 5 mit 0,6 anzusetzen:
äußere Scheibe $q_d = 1{,}35\,(g + \Delta p_{Winter,\,ständig}) + 1{,}5 \cdot 0{,}6\,\Delta p_{Winter,\,mittel} + 1{,}5\,p_a$
innere Scheibe $q_d = 1{,}35\,(g + \Delta p_{Sommer,\,ständig}) + 1{,}5 \cdot 0{,}6\,\Delta p_{Sommer,\,mittel} + 1{,}5\,p_i$

Da für die beiden alternativen Leiteinwirkungen jeweils $\psi_0 = 0{,}6$ beträgt, ist unmittelbar zu erkennen, dass bei kurzer Einwirkungsdauer die Einwirkungskombination mit Klimalasten als Leiteinwirkung maßgebend ist. Der Vollständigkeit halber werden diese dennoch zunächst mit aufgeführt.

Neben den Kombinationen von in einer Richtung wirkenden Einwirkungen ist auch eine Einwirkungskombination mittlerer Einwirkungsdauer mit unterschiedlichen Lastrichtungen als maßgebend denkbar und zu untersuchen:

äußere Scheibe $q_d = 1{,}0\,g - 1{,}35\,\Delta p_{Sommer,\,ständig} - 1{,}5\,\Delta p_{Sommer,\,mittel}$
innere Scheibe $q_d = 1{,}0\,g - 1{,}35\,\Delta p_{Winter,\,ständig} - 1{,}5\,\Delta p_{Winter,\,mittel}$

In übersichtlicher Form dargestellt ergeben sich als anzusetzender Bemessungswert der Einwirkungen für die einzelnen Positionen für den Grenzfall „ohne Verbund":

Pos. 1	Äußere Scheibe 8 mm ESG	Innere Scheibe 2 × 4 mm FG
ständig	1,35 (0,07 + 0,15) = 0,30 kPa	1,35 (0,07 + 0,30) = 0,50 kPa
mittel	0,30 + 1,5 · 0,51 = 1,07 kPa	0,50 + 1,5 · 0,36 = 1,04 kPa
kurz, Klima Leiteinw.	1,07 + 1,5 · 0,6 · 0,52 = 1,54 kPa	1,04 + 1,5 · 0,6 · 0,12 = 1,15 kPa
kurz, Wind Leiteinw.	0,30 + 1,5 (0,6 · 0,51 + 0,52) =1,54 kPa	0,50 + 1,5 (0,6 · 0,36 + 0,12) = 1,0 kPa
mittel, g entgegen Klima	1,0 · 0,07 − 1,35 · 0,30 − 1,5·0,36 = −0,88 kPa	1,0 · 0,07 − 1,35 · 0,15 − 1,5 · 0,51 = −0,90 kPa

19.2 Beispiel 2: Linienförmig gelagerte Isolierverglasung

Pos. 2	Äußere Scheibe 8 mm ESG	Innere Scheibe 2 × 4 mm FG
ständig	1,35 (0,07 + 0,77) = 1,19 kPa	1,35 (0,07 + 1,53) = 2,16 kPa
mittel	1,19 + 1,5 · 2,66 = 5,18 kPa	2,16 + 1,5 · 1,87 = 4,97 kPa
kurz, Klima Leiteinw.	5,18 + 1,5 · 0,6 · 0,54 = 5,67 kPa	4,97 + 1,5 · 0,6 · 0,10 = 5,06 kPa
kurz, Wind Leiteinw.	1,19 + 1,5 (0,6 · 2,66 + 0,54) = 4,40 kPa	2,16 + 1,5 (0,6 · 1,87 + 0,10) = 3,99 kPa
mittel, g entgegen Klima	1,0 · 0,07 − 1,35 · 1,53 − 1,5·1,87 = −4,80 kPa	1,0 · 0,07 − 1,35 · 0,77 − 1,5 · 2,66 = −4,96 kPa

Für den Grenzfall „voller Verbund" ergeben sich die entsprechenden Bemessungswerte der Einwirkungen zu:

Pos. 1	Äußere Scheibe 8 mm ESG	Innere Scheibe 8 mm FG
ständig	1,35 (0,07 + 0,35) = 0,57 kPa	1,35 (0,07 + 0,69) = 1,03 kPa
mittel	0,57 + 1,5 · 1,20 = 2,37 kPa	1,03 + 1,5 · 0,84 = 2,29 kPa
kurz, Klima Leiteinw.	2,37 + 1,5 · 0,6 · 0,35 = 2,69 kPa	2,29 + 1,5 · 0,6 · 0,29 = 2,55 kPa
kurz, Wind Leiteinw.	0,57 + 1,5 (0,6 · 1,20 + 0,35) = 2,18 kPa	1,03 + 1,5 (0,6 · 0,84 + 0,29) = 2,22 kPa
mittel, g entgegen Klima	1,0 · 0,07 − 1,35 · 0,69 − 1,5 · 0,84 = −2,12	1,0 · 0,7 − 1,35 · 0,35 − 1,5 · 1,20 = −2,20

Pos. 2	Äußere Scheibe 8 mm ESG	Innere Scheibe 8 mm FG
ständig	1,35 (0,07 + 1,45) = 2,05 kPa	1,35 (0,07 + 2,90) = 4,01 kPa
mittel	2,05 + 1,5 · 5,04 = 9,61 kPa	4,01 + 1,5 · 3,55 = 9,34 kPa
kurz, Klima Leiteinw.	9,61 + 1,5 · 0,6 · 0,45 = 10,02 kPa	9,34 + 1,5 · 0,6 · 0,19 = 9,51 kPa
kurz, Wind Leiteinw.	2,05 + 1,5 (0,6 · 5,04 + 0,45) = 7,26 kPa	4,01 + 1,5 (0,6 · 3,55 + 0,19) = 7,49 kPa
mittel, g entgegen Klima	1,0 · 0,07 − 1,35 · 2,90 − 1,50 · 3,55 = −9,17 kPa	1,0 · 0,07 − 1,35 · 1,45 − 1,5 · 5,04 = −9,45 kPa

19.2.5.2 Einwirkungskombination für Nachweis der Gebrauchstauglichkeit

Der Nachweis der Gebrauchstauglichkeit wird mit dem Teilsicherheitsbeiwert auf der Einwirkungsseite γ_F von 1,0 geführt, d. h. hierfür können die charakteristischen Werte der einzelnen Lastanteile aufsummiert werden, ggf. reduziert durch Kombinationsbeiwert ψ_0. Dementsprechend kann hier auf Basis der Einwirkungskombination mit kurzer Einwirkungsdauer und Klimalasten als Leiteinwirkung angesetzt werden:

äußere Scheibe $\quad q_d = g + \Delta p_{\text{Winter, ständig}} + \Delta p_{\text{Winter, mittel}} + 0{,}6\, p_a$
innere Scheibe $\quad q_d = g + \Delta p_{\text{Sommer, ständig}} + \Delta p_{\text{Sommer, mittel}} + 0{,}6\, p_i$

	Äußere Scheibe 8 mm ESG	Innere Scheibe 2 × 4 bzw. 8 mm FG
Pos. 1 ohne Verbund	0,07 + 0,15 + 0,51 + 0,6 · 0,52 = 1,04 kPa	0,07 + 0,30 + 0,36 + 0,6 · 0,12 = **0,80 kPa**
Pos. 1 mit Verbund	0,07 + 0,35 + 1,20 + 0,6 · 0,35 = **1,83 kPa**	0,07 + 0,69 + 0,84 + 0,6 · 0,29 = 1,77 kPa
Pos. 2 ohne Verbund	0,07 + 0,77 + 2,66 + 0,6 · 0,54 = 3,82 kPa	0,07 + 1,53 + 1,87 + 0,6 · 0,10 = **3,53 kPa**
Pos. 2 mit Verbund	0,07 + 1,45 + 5,04 + 0,6 · 0,45 = **6,83 kPa**	0,07 + 2,90 + 3,55 + 0,6 · 0,19 = 6,63 kPa

19.2.5.3 Zu berechnende Systeme (jeweils Belastung und Glasdicke)

Unter der Annahme linearer Verhältnisse kann je Position die Zahl der zu berechnenden Systeme entsprechend reduziert werden: für den Nachweis von thermisch vorgespanntem ESG ist die Einwirkungskombination mit dem maximalen Wert maßgebend. Für den Nachweis des Floatglases mit der oben angesprochenen Abhängigkeit von k_{mod} kann durch Division der Bemessungswerte die Einwirkungskombination *mittlerer Einwirkungsdauer* als maßgebend identifiziert werden. Es kann des Weiteren entschieden werden, welcher Grenzfall „ohne Verbund" oder „voller Verbund" die größeren Spannungen erwarten lässt; in der folgenden Zusammenstellung durch Fettdruck gekennzeichnet.

	Äußere Scheibe		Innere Scheibe	
	ohne Verbund 8 mm ESG	mit Verbund 8 mm ESG	ohne Verbund 2 × 4 mm FG	mit Verbund 8 mm FG
Pos. 1	1,54 kPa	**2,69 kPa**	½ · 1,04 kPa = 0,52 kPa	**2,29 kPa**
Pos. 2	5,67 kPa	**10,02 kPa**	½ · 4,97 kPa = 2,49 kPa	−9,45 kPa

Für den Nachweis der Durchbiegungen ist die Ermittlung der maßgebenden Kombination durch die geringere Auswahl einfacher und unmittelbar in der obigen Tabelle der Einwirkungskombinationen für Nachweis der Gebrauchstauglichkeit durch Fettdruck gekennzeichnet.

19.2.5.4 Berechnung von Spannungen und Durchbiegungen

Die Berechnung erfolgt mit einem geeigneten FEM-Programm um gegebenenfalls auch eine geometrisch nichtlineare Berechnung durchführen zu können. Dies kann bei größeren Durchbiegungen erforderlich werden.

Es ergeben sich folgende Spannungen und Durchbiegungen:

		8 mm ESG	2 × 4 mm SPG	8 mm SPG
Pos. 1	Spannungen	16,6 MPa		14,1 MPa
Pos. 2	Spannungen	27,4 MPa	27,2 MPa	
Pos. 1	Durchbiegungen	3,3 mm	4,7 mm	
Pos. 2	Durchbiegungen	1,9 mm	3,9 mm	

19.2.5.5 Beanspruchbarkeiten

Aus Tabelle 15.6 bzw. 17-2 können die Bemessungswerte der Beanspruchbarkeiten unmittelbar entnommen werden:

Für VSG aus Floatglas mit maximaler Beanspruchung in der Fläche Und Anwendung nach Teil 2 ($k_c = 1,8$) und $k_{mod} = 0,4$ (mittlere Einwirkungsdauer) ergibt sich
$\sigma_{R,d} = k_{mod}\, 49,5 = 19,8$ MPa

Für VSG aus ESG $\quad \sigma_{R,d} = 88$ MPa

Grenzwerte der Durchbiegungen

Vierseitige Lagerung: Die maximale Durchbiegung ist begrenzt auf 1/100 der Scheibenstützweite in Haupttragrichtung.

19.2.5.6 Nachweise

Einheiten: Spannungen in MPa, Durchbiegungen in mm.

		8 mm ESG	2 × 4 mm SPG	8 mm SPG
Pos. 1	Spannungen	16,4 < 88 ✓		14,1 < 19,8 ✓
Pos. 2	Spannungen	27,6 < 88 ✓	27,2 > 19,8 nicht erfüllt!	
Pos. 1	Durchbiegungen	3,3 < ℓ/100 = 9,3 ✓	6,5 < ℓ/100 = 9,3 ✓	
Pos. 2	Durchbiegungen	1,9 < ℓ/100 = 5,4 ✓	3,9 < ℓ/100 = 5,4 ✓	

Gegebenenfalls können durch Ansatz der bei dem Bauvorhaben tatsächlich auftretenden Höhendifferenzen ΔH zwischen Produktionsort und Baustelle die Klimabelastungen ausreichend reduziert werden. Der Nachweis kann auf jeden Fall erfüllt werden durch Reduktion der Glasdicke (dadurch ergeben sich wegen der geringeren Steifigkeit geringere Klimalasten) oder die Verwendung von TVG mit abZ an Stelle von Floatglas.

19.3 Beispiel 3: Punktgehaltene, vertikale Windfangverglasung

Einbausituation	Vertikalverglasung, absturzsichernd
Lagerung	Punktförmig
Glas	VSG aus TVG
Baurecht	Zustimmung im Einzelfall, da nach TRAV [12] punktförmig gelagerte Geländerausfachungen auf Innenräume beschränkt sind, Beurteilung nach TRPV [2] i. V. m. TRAV [12] bzw. DIN 18008-3 [6] und -4 [7] ggf. Bauteilversuche zum Nachweis der Tragfähigkeit gegen Stoß

19.3.1 Allgemeines

Gegenstand des 3. Beispiels ist eine punktförmig gelagerte Windfangverglasung, welche wegen der baulichen Situation zusätzlich eine absturzsichernde Funktion hat. Die maßgebende Scheibe ist an 6 Punkten gehalten: 4 Punkthalter in Bohrungen für Lasten senkrecht zur Glasebene und an den beiden unteren Punkten mittels Klemmhalter in und senkrecht zur Glasebene. Die Scheibe ist in Bild 19.5 dargestellt.

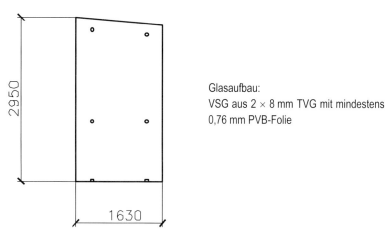

Glasaufbau:
VSG aus 2 × 8 mm TVG mit mindestens 0,76 mm PVB-Folie

Bild 19.5 Ansicht der maßgebenden Scheibe

Zur Abtragung der Holmlast wird ein unabhängiger Handlauf angeordnet. Die Anordnung einer zusätzlichen absturzsichernden Maßnahme z. B. durch Kniestäbe hat einen wesentlichen Einfluss auf das Erfordernis einer Zustimmung im Einzelfall sowie von Bauteilversuchen und ist von Fall zu Fall gesondert zu prüfen.

19.3.2 Einwirkungen

Eigengewicht: $g = 2 \cdot 0{,}008 \text{ m} \cdot 25 \text{ kN/m}^3 = 0{,}4 \text{ kN/m}^2 = 0{,}4 \text{ kPa}$

Schneelast: Scheiben vertikal, keine Schneelast

Wind: charakteristischer Wert wird angesetzt zu $w_k = 0{,}85$ kPa

19.3.3 Berechnung von Spannungen und Durchbiegungen

Um auch die Punkthalter wirklichkeitsnah abbilden zu können, wird die Glasscheibe mittels eines geeigneten FEM-Programmes berechnet, das auch Nichtlinearitäten des Materialverhaltens wie der Verformungen berücksichtigen kann. Zu beachten sind bei der Modellierung u. a. die unterschiedlichen Verhalten der einzelnen Materialien, die Geometrie und Lagerungsbedingungen sowie Gelenkpunkte der Punkthalter. Gegebenenfalls sind entsprechende Grenzfalluntersuchungen durchzuführen.

Zur Verdeutlichung des Unterschiedes wird eine vergleichende Berechnung ohne und mit Modellierung des Punkhalters durchgeführt. Im ersten Fall wird lediglich ein Knoten an der Position des Punkthalters gelagert, im zweiten erfolgt eine realitätsnahe Abbildung der einzelnen Bauteile (d. h. beispielsweise auch mit Berücksichtigung der Exzentrizitäten), exemplarisch sind nur die Volumenelemente aus dem Material Stahl in Bild 19.6 dargestellt.

Bild 19.6 Modellierung Punkthalter, dargestellt sind nur die Stahl-Elemente

Es ergeben sich als Ergebnis nichtlinearer Berechnungen für die Hauptspannungen und die Durchbiegungen:

Keine Modellierung Punkthalter und Bohrung (vgl. Bild 19.7) max σ = 16,75 MPa

max u = 7,164 mm

Modellierung Punkthalter und Bohrung (vgl. Bild 19.8): max σ = 30,69 MPa

max u = 7,158 mm

Während die maximalen Verformungen in Plattenmitte hinsichtlich der Größenordnung übereinstimmen, sind die Abweichungen der Hauptspannungen im Bereich der Punkthalter nicht zu vernachlässigen. Mit einfacher Berechnung eines ebenen FE-Modells ohne Berücksichtigung des Punkthalters und der Bohrung werden die maximalen Spannungen in diesem Beispiel um den Faktor 1,8 unterschätzt; der Faktor kann nach der theoretischen Lösung bis zu 3,0 betragen.

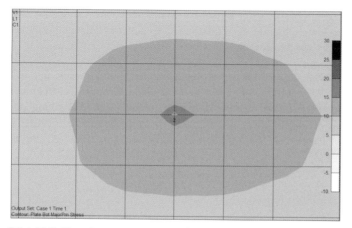

Bild 19.7 Hauptspannungen – einfaches Modell ohne Modellierung von Bohrung und Punkthalter

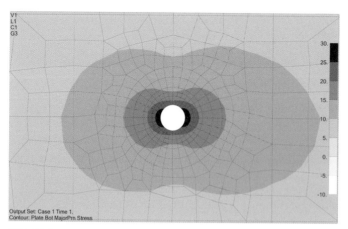

Bild 19.8 Hauptspannungen bei realistischer Modellierung von Bohrung und Punkthalter

19.3.4 Beanspruchbarkeiten (zulässige Werte) und Nachweise nach TRPV

Für TVG bzw. VSG aus TVG finden sich in TRLV und TRPV keine zulässigen Werte, diese sind den jeweiligen allgemeinen bauaufsichtlichen Zulassungen zu entnehmen. Für den vorliegenden Lastfall H (Eigengewicht und Wind) sind dies (vgl. auch Tabelle 16.1):

$\quad$ zul σ = 29 MPa $\quad$ (entspricht 70 MPa / 2,4)

Zulässige Durchbiegungen in Anlehnung an die TRLV [1]:

$\quad$ zul u = ℓ / 100 = 1650 mm / 100 = 16,5 mm

Modell mit Lagerung nur eines Knotens:

$\quad$ vorh σ = 16,75 MPa < zul σ = 29 MPa

$\quad$ vorh u = 7,164 mm < zul u = 16,5 mm

$\quad\rightarrow\quad$ Nachweise erfüllt.

Wirklichkeitsnahe Modellierung von Punkthalter und Bohrung:

$\quad$ vorh σ = 30,69 MPa > zul σ = 29 MPa

$\quad$ vorh u = 7,158 mm < zul u = 16,5 mm

$\quad\rightarrow\quad$ Spannungsnachweis knapp nicht erfüllt.
$\quad\quad$ Eventuell kann bei Erwirken der Zustimmung im Einzelfall wegen der auf der sicheren Seite liegenden Vernachlässigung der Verbundwirkung (bei kurzzeitig wirkenden Windlasten ist ein entsprechender Ansatz des Verbundes eventuell vertretbar) die Überschreitung von 5 % akzeptiert werden, insbesondere auch bei einem Verweis auf DIN 18008.

19.3.5 Beanspruchbarkeiten und Nachweis nach DIN 18008

Der *Bemessungswert des Tragwiderstandes* (Beanspruchbarkeiten) nach DIN 18008-1 Gl. (3) unter Berücksichtigung von DIN 18008-1 Absatz 8.3.9 (bei VSG oder VG darf der Tragwiderstand um 10 % erhöht werden) oder auch entsprechend Tabelle 15.6 bzw. 17.5 ergibt sich für VSG aus TVG aus Floatglas:

$\quad \sigma_{R,d}$ = 51,3 MPa

Bemessungswert des Gebrauchstauglichkeitskriteriums nach DIN 18008-3 Abschnitt 8.2:

$\quad C_d = u_{C,d} = \ell$ / 100 = 1650 mm / 100 = 16,5 mm

Unter der vereinfachten Voraussetzung linearer Verhältnisse, auch um das unterschiedliche Niveau der Ausnutzung nach TRPV und DIN 18008 darzustellen, werden die Bemessungswerte der Einwirkungen auf Basis der oben dargestellten Berechnungsläufe mit charakteristischen Werten ermittelt.

Modell mit Lagerung nur eines Knotens:

$\sigma_d = 1{,}5 \cdot 16{,}75$ MPa $= 25{,}13 < \sigma_{R,d} = 51{,}3$ MPa
  Ausnutzung $25{,}13/51{,}3 = 49\,\%$

$u = 7{,}164$ mm $< u_{C,d} = 16{,}5$ mm

$\rightarrow$ Nachweise erfüllt.

Wirklichkeitsnahe Modellierung von Punkthalter und Bohrung:

$\sigma_d = 1{,}5 \cdot 30{,}69$ MPa $= 46{,}04 < \sigma_{R,d} = 51{,}3$ MPa
  Ausnutzung $46{,}04 / 51{,}3 = 90\,\%$

vorh $u = 7{,}158$ mm $<$ zul $u = 16{,}5$ mm

$\rightarrow$ Spannungsnachweis wäre nach DIN 18008-3 erfüllt, der Ausnutzungsgrad steigt jedoch von 49 % auf 90 %!

19.4 Beispiel 4: Punktgehaltene Überkopfverglasung

Einbausituation	Überkopfverglasung bzw. Horizontalverglasung
Lagerung	Punktförmig mittels Tellerhaltern
Glas	VSG aus TVG
Baurecht	TRPV [2] oder DIN 18008-3 [6] oder abZ mit Bemessungsdiagrammen [201]

19.4.1 Allgemeines und Systemdaten

Beispiel 4 behandelt die Berechnung der Spannungen und Durchbiegungen einer horizontalen Überkopfverglasung, die mittels 4 Tellerhaltern an einer ausgesteiften, tragenden Konstruktion – beispielsweise aus Stahl – befestigt ist. Die Scheibe ist in Bild 19.9 dargestellt. Als Glasaufbau findet VSG aus 2×10 mm TVG Verwendung.

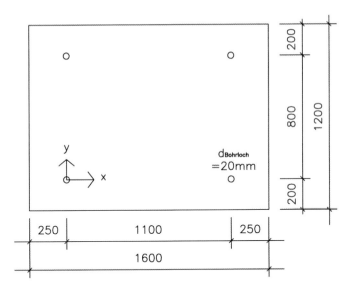

Bild 19.9 Übersicht Geometrie der Scheibe und Position der Tellerhalter

Für eine Bemessung nach TRPV wie auch nach DIN 18008-3 wird eine FE-Berechnung benötigt; alternativ bietet DIN 18008-3 mit Anhang C ein sog. vereinfachtes Verfahren, das an die FE-Modellierung geringere Anforderungen stellt: hierbei ist die Verglasung ohne Abbildung der Bohrungen zu modellieren, d. h. an den Orten der Punkthalter werden die Knoten gelagert und die auch in Beispiel 3 gezeigten spannungserhöhenden Effekte können durch entsprechende „Korrekturfaktoren" berücksichtigt werden; zur Berücksichtigung der

Einflüsse aus Steifigkeit der Halter werden an den gelagerten Knoten entsprechende Federn eingeführt. Eine weitere Möglichkeit ist die Anwendung von Bemessungsdiagrammen einer entsprechenden allgemeinen bauaufsichtlichen Zulassung. Bezüglich der Anforderungen an Finite-Elemente-Berechnungen wird auf DIN 18008-3 und [253] verwiesen.

Als anzusetzender Bemessungswert der Einwirkungen werden 4,0 kN/m² angenommen. Bei 2 × 10 mm Glas entspricht dies einem Bemessungswert der veränderlichen Einwirkungen von $4,0 - 1,35 \cdot 0,5 = 3,325$ kN/m².

19.4.2 Berechnung und Nachweis mittels aufwendigem FE-Modell

Die Berechnungen mittels eines FEM-Programmes mit der Möglichkeit nichtlineares Verhalten bzgl. Geometrie und Material zu berücksichtigen, ergeben bei wirklichkeitsnaher Modellierung im Bohrungsbereich (FE-Volumenmodell mit Spalt und Kontaktansätzen) einen maximalen Wert der Spannungen von 43,7 MPa im Bohrungsbereich und von 19,11 MPa im Feldbereich bei 3,7 mm maximaler Durchbiegung.

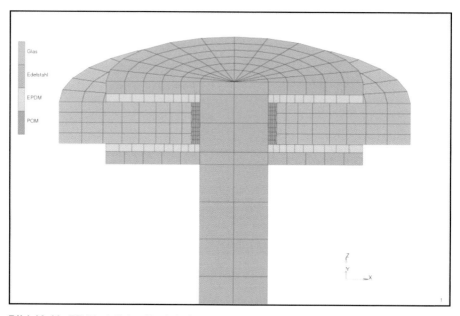

Bild 19.10 FE-Modell des Punkthalters

Für einen Nachweis nach TRPV wäre eine Berechnung mit charakteristischen Werten der Einwirkung vorzunehmen; werden die Berechnungsergebnisse vereinfachend durch 1,5 dividiert (Teilsicherheitsfaktor γ_F), so ergibt sich ein maximales vorh $\sigma = 29 =$ zul σ, d. h. der Nachweis nach TRPV kann so eben geführt werden.

Für den Nachweis nach DIN 18008 können die Berechnungsergebnisse unmittelbar verwendet werden, $\sigma_d = 43{,}7$ MPa $< 51{,}3$ MPa $= \sigma_{R,d}$; d. h. die Ausnutzung beträgt 85 %, eine Untersuchung eines alternativen Glasaufbaus mit reduzierter Dicke, d. h. 2 × 8 mm, wäre eventuell sinnvoll.

19.4.3 Vereinfachtes Verfahren nach DIN 18008-3

19.4.3.1 Allgemeines

Eine Übersicht des einfachen FE-Modells einschließlich Federn als Ersatz für Tellerhalter ist in Bild 19.11 abgebildet; in dem Symmetrieviertel mit den Ergebnissen der Berechnung sind die Orte gekennzeichnet, an denen die Spannungswerte für das weitere Verfahren abzugreifen sind.

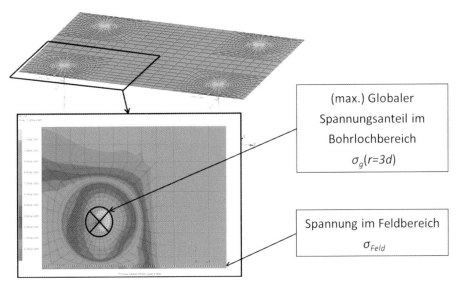

Bild 19.11 Einfaches FE-Modell mit Federsteifigkeiten und Ausschnitt eines Symmetrieviertels mit Angabe der Orte für Spannungsanteile

Als Kennwerte der Punkthalter wurden hierbei angesetzt:

Tellerhalter, starr aus nichtrostendem Stahl
Durchmesser von 60 mm
Abstand Plattenmittelebene zu Auflager 100 mm
Bolzendurchmesser 16 mm
Ersatzfedersteifigkeit in z-Richtung $c_z = 100.000$ N/mm
Ersatzfedersteifigkeit in x/y-Richtung $c_{x,y} = 6.000$ N/mm
Ersatzfedersteifigkeit um die x/y-Achse $c_{\Phi x, \Phi y} = 1.000.000$ Nmm/rad (starr)

Nachdem ein günstig wirkender Verbund von VSG nach Technischen Regeln TRXV oder DIN 18808 nicht angesetzt werden darf, wurde in Beispiel 1 für das System des linienförmig gelagerten Einfeldträgers mit dem Ersatzsystem „eine Scheibe (entspricht halbem VSG) unter halber Last" gerechnet. Dies ist bei punktförmig gelagerten Verglasungen nicht ohne Weiteres möglich, da die Systeme durch Punkthalter elastisch gelagert sind und eine Halbierung der Steifigkeit nur der Glasplatten eine Umlagerung innerhalb des Systems Halter-Platte bedeuten würde. Dementsprechend sind in DIN 18008-3 für die Anwendung des vereinfachten Verfahrens Hinweise und Formeln zur Berechnung von VSG gegeben. Zur Veranschaulichung der Effekte wird hier dennoch zunächst unter 19.4.3.2 das System „halbe Last auf eine Scheibe" betrachtet, um anschließend unter 19.4.3.3 eine korrekte Berechnung des „System VSG" durchzuführen.

19.4.3.2 Berechnung mit System „halbe Last auf eine Scheibe"

Die Ergebnisse des vereinfachten FE-Modells sind übersichtlich zusammengestellt in folgender Übersicht:

Feldbereich	Max. Spannungen σ_{Feld}	12 N/mm² bzw. 15,4 N/mm² *
	Verformungen w	4,1 mm
Bohrungsbereich	Globaler Spannungsanteil $\sigma_g(r=3d)$	10,9 N/mm²
	Auflagerkraft F_z	960 N
	Auflagerkraft F_x	378 N
	Auflagerkraft F_y	150 N
	Resultierende Auflagerkraft F_{xy}	407 N
	Moment M_x	11868 Nmm
	Moment M_y	29880 Nmm
	Resultierendes Moment M_{xy}	32151 Nmm

* Für den Nachweis im Feldbereich ist gemäß DIN 18008-3 C.3.2 von gelenkiger und statisch bestimmter Lagerung im Punkthalterbereich auszugehen, d. h. ein erneuter Berechnungslauf nötig.

Mit diesen Daten lassen sich unter Zuhilfenahme der entsprechenden Faktoren aus DIN 18008-3 Anhang C die lokalen Spannungsanteile ermitteln:

Lokale Spannungsanteile aus F_z
b_{Fz} (d = 20 mm; d_T = 60 mm) = 10,1

$$\sigma_{Fz} = \frac{b_{Fz}}{d^2} \cdot \frac{t_{ref}^2}{t_i^2} \cdot F_z \cdot \delta_z = \frac{10,1}{(20 \text{ mm})^2} \cdot \frac{(10 \text{ mm})^2}{(10 \text{ mm})^2} \cdot 960 \text{ N} \cdot 1 = 24,2 \text{ N/mm}^2$$

Lokale Spannungsanteile aus F_{xy}
b_{Fxy} (d = 20 mm; d_T = 60 mm) = 3,13

$$\sigma_{Fxy} = \frac{b_{Fxy}}{d^2} \cdot \frac{t_{ref}}{t_i} \cdot F_{xy} \cdot \delta_{xy} = \frac{3,13}{(20 \text{ mm})^2} \cdot \frac{10 \text{ mm}}{10 \text{ mm}} \cdot 407 \text{ N} \cdot 1 = 3,2 \text{ N/mm}^2$$

19.4 Beispiel 4: Punktgehaltene Überkopfverglasung

Lokale Spannungsanteile aus M_{xy}

$$\sigma_M = \frac{b_M}{d^3} \cdot \frac{t_{ref}^2}{t_i^2} \cdot M_{xy} \cdot \delta_M = \frac{2{,}02}{(20\text{ mm})^3} \cdot \frac{(10\text{ mm})^2}{(10\text{ mm})^2} \cdot 32151\text{ Nmm} \cdot 1 = 8{,}1\text{ N/mm}^2$$

b_M (d = 20 mm; d_T = 60 mm) = 2,02

Spannungskonzentrationsfaktor k

wegen B < L/10 ist k aus Tabelle C.4 von DIN 18008-3 abzulesen, für d = 20 mm und t = 10 mm ist k=1,6

Die Bemessungswerte der Spannungen ergeben sich daraus zu

Im lokalen Bereich, d. h. Bohrungsbereich
$\sigma_{Bohrung} = \sigma_{Fz} + \sigma_{Fxy} + \sigma_M + k\,\sigma_g =$
$24{,}2 + 3{,}2 + 8{,}1 + 1{,}6 \cdot 10{,}9 = 53\text{ N/mm}^2$

Im globalen Bereich, d. h. Feldbereich
$\sigma_{Feld} = 12\text{ N/mm}^2$ bzw. 15,4 N/mm²
w = 4,1 mm

19.4.3.3 System VSG

Die Ergebnisse des vereinfachten FE-Modells sind übersichtlich zusammengestellt in folgender Übersicht:

Feldbereich	Max. Spannungen σ_{Feld}	13,6 N/mm² bzw. 15,4 N/mm² *
	Verformungen w	4,5 mm
Bohrungsbereich	Globaler Spannungsanteil $\sigma_g(r=3d)$	12,2 N/mm² **
	Auflagerkraft F_z	1920 N
	Auflagerkraft F_x	490 N
	Auflagerkraft F_y	178 N
	Resultierende Auflagerkraft F_{xy}	521 N
	Moment M_x	15100 Nmm
	Moment M_y	41800 Nmm
	Resultierendes Moment M_{xy}	44444 Nmm

* Für den Nachweis im Feldbereich ist gemäß DIN 18008-3 C.3.2 von gelenkiger und statisch bestimmter Lagerung im Punkthalterbereich auszugehen, d. h. ein erneuter Berechnungslauf nötig.
** Der globale Spannungsanteil aus FE-Modell muss noch mit Lastverteilungsfaktor multipliziert werden.

Mit diesen Daten lassen sich unter Zuhilfenahme der entsprechenden Faktoren aus DIN 18008-3 Anhang C die lokalen Spannungsanteile ermitteln:

Lokale Spannungsanteile aus F_z
b_{Fz} (d = 20 mm; d_T = 60 mm) = 10,1

$$\sigma_{Fz} = \frac{b_{Fz}}{d^2} \cdot \frac{t_{ref}^2}{t_i^2} \cdot F_z \cdot \delta_z = \frac{10,1}{(20 \text{ mm})^2} \cdot \frac{(10 \text{ mm})^2}{(10 \text{ mm})^2} \cdot 1920 \text{ N} \cdot 0,5 = 24,2 \text{ N/mm}^2$$

$$\sigma_{Fxy} = \frac{b_{Fxy}}{d^2} \cdot \frac{t_{ref}}{t_i} \cdot F_{xy} \cdot \delta_{xy} = \frac{3,13}{(20 \text{ mm})^2} \cdot \frac{10 \text{ mm}}{10 \text{ mm}} \cdot 521 \text{ N} \cdot 1 = 4,1 \text{ N/mm}^2$$

Lokale Spannungsanteile aus F_{xy}
b_{Fxy} (d = 20 mm; d_T = 60 mm) = 3,13

Lokale Spannungsanteile aus M_{xy}
b_M (d = 20 mm; d_T = 60 mm) = 2,02

$$\sigma_M = \frac{b_M}{d^3} \cdot \frac{t_{ref}^2}{t_i^2} \cdot M_{xy} \cdot \delta_M = \frac{2,02}{(20 \text{ mm})^3} \cdot \frac{(10 \text{ mm})^2}{(10 \text{ mm})^2} \cdot 44444 \text{ Nmm} \cdot 0,5 = 5,6 \text{ N/mm}^2$$

Bestimmung des globalen Spannungsanteils im Punkthalterbereich mittels Lastverteilungsfaktor und Ersatzdicke 12,6 mm:

$$\sigma_g = \sigma_g(3 \cdot d)^{**} \cdot \delta_g = \sigma_g(3 \cdot d)^{**} \cdot \frac{t_i}{t_e} = 12,2 \text{ N/mm}^2 \cdot \frac{10 \text{ mm}}{12,6 \text{ mm}} = 9,7 \text{ N/mm}^2$$

Spannungskonzentrationsfaktor k

wegen B < L/10 ist k aus Tabelle C.4 von DIN 18008-3 abzulesen, für d = 20 mm und t = 12,6 mm ist k = 1,7

Die Bemessungswerte der Spannungen ergeben sich daraus zu

Im lokalen Bereich, d. h. Bohrungsbereich
$\sigma_{Bohrung} = \sigma_{Fz} + \sigma_{Fxy} + \sigma_M + k \cdot \sigma_g =$
$24,2 + 4,1 + 5,6 + 1,7 \cdot 9,7 = 50,4 \text{ N/mm}^2$

Im globalen Bereich, d. h. Feldbereich
$\sigma_{Feld} = 13,6 \text{ N/mm}^2$ bzw. $15,4 \text{ N/mm}^2$
w = 4,1 mm

19.4.3.4 Vergleich und Nachweis

Das „falsche" Modell mit vereinfachter Berücksichtigung bzw. eigentlich Vernachlässigung des Verbundes ergibt für den Bemessungswert eine maximale Spannung von 53 MPa, während sich mit dem richtigen Modell ein Wert von 50,3 MPa ergibt. Nachdem im Feldbereich jeweils von gelenkiger Lagerung auszugehen ist, ergibt sich hier kein Unterschied. Eine pauschale Aussage, dass bei vereinfachter Berücksichtigung des Verbundes immer Ergebnisse auf der sicheren Seite ermittelt werden können, kann nicht getroffen werden.

Für den Nachweis nach DIN 18008 ist ein Vergleich der Beanspruchung mit der Beanspruchbarkeit zu führen, d. h. σ_d = 50,4 MPa < 51,3 MPa = $\sigma_{R,d}$. Somit kann der Nachweis bei einer Ausnutzung von 98 % geführt werden.

19.4.4 Nachweis mittels abZ

Eine alternative Möglichkeit der Dimensionierung einer solchen an 4 Tellerhaltern gelagerten Überkopf- bzw. Horizontalverglasung besteht durch Anwendung eines Systems mit allgemeiner bauaufsichtlicher Zulassung, bei dem Bemessungsdiagramme in der Zulassung enthalten sind. Alternativ denkbar und bzgl. Aufwand und baurechtlicher Situation gleichwertig wäre denkbar eine abZ mit zugehöriger Typenstatik (d. h. typengeprüfter Statik).

Beispielhaft wird hier abZ Z-70.3-74 [201] betrachtet. In Abweichung zu den oben betrachteten Randbedingungen finden bei diesem System Tellerhalter mit Durchmesser von 70 mm in 18 mm Bohrungen Verwendung. In der abZ sind Bemessungsdiagramme für Scheiben mit vier, sechs und acht Tellerhaltern enthalten, jeweils für 11 Bemessungswerte der veränderlichen Einwirkungen von 0,75 kN/mm² bis 4,5 kN/mm². Das für dieses Beispiel (Bemessungswert der veränderlichen Einwirkungen beträgt 3,325 kN/mm²) maßgebende Diagramm für einen Wert von 3,5 kN/mm² ist in Bild 19.12 wiedergegeben. Als Eingangsgrößen sind die Abstände zwischen den Tellerhaltern zu verwenden, hier a = 800 mm und b = 1100 mm. Der Ablesepunkt liegt noch unterhalb der Linie für VSG aus 2 × 8 mm TVG. Somit sind die Nachweise für die Verglasung geführt.

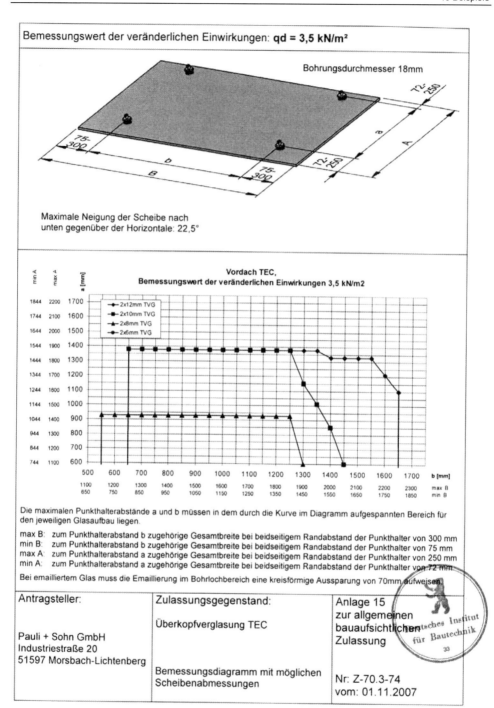

Bild 19.12 Bemessungsdiagramm für Scheiben mit vier Tellerhaltern und Bemessungswert der veränderlichen Einwirkungen von 3,5 kN/m^2 aus abZ [201]

19.5 Beispiel 5: Absturzsichernde Einfachverglasung der Kategorie A

Einbausituation	Vertikalverglasung (Neigungswinkel gegenüber der Vertikalen 0°)
Lagerung	2-seitig linienförmig oben und unten
Glas	Einfachverglasung VSG aus 2 × 8 mm TVG
Baurecht	Nach TRAV [12] bzw. DIN 18008-4 [7] Nachweise geregelt

19.5.1 Allgemeines

Bei der Verglasung handelt es sich um einen Abschnitt einer Trennwand mit absturzsichernder Funktion im Innenbereich. Die Scheibe ist rechteckig und entlang der oberen und unteren Kante linienförmig gelagert.

Nach TRAV und DIN 18008-4 ist dieser Anwendungsfall abgedeckt und damit geregelt. Prinzipiell ist der Grenzzustand der Tragfähigkeit und Gebrauchstauglichkeit unter statischen Einwirkungen als auch der Grenzzustand unter stoßartigen Einwirkungen nachzuweisen.

Im Folgenden werden die Nachweise sowohl nach [12] als auch nach [7] geführt.

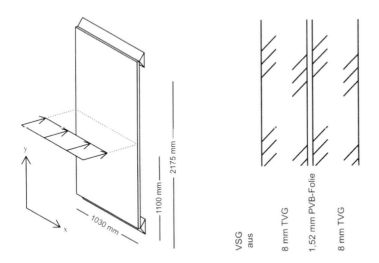

Bild 19.13 Scheibenabmessung und Glasaufbau

19.5.2 Grenzzustände für statische Einwirkungen

Weil das Bauteil im Innenbereich angeordnet ist, sind keine Einwirkungen aus Schnee oder Wind zu erwarten. Da die Fläche hinter der Verglasung 2,5 m unter der Verkehrsfläche vor der Verglasung liegt, ist nach LBO aus Gründen der Verkehrssicherheit die Trennwand als Umwehrung anzusehen. Nach DIN EN 1991-1-1 [235] ergibt sich die horizontale Nutzlast (Holmlast) zu 1,0 kN /m.

19.5.2.1 Nachweise nach TRAV

Aufgrund der Funktion und der Konstruktion fällt die Verglasung in den Bereich der TRAV [12], Kategorie A.

Für die Ermittlung der maximalen Biegezugspannung und Durchbiegung kann Tabelle 19.3 verwendet werden.

$$\sigma_{y,max} = q \cdot b \cdot f_{\sigma,y,max}$$
$$= 1,0 \cdot 2175 \cdot 0,0117 = 25,4 \text{ N/mm}^2 < \sigma_{zul} = 29 \text{ N/mm}^2$$

$$w_{max} = \frac{1}{1000} \cdot \frac{q \cdot b^3}{E} \cdot f_{w,max}$$
$$= \frac{1}{1000} \cdot \frac{1,0 \cdot 2175^3}{70000} \cdot 0,2441 = 35,9 \text{ mm} > w_{zul} = \frac{2175}{100} = 21,75 \text{ mm}$$

Die Verformung unter Holmlast liegt über der zulässigen Grenze nach TRLV. Daher muss sichergestellt werden, dass auch unter Last der Glaseinstand immer mindestens 5 mm beträgt.

19.5.2.2 Nachweise nach DIN 18008-4

Horizontale Nutzlast (Holmlast): $q_d = 1,5 \cdot 1,0$ kN/m $= 1,5$ kN/m

Für die Ermittlung der maximalen Biegezugspannung kann Tabelle 19.3 verwendet werden.

Grenzzustand der Tragfähigkeit

$$E_d(q_d) = q \cdot b \cdot f_{\sigma,y,max}$$
$$= 1,5 \cdot 2175 \cdot 0,0117 = 38,17 \text{ N/mm}^2 < R_d(TVG) = 51,3 \text{ N/mm}^2$$

Grenzzustand der Gebrauchstauglichkeit (Nachweis identisch mit TRAV)

Horizontale Nutzlast (Holmlast): $q_d = 1,0$ kN/m

$$E_d = \frac{1}{1000} \cdot \frac{q \cdot b^3}{E} \cdot f_{w,max}$$

$$= \frac{1}{1000} \cdot \frac{1,0 \cdot 2175^3}{70000} \cdot 0,2441 = 35,9 \text{ mm} > C_d = \frac{2175}{100} = 21,75 \text{ mm}$$

Die Verformung unter Holmlast liegt über der zulässigen Grenze nach DIN 18008-2.
Auf den Durchbiegungsnachweis darf bei Vertikalverglasungen verzichtet werden, wenn nachgewiesen ist, dass infolge Sehnenverkürzung eine Mindestauflagerbreite von 5 mm auch dann nicht unterschritten wird, wenn die gesamte Sehnenverkürzung auf nur ein Auflager angesetzt wird.

19.5.3 Grenzzustand für stoßartige Einwirkungen

19.5.3.1 Nachweis nach TRAV

Da die Abmessungen weder in den Bereich der nach TRAV von Versuchen freigestellten Verglasungen fallen (Tabelle 2), noch die Spannungstabellen nach Anhang C bis zu dieser Spannweite reichen, ist der Nachweis der Stoßsicherheit experimentell über Pendelschlagversuche zu führen.

Die ausreichende Stoßsicherheit ist über Versuche mit dem Pendelschlaggerät an einer der Originalkonstruktion gleichenden Verglasung nachzuweisen (vgl. Bild 19.14). Die erforderliche Pendelfallhöhe beträgt bei Kategorie A $\Delta H = 900$ mm. Der Doppelreifen wird auf verschiedene Stellen auf der Verglasung fallen gelassen.

Die Pendelschlagprüfung gilt als bestanden, wenn die Verglasung weder vom Stoßkörper durchschlagen oder aus den Verankerungen gerissen wird, noch Bruchstücke herabfallen, die Verkehrsflächen gefährden könnten. Nach den Pendelschlagversuchen dürfen in der VSG-Verglasung keine Risse mit einer Öffnungsweite von mehr als 76 mm vorhanden sein.

In den TRAV sind die Auftreffstellen des Pendels durch Abstände vom Boden und den Auflagern definiert. Bei dieser Verglasung bricht die stoßabgewandte VSG-Schicht nach dem Stoß im Eckbereich (vgl. Bild 19.15). Da die Verglasung aber trotzdem als ausreichend standsicher einzuschätzen ist und sich keine gefährlichen Splitter lösen, gilt der Versuch als bestanden.

 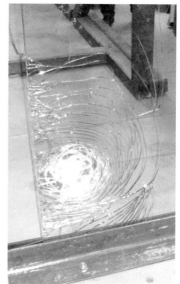

Bild 19.14 Versuchsaufbau   **Bild 19.15** Bruchbild nach Pendelschlagversuch

19.5.3.2 Nachweis nach DIN 18008-4

Da die Abmessungen weder in den Bereich der nach DIN 18008-4 von Versuchen freigestellten Verglasungen fallen (Tabelle B.1), noch die Stoßsicherheit rechnerisch nach Anhang C (bei zweiseitig linienförmig gelagerten Verglasungen Nachweis nur bei Kategorie C möglich), ist der Nachweis der Stoßsicherheit experimentell über Pendelschlagversuche zu führen.

Die Vorgehensweise beim experimentellen Nachweis nach DIN 18008-4 ist mit dem Nachweis nach TRAV identisch, daher wird auf den vorhergehenden Abschnitt 19.5.3.1 verwiesen.

19.6 Beispiel 6: Absturzsichernde Isolierverglasung der Kategorie A

Einbausituation	Vertikalverglasung (Neigungswinkel gegenüber der Vertikalen 0°)
Lagerung	4-seitig linienförmig
Glas	Isolierverglasung außen ESG-H innen (Angriffsseite) VSG aus TVG
Baurecht	Nach TRAV [12] bzw. DIN 18008-4 [7] Nachweise geregelt

19.6.1 Allgemeines

Bei der Verglasung handelt es sich um eine Isolierverglasung mit absturzsichernder Funktion. Die Scheibe ist rechteckig und entlang aller Kanten vierseitig linienförmig gelagert.

Nach TRAV und DIN 18008-4 ist dieser Anwendungsfall abgedeckt und damit geregelt. Prinzipiell ist der Grenzzustand der Tragfähigkeit und Gebrauchstauglichkeit unter statischen Einwirkungen als auch der Grenzzustand unter stoßartigen Einwirkungen nachzuweisen.

Im vorliegenden Beispiel wären dies Beanspruchungen aus Eigengewicht, Wind, Holm (horizontale Nutzlast) und wegen der Isolierverglasung auch aus klimatischen Einwirkungen.

Zusätzlich ist der Nachweis der ausreichenden Tragfähigkeit unter stoßartigen Einwirkungen zu führen, hierfür existieren mehrere Möglichkeiten:

1. Experimenteller Nachweis (Pendelschlagversuche) an der Originalkonstruktion (Verglasung und unmittelbare Befestigung) ist generell möglich

2. Einhaltung konstruktiver Randbedingungen, u. a. hinsichtlich Lagerung und Glasaufbau (Grenzabmessungen und Glasaufbauten sind den entsprechenden Tabellen in den TRAV und DIN 18008-4 zu entnehmen). Damit ist der Nachweis der Stoßsicherheit erfüllt.

3. Rechnerischer Nachweis, beschränkt sich auf Verglasungen der Kategorie A und C, zusätzlich sind auch hier Randbedingungen zu beachten.

Statische und stoßartige Einwirkungen müssen nicht miteinander überlagert werden.

Im Folgenden werden mit Hilfe dieses Beispiels die Möglichkeiten nach TRAV und DIN 18008-4 aufgezeigt, den Nachweis der Stoßsicherheit zu führen. Auf den Nachweis unter statischen Einwirkungen wird an dieser Stelle verzichtet.

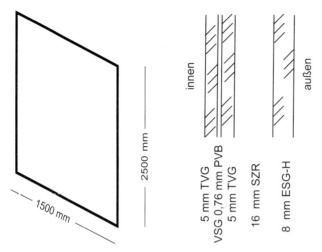

Bild 19.16 Scheibenabmessung und Glasaufbau

19.6.2 Nachweis unter stoßartigen Einwirkungen nach TRAV

Experimenteller Nachweis
Der experimentelle Nachweis ist prinzipiell möglich und wird an dieser Stelle nicht näher erläutert, sondern auf Beispiel 5 verwiesen.

Anwendung der Tabelle
Für den vorhandenen Glasaufbau ist die Anwendung der Tabelle 2, Zeile 5 der TRAV möglich. Damit ist der Nachweis der Stoßsicherheit erbracht. Allerdings müssen die konstruktiven Randbedingungen nach Abschnitt 6.3 der TRAV eingehalten werden.

Rechnerischer Nachweis mittels Spannungstabellen
Alternativ zur Anwendung der Tabelle 2 kann auch für den vorhandenen Glasaufbau der rechnerische Nachweis mittels Spannungstabellen im Anhang C der TRAV erfolgen, konstruktiven Randbedingungen sind hier nach Abschnitt 6.4 der TRAV einzuhalten. Der rechnerische Nachweis wird im Folgenden geführt:

Nachweis Innenscheibe: VSG aus 2×5 mm TVG $t = \Sigma\, t_i = 10$ mm
Mit $L_1 = 1500$ mm und $L_2 = 2500$ mm ergibt sich aus Tabelle C.1:

$\sigma_{vorh} = 134{,}5 \cdot 1{,}4 = 188{,}3$ N/mm^2 $> \sigma_{zul} = 120$ N/mm^2

Nachweis Außenscheibe: ESG-H 8 mm $t = 8$ mm
Mit $L_1 = 1500$ mm und $L_2 = 2500$ mm ergibt sich aus Tabelle C.1:

$\sigma_{vorh} = 157{,}5 \cdot 1{,}4 = 220{,}5$ N/mm^2 $> \sigma_{zul} = 170$ N/mm^2

Der Nachweis ist nicht erfüllt, obwohl nach Tabelle 2 der TRAV der Scheibenaufbau möglich ist. In der TRAV wird explizit darauf hingewiesen, dass die nach Anhang C angegebenen Tabellen und daraus ermittelten Glasdicken von den Angaben in Tabelle 2 abweichen können. Grund hierfür ist, dass die Angaben in Tabelle 2 auf Versuchen basieren und das rechnerische Verfahren des Anhang C sehr weit auf der sicheren Seite liegt.

19.6.3 Nachweis unter stoßartigen Einwirkungen nach DIN 18008-4

Experimenteller Nachweis
Der experimentelle Nachweis ist prinzipiell möglich und wird an dieser Stelle nicht näher erläutert, sondern auf Beispiel 5 verwiesen.

Anwendung der Tabelle
Für den vorhandenen Glasaufbau ist die Anwendung der Tabelle B.1, Zeile 5 der DIN 18008-4 möglich. Damit ist der Nachweis der Stoßsicherheit erbracht. Allerdings müssen die konstruktiven Randbedingungen nach Anhang B der DIN 18008-4 eingehalten werden.

Rechnerischer Nachweis
Nach DIN 18008-4, Anhang C kann der rechnerische Nachweis für Kalk-Natronsilicatglas entweder mit einem vereinfachten Verfahren nach Anhang C.2 oder einer volldynamischen transienten Simulation des Stoßvorgangs nach Anhang C.3 erfolgen.
Nachfolgend wird der Nachweis mittels des vereinfachten Verfahrens nach Anhang C.2 gewählt.

Bei vierseitiger Lagerung gilt für den Stoßübertragungsfaktor $\beta = 1,0$

Bestimmung der statischen Ersatzlasten (ohne Kopplung der Scheiben über das eingeschlossene Gasvolumen):
Innenscheibe: $Q_{Stoß,d} = \beta \cdot 8,5 \text{ kN} = 1,0 \cdot 8,5 \text{ kN}$
Außenscheibe: $Q_{Stoß,d} = \beta \cdot 6,0 \text{ kN} = 1,0 \cdot 6,0 \text{ kN}$

Die statischen Ersatzlasten sind entsprechend den maßgebenden Auftreffstellen beim Pendelschlagversuch in Plattenmitte oder Plattenecke (Abstand 250 mm vom vertikalen Glasrand, 500 mm vom unteren horizontalen Glasrand) anzusetzen. Die Ersatzlast ist auf einer Fläche von 20 cm × 20 cm anzusetzen.

Die Ermittlung der vorhandenen Biegezugspannungen erfolgt mit Hilfe eines FEM-Programms unter Verwendung eines geometrisch nichtlinearen Berechnungsansatzes:

Innenscheibe: VSG aus 2 × 5 mm TVG t = $\Sum t_i$ = 10 mm

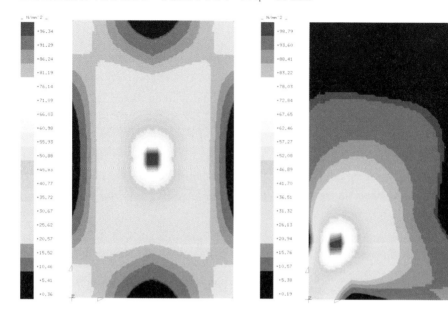

Bild 19.17. Beanspruchung Scheibenmitte **Bild 19.18** Beanspruchung Scheibenrand

Außenscheibe: ESG-H 8 mm t = 8 mm

 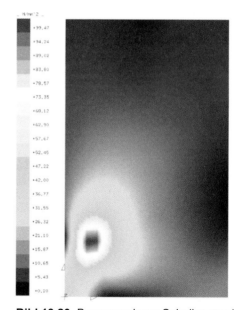

Bild 19.19 Beanspruchung Scheibenmitte **Bild 19.20** Beanspruchung Scheibenrand

Bemessungswerte des Widerstands:

$R_d = k_{mod} \cdot f_k / \gamma_M$ mit $\gamma_M = 1,0$

	k_{mod}	R_d [N/mm²]
TVG	1,7	119
ESG	1,4	168

Bei der Verwendung von VSG dürfen die Bemessungswerte des Tragwiderstandes beim rechnerischen Nachweis der Stoßsicherheit nicht gemäß DIN 18008-1 pauschal um 10 % erhöht werden.

Tabelle 19.1 Zusammenstellung der maßgebenden Beanspruchungen und Widerstände

$t_{gesamt}=$	Innen 2 × 5 mm TVG	Außen 8 mm ESG-H
$Q_{Stoß,d}$ [kN]	8,5	6,0
E_d [N/mm²]	98,8 (Ecke)	99,5 (Ecke)
$R_{d,VSG\ aus\ TVG}$ [N/mm²]	119	–
$R_{d,ESG}$ [N/mm²]	–	168
$E_d < R_d$	Nachweis erfüllt	Nachweis erfüllt

Die Durchbiegungen der Glasscheiben sind zu begrenzen. Es muss nachgewiesen werden, dass infolge Sehnenverkürzung eine Mindestauflagerbreite von 5 mm vorhanden ist, auch wenn die gesamte Sehnenverkürzung auf ein Auflager angesetzt wird.

19.7 Beispiel 7: Absturzsichernde Brüstungsverglasung der Kategorie B

Einbausituation	Brüstungsverglasung (Neigungswinkel gegenüber der Vertikalen 0°)
Lagerung	Unten eingespannte Glaselemente mit durchgehendem Handlauf in erforderlicher Höhe
Glas	Einfachverglasung VSG aus 2 × 10 mm TVG
Baurecht	Nach TRAV [12] bzw. DIN 18008-4 [7] Nachweise geregelt

19.7.1 Allgemeines

Die Scheiben (Breite x Höhe = 1670 mm × 1100 mm) einer Brüstung im Innenbereich sind rechteckig und an der Unterkante eingespannt und übernehmen eine absturzsichernde Funktion.

Nach TRAV und DIN 18008-4 ist dieser Anwendungsfall abgedeckt und damit geregelt. Prinzipiell ist der Grenzzustand der Tragfähigkeit und Gebrauchstauglichkeit unter statischen Einwirkungen als auch der Grenzzustand unter stoßartigen Einwirkungen nachzuweisen.

Im Folgenden werden die Nachweise sowohl nach [12] als auch nach [7] für die markierte Scheibe (vgl. Bild 19.21) geführt.

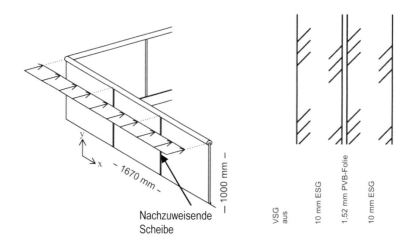

Bild 19.21 Scheibenabmessung und Glasaufbau

19.7.2 Grenzzustände für statische Einwirkungen

Weil das Bauteil im Innenbereich angeordnet ist, sind keine Einwirkungen aus Schnee oder Wind zu erwarten. Nach DIN EN 1991-1-1 [235] ergibt sich die horizontale Nutzlast (Holmlast) zu $q_k = 1,0$ kN /m. Die Konstruktionsmerkmale des durchgehenden Handlaufs und der Einspannung entsprechen den Angaben der TRAV, Anhang B.

19.7.2.1 Nachweise nach TRAV

Außer dem Nachweis des planmäßigen Zustands sind die Auswirkungen einer Beschädigung eines beliebigen Brüstungselements zu untersuchen. In diesem Beispiel wird beispielhaft der Ausfall des mittleren Feldes (vgl. Bild 19.21) untersucht. In Längsrichtung beträgt der Abstand der zu untersuchenden Scheibe zu den Nachbarscheiben weniger als 30 mm, daher darf davon ausgegangen werden, dass nur die der zu sichernden Verkehrsfläche zugewandte VSG-Schicht stoßbedingt ausfällt.

Planmäßiger Zustand

Da der Verbund nicht angesetzt werden darf, wird die Berechnung für die halbe Last an einer VSG-Schicht durchgeführt. Auf der sicheren Seite liegend wird die aussteifende Wirkung der quer anschließenden Brüstung vernachlässigt.

$$m = 0,5 \cdot 1,0 \text{ kN/m} \cdot 1,0 \text{ m} = 0,5 \text{ kN}$$

$$\sigma_{max} = \frac{M}{W} = \frac{6 \cdot m}{t^2} = \frac{6 \cdot 500}{10^2} = 30,0 \text{ N/mm}^2 < \sigma_{zul} = 50 \text{ N/mm}^2$$

$$w_{max} = \frac{F \cdot h^3}{3 \cdot EI} = \frac{0,5 \cdot 1000^3}{3 \cdot 70000 \cdot \frac{10^3}{12}} = 28,6 \text{ mm}$$

Für die Durchbiegung der von unten eingespannten Verglasungen der Kategorie B besteht derzeit keine Durchbiegungsbegrenzung.

Zerstörte, der Verkehrsfläche zugewandte VSG-Schicht

Für Szenarien mit beschädigten Glasschichten darf die zulässige Biegezugspannung um 50 % erhöht werden.

$$m = 1,0 \text{ kN/m} \cdot 1,0 \text{ m} = 1,0 \text{ kN}$$

$$\sigma_{max} = \frac{6 \cdot m}{t^2} = \frac{6 \cdot 1000}{10^2} = 60,0 \text{ N/mm}^2 < \sigma_{zul} = 1,5 \cdot 50 = 75 \text{ N/mm}^2$$

Linke Nachbarscheibe zerstört, Holm beidseitig angeschlossen

Durch den Ausfall der linken Nachbarscheibe muss eine zusätzliche Einzellast F1 in der oberen linken Ecke berücksichtigt werden.

$$F_1 = q \cdot \frac{b}{2} = 1,0 \text{ kN/m} \cdot \frac{1,67 \text{ m}}{2} = 0,835 \text{ kN}$$

Bei der Berechnung der maximalen Biegezugspannung wurde ein FEM-Programm verwendet:

$$\sigma_{max} = 53,90 \text{ N/mm}^2 < \sigma_{zul} = 1,5 \cdot 50 = 75 \text{ N/mm}^2$$

Rechte Nachbarscheibe zerstört, Holm einseitig angeschlossen

Durch den Ausfall der rechten, nur einseitig angeschlossenen Nachbarscheibe muss eine größere zusätzliche Einzellast F2 in der oberen rechten Ecke berücksichtigt werden:

$$F_2 = q \cdot b = 1,0 \text{ kN/m} \cdot 1,67 \text{ m} = 1,67 \text{ kN}$$

Die Berechnung mit Hilfe der FEM ergibt:

$$\sigma_{max} = 82,7 \text{ N/mm}^2 > \sigma_{zul} = 1,5 \cdot 50 = 75 \text{ N/mm}^2$$

Da der Nachweis nicht geführt werden kann, muss der Holm der Randscheibe am rechten Ende verankert werden.

19.7.2.2 Nachweise nach DIN 18008-4

Außer dem Nachweis des planmäßigen Zustands sind die Auswirkungen einer Beschädigung eines beliebigen Brüstungselements zu untersuchen. In diesem Beispiel wird beispielhaft der Ausfall des mittleren Feldes (vgl. Bild 19.21) untersucht. In Längsrichtung beträgt der Abstand der zu untersuchenden Scheibe zu den Nachbarscheiben weniger als 30 mm, daher darf davon ausgegangen werden, dass nur die der zu sichernden Verkehrsfläche zugewandte VSG-Schicht stoßbedingt ausfällt.

Die Schädigungen dürfen als außergewöhnliche Einwirkung im Sinne von DIN EN 1990 und DIN EN 1990/NA behandelt werden.

19.7 Beispiel 7: Absturzsichernde Brüstungsverglasung der Kategorie B

Einwirkungskombinationen nach DIN 18008-1 [3] und DIN EN 1990 [222] bzw. DIN EN 1990/NA [223]:

Lastfallkombination (LK)		
1	Alle Scheiben intakt	Ständige bzw. vorübergehende Bemessungssituation	1,5 · 1,0 kN/m
2	Ausfall einer VSG-Schicht	Außergewöhnliche Bemessungssituation	1,0 · 1,0 kN/m
3	Zusätzlich Holmlast aus linker Nachbarscheibe F_1	Außergewöhnliche Bemessungssituation	1,0 · 1,0 kN/m + 1,0 · $F_{1,k}$ kN
4	Zusätzlich Holmlast aus rechter Nachbarscheibe F_2	Außergewöhnliche Bemessungssituation	1,0 · 1,0 kN/m + 1,0 · $F_{2,k}$ kN

Grenzzustände der Tragfähigkeit

- LK 1: Holmlast (alle Scheiben intakt)

Da der Verbund nicht angesetzt werden darf, wird die Berechnung für die halbe Last an einer VSG-Schicht durchgeführt. Auf der sicheren Seite liegend wird die aussteifende Wirkung der quer anschließenden Brüstung vernachlässigt.

$$m_d = 0,5 \cdot 1,5 \text{ kN/m} \cdot 1,0 \text{ m} = 0,75 \text{ kN}$$

$$E_d(LK1) = \frac{M}{W} = \frac{6 \cdot m_d}{t^2} = \frac{6 \cdot 750}{10^2} = 45,0 \text{ N/mm}^2 < R_d(ESG) = 88 \text{ N/mm}^2$$

$$\text{mit } R_d(ESG) = \frac{k_c \cdot f_k}{\gamma_M} = \frac{1,0 \cdot 120}{1,5} \cdot 1,1 = 88 \text{ N/mm}^2$$

- LK 2: Holmlast (Ausfall einer VSG-Schicht)

$$m_d = 1,0 \text{ kN/m} \cdot 1,0 \text{ m} = 1,0 \text{ kN}$$

$$E_d(LK2) = \frac{6 \cdot m}{t^2} = \frac{6 \cdot 1000}{10^2} = 60,0 \text{ N/mm}^2 < R_d(ESG) = 88 \text{ N/mm}^2$$

- LK 3: Holmlast + linke Einzellast

$$F_{1,d} = 1,0 \cdot q_k \cdot \frac{b}{2} = 1,0 \text{ kN/m} \cdot \frac{1,67 \text{ m}}{2} = 0,835 \text{ kN}$$

Bei der Berechnung der maximalen Biegezugspannung wurde ein FEM-Programm verwendet:

$$E_d(LK3) = 53,90 \text{ N/mm}^2 < R_d(ESG) = 88 \text{ N/mm}^2$$

- LK 4: Holmlast + rechte Einzellast

Durch den Ausfall der rechten, nur einseitig angeschlossenen Nachbarscheibe muss eine größere zusätzliche Einzellast F2 in der oberen rechten Ecke berücksichtigt werden:

$$F_{2,d} = 1,0 \cdot q_k \cdot b = 1,0 \text{ kN/m} \cdot 1,67 \text{ m} = 1,67 \text{ kN}$$

Die Berechnung mit Hilfe der FEM ergibt:

$$E_d(LK4) = 82,7 \text{ N/mm}^2 < R_d(ESG) = 88 \text{ N/mm}^2$$

Anmerkung: Im Vergleich zum Nachweis nach TRAV wird der Nachweis nach DIN 18008-4 erfüllt.

Grenzzustand der Gebrauchstauglichkeit

Für die Durchbiegung von unten eingespannten Verglasungen der Kategorie B besteht derzeit keine Durchbiegungsbegrenzung.

19.7.3 Grenzzustand für stoßartige Einwirkungen

19.7.3.1 Nachweise nach TRAV

Experimenteller Nachweis
Der experimentelle Nachweis ist prinzipiell möglich und wird an dieser Stelle nicht näher erläutert, sondern auf Beispiel 5 verwiesen.

Anwendung der Tabelle
Für den vorhandenen Glasaufbau ist die Anwendung der Tabelle 4 der TRAV möglich. Damit ist der Nachweis der Stoßsicherheit erbracht. Allerdings müssen die konstruktiven Randbedingungen nach Abschnitt 6.3 der TRAV eingehalten werden.

Rechnerischer Nachweis mittels Spannungstabellen:
Ein rechnerischer Nachweis ist nicht möglich, das die Spannungstabellen nur für Verglasungen der Kategorie A und C angewendet werden darf.

19.7.3.2 Nachweise nach DIN 18008-4

Experimenteller Nachweis
Der experimentelle Nachweis ist prinzipiell möglich und wird an dieser Stelle nicht näher erläutert, sondern auf Beispiel 5 verwiesen.

Nachgewiesene Stoßsicherheit
Gemäß Abschnitt B.3 der DIN 18008-4 ist eine Anwendung des vorhandenen Glasaufbaus möglich. Damit ist der Nachweis der Stoßsicherheit erbracht. Allerdings müssen die konstruktiven Randbedingungen nach Abschnitt B.3 eingehalten werden.

Rechnerischer Nachweis nach Anhang C
Ein rechnerischer Nachweis nach DIN 18008-4, Anhang C ist nicht möglich, weshalb die Berechnungsverfahren nur für Verglasungen der Kategorie A und C angewendet werden dürfen.

19.8 Beispiel 8: Vierseitig linienförmig gelagerte begehbare Verglasung

Einbausituation	Horizontalverglasung (Neigungswinkel gegenüber der Vertikalen 90°)
Lagerung	4-seitig linienförmig
Glas	Einfachverglasung
Baurecht	Nach TRLV [1] Nachweis nicht möglich, daher ZiE notwendig und Vorgehensweise nach [239] Nach DIN 18008-5 [8] Nachweis geregelt

19.8.1 Allgemeines

Die Verglasung soll als Teil einer Verkehrsfläche im öffentlichen Bereich eines Bürogebäudes über einer Deckenöffnung liegen. Die Scheibe ist rechteckig und an allen Kanten linienförmig gelagert.

Nach TRLV ist dieser Anwendungsfall bzw. sind diese Abmessungen nicht abgedeckt. Eine allgemeine bauaufsichtliche Zulassung ist auch nicht vorhanden. Daher ist die Verwendbarkeit durch eine Zustimmung im Einzelfall (ZiE) nachzuweisen. Es sind die „Anforderungen an begehbare Verglasungen" [239] zu beachten. Nach DIN 18008-5 ist dieser Anwendungsfall abgedeckt und damit geregelt. Prinzipiell ist der Grenzzustand der Tragfähigkeit und Gebrauchstauglichkeit unter statischen Einwirkungen als auch unter stoßartigen Einwirkungen sowie die Resttragfähigkeit nachzuweisen.

Im Folgenden werden die Nachweise sowohl nach [239] als auch nach [8] geführt.

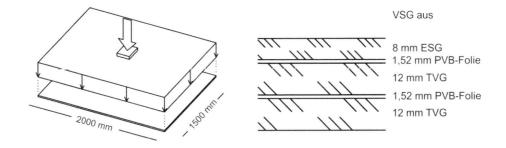

Bild 19.22 Scheibenabmessung und Glasaufbau

19.8.2 Grenzzustände für statische Einwirkungen

Es handelt sich um eine planmäßig begehbare Verglasung, die neben der flächigen Verkehrslast nach DIN EN 1991-1-1 [235] auch für eine Einzellast mit Aufstandsfläche 50×50 mm² zu bemessen ist.

19.8.2.1 Charakteristische Einwirkungen

Eigengewicht: $\quad g_k = 0,032 \text{ m} \cdot 25 \text{ kN/m}^2 = 0,8 \text{ kN/m}^2$

Lotrechte Nutzlasten: $\quad q_k = 2,0 \text{ kN/m}^2$

$\quad Q_k = 2,0 \text{ kN}$

19.8.2.2 Nachweise nach [239]

Ersatzdicke ohne Ansatz Verbundwirkung:

Alle Scheiben intakt: $t_{ers} = \sqrt[3]{8^3 + 12^3 + 12^3} = 15,83 \text{ mm}$

Ausfall Deckscheibe: $t_{ers} = \sqrt[3]{12^3 + 12^3} = 15,12 \text{ mm}$

- Eigengewicht + Flächenlast:

$p_d = 0,8 \text{ kN/m}^2 + 2,0 \text{ kN/m}^2$

Mit Hilfe der Tabelle 19.4 können die maximalen Biegezugspannungen und Verformungen bestimmt werden.

Alle Scheiben intakt:

$$\sigma_{max}(p_d) = \frac{0,0028 \cdot 1500^2}{15,83^3} \cdot \frac{12}{2} \cdot 0,8334 = 7,94 \text{ N/mm}^2 < \sigma_{zul} = 29 \text{ N/mm}^2$$

$$w_{max}(p_d) = \frac{0,0028 \cdot 1500^4}{70000 \cdot 15,83^3} \cdot 0,0756 = 3,86 \text{ mm} < w_{zul} = \frac{1500}{200} = 7,5 \text{ mm}$$

Ausfall Deckscheibe:

$$\sigma_{max}(p_d) = \frac{0,0028 \cdot 1500^2}{15,12^3} \cdot \frac{12}{2} \cdot 0,8334 = 9,11 \text{ N/mm}^2 < \sigma_{zul}$$

$$\sigma_{zul} = 29 \text{ N/mm}^2 \cdot 1,5 = 43,5 \text{ N/mm}^2$$

- Eigengewicht + Einzellast:

$p_d = 0,8 \text{ kN/m}^2 + 2,0 \text{ kN}$

Mit Hilfe der Tabellen 19.4 und 19.7 können maximale Biegezugspannungen und Verformungen bestimmt werden.

Alle Scheiben intakt:

$$\sigma_{max}(g_d) = \frac{0,0008 \cdot 1500^2}{15,83^3} \cdot \frac{12}{2} \cdot 0,8334 = 2,27 \text{ N/mm}^2$$

$$\sigma_{max}(Q_d) = \frac{2000}{15{,}83^3} \cdot \frac{12}{2} \cdot 4{,}8320 = 14{,}61 \text{ N/mm}^2$$

$$\sigma_{max}(p_d) = 2{,}27 + 14{,}61 = 16{,}88 \text{ N/mm}^2 < \sigma_{zul} = 29 \text{ N/mm}^2$$

$$w_{max}(g_d) = \frac{0{,}0008 \cdot 1500^4}{70000 \cdot 15{,}83^3} \cdot \frac{12}{2} \cdot 0{,}0756 = 1{,}10 \text{ mm}$$

$$w_{max}(Q_d) = \frac{2000 \cdot 1500^2}{70000 \cdot 15{,}83^3} \cdot 0{,}1643 = 2{,}66 \text{ mm}$$

$$w_{max}(p_d) = 1{,}10 + 2{,}66 = 3{,}76 \text{ mm} < w_{zul} = \frac{1500}{2000} = 7{,}5 \text{ mm}$$

Ausfall Deckscheibe:

$$\sigma_{max}(g_d) = \frac{0{,}0008 \cdot 1500^2}{15{,}12^3} \cdot \frac{12}{2} \cdot 0{,}8334 = 2{,}60 \text{ N/mm}^2$$

$$\sigma_{max}(Q_d) = \frac{2000}{15{,}12^3} \cdot \frac{12}{2} \cdot 4{,}8320 = 16{,}77 \text{ N/mm}^2$$

$$\sigma_{max}(p_d) = 2{,}60 + 16{,}77 = 19{,}37 \text{ N/mm}^2 < \sigma_{zul} = 29 \text{ N/mm}^2 \cdot 1{,}5 = 43{,}5 \text{ N/mm}^2$$

19.8.2.3 Nachweise nach DIN 18008-5

Ersatzdicke ohne Ansatz Verbundwirkung:

Alle Scheiben intakt: $t_{ers} = \sqrt[3]{8^3 + 12^3 + 12^3} = 15{,}83 \text{ mm}$

Einwirkungskombinationen nach DIN 18008-1 [3] und DIN EN 1990 [222] bzw. DIN EN 1990/NA [223]:

	Lastfallkombination (LK)	Grenzzustand	
1	Alle Scheiben intakt	Tragfähigkeit	1,35 · 0,8 kN/m²
2	Alle Scheiben intakt	Tragfähigkeit	1,35 · 0,8 kN/m² + 1,5 · 2,0 kN/m²
3	Alle Scheiben intakt	Tragfähigkeit	1,35 · 0,8 kN /m² + 1,5 · 2,0 kN
4	Deckscheibe defekt	Tragfähigkeit*)	1,0 · 0,8 kN /m²
5	Deckscheibe defekt	Tragfähigkeit*)	1,0 · 0,8 kN /m² + 0,5 · 2,0 kN/m²
6	Deckscheibe defekt	Tragfähigkeit*)	1,0 · 0,8 kN /m² + 0,5 · 2,0 kN
7	Alle Scheiben intakt	Gebrauchstauglichkeit	0,8 kN/m²+ 2,0 kN/m²
8	Alle Scheiben intakt	Gebrauchstauglichkeit	0,8 kN/m² + 2,0 kN

*) außergewöhnliche Bemessungssituation

Mit Hilfe der Tabellen 19.4 und 19.7 können die maximalen Biegezugspannungen und Verformungen bestimmt werden.

Grenzzustände der Tragfähigkeit

- LK 1: Eigengewicht (alle Scheiben intakt)

$$E_d(g_d) = \frac{0,0011 \cdot 1500^2}{15,83^3} \cdot \frac{12}{2} \cdot 0,8334 = 3,12 \text{ N/mm}^2 < R_d(TVG) = 51,3 \text{ N/mm}^2$$

- LK 2: Eigengewicht + Flächenlast (alle Scheiben intakt)

$$E_d(g_d, q_d) = \frac{0,0041 \cdot 1500^2}{15,83^3} \cdot \frac{12}{2} \cdot 0,8334 = 11,62 \text{ N/mm}^2 < R_d(TVG) = 51,3 \text{ N/mm}^2$$

- LK 3: Eigengewicht + Einzellast (alle Scheiben intakt)

$$\sigma_{max}(Q_d) = \frac{3000}{15,83^3} \cdot \frac{12}{2} \cdot 4,8320 = 21,93 \text{ N/mm}^2$$

$$\sigma_{max}(g_d, Q_d) = 3,12 + 21,93 = 25,05 \text{ N/mm}^2 < R_d(TVG) = 51,3 \text{ N/mm}^2$$

- LK 4: Eigengewicht (Deckscheibe defekt)

$$E_d(g_d) = \frac{0,0008 \cdot 1500^2}{15,83^3} \cdot \frac{12}{2} \cdot 0,8334 = 2,27 \text{ N/mm}^2 < R_d(TVG) = 51,3 \text{ N/mm}^2$$

- LK 5: Eigengewicht + Flächenlast (Deckscheibe defekt)

$$E_d(g_d, q_d) = \frac{0,0018 \cdot 1500^2}{15,83^3} \cdot \frac{12}{2} \cdot 0,8334 = 5,11 \text{ N/mm}^2 < R_d(TVG) = 51,3 \text{ N/mm}^2$$

- LK 6: Eigengewicht + Einzellast (Deckscheibe defekt)

$$\sigma_{max}(Q_d) = \frac{1000}{15,83^3} \cdot \frac{12}{2} \cdot 4,8320 = 7,31 \text{ N/mm}^2$$

$$\sigma_{max}(g_d, Q_d) = 2,27 + 7,31 = 9,58 \text{ N/mm}^2 < R_d(TVG) = 51,3 \text{ N/mm}^2$$

Grenzzustände der Gebrauchstauglichkeit

- LK 7: Eigengewicht + Flächenlast (Alle Scheiben intakt)

$$E_d(g_d, q_d) = \frac{0,0028 \cdot 1500^4}{70000 \cdot 15,83^3} \cdot 0,0756 = 3,86 \text{ mm} < C_d = \frac{1500}{200} = 7,5 \text{ mm}$$

- LK 8: Eigengewicht + Einzellast (Alle Scheiben intakt)

$$E_d(g_d) = \frac{0,0008 \cdot 1500^4}{70000 \cdot 15,83^3} \cdot \frac{12}{2} \cdot 0,0756 = 1,10 \text{ mm}$$

$$E_d(Q_d) = \frac{2000 \cdot 1500^2}{70000 \cdot 15,83^3} \cdot 0,1643 = 2,66 \text{ mm}$$

$$E_d(g_d, Q_d) = 1,10 + 2,66 = 3,76 \text{ mm} < C_d = \frac{1500}{2000} = 7,5 \text{ mm}$$

19.8.3 Grenzzustände für stoßartige Einwirkungen und Resttragfähigkeit

Die ausreichende Stoßsicherheit und Resttragfähigkeit sind in der Regel über Versuche an einer der Originalkonstruktion gleichenden Verglasung nachzuweisen. Die Vorgehensweise beim experimentellen Nachweis nach [239] und [8] ist dabei identisch.

Im Stoßversuch wird der Stoßkörper (vgl. Bild 19.23) aus 80 cm Höhe auf verschiedene Stellen der belasteten Verglasung abgeworfen. Er darf die Scheibe weder durchdringen, noch dürfen sich gefährliche Bruchstücke lösen. Hält die Scheibe weitere 30 Minuten der Last stand, ist eine ausreichende Resttragfähigkeit gegeben.

Bild 19.23 Begehbare Verglasung: Auftreffstelle nach Stoßkörperabwurf

19.9 Hilfsmittel für linienförmig gelagerte Verglasungen

19.9.1 Allgemeines

Nur wenige Bereiche einer statischen Berechnung werden heutzutage noch ohne die Zuhilfenahme von numerischen und EDV-unterstützten Methoden ausgeführt. In einigen Fällen kann aber bei Einhaltung bestimmter Randbedingungen darauf verzichtet werden, indem man beispielsweise auf die in den folgenden Unterkapiteln angegebenen Formeln und Tabellen zurückgreift. In den Beispielen werden die Tabellen mehrmals angewendet. Es gelten jeweils die folgenden Abkürzungen und Definitionen:

a   Kantenlänge in x-Richtung

b   Kantenlänge in y-Richtung

c   Kantenlänge der quadratischen Blocklast

d   Scheibendicke bzw. Ersatzscheibendicke bei VSG ohne Schubverbundwirkung

d_{max} Scheibendicke bzw. größte Einzelscheibendicke bei VSG ohne Schubverbundwirkung

h   Höhe der Streckenlast in y-Richtung

E   E-Modul

υ   Querdehnzahl

p   konstante Flächenlast

q   konstante Streckenlast

F   Resultierende der Blocklast

f   tabellierter Faktor zur Bestimmung von w, σ und V

w   Durchbiegung

σ   Biegezugspannung

V   Integral der Durchbiegung über die Scheibenfläche

19.9.2 Rechteckige zweiseitig linienförmig gelagerte Verglasungen

Die Formeln zusammen mit den tabellierten Faktoren basieren auf der linearen Balkentheorie nach Bernoulli. Einflüsse aus Membrantragwirkung wurden nicht berücksichtigt, wodurch für Belastungen mit Durchbiegungen größer als die Plattendicke unter Umständen konservative Spannungs- und Verformungswerte ermittelt werden.

Für den Lastfall Streckenlast q in der Höhe h fallen der Ort der maximalen Biegezugspannung und der maximalen Durchbiegung in der Regel nicht zusammen. Daher sind sowohl Spannung und Durchbiegung in Feldmitte als auch an den jeweiligen Stellen der Extrema angegeben. Um Beanspruchungen aus verschiedenen Lastfällen überlagern zu können, sind auch für Flächenlasten Spannungen und Durchbiegungen an verschiedenen Stellen y tabelliert.

19.9 Hilfsmittel für linienförmig gelagerte Verglasungen

Die Dicke der VSG-Scheiben wurde ohne Ansatz einer Verbundwirkung der Zwischenlage bestimmt (nach Gleichung S. 119 unten). Im Falle horizontaler Verglasungen muss zusätzlich das Eigengewicht als konstante Flächenlast angesetzt werden.

Tabelle 19.2 Zweiseitig linienförmig gelagerte rechteckige Platte unter konstanter Flächenlast

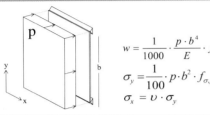

$$w = \frac{1}{1000} \cdot \frac{p \cdot b^4}{E} \cdot f_w$$

$$\sigma_y = \frac{1}{100} \cdot p \cdot b^2 \cdot f_{\sigma,y}$$

$$\sigma_x = v \cdot \sigma_y$$

	VSG ohne Verbundwirkung						mono		
	2 × 4 mm	2 × 5 mm	2 × 6 mm	2 × 8 mm	2 × 10 mm	2 × 12 mm	8 mm	10 mm	12 mm
$y = 0{,}2 \cdot b$ f_w	0,7250	0,3712	0,2148	0,0906	0,0464	0,0269	0,1813	0,0928	0,0537
$f_{\sigma,y}$	1,5000	0,9600	0,6667	0,3750	0,2400	0,1667	0,7500	0,4800	0,3333
$y = 0{,}3 \cdot b$ f_w	0,9929	0,5082	0,2941	0,1241	0,0635	0,0368	0,2481	0,1271	0,0735
$f_{\sigma,y}$	1,9688	1,2600	0,8750	0,4922	0,3150	0,2188	0,9844	0,6300	0,4375
$y = 0{,}4 \cdot b$ f_w	1,1625	0,5952	0,3444	0,1453	0,0744	0,0431	0,2906	0,1488	0,0861
$f_{\sigma,y}$	2,2500	1,4400	1,0000	0,5625	0,3600	0,2500	1,1250	0,7200	0,5000
$y = 0{,}5 \cdot b$ $f_{w,max}$	1,2207	0,6250	0,3617	0,1526	0,0781	0,0452	0,3052	0,1563	0,0904
$f_{\sigma,y,max}$	2,3438	1,5000	1,0417	0,5859	0,3750	0,2604	1,1719	0,7500	0,5208

Tabelle 19.3 Zweiseitig linienförmig gelagerte rechteckige Platte unter konstanter Streckenlast in der Höhe h

$$w = \frac{1}{1000} \cdot \frac{q \cdot b^3}{E} \cdot f_w$$

$$\sigma_y = q \cdot b \cdot f_{\sigma,y}$$

$$\sigma_x = \upsilon \cdot \sigma_y$$

h/b	0,2	0,3	0,4	0,5	0,2	0,3	0,4	0,5	0,2	0,3	0,4	0,5
VSG [1]	2 × 4 mm				2 × 5 mm				2 × 6 mm			
y = b/2												
f_w	1,1094	1,5469	1,8438	1,9531	0,5680	0,7920	0,9440	1,0000	0,3287	0,4583	0,5463	0,5787
$f_{\sigma,y}$	0,0188	0,0281	0,0375	0,0469	0,0120	0,0180	0,0240	0,0300	0,0083	0,0125	0,0167	0,0208
y = h												
$f_{\sigma,y,max}$	0,0300	0,0394	0,0450	0,0469	0,0192	0,0252	0,0288	0,0300	0,0133	0,0175	0,0200	0,0208
y = $f_y \cdot$ h												
$f_{w,max}$	1,1314	1,5662	1,8520	1,9531	0,5793	0,8019	0,9482	1,0000	0,3352	0,4641	0,5487	0,5787
f_y	0,4343	0,4492	0,4708	0,5000	0,4343	0,4492	0,4708	0,5000	0,4343	0,4492	0,4708	0,5000
VSG [1]	2 × 8 mm				2 × 10 mm				2 × 12 mm			
y = b/2												
f_w	0,1387	0,1934	0,2305	0,2441	0,0710	0,0990	0,1180	0,1250	0,0411	0,0573	0,0683	0,0723
$f_{\sigma,y}$	0,0047	0,0070	0,0094	0,0117	0,0030	0,0045	0,0060	0,0075	0,0021	0,0031	0,0042	0,0052
y = h												
$f_{\sigma,y,max}$	0,0075	0,0098	0,0113	0,0117	0,0048	0,0063	0,0072	0,0075	0,0033	0,0044	0,0050	0,0052
y = $f_y \cdot$ h												
$f_{w,max}$	0,1414	0,1958	0,2315	0,2441	0,0724	0,1002	0,1185	0,1250	0,0419	0,0580	0,0686	0,0723
f_y	0,4343	0,4492	0,4708	0,5000	0,4343	0,4492	0,4708	0,5000	0,4343	0,4492	0,4708	0,5000
mono	8 mm				10 mm				12 mm			
y = b/2												
f_w	0,2773	0,3867	0,4609	0,4883	0,1420	0,1980	0,2360	0,2500	0,0822	0,1146	0,1366	0,1447
$f_{\sigma,y}$	0,0094	0,0141	0,0188	0,0234	0,0060	0,0090	0,0120	0,0150	0,0042	0,0063	0,0083	0,0104
y = h												
$f_{\sigma,y,max}$	0,0150	0,0197	0,0225	0,0234	0,0096	0,0126	0,0144	0,0150	0,0067	0,0088	0,0100	0,0104
y = $f_y \cdot$ h												
$f_{w,max}$	0,2828	0,3916	0,4630	0,4883	0,1448	0,2005	0,2371	0,2500	0,0838	0,1160	0,1372	0,1447
f_y	0,4343	0,4492	0,4708	0,5000	0,4343	0,4492	0,4708	0,5000	0,4343	0,4492	0,4708	0,5000

[1] Ohne Verbundwirkung

19.9.3 Rechteckige vierseitig linienförmig gelagerte Verglasungen

Für linienförmig gelagerte rechteckige Scheiben unter Plattenbeanspruchung existieren z. B. in [254] für verschiedene Belastungssituationen Lösungen der Platten-Differentialgleichung in Form einer Reihenentwicklung. Eine tabellarische Ausarbeitung für Flächenlast, Streckenlast und Einzellast auf Glasscheiben findet sich auch in [170].

Die nachfolgend angegebenen Tabellen basieren auf der Kirchhoff'schen Plattentheorie, die analog des Euler-Bernoulli-Balkens keine Querschubspannungen berücksichtigt. Da auch keine Membrantragwirkung berücksichtigt wird, können Beanspruchungen aus verschiedenen Belastungen auf der sicheren Seite liegend linear überlagert werden.

Bei Durchbiegungen größer als die Plattendicke kann eine nichtlineare Berechnung zu günstigeren, d. h. betragsmäßig kleineren Spannungen und Verformungen führen. Es ist zu beachten, dass – beispielsweise im Falle einer konstanten Flächenlast – das Spannungsmaximum mit zunehmender Verformung vom Zentrum der Platte nach außen „wandert" (vgl. Bilder 19.24 und 19.25).

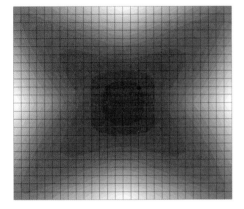 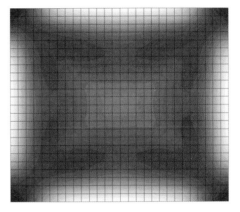

Bild 19.24 Maximale Hauptspannungen nach linearer Berechnung

Bild 19.25 Maximale Hauptspannung nach nichtlinearer Berechnung

Bei vergleichender Berechnung mit auf FEM basierender Software ist vor allem hinsichtlich der extremalen Spannungswerte auf eine ausreichend feine Vernetzung zu achten.

Tabelle 19.4 Vierseitig linienförmig gelagerte rechteckige Platte unter konstanter Flächenlast

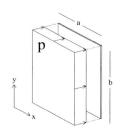

Für $a \leq b$ und $v = 0{,}23$ gilt an der Stelle $x = a/2$ und y

$$w = \frac{p \cdot a^4}{E \cdot d^3} \cdot f_w$$

$$\sigma_x = \frac{p \cdot a^2}{d^3} \cdot \frac{d_{max}}{2} \cdot f_{\sigma,x}$$

$$\sigma_y = \frac{p \cdot a^2}{d^3} \cdot \frac{d_{max}}{2} \cdot f_{\sigma,y}$$

$$V_p = \frac{p \cdot a^5 \cdot b}{E \cdot d^3} \cdot f_V$$

$v = 0{,}23$	a/b								
	0,2	0,3	0,4	0,5	0,6	0,7	0,8	0,9	1,0
$y = 0{,}2 \cdot b$									
f_w	0,1315	0,1104	0,0918	0,0761	0,0629	0,0516	0,0422	0,0344	0,0280
$f_{\sigma,x}$	1,3522	1,1545	0,9757	0,8229	0,6921	0,5802	0,4855	0,4061	0,3401
$f_{\sigma,y}$	0,4105	0,4557	0,4707	0,4703	0,4625	0,4500	0,4338	0,4147	0,3935
$y = 0{,}3 \cdot b$									
f_w	0,1435	0,1310	0,1151	0,0986	0,0829	0,0689	0,0567	0,0464	0,0379
$f_{\sigma,x}$	1,4607	1,3483	1,2009	1,0457	0,8965	0,7605	0,6410	0,5386	0,4523
$f_{\sigma,y}$	0,3671	0,4131	0,4560	0,4876	0,5069	0,5144	0,5116	0,5005	0,4832
$y = 0{,}4 \cdot b$									
f_w	0,1468	0,1399	0,1270	0,1111	0,0947	0,0792	0,0655	0,0538	0,0441
$f_{\sigma,x}$	1,4859	1,4288	1,3132	1,1672	1,0136	0,8667	0,7342	0,6188	0,5207
$f_{\sigma,y}$	0,3517	0,3838	0,4324	0,4800	0,5165	0,5384	0,5464	0,5424	0,5295
$y = 0{,}5 \cdot b$									
f_w	0,1474	0,1423	0,1307	0,1151	0,0985	0,0827	0,0685	0,0563	0,0462
$f_{\sigma,x}$	1,4952	1,4503	1,3469	1,2056	1,0515	0,9016	0,7651	0,6456	0,5437
$f_{\sigma,y}$	0,3483	0,3744	0,4231	0,4752	0,5172	0,5442	0,5561	0,5549	0,5437
f_V*)	0,0766	0,0676	0,0587	0,0501	0,0421	0,0349	0,0288	0,0236	0,0193

*) Entspricht B_V der TRLV

Tabelle 19.5 Vierseitig linienförmig gelagerte rechteckige Platte unter konstanter Streckenlast in der Höhe h

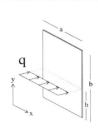

Für $a \leq b$ und $v = 0{,}23$ gilt an der Stelle $x = a/2$ und y

$$w = \frac{q \cdot a^3}{E \cdot d^3} \cdot f_w$$

$$\sigma_x = \frac{q \cdot a}{d^3} \cdot \frac{d_{max}}{2} \cdot f_{\sigma,x}$$

$$\sigma_y = \frac{q \cdot a}{d^3} \cdot \frac{d_{max}}{2} \cdot f_{\sigma,y}$$

$$V_q = \frac{q \cdot a^4 \cdot b}{E \cdot d^3} \cdot f_V$$

h/b	0,2	0,3	0,4	0,5	0,2	0,3	0,4	0,5	0,2	0,3	0,4	0,5
a/b	\multicolumn{4}{c	}{0,2}								
y = b/2												
f_w	0,0060	0,0209	0,0623	0,1153	0,0202	0,0442	0,0835	0,1153	0,0340	0,0606	0,0935	0,1146
$f_{\sigma,x}$	0,0529	0,1916	0,6108	1,3628	0,1861	0,4219	0,8478	1,3645	0,3225	0,5962	0,9731	1,3595
$f_{\sigma,y}$	−0,0261	−0,0624	0,0080	1,3394	−0,0589	−0,0549	0,1877	1,3500	−0,0516	0,0168	0,3581	1,3592
y = h												
f_w	0,1138	0,1152	0,1153	0,1153	0,1062	0,1138	0,1151	0,1153	0,0945	0,1094	0,1137	0,1146
$f_{\sigma,x}$	1,3491	1,3620	1,3628	1,3628	1,2830	1,3514	1,3630	1,3645	1,1747	1,3131	1,3517	1,3595
$f_{\sigma,y,max}$	1,3476	1,3400	1,3395	1,3394	1,3864	1,3578	1,3511	1,3500	1,4171	1,3810	1,3634	1,3592
y = $f_y \cdot h$												
$f_{w,max}$	0,1138	0,1152	0,1153	0,1153	0,1065	0,1138	0,1151	0,1153	0,0957	0,1095	0,1137	0,1146
f_y	0,2009	0,3001	0,4000	0,5000	0,2068	0,3013	0,4002	0,5000	0,2193	0,3060	0,4016	0,5000
f_V	0,0168	0,0184	0,0188	0,0189	0,0212	0,0252	0,0269	0,0273	0,0236	0,0295	0,0325	0,0335
a/b	\multicolumn{4}{c	}{0,5}								
y = b/2												
f_w	0,0431	0,0697	0,0971	0,1122	0,0475	0,0729	0,0962	0,1077	0,0484	0,0721	0,0921	0,1013
$f_{\sigma,x}$	0,4211	0,7030	1,0316	1,3396	0,4774	0,7538	1,0432	1,3000	0,4996	0,7635	1,0213	1,2422
$f_{\sigma,y}$	−0,0056	0,1196	0,5047	1,3740	0,0620	0,2313	0,6309	1,3955	0,1365	0,3391	0,7389	1,4203
y = h												
f_w	0,0821	0,1024	0,1103	0,1122	0,0708	0,0939	0,1047	0,1077	0,0608	0,0849	0,0975	0,1013
$f_{\sigma,x}$	1,0554	1,2498	1,3219	1,3396	0,9418	1,1710	1,2722	1,3000	0,8396	1,0849	1,2064	1,2422
$f_{\sigma,y,max}$	1,4271	1,4055	1,3816	1,3740	1,4171	1,4252	1,4042	1,3955	1,3925	1,4369	1,4271	1,4203
y = $f_y \cdot h$												
$f_{w,max}$	0,0847	0,1029	0,1103	0,1122	0,0750	0,0950	0,1049	0,1077	0,0664	0,0867	0,0978	0,1013
f_y	0,2375	0,3150	0,4051	0,5000	0,2588	0,3278	0,4107	0,5000	0,2815	0,3426	0,4175	0,5000
f_V	0,0245	0,0316	0,0356	0,0369	0,0243	0,0320	0,0365	0,0379	0,0233	0,0310	0,0356	0,0372
a/b	\multicolumn{4}{c	}{0,8}								
y = b/2												
f_w	0,0470	0,0686	0,0860	0,0935	0,0441	0,0637	0,0788	0,0851	0,0406	0,0581	0,0713	0,0766
$f_{\sigma,x}$	0,4976	0,7454	0,9771	1,1710	0,4801	0,7103	0,9196	1,0923	0,4536	0,6660	0,8557	1,0111
$f_{\sigma,y}$	0,2085	0,4359	0,8293	1,4437	0,2728	0,5183	0,9024	1,4622	0,3247	0,5856	0,9591	1,4733
y = h												
f_w	0,0522	0,0759	0,0893	0,0935	0,0449	0,0674	0,0807	0,0851	0,0386	0,0594	0,0723	0,0766
$f_{\sigma,x}$	0,7495	0,9973	1,1300	1,1710	0,6709	0,9121	1,0487	1,0923	0,6026	0,8318	0,9671	1,0111
$f_{\sigma,y,max}$	1,3585	1,4398	1,4465	1,4437	1,3187	1,4342	1,4594	1,4622	1,2757	1,4209	1,4647	1,4733
y = $f_y \cdot h$												
$f_{w,max}$	0,0589	0,0784	0,0898	0,0935	0,0522	0,0704	0,0814	0,0851	0,0461	0,0628	0,0731	0,0766
f_y	0,3036	0,3575	0,4247	0,5000	0,3240	0,3714	0,4316	0,5000	0,3417	0,3837	0,4376	0,5000
f_V	0,0218	0,0292	0,0338	0,0353	0,0200	0,0270	0,0313	0,0327	0,0182	0,0246	0,0285	0,0299

Row "a/b" values across blocks: 0,2 | 0,3 | 0,4 (first block); 0,5 | 0,6 | 0,7 (second block); 0,8 | 0,9 | 1,0 (third block).

Tabelle 19.6 Vierseitig linienförmig gelagerte rechteckige Platte unter zentrischer Blocklast (c = 100 mm)

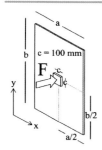

Für $a \leq b$, $\nu = 0{,}23$ und $c = 100$ mm gilt in Plattenmitte

$$w_{max} = \frac{F \cdot a^2}{E \cdot d^3} \cdot f_w$$

$$\sigma_{x,max} = \frac{F}{d^3} \cdot \frac{d_{max}}{2} \cdot f_{\sigma,x}$$

$$\sigma_{y,max} = \frac{F}{d^3} \cdot \frac{d_{max}}{2} \cdot f_{\sigma,y}$$

$$V_F = \frac{F \cdot a^2 \cdot b}{E \cdot d^3} \cdot f_V$$

$\nu = 0{,}23$ $c = 100$ mm	b [mm]								
	250	500	750	1000	1500	2000	3000	4000	6000
a = 250 [mm]									
f_w	0,1068	0,1608	0,1653	0,1656	0,1656	0,1656	0,1656	0,1657	0,1657
$f_{\sigma,x}$	1,5981	2,1013	2,1412	2,1437	2,1440	2,1434	2,1436	2,1497	2,1493
$f_{\sigma,y}$	1,5981	1,4661	1,4431	1,4418	1,4424	1,4401	1,4405	1,4643	1,4648
f_V	10,202	13,334	10,825	8,525	5,772	4,333	2,889	2,167	1,444
a = 500 [mm]									
f_w	0,0402	0,1235	0,1655	0,1789	0,1836	0,1839	0,1839	0,1839	0,1839
$f_{\sigma,x}$	1,4661	2,4116	2,8067	2,9271	2,9676	2,9695	2,9698	2,9759	2,9756
$f_{\sigma,y}$	2,1013	2,4116	2,3225	2,2687	2,2458	2,2417	2,2420	2,2659	2,2664
f_V	6,667	22,394	28,630	28,242	22,786	17,917	12,124	9,101	6,068
a = 750 [mm]									
f_w	0,0184	0,0736	0,1276	0,1603	0,1833	0,1875	0,1883	0,1883	0,1883
$f_{\sigma,x}$	1,4431	2,3225	2,8880	3,1978	3,4058	3,4416	3,4483	3,4545	3,4542
$f_{\sigma,y}$	2,1412	2,8067	2,8880	2,8278	2,7435	2,7202	2,7161	2,7399	2,7404
f_V	3,608	19,086	34,164	41,935	42,809	34,415	27,120	20,613	13,774
a = 1000 [mm]									
f_w	0,0104	0,0447	0,0902	0,1292	0,1715	0,1851	0,1897	0,1900	0,1900
$f_{\sigma,x}$	1,4418	2,2687	2,8278	3,2264	3,6240	3,7443	3,7849	3,7935	3,7933
$f_{\sigma,y}$	2,1437	2,9271	3,1978	3,2264	3,1354	3,0784	3,0551	3,0772	3,0776
f_V	2,131	14,121	31,452	45,821	58,206	57,288	46,149	36,274	24,543
a = 1500 [mm]									
f_w	0,0046	0,0204	0,0458	0,0762	0,1305	0,1634	0,1864	0,1906	0,1914
$f_{\sigma,x}$	1,4424	2,2458	2,7435	3,1354	3,7034	4,0135	4,2218	4,2644	4,2707
$f_{\sigma,y}$	2,1440	2,9676	3,4058	3,6240	3,7034	3,6396	3,5547	3,5575	3,5536
f_V	0,962	7,595	21,405	38,804	69,022	84,534	86,156	75,260	54,534
a = 2000 [mm]									
f_w	0,0026	0,0115	0,0264	0,0463	0,0919	0,1311	0,1735	0,1870	0,1916
$f_{\sigma,x}$	1,4401	2,2417	2,7202	3,0784	3,6396	4,0385	4,4367	4,5636	4,6038
$f_{\sigma,y}$	2,1434	2,9695	3,4416	3,7443	4,0135	4,0385	3,9467	3,9156	3,8924
f_V	0,542	4,479	14,031	28,644	63,400	92,165	116,888	114,980	92,589
a = 3000 [mm]									
f_w	0,0012	0,0051	0,0118	0,0211	0,0466	0,0771	0,1315	0,1643	0,1874
$f_{\sigma,x}$	1,4405	2,2420	2,7161	3,0551	3,5547	3,9467	4,5153	4,8320	5,0400
$f_{\sigma,y}$	2,1436	2,9698	3,4483	3,7849	4,2218	4,4367	4,5153	4,4774	4,3925
f_V	0,241	2,021	6,780	15,383	43,078	77,925	138,392	169,400	172,582

Tabelle 19.7 Vierseitig linienförmig gelagerte rechteckige Platte unter zentrischer Blocklast (c = 50 mm)

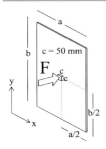

Für $a \leq b$, $v = 0{,}23$ und $c = 50$ mm gilt in Plattenmitte

$$w_{max} = \frac{F \cdot a^2}{E \cdot d^3} \cdot f_w$$

$$\sigma_{x,max} = \frac{F}{d^3} \cdot \frac{d_{max}}{2} \cdot f_{\sigma,x}$$

$$\sigma_{y,max} = \frac{F}{d^3} \cdot \frac{d_{max}}{2} \cdot f_{\sigma,y}$$

$$V_F = \frac{F \cdot a^2 \cdot b}{E \cdot d^3} \cdot f_V$$

$v = 0{,}23$ $c = 50$ mm	b [mm]								
	250	500	750	1000	1500	2000	3000	4000	6000
a = 250 [mm]									
f_w	0,1235	0,1789	0,1836	0,1839	0,1839	0,1839	0,1839	0,1838	0,1830
$f_{\sigma,x}$	2,4116	2,9271	2,9676	2,9695	2,9698	2,9759	2,9756	2,9508	2,8575
$f_{\sigma,y}$	2,4116	2,2687	2,2458	2,2417	2,2420	2,2659	2,2664	2,2001	1,9982
f_V	11,197	14,121	11,393	8,959	6,062	4,551	3,034	2,275	1,517
a = 500 [mm]									
f_w	0,0447	0,1292	0,1715	0,1851	0,1897	0,1900	0,1900	0,1900	0,1898
$f_{\sigma,x}$	2,2687	3,2264	3,6240	3,7443	3,7849	3,7935	3,7933	3,7685	3,7650
$f_{\sigma,y}$	2,9271	3,2264	3,1354	3,0784	3,0551	3,0772	3,0776	3,0113	2,8094
f_V	7,061	22,911	29,103	28,644	23,075	18,137	12,271	9,212	6,141
a = 750 [mm]									
f_w	0,0204	0,0762	0,1305	0,1634	0,1864	0,1906	0,1914	0,1914	0,1913
$f_{\sigma,x}$	2,2458	3,1354	3,7034	4,0135	4,2218	4,2644	4,2707	4,2459	4,1523
$f_{\sigma,y}$	2,9676	3,6240	3,7034	3,6396	3,5547	3,5575	3,5536	3,4872	3,2852
f_V	3,798	19,402	34,511	42,267	43,078	37,630	27,267	20,723	13,848
a = 1000 [mm]									
f_w	0,0115	0,0463	0,0919	0,1311	0,1735	0,1870	0,1916	0,1919	0,1919
$f_{\sigma,x}$	2,2417	3,0784	3,6396	4,0385	4,4367	4,5636	4,6038	4,5816	4,4887
$f_{\sigma,y}$	2,9695	3,7443	4,0135	4,0385	3,9467	3,9156	3,8924	3,8244	3,6225
f_V	2,240	14,322	31,700	46,082	58,444	57,490	46,294	36,385	24,617
a = 1500 [mm]									
f_w	0,0051	0,0211	0,0466	0,0771	0,1315	0,1643	0,1874	0,1916	0,1923
$f_{\sigma,x}$	2,2420	3,0551	3,5547	3,9467	4,5153	4,8320	5,0400	5,0517	4,9652
$f_{\sigma,y}$	2,9698	3,7849	4,2218	4,4367	4,5153	4,4774	4,3925	4,3052	4,0988
f_V	1,010	7,692	21,539	38,963	69,196	84,700	86,291	75,367	54,608
a = 2000 [mm]									
f_w	0,0029	0,0119	0,0268	0,0467	0,0924	0,1316	0,1740	0,1876	0,1922
$f_{\sigma,x}$	2,2659	3,0772	3,5575	3,9156	4,4774	4,8842	5,2821	5,3762	5,3186
$f_{\sigma,y}$	2,9759	3,7935	4,2644	4,5636	4,8320	4,8842	4,7925	4,6703	4,4429
f_V	0,569	4,534	14,111	28,745	63,525	92,295	117,007	115,081	92,661
a = 3000 [mm]									
f_w	0,0013	0,0053	0,0120	0,0213	0,0469	0,0773	0,1317	0,1646	0,1877
$f_{\sigma,x}$	2,2664	3,0776	3,5536	3,8924	4,3925	4,7925	5,3609	5,6446	5,7545
$f_{\sigma,y}$	2,9756	3,7933	4,2707	4,6038	5,0400	5,2821	5,3609	5,2318	4,9428
f_V	0,253	2,045	6,817	15,431	43,145	78,005	138,479	169,484	172,649

Literaturverzeichnis

[1] TRLV: Technische Regeln für die Verwendung von linienförmig gelagerten Verglasungen, Schlussfassung August 2006. DIBt-Mittlungen Nr. 3/2007, Berlin.

[2] TRPV: Technische Regeln für die Bemessung und die Ausführung punktförmig gelagert Verglasungen, Schlussfassung August 2006. DIBt-Mittlungen 3/2007, Berlin.

[3] DIN 18008-1:2010-12: Glas im Bauwesen – Bemessungs- und Konstruktionsregeln – Teil 1: Begriffe und allgemeine Grundlagen.

[4] DIN 18008-2:2010-12: Glas im Bauwesen – Bemessungs- und Konstruktionsregeln – Teil 2: Linienförmig gelagerte Verglasungen.

[5] DIN 18008-2:2011-04: Glas im Bauwesen – Bemessungs- und Konstruktionsregeln – Teil 2: Linienförmig gelagerte Verglasungen, Berichtigung zu DIN 18008-2:2010-12.

[6] E DIN 18008-3:2011-10: Glas im Bauwesen – Bemessungs- und Konstruktionsregeln – Teil 3: Punktförmig gelagerte Verglasungen.

[7] E DIN 18008-4:2011-10: Glas im Bauwesen – Bemessungs- und Konstruktionsregeln– Teil 4: Zusatzanforderungen an absturzsichernde Verglasungen.

[8] E DIN 18008-5:2011-10: Glas im Bauwesen – Bemessungs- und Konstruktionsregeln – Teil 5: Zusatzanforderungen an begehbare Verglasungen.

[9] E DIN 18008-6:2010-11: Glas im Bauwesen – Bemessungs- und Konstruktionsregeln – Teil 6: Zusatzanforderungen an zu Instandhaltungsmaßnahmen betretbare Verglasungen.

[10] ÖNORM B 3716-2:2009-11-15: Glas im Bauwesen – Konstruktiver Glasbau – Teil 2: Linienförmig gelagerte Verglasungen.

[11] E DIN EN 13474-1:1999-04: Glas im Bauwesen Bemessung von Glasscheiben – Teil 1: Allgemeine Grundlagen für Entwurf, Berechnung und Bemessung.
E DIN EN 13474-2:2000-05: Glas im Bauwesen Bemessung von Glasscheiben – Teil 2: Bemessung für gleichmäßig verteilte Belastungen.

[12] TRAV: Technische Regeln für die Verwendung von absturzsichernden Verglasungen, Fassung Januar 2003. DIBt-Mitteilungen 2/2003, Berlin.

[13] *Doremus, R. H.*: Glass Science. 2nd ed. New York, Chichester, Brisbane, Toronto, Singapore: John Wiley & Sons Inc., 1994.

[14] *Frischat, G.-H.*: Glas – Struktur und Eigenschaften. In: Lohmeyer, S.: Werkstoff Glas I: Sachgerechte Auswahl, optimaler Einsatz, Gestaltung und Pflege. 2. Aufl. Ehningen bei Böblingen: expert-Verlag, 1987 (Kontakt & Studium Bd. 22: Werkstoffe).

[15] *Scholze, H.*: Glas: Natur, Struktur und Eigenschaften. 3. Aufl. Berlin, Heidelberg, New York, London, Paris, Tokyo: Springer Verlag, 1988.

[16] *Pfaender, H. G.*: Schott-Glaslexikon. 5. Aufl. Landsberg am Lech: mvg-verlag im verlag moderne Industrie AG, 1997.

[17] *Glocker, W.*: Glas, 1. Aufl. München: Verlag C.H. Beck, 1992.

[18] DIN 1259-1:1986-09: Glas – Teil 1: Begriffe für Glasarten und Glasgruppen.
DIN 1259-2:1986-09: Glas – Teil 2: Begriffe für Glaserzeugnisse.

[19] DIN 1259-1:2001-09: Glas – Teil 1: Begriffe für Glasarten und Glasgruppen.
DIN 1259-2:2001-09: Glas – Teil 2: Begriffe für Glaserzeugnisse.

[20] Interpane: Gestalten mit Glas. Handbuch und Firmeninformation. 5. Auflage 1997.

[21] DIN EN 1863-1:2000-03: Glas im Bauwesen – Teilvorgespanntes Kalknatronglas – Teil 1: Definition und Beschreibung

[22] DIN EN 12150-1:2000-11: Glas im Bauwesen – Thermisch vorgespanntes Kalknatron-Einscheibensicherheitsglas – Teil 1: Definition und Beschreibung.

[23] *Kiefer, W.*: Hochfeste Gläser, ihre Herstellung und Anwendungsmöglichkeiten. In: Lohmeyer, S.: Werkstoff Glas I: Sachgerechte Auswahl, optimaler Einsatz, Gestaltung und Pflege. 2. Aufl. Ehningen bei Böblingen: expert-Verlag, 1987 (Kontakt & Studium Bd. 22: Werkstoffe).

[24] *Zachariasen, W. H.*: The atomic arrangement in glass. In: J. Am. Chem. Soc. 54 (1932), pp. 3841–3851.

[25] *Schmidt, U.*: Tabellen der Glastechnik. 1. Aufl. Leipzig: VEB Deutscher Verlag für Grundstoffindustrie, 1980

[26] *Gora, P., Greiner, F.*: Now it's getting coulurful, ISAAG Symposium, 27.–28. Oktober 2008, München

[27] DIN EN ISO 12543-2:2008-07: Glas im Bauwesen: Verbundglas und Verbund-Sicherheitsglas. Teil 2: Verbund-Sicherheitsglas.

[28] DIN EN 14449:2005-07: Glas im Bauwesen – Verbundglas und Verbund-Sicherheitsglas – Konformitätsbewertung/Produktnorm.

[29] DIBt: Allgemeine bauaufsichtliche Zulassung Nr. Z-70.4-146: Thermisch gebogene, liniengelagerte Glasscheiben „Fini Curve Float" und „Fini Curve VSG", 05.02.2010.

[30] DIBt: Allgemeine bauaufsichtliche Zulassung Nr. Z-70.4-163: Thermisch gebogene, liniengelagerte Glasscheiben „SGG CONTOUR" und „SGG CONTOUR STADIP", 04.12.2010.

[31] *Maniatis, I., Albrecht, G.*: Gebogenes Glas – Bestimmung der Biegefestigkeit und Anwendungen in der Architektur, 5. OTTI Symposium Zukunft Glas 17.06.-18.06.2004, Zwiesel.

[32] *Bucak, Ö., Feldmann, M., Kasper, R., Bues, M., Illguth, M.*: Das Bauprodukt „warm gebogenes Glas" – Prüfverfahren, Festigkeiten und Qualitätssicherung. In: Stahlbau Spezial 2009 – Konstruktiver Glasbau. S. 23–27.

[33] *Ensslen, F., Schneider, J., Schula, S.*: Produktion, Eigenschaften und Tragverfahren von thermisch gebogenen Floatgläsern für das Bauwesen – Erstprüfung und werkseigene Produktionskontrolle im Rahmen des Zulassungsverfahren. Stahlbau Spezial 2010 – Konstruktiver Glasbau. S. 46–51.

[34] DIN EN 1288-3:2000-09: Bestimmung der Biegefestigkeit von Glas – Prüfung von Proben bei zweiseitiger Auflagerung (Vierschneiden-Verfahren).

[35] *Eekhout, M., Staaks, D.*: Cold Deformation of Glass. In: Proceedings International Symposium on the Application of Architectural Glass 2004, München.

[36] *Eekhout, M., Lockefeer, W., Staaks, D.*: Application of cold twisted tempered glass panels in double curved architectural designs. In: Proceedings Glass Performance Days 2007, S. 213–220.

[37] *Belis, J., Inghelbrecht, B., Van Impe R., Callewaert D.*: Experimental Assessment of Cold-Bent Glass Panels. In: Proceedings Glass Performance Days 2007, S. 115–117.

[38] *Belis, J., Inghelbrecht, B., Van Impe R., Callewaert D.*: Cold-Bending of Laminated Glass. In: Heron, Vol. 52 (2007) No. 1/2, S. 123–146.

[39] *Fildhuth, T., Knippers, J.*: Geometrie und Tragverhalten von doppelt gekrümmten Ganzglasschalen aus kalt verformten Glaslaminaten. Stahlbau Spezial 2011 – Konstruktiver Glasbau. S. 31–44.

[40] *Siebert, G.*: Beitrag zum Einsatz von Glas als tragendes Bauteil im konstruktiven Ingenieurbau. Technische Universität München, Berichte aus dem Konstruktiven Ingenieurbau, Nr. 5/99 (1999).

[41] DIN EN 12337-1:2000-11: Glas im Bauwesen – Chemisch vorgespanntes Kalknatronglas – Teil 1: Definition und Beschreibung.

[42] DIN 1249-10:1990-08: Flachglas im Bauwesen – Chemische und physikalische Eigenschaften.

[43] DIN EN 572-1:2000-11: Glas im Bauwesen – Basiserzeugnisse aus Kalk-Natronsilicatglas – Teil 1: Definitionen und allgemeine physikalische und mechanische Eigenschaften

[44] DIBt, Allgemeine Bauaufsichtliche Zulassung Nr. Z-7.2-1099: Rohre und Formstücke aus Borosilicatglas 8330 einschließlich Dichtungen für Abgasleitungen, Schott Rohrglas GmbH (1996).

[45] DIN EN 1748-1-1:2004-12: Glas im Bauwesen – Spezielle Basiserzeugnisse –Borosilicatgläser – Teil 1-1: Definitionen und allgemeine physikalische und mechanische Eigenschaften Glas im Bauwesen.

[46] *Vogel, W.*: Glaschemie. 3. Aufl. Berlin, Heidelberg, New York, London, Paris, Tokyo, Hong Kong, Barcelona, Budapest: Springer Verlag, 1992.

[47] DIN EN 572-7:2004-09: Glas im Bauwesen – Basiserzeugnisse aus Kalk-Natronsilicatglas – Teil 7: Profilbauglas mit oder ohne Drahteinlage.

[48] DIBt: Allgemeine bauaufsichtliche Zulassung Nr. Z-70.4-43: Profilbauglas „Pilkington Profilit" und „Reglit" für die Verwendung als Vertikalverglasung, 10.12.2007.

[49] DIBt: Allgemeine bauaufsichtliche Zulassung Nr. Z-70.4-44: LINIT-Profilbauglas für die Verwendung als Vertikalverglasung, 10.12.2007.

[50] *Kerkhof, F.*: Bruchvorgänge in Gläsern. Frankfurt (Main): Verlag der Deutschen Glastechnischen Gesellschaft, 1970.

[51]   *Kerkhof, F.*: Bruchmechanik von Glas und Keramik. In: Sprechsaal 110 (1977) S. 392–397.

[52]   *Kerkhof, F.*: Bruchentstehung und Bruchausbreitung im Glas. In: Jebsen-Marwedel, H; Brückner, R. (Hrsg.): Glastechnische Fabrikationsfehler: „Pathologische" Ausnahmezustände des Werkstoffes Glas und ihre Behebung; Eine Brücke zwischen Wissenschaft, Technologie und Praxis. 3. Aufl. Berlin, Heidelberg, New York: Springer-Verlag, 1980.

[53]   *Kerkhof, F.; Richter, H.; Stahn, D.*: Festigkeit von Glas, Zur Abhängigkeit von Belastungsdauer und – verlauf. In: Glastechnische Berichte 54 (1981) Nr.8, S. 265–277.

[54]   DIN 55303-7:1996-03: Statistische Auswertung von Daten, Teil 7: Schätz- und Testverfahren bei zweiparametriger Weibull-Verteilung.

[55]   *Blank, K.*: Dickenbemessung von vierseitig gelagerten rechteckigen Glasscheiben unter gleichförmiger Flächenlast – Forschungsbericht, Heft 3 der Veröffentlichungsreihe des Institutes für konstruktiven Glasbau IKG. 2. Aufl. Gelsenkirchen, 1993.

[56]   *Blank, K.*: Bemessung von rechteckigen Glasscheiben unter gleichförmiger Flächenlast. In: Bauingenieur 68 (1993), S. 489–497.

[57]   *Exner, G.*: Bestimmung des Widerstandswertes der Spannungsrisskorrosion an Borosilicatglas DURAN®. In: Glastechnische Berichte 55 (1982) Nr. 5, S. 107–117.

[58]   *Weibull, W.*: A Statistical Distribution Function of Wide Applicability. In: Journal of Applied Mechanics 18 (1951), 9, pp. 293–297.

[59]   *Exner, G.*: Erlaubte Biegespannung in Glasbauteilen im Dauerlastfall, Ein Vorhersagekonzept aus dynamischen Labor-Festigkeitsmessungen. In: Glastechnische Berichte 56 (1983) Nr.11, S. 299–312.

[60]   *Ernsberger, F. M.*: A study of the origin and frequency of occurrence of Griffith micro cracks on glass surfaces. In: Advances in glass technology. New York: Plenum Press, 1962, pp. 511–524.

[61]   *Beason, W. L.; Morgan, J. R*: Glass Failure Prediction Model. In: Journal of Structural Engineering 110 (1984), 11, pp. 197–212.

[62]   *Blank, K.; Grüters, H.; Hackl, K.*: Contribution to the size effect on the strength of flat glass. In: Glastechnische Berichte 63 (1990), Heft 5, S. 135–140.

[63]   *Shen, X.*: Entwicklung eines Bemessungs- und Sicherheitskonzeptes für den Glasbau. Fortschrittsberichte VDI, Reihe 4, Nr.138 (1997).

[64]   *Güsgen, J.*: Bemessung tragender Bauteile aus Glas. Dissertation RWTH Aachen 1998.

[65]   *Bando, Y.; Ito, S.; Tomozawa, M.*: Direct observation of crack tip geometry of SiO2 Glass by high-resolution electron microscopy. In: Journal of American Ceramic Society 67 (1984), pp. C36–C37.

[66]   *Exner, G.*: Abschätzung der erlaubten Biegespannung in vorgespannten Glasbauteilen, Teil 1. Analyse des Festigkeitsbegriffes bei vorgespannten Scheiben und messtechnische Realisierung. In: Glastechnische Berichte 59 (1986) Nr.9, S. 259–271

[67]　*Exner, G.*: Abschätzung der erlaubten Biegespannung in vorgespannten Glasbauteilen, Teil 2. In. Lohmeyer, S.: Werkstoff Glas III: Sachgerechte Auswahl, optimaler Einsatz, Gestaltung und Pflege. Expert Verlag Renningen, 2001.

[68]　DIN 52292-1:1984-04: Prüfung von Glas und Glaskeramik: Bestimmung der Biegefestigkeit – Doppelring-Biegeversuch an plattenförmigen Proben mit kleinen Prüfflächen.
DIN 52292-2:1986-09: Prüfung von Glas und Glaskeramik: Bestimmung der Biegefestigkeit – Doppelring-Biegeversuch an plattenförmigen Proben mit großen Prüfflächen.

[69]　E DIN 52300-2:1993-04: Glas im Bauwesen: Bestimmung der Biegefestigkeit von Glas – Doppelring-Biegeversuch an plattenförmigen Proben mit großen Prüfflächen (Vorschlag für eine Europäische Norm).
E DIN 52300-3:1993-04: Glas im Bauwesen: Bestimmung der Biegefestigkeit von Glas – Prüfung von Proben bei zweiseitiger Auflagerung (Vierschneiden-Verfahren) – (Vorschlag für eine Europäische Norm)
E DIN 52300-5:1993-04: Glas im Bauwesen: Bestimmung der Biegefestigkeit von Glas – Doppelring-Biegeversuch an plattenförmigen Proben mit kleinen Prüfflächen (Vorschlag für eine Europäische Norm).

[70]　DIN 52303-1:1984-08: Prüfverfahren für Flachglas im Bauwesen: Bestimmung der Biegefestigkeit – Prüfung bei zweiseitiger Auflagerung.

[71]　DIN EN 1288-2:2000-09: Glas im Bauwesen – Bestimmung der Biegefestigkeit von Glas – Teil 2: Doppelring-Biegeversuch an plattenförmigen Proben mit großen Prüfflächen.

[72]　DIN EN 1288-3:2000-09. Glas im Bauwesen – Bestimmung der Biegefestigkeit von Glas - Teil 3: Prüfung von Proben bei zweiseitiger Auflagerung (Vierschneiden-Verfahren)

[73]　DIN EN 1288-5:2000-09: Glas im Bauwesen – Bestimmung der Biegefestigkeit von Glas – Teil 5: Doppelring-Biegeversuch an plattenförmigen Proben mit kleinen Prüfflächen.

[74]　DIN 1249-12:1990-09: Flachglas im Bauwesen – Teil 12: Einscheibensicherheitsglas.

[75]　*Blank, K.*: Thermisch vorgespanntes Glas. In: Glastechnische Berichte 52 (1979), Teil 1: S. 1–13, Teil 2: S. 51–54.

[76]　*Sedlacek, G.; Blank, K.; Laufs, W.; Güsgen, J.*: Glas im konstruktiven Ingenieurbau. Berlin: Ernst & Sohn, 1999.

[77]　*Laufs, W.*: Die Bestimmung der Festigkeit thermisch vorgespannter Gläser. In: Bauen mit Glas, VDI Bericht Nr. 1527. Düsseldorf: VDI-Verlag GmbH, 2000.

[78]　*Laufs, W.*: Ein Bemessungskonzept zur Festigkeit thermisch vorgespannter Gläser. Dissertation RWTH Aachen 2000.

[79]　*Bordeaux, F.; Duffrène, L.; Kasper, A.*: Nickelsulfid: Neue Ergebnisse zur Optimierung des Heat-Soak-Tests. In: Deutsche Glastechnische Gesellschaft: 72. Glastechnischen Tagung. Münster, 25. bis 27. Mai 1998.

[80]　DIN 18516-4:1990-02: Außenwandbekleidungen, hinterlüftet; Einscheiben-Sicherheitsglas; Anforderungen, Bemessung, Prüfung.

[81] Bauregelliste A, Bauregelliste B und Liste C – Ausgabe 2012/1. In Mitteilungen des DIBt, 26. März 2012.

[82] DIN EN 14179-1:2009-05: Glas im Bauwesen. Heißgelagertes thermisch vorgespanntes Kalknatron-Einscheibensicherheitsglas – Teil 1: Definition und Beschreibung.

[83] *Kasper, A.*: Safety of Heat Soaked Thermally Toughened Glass: How Exactly must the Standard Conditions of the Heat Soak Process be Complied With In: Proceedings Glass Processing Days 2003, Tampere, Finnland, S. 670–672.

[84] *Sedlacek, G.; Laufs, W.*: Stress distribution in thermally tempered glass panes near the edges, corners and holes. Part 1: Temperature distributions during the tempering process of glass panes. In: Glastechnische Berichte 72 (1999), S. 7–14.

[85] *Sedlacek, G.; Laufs, W.*: Stress distribution in thermally tempered glass panes near the edges, corners and holes. Part 2: Distribution of thermal stresses. In: Glastechnische Berichte 72 (1999), S. 42–48.

[86] *Sedlacek, G.; Laufs, W.*: Systematische Untersuchungen der Eigenspannungsverteilung in thermisch vorgespannten Gläsern im Hinblick auf die Flächenfestigkeit, die Kantenfestigkeit und die Festigkeit im Bereich der Lochränder bei punktgestützten Glasscheiben. Forschungsbericht T2772. Stuttgart: IRB Verlag, 1998.

[87] glasstec 2000: Katalog zur Messe glasstec in Düsseldorf 24.–28.10.2000.

[88] *Carré, H.; Daudeville, L.*: Load Bearing Capacity of Tempered Structural Glass. In: ASCE Journal of Engineering. Mechanics 125 (1999) July.

[89] *Carré, H.; Daudeville, L.*: Numerical Simulation of Soda-Lime Silicate Glass Tempering. In: Journal de Physique IV, 6 (1996). S. 175–185.

[90] *Carré, H.; Daudeville, L.*: Thermal tempering simulation of glass plates: inner and edge residual stresses. In: Journal of Thermal Stresses 21 (1998) S. 667–689.

[91] *Carré, H.*: Le verre trempé un nouveau matériau de structure. Cahiers du CSTB, Livrasion 385, Cahicr 3003. Paris Cedex: CSTB 1997.

[92] *Holzinger, P.*: Thin glass technology for insulating glass production. In: Proceedings Glass Performance Days 2011, Tampere, Finnland, S. 482–484.

[93] *Bruckner, R.*: Thin glass technology for encapsulated solar modules. In: Proceedings Glass Performance Days 2011, Tampere, Finnland.

[94] DIBt: Allgemeine bauaufsichtliche Zulassung Nr. Z-70.3-148: Verbund-Sicherheitsglas mit der Verbundfolie Bridgestone EVASAFE G71, 26.01.2010.

[95] *Bennison, S.; Qin, M.; Davies, P.*: High-Performance Laminated Glass for Structurally Efficient Glazing. HKIE/IStructE Joint Structural Division Annual Seminar: Innovative Lightweight Structures and Sustainable Facades, Hong Kong, 7. May 2008.

[96] *Callewaert, D.*: Stiffness of Glass/Ionomer Laminates in Structural Applications, Dissertation, Ghent University, 2011.

[97] DIBt: Allgemeine bauaufsichtliche Zulassung Nr. Z-70.3-143: Verbundglas aus SentryGlas® 5000, 18.09.2009.

[98] DIBt: Allgemeine bauaufsichtliche Zulassung Nr. Z-70.3-153: Glascobond® Verbund-Sicherheitsglas, 9.03.2010.

[99] *Stelzer, I.*: Hochfestes Verbundglas für Strukturelle Verglasungen. DSTV ARGE Stahl und Glas, Anlage 2 zum Protokoll der Herbstsitzung in München 2010

[100] DIBt: Allgemeine bauaufsichtliche Zulassung Nr. Z-70.3-156: GEWE-composite Verbund-Sicherheitsglas, 2.08.2010.

[101] DIBt: Allgemeine bauaufsichtliche Zulassung Nr. Z-70.3-137: Verbund-Sicherheitsglas „LAMEX X-STRONG", 2.2.2009.

[102] DIBt: Allgemeine bauaufsichtliche Zulassung Nr. Z-70.4-165: Verbund-Sicherheitsglas mit PVB-Folie „SGT extra safe" mit Ansatz des Schubverbundes, 1.4.2011.

[103] DIBt: Allgemeine bauaufsichtliche Zulassung Nr. Z-70.3-170 Verbund-Sicherheitsglas aus SentryGlas® SGP 5000 mit Schubverbund, 07.11.2011.

[104] Forschungsbericht: Einfluss von Widerstand (Material und Konstruktion) und Einwirkungen auf die Sicherheit von Stahl-Glas-Konstruktionen. Auftraggeber: Pauli + Sohn GmbH, Universität der Bundeswehr München, Neubiberg 2007.

[105] DIN Deutsches Institut für Normung e. V.: Grundlagen zur Festlegung von Sicherheitsanforderungen für bauliche Anlagen. 1. Auflage. Berlin, Köln: Beuth Verlag GmbH, 1981.

[106] DIN EN ISO 12543-1:2008-07: Glas im Bauwesen: Verbundglas und Verbund-Sicherheitsglas. Teil 1: Definitionen und Beschreibung von Bestandteilen.

[107] DIN EN ISO 12543-2:2008-07: Glas im Bauwesen: Verbundglas und Verbund-Sicherheitsglas. Teil 2: Verbund-Sicherheitsglas.

[108] DIN EN ISO 12543-3:2008-07: Glas im Bauwesen: Verbundglas und Verbund-Sicherheitsglas. Teil 3: Verbundglas.

[109] DIN EN ISO 12543-4:2008-07: Glas im Bauwesen: Verbundglas und Verbund-Sicherheitsglas. Teil 4: Verfahren zur Prüfung der Beständigkeit.

[110] DIN EN ISO 12543-5:2008-07: Glas im Bauwesen: Verbundglas und Verbund-Sicherheitsglas. Teil 5: Maße und Kantenbearbeitung.

[111] DIN EN ISO 12543-6:2008-07: Glas im Bauwesen: Verbundglas und Verbund-Sicherheitsglas. Teil 6: Aussehen.

[112] *Habenicht, G.*: Kleben: Grundlagen, Technologie, Anwendungen. 3. völlig neu bearb. und erw. Aufl.. Berlin, Heidelberg, New York: Springer 1997.

[113] Technische Regeln für die Verwendung von linienförmig gelagerten Überkopf-Verglasungen (TRÜko), Fassung September 1996. In: Mitteilungen des DIBt 5/1996. S. 223–227.

[114] Technische Regeln für die Verwendung von linienförmig gelagerten Vertikalverglasungen (TRVerti), Entwurfsfassung. In: Mitteilungen des DIBt 4/1997.

[115] Kuraray Europe, Division Trosifol GmbH, Troisdorf: diverse Firmenunterlagen: TROSIFOL® AF, Produktbeschreibung, Spezifikation, Anwendungen, November 1998; Trosifol® Information, Stand 10/97; Spezifikation und technische Daten als Kopie aus Firmenkatalog vom Hersteller, 01/98 erhalten; diverse Gespräche mit Firmenvertretern.

[116] *Springborn:* Firmenbroschüre der Fa. Springborn Materials Science Corp., Enfield, USA: PHOTOCAP solar cell encapsulates, April 1996.

[117] *Albrecht, G.; Müllner, N.; Siebert, G.:* Einfluss von Photovoltaikzellen auf die Tragfähigkeit von Gießharz-Verbundglas-Elementen. Technische Universität München, Lehrstuhl für Stahlbau, Versuchsbericht Nr. 193, 1997.
Müllner, N.: Einfluß von Photovoltaikzellen auf die Tragfähigkeit von Gießharz-Verbundglas-Elementen. Technische Universität München, Lehrstuhl für Stahlbau, Diplomarbeit, 1997.

[118] *Albrecht, G.; Marian, Ch.; Siebert, G:* Untersuchung der Biege- und Schubtragfähigkeit von Verbundglaselementen mit unterschiedlichem Verbund. Technische Universität München, Lehrstuhl für Stahlbau, Versuchsbericht Nr. 202, 1998.
Marian, Ch: Vergleich der Schub- und Resttragfähigkeit von Verbundglaselementen mit unterschiedlichem Verbund. Technische Universität München, Lehrstuhl für Stahlbau, Diplomarbeit, 1998.

[119] *Quenett, R.:* Das mechanische Verhalten von Verbund-Sicherheitsglas bei Schlag- und Biegebeanspruchung. In: Materialprüfung 9 (1967), S. 447–450.

[120] *Hooper, J. A.:* On the bending of architectural laminated glass. In: International Journal of mechanical science 15 (1973), pp. 309–323.

[121] *Croft, D. D.; Hooper, J. A.:* The Sydney Opera House glass walls. In: The Structural Engineer 51 (1973), pp. 311–322.

[122] *Behr, R. A., Minor, J. E., Linden, M. P. Vallabhan, C. V. G.:* Laminated Glass Units Under Uniform Lateral Pressure. In: Journal of Structural Engineering 111 (1985), pp. 1037–1050.

[123] *Behr, R. A., Minor, J. E., Linden, M. P.:* Load Duration and Interlayer Thickness Effects on Laminated Glass. In: Journal of Structural Engineering 112 (1986), pp. 1441–1453.

[124] *Minor, J. E., Reznik, P. L.:* Failure Strengths of Laminated Glass. In: Journal of Structural Engineering 116 (1990), pp. 1030–1039.

[125] *Behr, R. A.; Minor, J .E.; Norville, H .S.:* Structural Behaviour of Architectural Laminated Glass. In: Journal of Structural Engineering 119 (1993), pp. 202–222.

[126] *Norville, H. S.; Bove, P. M.; Sheridan, D. L.; Lawrence, S. L.:* Strength of New Heat Treated Window Glass Lites and Laminated Glass Units. In: Journal of Structural Engineering 119 (1993), pp. 891–901.

[127] *Sackmann, V.:* Untersuchungen zur Dauerhaftigkeit des Schubverbunds in Verbundsicherheitsglas mit unterschiedlichen Folien aus Polyvinylbutyral. Dissertation. Lehrstuhl für Metallbau, Technische Universität München 2008.

[128] *Albrecht, G.; Hanrieder, T.; Siebert, G.:* Untersuchung zur Spannungsumlagerung an Verbundsicherheitsglasscheiben im gestörten Zustand. Technische Universität München, Lehrstuhl für Stahlbau, Versuchsbericht Nr. 208, 1998.
Hanrieder, T.: Untersuchung zur Spannungsumlagerung an Verbundsicherheitsglasscheiben im gestörten Zustand. Technische Universität München, Lehrstuhl für Stahlbau, Diplomarbeit, 1999.

[129] *Wölfel, E.:* Nachgiebiger Verbund – Eine Näherungslösung und deren Anwendungsmöglichkeiten. In: Stahlbau (1987), S. 173–180.

[130] *Möhler, K.:* Über das Tragverhalten von Biegeträgern und Druckstäben mit zusammengesetztem Querschnitt und nachgiebigen Verbindungsmitteln. Habilitation TH Karlsruhe 1956.

[131] *Roik, K.; Sedlacek, G.:* Erweiterung der technischen Biege- und Verdrehtheorie unter Berücksichtigung von Schubverformungen. In: Die Bautechnik 47 (1970) Heft 1, S. 20–32.

[132] *Stamm, K.; Witte, H.:* Ingenieurbauten, Band 3: Sandwichkonstruktionen, Berechnung, Fertigung, Ausführung. Wien, New York: Springer Verlag, 1974.

[133] *Beyle, P.:* Bemessung von begehbaren Gläsern. Vortrag im Workshop II Glas im konstruktiven Ingenieurbau am 19. Juni 1998 an der FH München, München.

[134] *Norville, H. S.; King, K. W.; Swofford, J. L:* Behaviour and strength of laminated glass. In: Journal of engineering mechanics 124 (1998), pp. 46–53.

[135] *Kreuzinger, H.; Scholz, A.:* Wirtschaftliche Ausführungs- und Bemessungsmethode von ebenen Holzelementen (Brücken, Decken, Wände). Fachgebiet Holzbau an der TU München, Zwischenbericht eines Forschungsvorhabens, November 1998.

[136] *Kneidl, R.:* Ein Beitrag zur linearen und nichtlinearen Berechnung von Schichtbalkensystemen. Technische Universität München, Berichte aus dem Konstruktiven Ingenieurbau, Nr. 7/91 (1991).

[137] *Hertle, R.:* Zur dynamischen Analyse von schubweich und diskret gekoppelten Mehrschichtenträgern. Technische Universität München, Berichte aus dem Konstruktiven Ingenieurbau, Nr. 2/92 (1992)

[138] *Kneidl, R.; Hartmann, H.:* Träger mit nachgiebigem Verbund – Eine Berechnung mit Stabwerksprogrammen. In: bauen mit holz 4/95, S. 285–290.

[139] *Conlisk, P. J.:* MSC/NASTRAN analysis of shear transfer in laminated architectural glass. In: The MSC 1992 World Users' Conference Proceedings, Vol. I, Paper No. 2, May 1992.

[140] *Bohmann, D.:* Ein numerisches Verfahren zur Berechnung von Verbundglasscheiben. Dissertation RWTH Aachen 1999.
Bohmann, D.: Ein numerisches Verfahren zur Berechnung von Verbundglasscheiben. In: Bauen mit Glas, VDI Bericht Nr. 1527. Düsseldorf: VDI-Verlag GmbH, 2000.

[141] *Pölling, R:* Grundsatzuntersuchungen von Einscheiben- und Verbundglas als Tragelement. Ruhr-Universität Bochum, Institut für Statik und Dynamik, Diplomarbeit, 1996.

[142] *Schutte, A.; Hanenkamp, W.*: Zum Tragverhalten von Verbund- und Verbundsicherheitsglas bei erhöhten Temperaturen unter Einwirkung von statischen und dynamischen Lasten. In: Bautechnik 79 (1999) Heft 1, S. 49–63.

[143] prEN 13474:2012-04: Glass in building – Determination of the load resistance of glass panes by calculation and testing. Internal working draft, not published.

[144] DIN 4102-13:1990-05: Brandverhalten von Baustoffen und Bauteilen – Brandschutzverglasungen – Begriffe, Anforderungen und Prüfungen.

[145] DIN EN 357:2005-02: Glas im Bauwesen – Brandschutzverglasungen aus durchsichtigen oder durchscheinenden Glasprodukten – Klassifizierung des Feuerwiderstandes.

[146] Musterbauordnung, Fassung November 2002, zuletzt geändert durch Beschluss der Bauministerkonferenz vom Oktober 2008.

[147] DIN EN 1634-1:2009-01: Feuerwiderstandsprüfungen und Rauchschutzprüfungen für Türen, Tore, Abschlüsse, Fenster und Baubeschläge – Teil 1: Feuerwiderstandsprüfungen für Türen, Tore, Abschlüsse und Fenster.

[148] DIN EN 13501:2010-01: Klassifizierung von Bauprodukten und Bauarten zu ihrem Brandverhalten.

[149] Merkblatt für allgemeine bauaufsichtliche Zulassungen für Brandschutzverglasungen, die zusätzlich der Absturzsicherung dienen. DIBt, Fassung 03.08.2006.

[150] DIN EN 356:2000-02: Glas im Bauwesen – Sicherheitssonderverglasungen – Prüfverfahren und Klasseneinteilung des Widerstandes gegen manuellen Angriff.

[151] *Romani, M.; Pietzsch, A.; Richter, R.*: Tragverhalten und Nachweis der Tragsicherheit bei Blast und Beschuss von Glas, Fenstern und Türen, in Berichte aus dem Konstruktiven Ingenieurbau 06/4, Universität der Bundeswehr München, 2006, S. 263–278.

[152] DIN EN 1063:2000-01. Glas im Bauwesen – Sicherheitssonderverglasungen – Prüfverfahren und Klasseneinteilung für den Widerstand gegen Beschuss.

[153] *Richter, R.; Romani, M.; Gündisch, R.*: Experimentelle Bauteil-Charakterisierung explosionsgefährdeter Bauteile, in Berichte aus dem Konstruktiven Ingenieurbau 06/4, Universität der Bundeswehr München, 2006, S. 107–121.

[154] *Teich, M.*: Interaktionen von Explosionen mit flexiblen Strukturen. Dissertation. Berichte aus dem Konstruktiven Ingenieurbau 01/12, Universität der Bundeswehr München.

[155] DIN EN 13541:2011-07: Glas im Bauwesen – Sicherheitssonderverglasungen – Prüfverfahren und Klasseneinteilung des Widerstandes gegen Sprengwirkung.

[156] DIN EN 13124-1:2011-10: Fenster, Türen und Abschlüsse – Sprengwirkungshemmung – Prüfverfahren – Teil 1: Stoßrohr.

[157] DIN EN 13124-2:2004-05: Fenster, Türen und Abschlüsse – Sprengwirkungshemmung – Prüfverfahren – Teil 2: Freilandversuch.

[158] Erneuerbare Energien in Bayern, Bayerisches Staatsministerium für Wirtschaft, Verkehr und Technologie.

[159] *Greenyer, B.*: Laminating thin film PV modules with pre-nip technology and autoclave process. GPD 2009 proceedings S. 535–538.

[160] *Puschmann, K.*: New encapsulation solution for the PV thin film industry. GPD 2009 proceedings S. 545–548.

[161] *Maniatis, I.*: Innovatives Bauen mit PV-Elementen, OTTI Glas + Solar, 28.–29. Oktober 2009, Jena.

[162] Informationszentrum Energie – Energie Photovoltaik, Landesgewerbeamt Baden-Württemberg, Mai 2001.

[163] *Erban, C.*: Licht und Schatten. VDI Symposium Bauen mit Glas März 2000, Tagungsband S. 295-307

[164] DIN EN 61215:2006-02: Terrestrische kristalline Silicium-Photovoltaik-(PV-)Module Bauarteignung und Bauartzulassung

[165] DIN EN 61646:2009-03: Terrestrische Dünnschicht-Photovoltaik-(PV-)Module Bauarteignung und Bauartzulassung.

[166] DIBt: Allgemeine bauaufsichtliche Zulassung Nr. Z-70.3-72: Linienförmig gelagertes Solarmodul ASITHRU-30-SG und ASIOPAK-30-SG, 31.10.2002.

[167] DIBt: Allgemeine bauaufsichtliche Zulassung Nr. Z-70.3-98: Linienförmig gelagerte Photovoltaikmodule „SSG PROSOL", 01.07.2004.

[168] *Feldmeier, F.*: Zur Berücksichtigung der Klimabelastung von Isolierverglasung bei Überkopfverglasungen. Stahlbau 65 (1998) S. 285–290.

[169] *Feldmeier, F.*: Die klimatische Belastung von Isolierglas bei nicht trivialer Geometrie. In: Bauen mit Glas: Tagung Baden-Baden, 1./2. März 2000, VDI-Gesellschaft Bautechnik. Düsseldorf: VDI-Verlag, 2000 (VDI-Berichte 1527)

[170] *Feldmeier, F.*: Klimabelastung und Lastverteilung bei Mehrscheiben-Isolierverglasung. In: Stahlbau 75 (2006) Heft 6, Ernst & Sohn, Berlin 2006.

[171] *Feldmeier, F.*: Klimalast bei Dreischeiben-Isolierglas. Dokument N543 des NA 005-09-25, 3. März 2010, Internes Dokument Arbeitsausschuss Bemessungs- und Konstruktionsregeln für Bauprodukte aus Glas, unveröffentlicht.

[172] Feldmeier, F.: Bemessung von Dreifach-Isolierglas. In: Stahlbau Spezial 2011 – Glasbau. Ernst & Sohn, Berlin 2011.

[173] 3-fach-Iso und mehr. Sonderheft Glaswelt 63 (2011), A.W. Gentner Verlag, Stuttgart, 2011.

[174] DIN EN ISO 10077-1:2010-05: Wärmetechnisches Verhalten von Fenstern, Türen und Abschlüssen – Berechnung des Wärmedurchgangskoeffizienten – Teil 1: Allgemeines.

[175] *Bossenmayer, H. J.*: Stahlbaunormung – heute und in Zukunft. In: Stahlbau-Kalender 1999. Berlin: Ernst & Sohn 1999.

[176] *Schubert, W.:* Bayerische Bauordnung und Bauregelliste. Kleiner Bayerischer Stahlbautag am 17.10.1997 in München: DSTV und Lehrstuhl für Stahlbau, TU München.

[177] *Mais, R.:* Bauaufsichtliche Anforderungen an Glas und transluzente Kunststoffe. VBI–Fortbildungsseminar „Bauen mit transparenten Baustoffen" am 12. März 1999 im Europäischen Patentamt, München.

[178] Bauproduktenrichtlinie (BPR) „Richtlinie des Rates zur Angleichung von Rechts- und Verwaltungsvorschriften der Mitgliedstaaten über Bauprodukte" vom 21. Dezember 1988 (89/106/EWG), veröffentlicht im Europäischen Amtsblatt Nr. L 040 vom 11/02/1989.

[179] *Scheuermann, G.:* Europarechtliche Regelungen und ihre Auswirkungen auf nationale Verordnungen und die Baupraxis. In: Stahlbau-Kalender 2011. Berlin: Ernst & Sohn 2011.

[180] Bauproduktengesetz veröffentlicht im Bundesgesetzblatt Jahrgang 1998 Teil I Nr. 25, ausgegeben zu Bonn am 08. Mai 1998.

[181] Bauproduktenverordnung (BauPVo, Verordnung EU 305/2011), veröffentlicht im Europäischen Amtsblatt am 04. April 2011.

[182] Musterliste der Technischen Baubestimmungen, Fassung März 2011.

[183] DIN EN 572-9:2005-01: Glas im Bauwesen – Basiserzeugnisse aus Kalk-Natronsilicatglas – Teil 9: Konformitätsbewertung/Produktnorm

[184] DIN EN 1096-4:2005-1: Glas im Bauwesen – Beschichtetes Glas – Teil 4: Konformitätsbewertung/Produktnorm.

[185] DIN EN 12150-2:2005-1: Glas im Bauwesen – Thermisch vorgespanntes Kalknatron-Einscheibensicherheitsglas – Teil 2: Konformitätsbewertung/Produktnorm.

[186] DIN EN 1279-1:2004-08. Glas im Bauwesen – Mehrscheiben-Isolierglas – Teil 1: Allgemeines, Maßtoleranzen und Vorschriften für die Systembeschreibung.

[187] DIN EN 13830:2003-11: Vorhangfassaden – Produktnorm.

[188] ETAG 002 – Teil 1: Leitlinie für die Europäische Technische Zulassung für geklebte Glaskonstruktionen (Structural Sealant Glazing Systems – SSGS); Teil 1: Gestützte und ungestützte Systeme, veröffentlicht im Bundesanzeiger, Jg. 51, Nr. 92a, 20.05.1999.

[189] ETAG 002 – Teil 2: Leitlinie für die Europäische Technische Zulassung für geklebte Glaskonstruktionen (Structural Sealant Glazing Systems – SSGS); Teil 2: Beschichtete Aluminium-Systeme, veröffentlicht im Bundesanzeiger, Jg. 54, Nr. 132a, 19.06.2002.

[190] ETAG 002 – Teil 3: Leitlinie für die Europäische Technische Zulassung für geklebte Glaskonstruktionen (Structural Sealant Glazing Systems – SSGS); Teil 3: Systeme mit thermisch getrennten Profilen, veröffentlicht im Bundesanzeiger, Jg. 55, Nr. 105a, 07.06.2003.

[191] Verzeichnis der Prüf-, Überwachungs- und Zertifizierungsstellen nach den Landesbauordnungen, veröffentlicht in den DIBt Mitteilungen.

[192] GS Bau 18:2001-02: Grundsätze für die Prüfung und Zertifizierung der bedingten Betretbarkeit oder Durchsturzsicherheit von Bauteilen bei Bau- und Instandsetzungsarbeiten.

[193] DIN 4426:2001-09: Einrichtungen zur Instandhaltung baulicher Anlagen – Sicherheitstechnische Anforderungen an Arbeitsplätze und Verkehrswege – Planung und Prüfung.

[194] BG/GUV-I 669:20010-10: Glastüren und Glaswände.

[195] OEN 3616 Beiblatt 1:2010-06: Glas im Bauwesen – Konstruktiver Glasbau. Beiblatt 1: Beispiele für Glasanwendungen.

[196] *Herrmann, T.*: Untersuchungen zu punktgestützten Verglasungen mit Senkkopfhaltern. Dissertation in Vorbereitung. Professur für Bauphysik und Baukonstruktion an der Universität der Bundeswehr München.

[197] *Seel, M.*: Beitrag zur Bemessung von punktförmig gelagerter Verglasung. Dissertation in Vorbereitung. Professur für Bauphysik und Baukonstruktion an der Universität der Bundeswehr München.

[198] *Stahn, D.*: Wärmespannungen in großflächigen Verglasungen. In: Glastechnische Berichte 50 (1977), S. 149–158.

[199] DIN EN 572-2:2011-11: Glas im Bauwesen – Basiserzeugnisse aus Kalk-Natronsilicatglas – Teil 2: Floatglas.

[200] *Techen, H.*: Fügetechnik für den konstruktiven Glasbau. TU Darmstadt, Institut für Statik, Bericht Nr. 11. 1997.

[201] DIBt: Allgemeine bauaufsichtliche Zulassung Nr. Z-70.3-74: Überkopfverglasung TEC, 01.11.2007.

[202] DIBt: Allgemeine bauaufsichtliche Zulassung Nr. Z-70.3-85: Top Connect, Pauli + Sohn Edelstahlvordachsysteme, Basic, Basic II, Triangle, Diamond, Informo, 01.11.2007.

[203] DIBt: Allgemeine bauaufsichtliche Zulassung Nr. Z-70.2-112: Punktförmig gelagerte Vertikalverglasung SWISSWALL vom 23.06.2010.

[204] DIBt: Allgemeine bauaufsichtliche Zulassung Nr. Z-70.2-135: Punktförmig gelagerte Verglasungen mit Tellerhaltern der Firma Pauli + Sohn GmbH vom 14.10.2008.

[205] DIBt: Allgemeine bauaufsichtliche Zulassung Nr. Z-70.2-122: Punktgehaltene Verglasung mit fischer Zykon Punkthaltern (FZP-G-Z) vom 22.06.2007.

[206] *Weller, B., Kothe, M., Nicklisch, F., Schadow, T., Tasche, S., Vogt, I., Wünsch, J.*: Kleben im konstruktiven Glasbau. In: Stahlbau-Kalender 2011. Ernst & Sohn, Berlin 2011.

[207] *Schadow, T.*: Beanspruchungsgerechtes Konstruieren von Klebeverbindungen in Glastragwerken, Dissertation, TU Dresden 2006.

[208] *Peters, S.*: Kleben von GFK und Glas für baukonstruktive Anwendung. Dissertation Universität Stuttgart, 2006.

[209] *Bucak, Ö.* et al.: Geklebte Stahl-Glas-Verbundtragwerke. In: Stahlbau Spezial 2009 – Konstruktiver Glasbau. Ernst & Sohn, Berlin 2009.

[210] *Hadimann, M., Luible, A., Overend, M.*: Structural Use of Glass. Structural Engineering Document 10. International Association for Bridge and Structural Engineering 2008.

[211] *Hagl, A.*: Kleben im Glasbau. In: Stahlbau-Kalender 2005. Ernst & Sohn, Berlin 2005.

[212] DIBt: Allgemeine bauaufsichtliche Zulassung Nr. Z-70.1-46: Geklebte Verglasungen als Festverglasungen, Öffnungselemente und Kaltbrüstungen für Glasfassaden und -dächer: Schüco System FW50+SG und FW60+SG, AWS 102 ,10.09.2010.

[213] Fachhochschule München, FB 02, Abschlussbericht Forschungsvorhaben „Geklebte Verbindungen im Konstruktiven Glasbau", BMBF-Nr.: 1755 X04, 2007.

[214] *Bucak, Ö., Schuler, C.*: Glas im Konstruktiven Ingenieurbau. In: Stahlbau-Kalender 2008. Ernst & Sohn, Berlin 2008.

[215] *Kaiser, R.*: Rechnerische und experimentelle Ermittlung der Durchbiegungen und Spannungen von quadratischen Platten bei freier Auflagerung an den Rändern, gleichmäßig verteilter Last und großen Ausbiegungen. In: Zeitschrift für angewandte Mathematik und Mechanik 16 (1936) Heft 2, S. 73–98.

[216] *Siebert, B.*: Beitrag zur Berechnung punktgelagerter Gläser. Technische Universität München, Dissertation. Berichte aus dem Konstruktiven Ingenieurbau Nr. 2/04.

[217] *Maniatis, I.*: Numerical and Experimental Investigations on the Stress Distribution of Bolted Glass Connections under In-Plane Loads. Technische Universität München, Dissertation. Berichte aus dem Konstruktiven Ingenieurbau Nr. 1/06.

[218] DIBt: Allgemeine bauaufsichtliche Zulassung Nr. Z-70.2-99: Punktgehaltene Verglasung mit Glassline-Tellerpunkthaltern PH 705, PH 707, PH791, PH793, PH794, PH800, PH103, PH104 und PH106 vom 03.09.2009.

[219] DIBt: Allgemeine bauaufsichtliche Zulassung Nr. Z-70.2-100: Punktgehaltene Verglasung mit Glassline-Senkkopfhalter PH 701, PH 703, PH 710, PH 789, PH 790, PH 792, PH 79 vom 01.09.2010.

[220] *Seel, M., Siebert, G.*: Analytische Lösungen für Kreis- und Kreisringplatten unter symmetrischer und antimetrischer Einwirkung - Anwendungen der analytischen Lösungen für Detailprobleme im Konstruktiven Glasbau, in Stahlbau (Volume 81, September 2012).

[221] *Brendler, S., Haufe, A.*: Zur Versagensvorhersage von Silikon-Glas-Klebeverbindung mit LS-DYNA: Identifizierung von geeigneten Materialmodellen und -parametern. LS-DYNA Anwenderforum, Frankenthal 2007.

[222] DIN EN 1990:2010-12: Eurocode: Grundlagen der Tragwerksplanung.

[223] DIN EN 1990/NA:2010-12: Nationaler Anhang – National festgelegte Parameter – Eurocode: Grundlagen der Tragwerksplanung.

[224] DIN 1055-5:1975-06: Lastannahmen für Bauten. Verkehrslasten – Schneelast und Eislast.

[225] DIN 1055-100:2001-03: Einwirkungen auf Tragwerke – Grundlagen der Tragwerksplanung, Sicherheitskonzept und Bemessungsregeln.

[226] DIN 18800:1990-11: Stahlbauten – Bemessung und Konstruktion.

[227] Technische Regeln für die Verwendung von linienförmig gelagerten Verglasungen (TRLV), Fassung September 1998, DIBt-Mitteilungen 6/1998, Berlin.

[228] *Siebert, G.*: Konstruktiver Glasbau. Skript zur Mastervorlesung im Modul „Leichte und transparente Bauwerke", Universität der Bundeswehr München.

[229] *Siebert, G.*: Entwerfen und Konstruieren im Bestand. Skript zur Mastervorlesung, Universität der Bundesehr München.

[230] ÖNORM B 3716-1:2009-11-15: Glas im Bauwesen – Konstruktiver Glasbau. Teil 1: Grundlagen.

[231] ÖNORM B 3716-3:2009-11-15: Glas im Bauwesen – Konstruktiver Glasbau. Teil 3: Absturzsichernde Verglasung.

[232] ÖNORM B 3716-4:2009-11-15: Glas im Bauwesen – Konstruktiver Glasbau. Teil 4: Betretbare, begehbare und befahrbare Verglasung.

[233] ÖNORM B 3716-5:2007-12-01: Glas im Bauwesen – Konstruktiver Glasbau. Teil 5: Punktförmig gelagerte Verglasungen und Sonderkonstruktionen.

[234] ÖNORM B 3716-Bbl 1:2012-02-01: Glas im Bauwesen – Konstruktiver Glasbau. Beiblatt 1: Beispiele für Glasanwendungen.

[235] DIN EN 1991-1-1:2010-12: Eurocode 1: Einwirkungen auf Tragwerke – Teil 1-1: Allgemeine Einwirkungen auf Tragwerke – Wichten, Eigengewicht und Nutzlasten im Hochbau
DIN EN 1991-1-1/NA:2010-12: Nationaler Anhang – National festgelegte Parameter – Eurocode 1: Einwirkungen auf Tragwerke Teil 1-1: Allgemeine Einwirkungen auf Tragwerke – Wichten, Eigengewicht und Nutzlasten im Hochbau
DIN EN 1991-1-3:2010-12: Eurocode 1: Einwirkungen auf Tragwerke – Teil 1-3: Allgemeine Einwirkungen, Schneelasten
DIN EN 1991-1-3/NA:2010-12: Nationaler Anhang – National festgelegte Parameter – Eurocode 1: Einwirkungen auf Tragwerke Teil 1-3: Allgemeine Einwirkungen, Schneelasten
DIN EN 1991-1-4:2010-12: Eurocode 1: Einwirkungen auf Tragwerke – Teil 1-4: Allgemeine Einwirkungen, Windlasten
DIN EN 1991-1-4/NA:2010-12: Nationaler Anhang – National festgelegte Parameter – Eurocode 1: Einwirkungen auf Tragwerke Teil 1-4: Allgemeine Einwirkungen, Windlasten.

[236] NEN 2608:2011-12: Vlakglas voor gebouwen – Eisen en bepalingsmethode (Glass in building – Requirements and determination method)

[237] *Charlier, H.; Feldmeier, F.; Reidt A.*: Erläuterungen zu den „Technischen Regeln für die Verwendung von linienförmig gelagerten Verglasungen". DIBt-Mitteilungen 3/1999 Berlin.

[238] *Schneider, H.; Schneider, J.; Reidt, A.*: Erläuterungen zu den „Technischen Regeln für die Verwendung von absturzsichernden Verglasungen (TRAV), Fassung Januar 2003", DIBt-Mitteilungen 2/2003, Berlin.

[239] Anforderungen an begehbare Verglasungen; Empfehlungen für das Zustimmungsverfahren, Fassung November 2009. DIBt-Mitteilungen 1/2012, Berlin.

[240] DIN EN 12600:2002-11: Glas im Bauwesen – Pendelschlagversuch – Verfahren für die Stoßprüfung und die Klassifizierung von Flachglas.

[241] Typenstatiken für ausgewählte Vertikalverglasungen nach TRLV: Technische Richtlinie des Glaserhandwerks. Düsseldorf: Verlagsanstalt Handwerk GmbH. 2001.

[242] *Luible, A.*: Stabilität von Tragelementen aus Glas, Dissertation, École Polytechnique Fédérale de Lausanne, 2004

[243] *Liess, J.*: Bemessung druckbelasteter Bauteile aus Glas, Books on Demand GmbH, Norderstedt 2001.

[244] *Kasper, R.*: Tragverhalten von Glasträgern, Dissertation RWTH Aachen, 2005.

[245] *Lindner, J., Holberndt, T.*: Zum Nachweis von stabilitätsgefährdeten Glasträgern unter Biegebeanspruchung, Stahlbau Heft 6, Ernst & Sohn, Berlin 2006.

[246] *Englhardt, O.*: Flächentragwerke aus Glas – Tragverhalten und Stabilität, Dissertation, Schriftenreihe des Departments Nr. 12 – Dezember 2007, Universität für Bodenkultur Wien, 2007.

[247] *Niedermaier, P.*: Holz-Glas-Verbundkonstruktionen – Ein Beitrag zur Aussteifung von filigranen Holztragwerken, Dissertation, Technische Universität München, 2005.

[248] *Wellershoff, F.*: Nutzung der Verglasung zur Aussteifung von Gebäudehüllen, Dissertation, RWTH Aachen 2006.

[249] *Mocibob, D.*: Glass Panel under Shear Loading – Use of Glass Envelopes in Building Stabilization, Dissertation, École Polytechnique Fédérale de Lausanne, 2008.

[250] *Huveners, E. M. P.*: Circumferentially Adhesive Bonded Glass Panes for Bracing Steel Frames in Facades, Dissertation, Technische Universiteit Eindhoven, 2009.

[251] *Haese, A.*: Beitrag zur Bemessung scheibenbeanspruchter Stahl-Glas Elemente, Dissertation in Vorbereitung. Professur für Bauphysik und Baukonstruktion an der Universität der Bundeswehr München.

[252] *Feldmann, M., Langosch, K.*: Knickfestigkeit und einheitliche Knickkurven für scheibenförmige Glasstützen mit Monoglasquerschnitt aus TVG und ESG, Stahlbau Spezial 2010 – Konstruktiver Glasbau, Ernst & Sohn, Berlin 2010.

[253] AIF-Forschungsbericht 16320N: Standardlösungen für punktförmig gelagerte Verglasungen – Ermittlung der Standsicherheit und Gebrauchstauglichkeit, Deutscher Stahlbauverband, Düsseldorf, 2012.

[254] *Pilkey W.*: Stress, Strain and structural Matrices, John Wiley & Sons, Inc. New York 1994.

[255] E DIN EN ISO 1288-2:2007-10: Glas im Bauwesen - Bestimmung der Biegefestigkeit von Glas – Teil 2: Doppelring – Biegeversuch an plattenförmigen Proben mit großen Prüfflächen.

[256] E DIN EN ISO 1288-3:2007-10: Glas im Bauwesen - Bestimmung der Biegefestigkeit von Glas – Teil 3: Prüfung von Proben bei zweiseitiger Auflagerung (Vierschneiden-Verfahren).

[257] E DIN EN ISO 1288-5:2007-10: Glas im Bauwesen - Bestimmung der Biegefestigkeit von Glas – Teil 5: Doppelring Biegeversuch an plattenförmigen Proben mit kleinen Prüfflächen.

Stichwortverzeichnis

A

Abstandhalter 5, 110–112

Absturzsichernde Verglasung 3, 102, 138, 144 f., 148, 180, 210, 215

Absturzsicherung 102, 108

Ätzen 19

allgemeine bauaufsichtliche Zulassung (abZ) 21, 24, 69, 100, 102, 107, 139, 142–145, 159, 167, 169, 205, 277

allgemeines bauaufsichtliches Prüfzeugnis (abP) 102, 137, 138, 145

Anfangsrisse 34

B

Bauart 135–146

Bauordnung 134, 135, 142

Bauprodukt 24, 61, 107, 135, 138 f., 143–145, 183

Bauproduktengesetz BauPG 132 f., 139

Bauproduktenrichtlinie BPR 132 f., 137

Bauproduktenverordnung BauPVO 133

Bauregelliste BRL 57, 61, 101 f., 106, 135–145, 183, 194 f. 205, 221

Bauteilversuche 2, 184, 226 f., 250

Bedruckung 19 f.

begehbare Verglasung 3, 108, 144 f., 148, 185, 206, 208, 210, 215, 227, 277, 282

begehbares Glas 19

Beispiel 1, 9, 31, 46–48, 81, 88, 90 f., 96, 106 f., 109, 122, 139, 151, 156 f., 163 f., 166, 193, 230–281

Belastungsgeschichte 34, 39

Bemessung 1, 7, 26, 34, 43, 49, 53, 55, 75, 84, 108, 112, 126, 132, 136, 139–142, 149, 153, 162, 172–177, 180–184, 186, 189, 197, 201, 204, 214 f., 217, 222, 229, 244 f.

Berechnung 1 f., 6 f., 31, 48, 54, 73, 82–84, 87, 89, 93, 96–98, 111, 116, 119, 122–124, 126, 129, 166–168, 170, 175, 177, 183, 193, 196, 199, 207 f. 213 f., 219, 230, 232 f. 236, 244, 248, 251, 253, 255–258, 273–276, 281, 283

Beschichtung 15, 18–20, 105 f., 112, 128, 162, 201

betretbare Verglasung 3, 148, 205, 215 f., 228

Biegebeanspruchung 74, 76

Biegeversuch 43, 51–54

Biegezugfestigkeit 21 f., 44, 54, 56, 138, 193–201, 218, 220, 234

Bohrung 17, 64, 77, 109 f., 142, 148, 150–152, 154 f., 157, 160, 166, 168–170, 172, 183, 189, 206, 213, 222, 224 f., 250–256, 258–261

Borosilicatglas 9, 12, 25 f., 29, 99

Brandschutzverglasung 99–102, 144 f., 205

Bruchbild 17, 57 f., 62, 76 f., 81, 107, 147, 218, 266

Bruchhypothese 43, 52, 54 f., 176, 189, 192

Bruchmechanik 27, 34, 49 f., 176, 186 f., 189

Bruchspannung 25, 37–39, 41, 55

Bruchverhalten 57 f., 61, 80 f., 103, 217

Bruchwahrscheinlichkeit 25, 31, 34 f., 37–39, 42, 173, 176, 187, 191

Brüstungsverglasung 152 f., 272

C

CE-Zeichen 133 f., 136

charakteristische Werte 64, 190, 201

chemisch vorgespanntes Glas 25, 57

D

digitaler Druck 19

DIN 18008 16 f., 20, 118, 146–149, 151 f., 159, 166 f., 169, 172, 175, 177, 180 f., 193–195, 202 f., 215–227, 230, 233–235, 237, 245 f., 250, 252–261, 263 f., 266 f., 269, 271 f., 274–277, 279

Doppelring-Biegeversuch 40 f., 43, 51–54

Dünnglas 23, 65

E

effektive Fläche 38

effektive Spannung 38

effektive Zeit 35 f., 40, 50

Eigenspannung   17, 23, 43–47, 50, 52, 54, 63, 83, 189 f., 194, 197, 219

Einfachverglasung   3, 20, 112, 162, 170, 185, 201, 205 f., 210, 222, 224, 263, 272, 277

Einflussfaktoren   43–45, 54, 176, 187, 192, 291, 217

Einscheibensicherheitsglas (ESG)   4, 19, 56–61, 64–65, 76 f., 79–81, 107, 138 f., 143, 147 f., 155, 168, 176, 183 f., 186, 191, 193, 195, 197, 200–203,206, 209 f., 216, 221, 233 f., 235, 238, 240, 242–249, 267–271

Einstand   150, 183, 185, 222–224, 264

Elastizitätsmodul E   24, 26, 115

Endrisstiefe   34

Entwurf   59, 108, 112, 132, 147–149, 164, 174,–176, 228

Ethylen-Vinylacetat (EVA)   67, 70 f., 74

Europäische technische Zulassung ETA   139, 146 f., 163 f.

F

FEM 82, 86, 91, 93, 97 f., 274, 276, 285

fertigungstechnische Grenzen   148

Festigkeit   24 f., 30, 40, 43, 45, 50, 56, 59, 70, 132, 161, 173, 193, 197, 222

Festigkeitskennwerte   43, 52, 55, 64

Finite-Elemente-Methode (FEM)   82, 86, 93

Floatglas   3 f., 11–16, 18, 21, 25, 59, 77, 111, 138, 142, 147 f., 176, 183–186, 193, 195–203, 206, 209, 216 f., 220–223, 230, 232–235, 244 f., 248 f., 253

Formparameter (Weibull)   30 f., 37, 43

G

Ganzglasecke   149, 165

gebogenes Glas   20 f.

Gesamtspannung   46, 49 f.

Gießharz   4, 17, 66 f., 72, 74, 77, 87, 94, 105 f., 112

Glasrohre   23

Güsgen   86, 90, 188

Gussglas   23, 184, 195–197, 206, 209, 221

H

Hard Coating 19

Heißlagerungsprüfung 60 f., 183

Heat-Soak-Test (HST) 60

Herstellung 4 f., 7, 10–15, 17, 21–23, 57, 66–70, 72, 106 f., 133, 142, 205, 237

Horizontalverglasung 3, 151, 159, 162, 216, 222–224, 255, 261, 277

I

Isolierglas 111, 115, 122, 148, 207, 210

Isolierverglasung 3, 17, 65, 110, 112, 118 f., 124, 128–130, 142, 148, 163, 168, 174, 177, 184 f., 187, 201, 204–211, 214, 217–219, 222–224, 228, 235, 267

K

kaltverformtes Glas 22

Kantenbearbeitung 16, 52, 58

Kisseneffekt 112, 129, 207

Kleben 161

Klebeverbindung 149, 160–163, 165, 172

Klemmhalter 109, 151–153, 213, 216, 224, 250

Klimalast 112 f., 115, 122–124, 127–130, 168, 177 f., 184–187, 196, 207 f., 210–212, 218, 222, 235, 237 f., 241, 243, 245–247, 249

Konstruktion 1, 54, 99 f., 111, 139 f., 149, 160 f., 168, 175, 186, 204, 216, 226, 228, 256, 264

L

Lagerung 1, 3, 22, 60, 108 f., 149–151, 155, 157, 159, 164, 167, 183, 204–206, 208, 211 f., 216, 221 f., 226, 230, 253 f., 261, 267, 269

Laminationsbiegen 20, 23

Landesbauordnung (LBO) 133 f., 136

Lasteinleitung 147, 228 f.

Lebensdauerberechnungen 34, 39

linienförmige Lagerung 150, 159, 204, 206, 215, 222, 226

linienförmig gelagerte Verglasung 151, 167, 182, 195, 202 f., 215, 221, 226, 282 f., 285

M

Materialstreuung 188, 192

mechanische Bearbeitung 16

mechanische Verbindung 150

Mehrscheiben-Isolierglas 110, 124, 128, 138, 185, 207, 210, 223

Musterbauordnung (MBO) 134 f. 141, 143

Musterliste der Technischen Baubestimmungen 139–141, 183

N

Normalspannungshypothese 43, 52

O

Oberflächenbehandlung 18

Ornamentglas 13, 25, 139, 195, 197, 199, 201, 221

P

Pendelschlagversuch 59, 108, 166, 212, 226, 265–267, 269

Photovoltaikverglasungen 105

Photovoltaikzellen 67, 70, 73 f., 77

Polyvinylbutyral (PVB) 5, 17, 20, 66–68, 106, 205

Profilbauglas 13, 23 f., 138

Prüffestigkeit 30, 43, 45 f., 49, 56, 190 f., 193

punktförmig gelagerte Verglasung 147, 152, 159, 167, 180, 182, 215

Punkthalter 1. 16, 55, 77, 109, 142, 149, 151 f., 154–159, 164, 167–172, 183, 186, 213, 224 f., 250–260

Punktlager 77, 161, 172

Q

Querdehnzahl 24, 67, 283

R

Randverbund 22, 110–112, 149, 163, 169, 174, 208, 219

Resttragfähigkeit 3, 58, 62, 67, 73 f., 76 f., 79 f., 105, 107 f., 147 f., 154, 159, 166 f., 175, 177, 186, 204–206, 213, 217, 221 f., 224 f., 278, 282

Resttragsicherheit 1,3, 107, 150, 206, 221, 228

Resttragverhalten 76 f., 79 f., 103

Rissausbreitung 27, 29, 34

Rissausbreitungskonstante 29

Risswachstum 29, 35, 37 f., 44 f., 56

Rohstoffe 5, 11, 67, 73

S

Schalldämmung 17, 113

Scheibenzwischenraum (SZR) 17, 110 f., 113 f., 119, 121 f., 125 f., 143, 199, 209, 223

Schubbeanspruchung 73 f.

Senkkopfhalter 158

SentryGlas® 4, 67, 71 f., 81

Shen 187

Sicherheit 1,3, 103, 108, 134, 137, 176, 188, 190, 205 f.

Sicherheitsglas 11, 148

Sicherheitsverglasungen 103

Siebdrucktechnik 19

Silikone 160 f., 163 f., 172 f.

Skalenparameter (Weibull) 30 f., 37, 42

Soft Coating 18 f.

Spannungsintensitätsfaktoren 28

Spannungsrisskorrosion 48

Spannungsverlauf 28, 42, 51, 58, 63

Spannungsverteilung 18, 27, 37, 41, 44, 50, 77, 92, 173, 189, 191

Spiegelglas 2, 4, 184, 209

Spontanversagen 59 f.

Stabilität 228

stoßartige Einwirkung 102, 226, 265, 267, 276, 282

Structural Sealant Glazing 108, 160, 162

T

Technische Regeln für die Verwendung von absturzsichernden Verglasungen (TRAV) 102, 138, 141, 143 f., 148, 166, 180-182, 185 f., 204, 206, 209–212, 215, 225, 227, 250, 263–268, 272 f., 276

Technische Regeln für die Bemessung und die Ausführung punktförmig gelagert Verglasungen TRPV 141 f., 147, 152, 159, 167 f., 180–182, 186, 204, 213, 215, 224, 250, 253, 255 f.

Technische Regeln für Verwendung von linienförmig gelagerten Verglasungen (TRLV) 20, 67, 69, 117 f., 138, 141, 143, 147 f., 151, 180–182, 184–186, 201 f., 211, 213–215, 222 f., 227, 230, 232, 235, 237, 242, 251, 264, 278, 287

Technische Regel DIBt 184–186

Tellerhalter 1, 158 f., 167 f., 213 f., 222, 224–226, 255, 257, 261 f.

Toleranzen 21, 84, 147, 149 f, 154 f., 161 f., 169, 221

tragende Bauteile 62

Teilsicherheitsbeiwerte 176, 178–180, 186, 188–190, 207, 217, 219

teilvorgespanntes Glas TVG 1, 3 f., 57 f., 61–64, 76, 80, 107, 139, 147 f., 155, 168, 186, 191, 193, 195, 197, 200–203, 205 f., 209, 216, 221-225, 245, 249 f., 253, 255, 261, 263, 267 f., 270–272

U

Überkopfverglasung 1, 3 f., 22, 73, 80, 99, 109, 144 f. 147, 159, 166, 175, 184–186, 201, 203–207, 209 f., 213, 222, 230, 232, 235, 244, 255

Umgebungsbedingungen 40, 44, 46, 188 f., 191 f.

Ü-Zeichen 134–139

V

Verarbeitungsschritte 5 f.

Veredelung 7, 12, 15 f. 66

Verbund(sicherheits)glas VSG 1–4, 21, 59, 62, 67–70, 72 f., 74–77, 79–81, 102, 107, 119, 147–149., 157, 168, 184 f., 193–198, 201–203, 205 f., 208 f., 214, 221–224, 227, 230, 232–235, 238, 240, 244, 249–251, 253, 255, 258 f., 261, 263, 265, 267 f., 270–275, 283–285

Vergleichsspannung 43, 52

Verklebung 110, 112, 149, 160–165, 173 f., 204, 206, 229

versuchsgestützte Bemessung 174 f.

Vertikalverglasung 3, 122, 139, 142–145, 147 f., 151, 154, 176, 180, 184 f., 198, 201 f., 204–206, 209 f., 214, 216, 222–224, 250, 265, 267

Vierschneiden-Verfahren 22, 43, 51–54, 83

vorgespanntes Glas 5, 22, 25, 56–58, 65, 148, 194, 198

Vorspannprozess 19 f., 57 f., 60, 63, 65

Vorspannung 17 f., 21, 23, 40, 45 f., 49 f., 56–59, 62–64, 75, 80, 189–194, 196–201, 219 f., 222 f., 234

Vorspannverfahren 18

W

Weibull 27, 29, 34, 42, 52

Weibull-Netz 31

Weibull-Verteilung 29–31, 34, 37, 47

Z

Zustimmung im Einzelfall (ZiE) 21, 24, 102, 131, 135, 139, 145 f., 149, 159 f. 165, 167, 228, 250, 253, 278

Zwangsverformungen 150